智能机器人关键技术丛书

终端智能语音处理技术与应用

纳跃跃　王子腾　付强　王亮　马丽艳　著

U0216478

电子工业出版社·
Publishing House of Electronics Industry
北京·BEIJING

内 容 简 介

语音是最有效的人机交互方式之一。人工智能与传统语音技术相结合使其在家居、可穿戴、机器人、车载等智能终端设备上得到了普及。终端设备具有低资源、实时性、应用场景复杂多变等特点，对算法提出了更严格的要求。

本书介绍了面向端侧设备的若干智能语音处理技术，书中主要采用了传统信号处理与深度学习相结合的方法论，并且介绍了在实际工程应用中的若干心得，适合于理工科高年级本科生、研究生，以及语音领域的工程师阅读。

未经许可，不得以任何方式复制或抄袭本书之部分或全部内容。

版权所有，侵权必究。

图书在版编目（CIP）数据

终端智能语音处理技术与应用 / 纳跃跃等著.

北京：电子工业出版社，2025. 4. --（智能机器人关键技术丛书）. -- ISBN 978-7-121-49806-0

Ⅰ. TP334.1；TP391.1

中国国家版本馆 CIP 数据核字第 2025EZ2885 号

责任编辑：刘 皎   文字编辑：张 晶
印   刷：三河市华成印务有限公司
装   订：三河市华成印务有限公司
出版发行：电子工业出版社
          北京市海淀区万寿路 173 信箱   邮编：100036
开   本：720×1000 1/16   印张：23.5   字数：458.4 千字
版   次：2025 年 4 月第 1 版
印   次：2025 年 4 月第 1 次印刷
定   价：109.00 元

凡所购买电子工业出版社图书有缺损问题，请向购买书店调换。若书店售缺，请与本社发行部联系，联系及邮购电话：（010）88254888，88258888。

质量投诉请发邮件至 zlts@phei.com.cn，盗版侵权举报请发邮件至 dbqq@phei.com.cn。

本书咨询联系方式：Ljiao@phei.com.cn。

好评袭来

《终端智能语音处理技术与应用》是一本融合语音处理理论、方法与实践经验的专著，书中介绍的许多方法，无论是基于经典信号处理和统计理论的技术，还是基于深度学习的算法，都在实际系统中得到了广泛应用。相信读者，特别是从事相关理论与方法研究的学生，以及从事技术与产品研发的工程师，必定能够从中获得宝贵的启发与收获。

陈景东　西北工业大学教授，IEEE Fellow

端侧复杂声学场景的语音处理是物联网智能硬件时代的关键技术，本书不仅全面系统地介绍了端侧语音处理的经典和前沿算法，也介绍了以工具包为代表的实战知识，对研究者和从业者都有很好的参考价值。

俞凯　上海交通大学计算机系特聘教授，思必驰联合创始人、首席科学家

本书是理论和实践密切结合的智能终端语音处理的典范之作，必将推动各类智能设备的应用和普及。

鲍长春　中国电子学会会士，北京工业大学教授、博士生导师

本书基于作者多年对语音信号和信息处理领域关键问题的研究，以及在各种智能终端设备上的应用开发经验，深入浅出地探讨了传统的信号处理以及前沿的智能处理方法，涵盖基本概念、理论框架、实际经验，以及前沿进展，是既适合初学者，也适合领域专家的一本难得的好书。

王文武　英国萨里大学（University of Surrey）教授、人工智能研究员、博士生导师

本书作者在智能语音处理领域具有超过 20 年的深厚研究基础，兼具深厚的学术造诣和工业产品落地经验。本书是深入了解智能语音技术的绝佳指南。无论您是初学者还是从业者，都能从中获得深刻见解。

谢磊　西北工业大学教授

本书结合信号处理和深度学习方法深入探讨了面向智能终端设备的前端语音处理技术，将理论知识与工程实践相结合，非常适合对该方向感兴趣的学生和工程师研读。

李明　昆山杜克大学长聘副教授、大数据研究中心研究员

推荐序

Johnson 和 Dudgeon 在他们的专著 *Array Signal Processing: Concepts and Techniques* 中曾指出：检测是科学问题，估计是艺术问题。语音处理中的绝大多数方法和算法需要同时兼顾信号检测、参数估计与信号增强，这就要求从事语音处理技术研发的人员不仅要具备扎实的声学、物理和数学基础，还需要拥有信号信息处理、听觉感知方面的专业知识与系统经验。

大多数语音处理算法，无论是基于经典滤波与统计理论，还是基于数据驱动的机器学习方法，都会引入语音畸变和处理时延，因此在算法设计中通常会涉及"畸变换信噪（信干）比增益"和"时间换增益"的理念。如果采用多通道拾音系统，算法设计还会涉及"空间换增益"的方法。人类听觉系统对语音畸变异常敏感，能感知到低于负 60 分贝的畸变，且感知畸变的程度与延时密切相关。此外，许多产品对拾音系统的尺寸和麦克风布放位置有所限制，这使得基于畸变换增益、时间换增益，以及空间换增益的思路在算法设计和性能评估中面临不少挑战。

通常，算法性能涉及多个层面，除信号畸变和处理时延外，还包括信噪比增益、信干比增益、鲁棒性和复杂度等多项指标。如果设计过于侧重某一或某几个指标而忽视了其他方面，往往会导致整体话音质量、可懂度、清晰度或识别率下降。正因如此，语音处理方法和算法的研发需要将理论、方法和经验融为一体，甚至还需结合一些听觉美学策略。

《终端智能语音处理技术与应用》的作者长期从事智能语音处理技术的研发及相关产品的开发，积累了丰富的算法设计与优化经验。书中介绍的许多方法，如波束形成、盲源分离、噪声抑制、回声消除和语音增强等，都在实际系统中得到了广泛的应用。本书还详细介绍了常用算法的工具包。这种融合智能语音处理理论、方法与实践经验的专著十分难得，深信读者，特别是从事相关理论与方法研究的研究生以及从技术与产品研发的工程师，必定能够从中获得宝贵的启发与收获。

陈景东
西北工业大学教授，IEEE Fellow

前言

　　语音是人与人之间最为自然的交互方式，因而也是最有效的人机交互方式之一。自 2014 年开始，以 Amazon Echo、Google Home、小米音箱、天猫精灵等智能音箱为代表的硬件终端引发了语音应用的热潮，智能语音产品和应用呈爆发式增长。如今，语音功能几乎成为智能产品的标配。越来越多的科学家和工程师投身于语音行业，致力于为人们提供更加自然、便捷的人机交互体验。

　　完整的语音技术链路极为复杂冗长，其中涉及终端、云端、信号、传输、语义、多模态融合等多种算法和工程技术。作者作为从事语音技术的众多工程师中的一员，主要研究内容涉及面向各种智能家电、可穿戴设备、智能座舱、机器人等终端设备上的语音处理问题。对于终端语音处理而言，首先要解决的便是克服设备回声、噪声干扰、房间混响等不利声学因素对目标语音造成的影响，提升目标语音的信噪比和可懂度，为后续处理流程提供质量更高的信号。除此之外，与云端算法相比，算力、功耗等硬件条件的限制，以及数据处理的实时性要求始终是终端算法必须考虑的问题。另外，不同终端设备的使用场景各异，所面临的问题也不尽相同，所以场景的复杂化和碎片化也是终端语音处理的痛点所在。

　　作者在多年终端语音处理的工作生涯中，对其中的痛点和难点问题深有体会。对于某些应用来说，现有技术能够在一定程度上，或在某些限制条件下解决或缓解痛点问题，使其达到可以实用的水平。但在一些更为复杂、难度更大的实际问题中，例如，在极低信噪比、更加复杂且动态变化的场景中，现有技术尚不足以实现像人和人之间交流那样更加自然的用户体验。

　　作者在从事本职工作的同时，也在不断学习新技术，并将其应用于实际工程中。为了达到不断学习、温故而知新的目的，作者萌生出撰写《终端智能语音处理技术》一书的想法。本书深入探讨了面向智能终端设备的语音信号与信息处理技术，结合传统信号处理与深度学习方法，旨在解决家居、可穿戴、机器人及车载等场景中遇到的实际问题。

　　针对实际工程应用中的关键问题，如噪声抑制、回声消除、房间混响处理等，本书详细讲解了几种重要的算法，包括固定波束形成、自适应波束形成、盲源分离等，并分别讨论了它们的优缺点及应用场景。此外，书中涵盖了基于自适应滤波的回声、混响、干扰联合抑制方法，以及利用深度神经网络进行语音增强、语音活动性检测和关键词检测的技术。为了使模型能够高效地部署于资源受限的终端设备上，本书也涉及模型量化的方法，该方法通过减小模型大小来节约存储空间并降低计算复杂度。

本书不仅提供了理论分析，还分享了作者团队在实际项目中积累的经验。它适合对语音信号和信息处理、人工智能感兴趣的理工科高年级本科生、研究生，以及相关领域的工程师阅读。对于希望深入了解如何将先进的语音处理技术应用于各类智能设备的读者来说，本书也可以提供相应的指导和参考资源。希望这本书能够起到抛砖引玉的作用，促进相关行业的研究者和工程师之间的交流。

在完成这项工作的过程中，有很多同事、同学、朋友给予了作者非常有力的帮助和支持。他们是：马骁、杨智慧、乔刚、薛斌、李瑞、刘礼、刘章、史鹏腾、田彪、姜南、袁斌、王丹。在此感谢他们从软件和硬件上对算法完善、算法性能提升以及计算效率优化等方面提供的有力支持。在本书的编写过程中，尹玉、方向阳、朱磊同学给出了非常有用的意见和建议，并帮忙指出了书中的公式或书写错误，在此向他们表示衷心感谢！

作者

2024 年 11 月

目录

1 终端智能语音处理概述 ·· 1

1.1 引言 ·· 1

1.2 问题和挑战 ·· 3

1.3 发展历史概要 ·· 5

1.4 本书的组织结构 ·· 8

1.5 本书的适用人群 ·· 10

1.6 常用表示和符号对照 ·· 10

    1.6.1 默认符号 ··· 10

    1.6.2 对离散时间序列的表示 ································· 11

    1.6.3 关于索引序号从 0 还是 1 开始的说明 ··············· 12

1.7 关于中英文混写的说明 ·· 13

1.8 免责声明 ·· 14

1.9 本章小结 ·· 14

◇ 理论篇 ◇

2 子带滤波 ·· 21

2.1 离散傅里叶变换与短时傅里叶变换 ······························ 22

    2.1.1 离散傅里叶变换 ······································· 22

    2.1.2 短时傅里叶变换 ······································· 23

    2.1.3 输出延时 ··· 26

    2.1.4 频谱泄漏 ··· 27

    2.1.5 时域卷积与频域点积的近似关系 ······················· 30

2.2 多相滤波器组 ·· 32
    2.2.1 对频谱泄漏的数学解释 ························· 32
    2.2.2 扇形损失 ······································· 34
    2.2.3 重采样 ··· 35
    2.2.4 多相滤波器组 ··································· 40
2.3 滤波器设计基础 ·· 43
2.4 本章小结 ··· 45

3 固定波束形成 ··· 47
3.1 多通道语音增强的基本原理 ······························ 48
    3.1.1 物理解释 ······································· 48
    3.1.2 几何解释 ······································· 50
3.2 远场模型 ··· 52
3.3 波束形成及阵列性能评价 ································· 56
    3.3.1 beampattern ··································· 56
    3.3.2 directivity index ······························ 60
    3.3.3 white noise gain ······························ 63
    3.3.4 effective rank ································ 65
3.4 波束形成算法的求解形式 ································· 67
    3.4.1 superdirective beamforming ···················· 68
    3.4.2 差分波束形成 ··································· 69
3.5 本章小结 ··· 72

4 自适应波束形成 ··· 74
4.1 递推求平均 ·· 75
4.2 典型自适应波束形成算法 ································· 77
    4.2.1 MVDR 算法 ···································· 78
    4.2.2 PMWF 算法 ···································· 82
4.3 共轭对称矩阵求逆 ······································ 83
    4.3.1 1×1 和 2×2 矩阵求逆 ················· 84
    4.3.2 Cholesky 分解 ································· 84
    4.3.3 矩阵求逆引理 ··································· 87

4.3.4　IQRD 方法 ·· 89

4.3.5　误差与稳定性 ··· 90

4.4　本章小结 ·· 93

5　盲源分离 ··· 96

5.1　信号模型 ·· 97

5.1.1　瞬时模型 ·· 97

5.1.2　卷积模型 ·· 98

5.2　独立成分分析 ·· 100

5.2.1　独立性假设与中心极限定理 ····························· 101

5.2.2　ICA 的目标函数 ··· 103

5.2.3　AuxICA 算法 ··· 107

5.2.4　2 × 2 广义特征分解问题 ··································· 112

5.2.5　排列歧义性与尺度歧义性 ································· 114

5.3　独立向量分析 ·· 117

5.3.1　IVA 的目标函数 ··· 118

5.3.2　AuxIVA 算法 ··· 121

5.3.3　两级架构 ·· 125

5.4　盲源分离与波束形成的联系和区别 ························ 130

5.5　本章小结 ·· 132

6　回声消除与去混响 ··· 136

6.1　信号模型 ·· 138

6.1.1　回声消除信号模型 ·· 138

6.1.2　去混响信号模型 ··· 140

6.2　LMS 与 NLMS 算法 ··· 143

6.3　RLS 算法 ··· 145

6.3.1　最小二乘法 ·· 146

6.3.2　RLS 算法 ·· 151

6.4　一种基于盲源分离的回声消除方法 ························ 155

6.4.1　问题背景 ·· 155

6.4.2　算法推导 ·· 157

　　　　6.4.3　对比实验 ·· 160

　　6.5　本章小结 ·· 162

7　数据模拟 ·· 164

　　7.1　信号模型和系统框架 ·································· 165

　　7.2　传函的模拟与测量 ···································· 167

　　　　7.2.1　镜像法传函模拟 ·································· 167

　　　　7.2.2　传函测量 ·· 174

　　　　7.2.3　分块卷积 ·· 176

　　7.3　非线性回声模拟 ······································ 178

　　7.4　散射噪声模拟 ·· 180

　　7.5　信噪比和音量 ·· 186

　　7.6　本章小结 ·· 187

8　深度语音增强 ·· 190

　　8.1　信号模型 ·· 192

　　8.2　时频掩蔽 ·· 193

　　8.3　损失函数 ·· 196

　　8.4　深度回声残余抑制 ···································· 197

　　　　8.4.1　数据准备 ·· 198

　　　　8.4.2　输入特征 ·· 198

　　　　8.4.3　模型结构 ·· 199

　　8.5　多通道语音增强模型 ·································· 200

　　　　8.5.1　基于掩蔽的波束形成算法 ···················· 201

　　　　8.5.2　深度神经网络空域滤波算法 ·················· 202

　　8.6　歌曲成分分离 ·· 203

　　8.7　本章小结 ·· 205

9　语音活动性检测 ·· 208

　　9.1　HMMVAD ·· 209

　　　　9.1.1　HMM 基础 ·· 210

　　　　9.1.2　前向算法与后向算法 ·························· 213

9.1.3 Viterbi 算法 ································· 216

9.1.4 Baum-Welch 算法 ···················· 219

9.1.5 下溢问题 ································· 220

9.1.6 在线 HMMVAD ························ 222

9.2 NNVAD ·· 225

9.2.1 一种 NNVAD 模型 ··················· 226

9.2.2 一种 NN 和 HMM 结合的 VAD ········ 229

9.3 VAD 性能评价 ································ 230

9.4 本章小结 ·· 232

10 关键词检测 ····································· 234

10.1 特征提取 ······································ 235

10.2 声学模型 ······································ 237

10.2.1 建模单元 ······························· 237

10.2.2 声学模型 ······························· 239

10.2.3 关于声学模型工作原理的讨论 ········· 242

10.3 解码器 ·· 247

10.3.1 阈值与动态阈值 ······················· 249

10.3.2 关于 ROC 曲线与阈值选择的讨论 ······ 253

10.4 虚警问题 ······································ 255

10.4.1 对虚警现象的直观解释 ················ 255

10.4.2 减少虚警的方法 ······················· 256

10.4.3 对比实验 ······························· 258

10.5 多通道关键词检测与通道选择 ·············· 260

10.5.1 问题背景 ······························· 260

10.5.2 模型与训练方法 ······················· 262

10.5.3 实验与分析 ···························· 263

10.6 本章小结 ······································ 269

11 联合优化方法 ································· 272

11.1 盲源分离统一框架 ·························· 273

11.1.1 信号模型 ······························· 273

11.1.2 问题拆解 ·· 275

11.1.3 对比实验 ·· 276

11.2 语音增强与关键词检测联合优化 ················· 279

11.2.1 系统框架 ·· 280

11.2.2 语音增强模块 ······································ 282

11.2.3 关键词检测模块 ···································· 282

11.2.4 实验现象 ·· 284

11.3 本章小结 ·· 285

12 模型量化 ··· 288

12.1 模型量化方法 ······································ 288

12.1.1 训练后量化 ·· 288

12.1.2 训练时量化 ·· 290

12.1.3 无数据量化 ·· 291

12.2 关键词检测模型的无数据量化方法 ·············· 292

12.2.1 时序数据生成器 ···································· 293

12.2.2 中心距离约束与双生成器 ···························· 293

12.2.3 高质量筛选 ·· 295

12.2.4 时间掩码量化蒸馏 ·································· 296

12.2.5 无数据量化流程 ···································· 297

12.2.6 无数据量化实验 ···································· 299

12.3 本章小结 ·· 303

◇ 工程篇 ◇

13 终端智能语音处理工具包 ···························· 307

13.1 系统框架 ·· 308

13.2 配置参数详解 ······································ 310

13.2.1 通用参数 ·· 310

13.2.2 回声消除 ·· 313

13.2.3 去混响 ·· 314

13.2.4 多通道语音增强 ···································· 314

13.2.5 深度语音增强 ⋯⋯⋯⋯⋯⋯⋯⋯⋯⋯⋯⋯ 315

13.2.6 后滤波 ⋯⋯⋯⋯⋯⋯⋯⋯⋯⋯⋯⋯⋯⋯⋯ 316

13.2.7 自动增益控制 ⋯⋯⋯⋯⋯⋯⋯⋯⋯⋯⋯⋯ 316

13.2.8 音量计算 ⋯⋯⋯⋯⋯⋯⋯⋯⋯⋯⋯⋯⋯⋯ 317

13.2.9 声源定位 ⋯⋯⋯⋯⋯⋯⋯⋯⋯⋯⋯⋯⋯⋯ 317

13.2.10 语音活动性检测 ⋯⋯⋯⋯⋯⋯⋯⋯⋯⋯ 318

13.2.11 关键词检测 ⋯⋯⋯⋯⋯⋯⋯⋯⋯⋯⋯⋯ 319

13.2.12 命令词检测 ⋯⋯⋯⋯⋯⋯⋯⋯⋯⋯⋯⋯ 321

13.2.13 产线测试，模型训练 ⋯⋯⋯⋯⋯⋯⋯⋯ 321

13.3 主要离线工具示例 ⋯⋯⋯⋯⋯⋯⋯⋯⋯⋯⋯⋯⋯ 322

13.3.1 SoundConnect 离线工具 ⋯⋯⋯⋯⋯⋯⋯ 322

13.3.2 批处理工具 ⋯⋯⋯⋯⋯⋯⋯⋯⋯⋯⋯⋯⋯ 322

13.4 示例程序 ⋯⋯⋯⋯⋯⋯⋯⋯⋯⋯⋯⋯⋯⋯⋯⋯⋯ 323

13.4.1 从配置文件初始化 ⋯⋯⋯⋯⋯⋯⋯⋯⋯⋯ 323

13.4.2 从 Params.c 文件初始化 ⋯⋯⋯⋯⋯⋯⋯ 324

13.5 本章小结 ⋯⋯⋯⋯⋯⋯⋯⋯⋯⋯⋯⋯⋯⋯⋯⋯⋯ 326

14 模型训练 ⋯⋯⋯⋯⋯⋯⋯⋯⋯⋯⋯⋯⋯⋯⋯⋯⋯⋯⋯ 327

14.1 数据准备 ⋯⋯⋯⋯⋯⋯⋯⋯⋯⋯⋯⋯⋯⋯⋯⋯⋯ 328

14.1.1 正样本数据 ⋯⋯⋯⋯⋯⋯⋯⋯⋯⋯⋯⋯⋯ 329

14.1.2 负样本和噪声数据 ⋯⋯⋯⋯⋯⋯⋯⋯⋯⋯ 332

14.2 环境配置 ⋯⋯⋯⋯⋯⋯⋯⋯⋯⋯⋯⋯⋯⋯⋯⋯⋯ 333

14.2.1 传函模拟 ⋯⋯⋯⋯⋯⋯⋯⋯⋯⋯⋯⋯⋯⋯ 335

14.2.2 目标语音模拟 ⋯⋯⋯⋯⋯⋯⋯⋯⋯⋯⋯⋯ 336

14.2.3 干扰信号模拟 ⋯⋯⋯⋯⋯⋯⋯⋯⋯⋯⋯⋯ 338

14.2.4 回声模拟 ⋯⋯⋯⋯⋯⋯⋯⋯⋯⋯⋯⋯⋯⋯ 339

14.2.5 噪声模拟 ⋯⋯⋯⋯⋯⋯⋯⋯⋯⋯⋯⋯⋯⋯ 339

14.2.6 音量和增益 ⋯⋯⋯⋯⋯⋯⋯⋯⋯⋯⋯⋯⋯ 340

14.2.7 生成模拟音频 ⋯⋯⋯⋯⋯⋯⋯⋯⋯⋯⋯⋯ 340

14.3 模型训练 ⋯⋯⋯⋯⋯⋯⋯⋯⋯⋯⋯⋯⋯⋯⋯⋯⋯ 342

14.3.1 训练环境 ⋯⋯⋯⋯⋯⋯⋯⋯⋯⋯⋯⋯⋯⋯ 342

14.3.2 训练流程 ⋯⋯⋯⋯⋯⋯⋯⋯⋯⋯⋯⋯⋯⋯ 343

14.3.3 模型训练技巧总结 ································· 345

14.4 模型测试 ······································· 348

14.4.1 测试环境 ····································· 348

14.4.2 评价指标 ····································· 349

14.4.3 测试集的录制与准备 ··························· 350

14.4.4 测试流程 ····································· 352

14.5 模型发布 ······································· 355

14.6 本章小结 ······································· 356

附录 A ·· 358

A.1 复数求偏导和共轭偏导 ························ 358

A.2 共轭求导示例 ······························ 359

A.2.1 向量求导 ····································· 359

A.2.2 二次型求导 ··································· 360

1

终端智能语音处理概述

1.1 引言

随着计算机、互联网、移动互联网、物联网的发展，以及相关科学技术的进步和特定业务领域数据的积累，人们常用的智能设备从过去的电脑、手机，向着多样化、小型化、可移动、可穿戴的方向发展，例如智能眼镜、耳机、腕表、车载系统、无人机、各种服务型机器人等。同时，传统的冰箱、电视、音箱、微波炉、抽油烟机、开关面板等家用电器也正向着智能化的方向发展，具备了一定的计算能力和联网功能。过去基于键盘、鼠标、按键、触屏、遥控器等的人机交互方式已经不能满足智能设备日益增加的需求，以及人们对人机交互更加便捷、自然的需求。语音是人与人之间最自然的交互方式，所以也是最有效的人机交互方式之一。

与此同时，在强大的软硬件、计算力、网络通信能力的支持下，从古代的面对面交流，到近代的有线电话，再到现代的手机、网络电话、音视频会议、网络直播等，人与人之间的对话形式逐渐丰富，通话质量、实时性也有了很大程度的提升。尤其是 2019 年年底到 2022 年，居家办公、远程会议、线上教学等需求急剧增长，对实时语音通话的品质也提出了更严格的要求。

从整个行业的发展情况来看，中国信息通信研究院的数据显示，2020 年我国人工智能产业规模为 3031 亿元。在整个人工智能产业中，智能语音产业化程度较高，是所占份额比例较大的细分领域，始终保持高速发展，并将在未来持续保持下去。智能语音技术具有广阔的行业应用场景，目前已被应用于教育、交通、医疗、客服、个人语音助手等领域，形成了完整的产业链[1]。

本书是与智能语音相关的技术性图书。完整的智能语音交互和通话链路包含的技术非常多，本书只覆盖了其中一小部分。本书的书名也体现了书中涉及的技术，具体如下。

第一，"语音处理"包含对语音信号和信息的处理，算法的输入为语音信号，输出也是语音信号，或是从信号中提炼的某种信息。例如语音增强算法的输入为多通道语音信号，输出为信噪比提升后的信号；而语音识别算法的输入为语音信号，输出为对应的文字信息。

第二，传统的信号/信息处理算法采用的方法论大多基于数学、物理、统计建模的方法，例如凸优化理论、远场模型、自适应滤波、概率与统计模型等。而"智能"一词则特指近年来流行的基于大数据建模的深度神经网络、人工智能等技术。本书对这两种方法论都有涉及，将其结合。

第三，"终端"是工程术语，代表和"云"相对的边缘设备。一套完整的智能语音链路一般需要"终端"和"云"同时参与，例如终端设备采集原始语音信号、进行语音增强，并监听信号中的关键词，一旦检测到关键词就说明用户发起了对终端的交互请求，终端将交互语音发送上云，云进行语音识别、语义理解、语音合成等处理，并将用户请求和交互应答下发回终端。本书主要关注终端问题。相对于"云"的高资源、高算力、集中式、高并发、批处理的工作方式，"终端"算法大多需要满足低资源、低算力、低功耗、分散式、实时处理的要求。一套"云"可以服务于大量终端，而每类终端的应用场景各不相同，如图 1.1 所示。

图 1.1 端—云协同示意图

1.2 问题和挑战

在实际应用中，终端智能语音处理面临着诸多问题和挑战。如图 1.2 所示，在实际应用场景中，无论是人机，还是人人语音交互和通话，都要面对诸多不利因素，这些不利因素既有声学环境造成的，也有硬件和网络传输造成的。受多种不利因素的影响，拾音设备接收到的原始音频的信噪比（signal-to-noise ratio，SNR）和语音可懂度（intelligibility）往往较低，导致机器或人"听不清"原始信号中的有效语音，从而降低人机交互的成功率，或人人通话的语音质量。这些不利因素可以粗略归为以下几类。

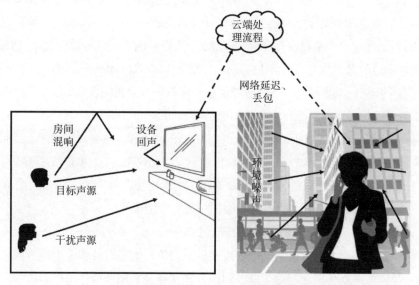

图 1.2　典型语音交互/通话场景示意图

噪声干扰：拾音设备接收到的非目标说话人发出的，以及非拾音设备发出的声音的统称，例如图 1.2 中的干扰声源及环境噪声。通过仔细分析可以发现，不同的噪声性质不同。例如，干扰声源属于点声源，其声源性质与目标语音属于同一类型，都是语音，属于非平稳信号[1]；而家居中的其他干扰源，例如洗衣机、微波炉发出的噪声，虽然在远离拾音设备的条件下也可以看作点声源，但其信号的

---

1 信号的统计性质，例如均值、方差等，是随时间而变化的。人在说话时会有停顿，每个词的发音也有抑扬顿挫，所以语音是非平稳信号。

统计特性和语音有所不同，属于平稳信号[1]。本书中的干扰（interference）一词特指点声源干扰。

另外，家居场景中的环境噪声，例如屋外马路上的噪声、风雨声，或是车载场景中的路噪、风噪等，以及卖场、展会、街道场景中嘈杂的人声等，是由多个不同的点声源叠加而成的，来自四面八方，这类噪声也被称为散射噪声、扩散场噪声（diffuse noise）。另外，在诸如机器人、无人机等应用场景中，设备的风扇、电机，以及机器人移动时也会发出噪声，这类噪声被统称为自噪声（ego-noise）。由于不同类型噪声的性质不同，所以采取的处理手段也各不相同。

设备回声：某些设备上同时具有麦克风和扬声器，既能收音，也能放音，例如智能音箱、电视、会议终端等。在此类应用场景中，设备播放的声音又会被其自身的麦克风采集回来，形成声学回声（acoustic echo），在本书中简称回声（echo）[2]。由于回声是设备自身放音造成的，所以其内容是信号处理程序已知的，即通常所说的远端信号（far-end signal）或参考信号（reference signal）。所以，与噪声干扰相比，我们有额外的参考信息来应对回声造成的影响。但是，回声给我们带来的挑战依然很艰巨，主要面临的困难如下。

- 极低信回比（signal-to-echo ratio, SER）：在音箱、电视等应用中，目标语音与回声的信回比较低，通常可以达到 -20 dB 至 -30 dB，而在某些高端设备中，例如苹果的 HomePod 音响，信回比甚至可达到 -40 dB[2]。在如此低的信回比条件下，有效抑制回声是非常困难的。
- 非线性回声：由于放音系统的音效和动态压缩（dynamic range compression, DRC）保护机制，对于大音量下设备产生的振动和由于扬声器缺陷带来的失真等问题，除了线性回声外往往还会伴随非线性回声的影响。与线性回声不同，非线性回声无法被简单建模为参考的线性变换，所以更难处理。
- 参考延时抖动和样点漂移：在某些应用中，网络传输、设备缓存等因素导致麦克风信号和参考信号的时间轴产生偏差或抖动，该偏差通常可以达到百毫秒级，有时候甚至可以达到秒级。而在某些场景中，麦克风信号和参考信号在模/数转换时的采样并不是由同一个时钟源控制的，两个时钟的

---

1 信号的统计性质相对稳定。

2 在早期的电话通信系统中还存在另一类由于通信电路造成的回声，即电路回声（line echo）。但随着数字电路、网络通信的流行，以及电路质量的提高，在本书所提到的问题中已不会再出现电路回声，所以本书中的回声一词特指声学回声。

细微偏差会导致信号采样点发生漂移。这些问题导致了麦克风信号和参考信号不同步，会显著增加回声问题的处理难度。

房间混响：在室内场景中，例如家居、会议室、展厅等，声音会受到墙壁、家具的反射，形成混响（reverberation）。除了声源发出的直达声，拾音设备还会收到房间反射而带来的反射声。受混响的影响，直达声的单一传播路径的信道模型变为直达声加反射声的多路径信道模型。房间混响会降低语音的可懂度，除此之外，为了应对干扰和回声的多路径传播，相应算法的模型参数量、计算复杂度都会随着混响程度而增加，而处理效果却会随之变差。

除了上述影响信号质量的问题，终端设备也会带来以下问题。

- 低资源、低功耗：由于算法运行在各种边缘设备上，相应的存储、算力和云端设备不在同一量级，所以算法受制于硬件条件。为了延长使用时间，一些由电池供电或需要长时间待机的应用还需满足低功耗的需求。
- 实时性：本书所涉及的算法大多有实时性要求，这里包含两层意思：一是算法的处理速度必须大于语音信号的 I/O 速度，否则会造成语音丢帧。在低资源实时算法中，硬件条件往往会成为算法设计的瓶颈；二是算法的输出延时必须控制在一个合理的范围内，延时过大会造成系统响应速度过慢，影响用户体验。
- 场景碎片化：终端设备多种多样，各种设备的形态、应用场景、软硬件资源不同，无法通过单一的算法和架构覆盖所有问题。

1.3 发展历史概要

早期的语音处理技术采用的方法论大多基于物理、统计建模，不能算作"智能"，只能被称为语音信号处理算法。语音信号处理具有悠久的历史，早期的单通道降噪算法中的谱减法[3] 通过统计时频点及其邻域的特征来对背景噪声的功率谱进行估计，并将其从频谱中减去，从而达到降噪的目的。OM-LSA 算法[4] 利用贝叶斯理论来估计信号的时频掩蔽码来实现降噪。传统单通道降噪算法适合抑制平稳的背景噪声，但对于非平稳噪声，例如另一个人的干扰，则效果较差。传统降噪方法还容易造成频谱不连贯，引入音乐噪声（musical noise），从而增加目标语音的失真程度。

传统多通道降噪算法起源于波束形成（beamforming）[5] 理论。波束形成最早被用于雷达、声呐等窄带信号的处理，后来逐渐被扩展到宽带的语音领域，其典型算法包括 Superdirective[6]、最小方差无失真响应（minimum variance distortionless response，MVDR）[7] 等。波束形成可以被比喻为一种空间滤波器，能够允许目标方位的信号通过，并阻止目标以外，或某些特定干扰方位的信号通过。与单通道降噪算法相比，多通道降噪算法可以从理论上保证目标语音无失真，但其降噪效果显著依赖于算法和麦克风阵列结构。

盲源分离（blind source separation，BSS）可以被看作另一类多通道降噪算法，其发展要晚于波束形成，独立成分分析（independent component analysis，ICA）[8] 是其中典型的算法。这类算法最大的特点就在于其"盲源"的特性：无须对源信号和传播信道做过多先验假设，利用源信号之间的独立性就可以实现分离的目的。

语音信号的传播和混合过程相当于卷积模型，一般使用频域盲源分离的算法框架进行处理。该框架首先将时域信号变换到频域，使得原来的卷积混合能近似转换为各个频段上的瞬时混合，从而在各个频段上能套用现有的瞬时模型算法，例如 ICA，进行求解。由于算法在各个频段上对输出信号的排列顺序可能各不同，所以还需要一个解决排列歧义性的后处理过程[9]，将属于同一源的所有频段的输出顺序调整一致，再将结果变换回时域。

先分离再排列的架构适用于离线算法，但不利于实时处理，直到独立向量分析（independent vector analysis，IVA）算法[10] 出现，才使得实时语音分离成为可能。IVA 改进了 ICA 的目标函数，在最大化不同源信号之间的独立性的同时，最大化同源信号的不同频段之间的相关性，使得算法在分离的同时解决了排列歧义性问题。后来提出的 AuxIVA 算法[11] 利用辅助函数的思想进一步提升了算法的收敛速度。之后，IVA 又与非负矩阵分解（nonnegative matrix factorization，NMF）结合[12]，提升了算法对语音、音乐这类具有明显谐波结构的信号的分离性能。

回声消除伴随着自适应滤波理论发展，它相当于一种带噪条件下的系统辨识（system identification）问题，所以自适应滤波的相关理论和方法都可以用于求解回声消除问题。早期的代表算法包括最小均方（least mean square，LMS）和归一化最小均方（normalized least mean square，NLMS）[13]，这类算法利用梯度下降法进行迭代优化，收敛速度一般，但计算量较小；递归最小二乘（recursive least squares，RLS）算法[14] 基于最小二乘理论，能够提升算法的收敛速度，但计算量有所增加。为了避免近端语音失真和滤波器发散，早期的算法还需要某种双讲（近端语音和回声同时出现）检测（double-talk detection，DTD）机制[15]的配合，在双讲期间暂停或减缓滤波器的迭代。随着技术的发展，出现了基于盲源分离理论的回声消除算法[16]，该算法的优点在于对双讲情况进行明确建模，并套用盲源分离的理论框架进行求解，所以在双讲条件下算法性能较好，并且无须双讲检测机制的配合。

大多数信号处理算法假设环境在一定时间段内是稳定的，或是缓慢变化的。在该前提下，如果算法的迭代速度远大于环境的变化速度，就可以将信号模型简化为线性时不变（linear and time-invariant，LTI）系统进行处理。但在实际应用中，回声路径、声源位置等变量也可能出现快速变化的情况，线性时不变假设对于此种情况显然不够准确，从而会影响算法的性能表现。Kalman 滤波[17] 在线性时不变信号模型的基础上又加入了对系统不确定性的考虑，进一步提升了算法的收敛速度，较为适合用于对信号进行实时处理。

线性回声由参考信号卷积上回声路径形成，基于自适应滤波的回声消除方法只能应对线性回声的影响。在实际应用中，由于信号失真、设备震动等原因，还会形成非线性回声，需要使用非线性的手段加以处理。所以完整的回声消除算法一般包含自适应滤波和后滤波两部分，后滤波部分用于抑制自适应滤波后的回声残余。典型的基于传统信号处理的后滤波方法包括 Wiener 滤波[18] 等。

自适应滤波的理论框架同样适用于去混响问题，常用的算法例如 WPE[19]等。近年来，也有研究将去混响与回声消除、降噪等任务进行联合求解，例如参考文献 [20] 中的内容等。

上述算法主要解决语音增强问题，其输入是单/多通道的语音信号，输出也是语音信号。但在端侧语音处理中，有的任务要求从原始信号中提取某些有用的信息，例如声源定位[21]、语音活动性检测[22]、关键词检测[23] 等。此类算法的传统思路主要基于信号的频谱、相位、能量等底层特征，利用高斯混合模型（Gaussian mixture model，GMM）、隐马尔可夫模型（hidden Markov model，HMM）等机器学习方法进行建模。

如果将传统语音处理归类为基于物理和统计建模的方法，那么近年来兴起的大数据、深度学习等人工智能技术则可以归类为基于数据建模的方法。利用长期积累下来的海量业务数据，加上深度神经网络强大的非线性建模能力，可以使深度模型在难以使用物理或简单统计方法建模的问题上实现比传统方法更出色的性能，这也使得算法能够使用"智能"一词来形容。这部分的代表性工作有单通道降噪[24]、回声残余抑制[25]，从歌曲中分离出原唱和伴奏[26] 等。而对于语音活动性检测、关键词检测等模式识别类型的任务，使用深度神经网络代替原来的模型后，算法的性能会有显著提升，这部分的代表性工作在参考文献 [27, 28] 中提到。

传统信号处理与深度神经网络各有优势，一种改进思路便是将两者结合：对于物理意义比较明确的部分，例如卷积模型、子带滤波、波束等，仍然使用传统的方法；而对于难以用物理模型来描述的部分，例如语音频谱的谐波结构、语音存在概率、回声或噪声残余等，则用大数据加深度学习的方式进行建模。如此便衍生出了一系列对传统方法的改进，例如，参考文献 [29] 中使用深度模型估计目标语音存在概率，用于指导自适应波束形成中目标和噪声协方差矩阵的迭代。同理，该思路也可以用于定位声源，提升噪声场景下的定位准确率。参考文献 [16] 中的回声消除算法使用传统自适应滤波对线性回声进行抑制，并配合深度神经网络的后滤波模型进一步抑制回声残余。

近年来，端到端（end-to-end）思想是智能语音领域的研究热点之一。该思想认为，信号处理加深度模型的方法属于两个模块的级联，在模型训练时，损失函数无法反馈信号部分，并且信号部分的目标函数往往与最终任务的目标函数不同，所以训练过程无法对这部分算法进行优化；而端到端思想主张算法链条上的所有环节均由深度模型实现，这样便可以实现训练误差的反向传播，从而有望实现更好的性能。目前，端到端思想已经在某些任务中取得了良好的表现，例如参考文献 [30, 31] 中提到的内容。

1.4 本书的组织结构

本书的主体部分按照图 1.3 的方式进行组织，但每章内容相对独立，读者可以根据自己所需的知识点直接跳到相应的章节进行阅读。

本书的第 1 章为综述，介绍终端智能语音处理领域面临的问题和挑战、算法的发展历史概要，以及本书的总体框架、符号和表示的默认约定。第 2 ～ 14 章分为理论篇和工程篇两部分：理论篇主要介绍各种算法的原理和思想，工程篇主要介绍在工程和实际应用中面临的问题，以及配套工具包的使用方法。

在理论篇中，第 2 章子带滤波介绍如何将宽带的时域信号拆解成多个窄带信号，即将时域信号变换到时-频域（time-frequency domain）；以及如何将拆解后的窄带信号合并为宽带信号。由于后续章节的算法大多在时-频域上进行处理，所以第 2 章相当于后续章节的前提。

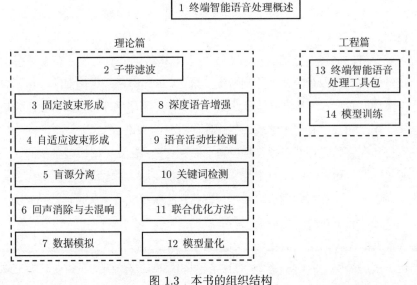

图 1.3 本书的组织结构

第 3～5 章主要介绍使用麦克风阵列进行噪声和干扰抑制的方法，分别为固定波束形成、自适应波束形成、盲源分离三部分。固定与自适应波束形成的区别在于算法的噪声模型及 beamformer 是固定不变的还是随环境自适应更新的，而盲源分离技术相当于一种自适应零点的波束形成。每一类算法，甚至同类算法中的不同种算法都有各自的优缺点，有特定的适用范围。所以不存在绝对优秀的算法，在实际应用中应根据具体的需求选择算法。

第 6 章主要采用自适应滤波的方法来抑制回声和混响，由于在去混响任务中可以把麦克风信号自身的延时看作参考信号，从而套用回声消除的方法进行处理，所以作者将去混响任务也合并到了该章中。

第 3～6 章主要基于传统信号处理的方法对目标语音信号进行增强。随着深度神经网络、大数据、人工智能等技术的发展，基于深度学习的方法在语音处理领域也得到了充分应用，第 7～12 章介绍与深度语音处理相关的知识。

训练深度神经网络需要海量数据的支持，而获得海量数据性价比最高的方法就是数据模拟。第 7 章介绍数据模拟相关的内容，为后续的模型训练奠定了基础。

第 8 章介绍利用深度神经网络进行语音增强的一些方法，例如抑制回声残余、降噪、分离等，相当于传统方法在深度学习框架下的扩展。第 9 章介绍语音活动性检测的方法，包括传统的 HMM 框架及基于深度神经网络的方法。关键词检测是许多智能设备必不可少的功能之一，第 10 章介绍关键词检测的相关问题与技术。

一套完整的端侧智能语音处理系统由多个算法子模块组成，多个子模块各自达到最优并不代表系统整体达到最优。第 11 章介绍联合优化方法，包括多个信号子模块的联合，以及传统信号处理与深度神经网络的联合。多个算法模块相互迭代、相互配合，有利于实现比各自迭代更好的效果。

算力和存储始终是低资源终端设备的瓶颈，第 12 章介绍模型量化的一些方法。通过模型量化，可以在有限性能损失的前提下将 32 比特浮点数的模型转换为 8 比特甚至更少比特数的定点模型，有利于降低存储开销，并且节约算力，保证了深度神经网络在终端设备上顺利部署。

在本书的工程篇中，第 13 章对配套的工具包进行介绍，包括总体框架、配置参数、调用示例等内容。第 14 章以关键词检测模型为例，介绍实际模型训练过程中可能遇到的问题和训练思想，以及训练脚本的使用方法。

1.5　本书的适用人群

本书涉及线性代数、概率论、数字信号处理、C/C++ 程序设计的基础知识，适合理工科高年级本科生、研究生，以及从事或希望从事智能语音领域技术研发工作的工程师阅读。

1.6　常用表示和符号对照

1.6.1　默认符号

本书涉及的问题类型较多，如果每类问题都用各自的符号表示则会显得整个体系较为混乱，不利于读者理解。这里将常用的符号和表示统一如下，如果在某个问题中没有特殊说明，则公式中各字母的默认含义就如本节所示。

- 细斜体小写字母、粗斜体小写字母、粗斜体大写字母分别表示标量、向量、矩阵，例如：a、$\boldsymbol{a}$、$\boldsymbol{A}$。
- 上标 $*$、T、H 分别表示复数的共轭、向量和矩阵的转置，以及共轭转置，例如：$\boldsymbol{A}^{\mathrm{H}} = (\boldsymbol{A}^*)^{\mathrm{T}} = (\boldsymbol{A}^{\mathrm{T}})^*$。
- 符号 $\star$ 表示两个序列的卷积操作，详见 1.6.3 节。
- 逗号用于分割向量或矩阵中的行间元素，例如：$\boldsymbol{a} = [a_1, a_2]^{\mathrm{T}}$。而分号用于分割各个行，例如：$\boldsymbol{a} = [a_1; a_2]$，$[\boldsymbol{a}; \boldsymbol{b}] = [\boldsymbol{a}^{\mathrm{T}}, \boldsymbol{b}^{\mathrm{T}}]^{\mathrm{T}}$。
- 源信号、麦克风信号，以及算法输出的信号分别用字母 s、x 和 y 表示。
- 某个问题中的混合模型通常用字母 $\boldsymbol{A}$ 表示，对应的求解模型通常用字母 $\boldsymbol{B}$ 表示。如果一个问题中包含多个混合/分离模型，则字母的顺序依次向后顺延。例如第 11 章中，盲源分离、回声消除、去混响的混合模型分别用 $\boldsymbol{A}$、$\boldsymbol{B}$、$\boldsymbol{C}$ 表示，对应的分离模型分别用 $\boldsymbol{D}$、$\boldsymbol{E}$、$\boldsymbol{F}$ 表示。
- 手写体字母表示各种常用算子，例如求期望 $\mathcal{E}$、熵 $\mathcal{H}$、互信息 $\mathcal{I}$ 等。
- 索引字母 n、m、r 和 k 分别表示源信号、麦克风、参考和频段的序号，在整个模型中一共有 N 个源、M 个麦克风、R 路参考和 K 个频段。
- 索引字母 t 和 τ 分别表示时域信号各个采样的序号，以及子带数据的各个帧的序号。总的时间序列长度为 T。如果没有特殊说明，则将 t 索引的变量默认为时域数据，而将 k 和/或 τ 索引的变量默认为频域数据。
- 索引字母 l 一般用于表示各阶滤波器，滤波器的总长度为 L。

1.6.2 对离散时间序列的表示

本书主要关注对语音信号的处理，而语音信号是离散时间序列[1] 的一种。在本书中，离散时间序列一般有以下几种表示方法。例如：

$$x(t) = [\cdots, x(-2), x(-1), x(0), x(1), x(2), \cdots] \tag{1.1}$$

虽然这里的 x 是小写细体的，但其带有索引变量 t，所以 $x(t)$ 应理解为一个序列，而不能简单理解为一个标量。式 (1.1) 中的 $x(t)$ 也可以看作一个无限长的向量，但此时 x 仍使用细斜体而不使用粗斜体表示的原因是本书中会出现多通道信号，例如：

---

1 时间索引是离散的，但每个采样点的取值是连续的，在程序中一般用 32 比特浮点数表示。

$$x(t) = [\cdots, \boldsymbol{x}(-2), \boldsymbol{x}(-1), \boldsymbol{x}(0), \boldsymbol{x}(1), \boldsymbol{x}(2), \cdots] \tag{1.2}$$

此时，$\boldsymbol{x}(t) = [x_1(t), \cdots, x_M(t)]^{\mathrm{T}}$ 表示一帧 M 通道的信号采样。

另外，当不强调索引顺序时，序列还可以表示为

$$x = [\cdots, x(-2), x(-1), x(0), x(1), x(2), \cdots] \tag{1.3}$$

该表示方法在第 5 章中经常出现。此时应当把 x 理解为一个随机变量，序列中的各个采样点则相当于该随机变量的观测样本，这里并不在意各个样本出现的顺序。

在一些章节中，离散时间序列的索引也会用下标表示。例如在线性时不变系统中，我们通常假设滤波器是不随时间而变化的，一个长度为 L 的滤波器 b 可以表示为

$$b = [b_0, b_1, \cdots, b_{L-1}] \tag{1.4}$$

这样有利于将滤波器阶数与时间索引区别开来，例如，使用梯度下降法将第 l 阶滤波器 b_l 从 $\tau - 1$ 时刻更新到 τ 时刻可以表示为

$$b_l(\tau) = b_l(\tau - 1) - \mu \frac{\partial \mathcal{J}}{\partial b_l^*} \tag{1.5}$$

其中，μ 为迭代步长，$\mathcal{J}$ 表示目标函数。

某个符号代表标量、序列，还是随机变量，还需要看对应的上下文关系。为防止混淆，一般在上下文中会有说明。

1.6.3 关于索引序号从 0 还是 1 开始的说明

在不同的场景下，索引序号从 0 或 1 开始都有各自的优缺点。在写数学公式时，索引序号从 1 开始较为方便。例如，一个 $M \times N$ 的矩阵 $\boldsymbol{A}$ 可以表示为

$$\boldsymbol{A} = \begin{bmatrix} a_{11} & \cdots & a_{1N} \\ \vdots & \ddots & \vdots \\ a_{M1} & \cdots & a_{MN} \end{bmatrix} \tag{1.6}$$

如果此时索引序号从 0 开始，则 a_{MN} 的下标不方便表示。但在 C/C++ 程序中，索引序号都是从 0 开始的，这样对寻址操作和索引运算较为方便。另外，由于离散时间序列是本书的重点内容，而 0 时刻是离散时间序列中的一个重要时

刻，因此需要索引从 0 开始。

为了兼顾两者的优点，若无特殊说明，书中凡是与离散时间序列相关的操作，其索引默认从 0 开始。例如，无限长信号序列 s 与长度为 L 的滤波器序列 a 的卷积操作 $x = a \star s$：

$$x(t) = \sum_{l=0}^{L-1} a(l)s(t-l) \tag{1.7}$$

该操作在计算机中的实现过程如图 1.4 所示。由于滤波器的长度有限，所以可以被完全载入内存。而信号的长度是无限的，所以只能开辟一块与滤波器长度相同的内存，相当于一个滑动窗口，每次操作时，新的采样点从窗口的右侧滑入，而超过窗口长度的历史采样点从窗口的左侧滑出。之后窗口中的信号与滤波器做点对点相乘并相加后得到当前时刻的卷积结果。

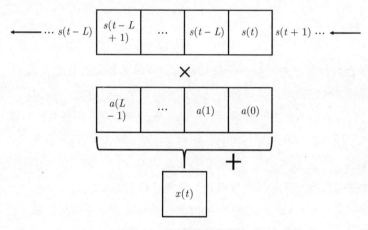

图 1.4 卷积操作示意图

除离散时间序列相关的操作外，索引序号默认从 1 开始。索引的起始数字从公式中或上下文中也能看出。

1.7 关于中英文混写的说明

本书绝大部分参考资料来自英文文献，其中有非常多的专业术语，有的术语有比较明确的中文翻译，例如 blind source separation 被翻译为盲源分离；有的术语有多种中文翻译，例如 Hash 被译为哈希、散列；而有的术语难以翻译，例如第 9 章中的 collar、hangbefore 和 hangover 等。所以本书中有许多中英文混写的内容，其中的人名和难以翻译的部分一般保留英文。

1.8 免责声明

本书中的内容仅代表作者的个人观点，并不代表作者过去或现在所在组织、单位、公司的观点或技术认知。由于作者个人能力和精力有限，书中难免会出现各种瑕疵、纰漏和错误。欢迎大家通过电子邮箱 nay0648@163.com 联系我们进行交流讨论，或给予批评指正。

1.9 本章小结

语音是人与人之间最自然的交互方式，所以也是最有效的人机交互方式之一。语音技术的发展可以满足智能设备日益多样化、小型化、可移动、分布式的需求，并使得人与人的通话在时间、距离、质量等维度上得到大幅延伸。

本书介绍智能语音信号和信息处理相关技术，涵盖人/机语音交互、人/人语音通话中的若干技术点。由于完整的技术链条非常长，本书无法做到完全覆盖，所以本书的侧重点在于各种终端设备上的智能语音处理技术。

在实际应用中，终端智能语音处理面临着诸多问题和挑战：除了设备回声、噪声干扰、房间混响等不利声学因素的影响，低资源、实时性、应用场景碎片化等问题也给终端智能语音处理增加了难度。

本章 1.1 ~ 1.3 节介绍了终端智能语音处理的基本概念、所面临的问题和挑战，并简要回顾了相关技术的发展历史。1.4 节介绍了本书的组织结构，1.6 节给出了书中的常用数学表示方式。

本章参考文献

[1] 李苏, 曾然然, 殷冶纲. AI 智能语音技术与产业创新实践 [M]. 北京: 人民邮电出版社, 2021.

[2] ENGINEERING A S, TEAM S S. Optimizing siri on homepod in far-field settings[EB/OL]. 2018. https://www.hxedu.com.cn/Resource/202301841/01.htm

[3] BOLL S. Suppression of acoustic noise in speech using spectral subtraction[J]. IEEE Transactions on acoustics, speech, and signal processing, 1979, 27(2): 113-120.

[4] COHEN I, BERDUGO B. Speech enhancement for non-stationary noise environments[J]. Signal processing, 2001, 81(11): 2403-2418.

[5] VAN VEEN B D, BUCKLEY K M. Beamforming: A versatile approach to spatial filtering[J]. IEEE assp magazine, 1988, 5(2): 4-24.

[6] BENESTY J, CHEN J, COHEN I. Design of circular differential microphone arrays: volume 12[M]. Switzerland: Springer, 2015.

[7] CAPON J. High-resolution frequency-wavenumber spectrum analysis[J]. Proceedings of the IEEE, 1969, 57(8): 1408-1418.

[8] HYVÄRINEN A, OJA E. Independent component analysis: algorithms and applications[J]. Neural networks, 2000, 13(4-5): 411-430.

[9] NA Y, YU J, CHAI B. Independent vector analysis using subband and subspace nonlinearity[J]. EURASIP Journal on Advances in Signal Processing, 2013, 2013(1): 1-16.

[10] KIM T, LEE I, LEE T W. Independent vector analysis: definition and algorithms[C]// 2006 Fortieth Asilomar Conference on Signals, Systems and Computers. IEEE, 2006: 1393-1396.

[11] ONO N. Stable and fast update rules for independent vector analysis based on auxiliary function technique[C]//2011 IEEE Workshop on Applications of Signal Processing to Audio and Acoustics (WASPAA). IEEE, 2011: 189-192.

[12] KITAMURA D, ONO N, SAWADA H, et al. Determined blind source separation unifying independent vector analysis and nonnegative matrix factorization[J]. IEEE/ ACM Transactions on Audio, Speech, and Language Processing, 2016, 24(9): 1626-1641.

[13] HAYKIN S. Adaptive filter theory[J]. Prentice Hall google schola, 2002, 2: 67-94.

[14] APOLINÁRIO J A, APOLINÁRIO J A, RAUTMANN R. Qrd-rls adaptive filtering[J]. 2009.

[15] BENESTY J, MORGAN D R, CHO J H. A new class of doubletalk detectors based on cross-correlation[J]. IEEE Transactions on Speech and Audio Processing, 2000, 8(2): 168-172.

[16] WANG Z, NA Y, LIU Z, et al. Weighted recursive least square filter and neural network based residual echo suppression for the aec-challenge[C]//ICASSP 2021-2021 IEEE International Conference on Acoustics, Speech and Signal Processing (ICASSP). IEEE, 2021: 141-145.

[17] BRAUN S, HABETS E A. Online dereverberation for dynamic scenarios using a

Kalman filter with an autoregressive model[J]. IEEE Signal Processing Letters, 2016, 23(12): 1741-1745.

[18] HUANG H, HOFMANN C, KELLERMANN W, et al. A multiframe parametric wiener filter for acoustic echo suppression[C]//2016 IEEE International Workshop on Acoustic Signal Enhancement (IWAENC). IEEE, 2016: 1-5.

[19] NAKATANI T, YOSHIOKA T, KINOSHITA K, et al. Speech dereverberation based on variance-normalized delayed linear prediction[J]. IEEE Transactions on Audio, Speech, and Language Processing, 2010, 18(7): 1717-1731.

[20] NA Y, WANG Z, LIU Z, et al. Joint online multichannel acoustic echo cancellation, speech dereverberation and source separation[C]//Interspeech. 2021.

[21] DMOCHOWSKI J P, BENESTY J, AFFES S. A generalized steered response power method for computationally viable source localization[J]. IEEE Transactions on Audio, Speech, and Language Processing, 2007, 15(8): 2510-2526.

[22] YING D, YAN Y, DANG J, et al. Voice activity detection based on an unsupervised learning framework[J]. IEEE Transactions on Audio, Speech, and Language Processing, 2011, 19(8): 2624-2633.

[23] ROHLICEK J R, RUSSELL W, ROUKOS S, et al. Continuous hidden Markov modeling for speaker-independent word spotting[C]//International Conference on Acoustics, Speech, and Signal Processing. IEEE, 1989: 627-630.

[24] REDDY C K, GOPAL V, CUTLER R, et al. The interspeech 2020 deep noise suppression challenge: Datasets, subjective testing framework, and challenge results[J]. arXiv preprint arXiv:2005.13981, 2020.

[25] CUTLER R, SAABAS A, PARNAMAA T, et al. Icassp 2022 acoustic echo cancellation challenge[C]//ICASSP 2022-2022 IEEE International Conference on Acoustics, Speech and Signal Processing (ICASSP). IEEE, 2022: 9107-9111.

[26] RAFII Z, LIUTKUS A, STÖTER F R, et al. An overview of lead and accompaniment separation in music[J]. IEEE/ACM Transactions on Audio, Speech, and Language Processing, 2018, 26(8): 1307-1335.

[27] HUGHES T, MIERLE K. Recurrent neural networks for voice activity detection[C]// 2013 IEEE International Conference on Acoustics, Speech and Signal Processing. IEEE, 2013: 7378-7382.

[28] CHEN G, PARADA C, HEIGOLD G. Small-footprint keyword spotting using deep neural networks[C]//2014 IEEE International Conference on Acoustics, Speech and Signal Processing (ICASSP). IEEE, 2014: 4087-4091.

[29] NA Y, WANG Z, WANG L, et al. Joint ego-noise suppression and keyword spotting on sweeping robots[C]//ICASSP 2022-2022 IEEE International Conference on Acoustics, Speech and Signal Processing (ICASSP). IEEE, 2022: 7547-7551.

[30] GAO Z, YAO Y, ZHANG S, et al. Extremely low footprint end-to-end asr system

for smart device[J]. arXiv preprint arXiv:2104.05784, 2021.

[31] ALVAREZ R, PARK H J. End-to-end streaming keyword spotting[C]//ICASSP 2019-2019 IEEE International Conference on Acoustics, Speech and Signal Processing (ICASSP). IEEE, 2019: 6336-6340.

理论篇

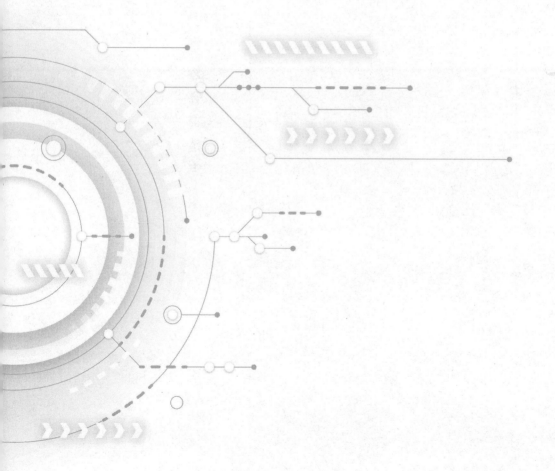

2

子带滤波

语音信号属于宽带信号，它按照交互类语音信号处理常用的 16 kHz 采样率来计算，可以认为语音的有效成分分布在 100 Hz 至 8 kHz 之间。语音信号中含有大量的信息冗余，例如语音的谐波结构，所以在传播过程中不会由于某些频段受损导致全部信息丢失。通俗地讲，语音的宽带特性有利于人们在嘈杂的环境中顺利交流。但是，宽带特性给语音信号与信息处理增加了难度：不同频率范围的宽带信号的性质有所不同，所以我们无法通过某个统一的操作来对整个频带上的信号进行处理[1]。

傅里叶（Fourier）变换为宽带信号处理提供了思路：三棱镜能将白光分解为不同频率的单色光，傅里叶变换仿佛"数学三棱镜"[2]，能将时域宽带信号分解为不同频率的成分，即窄带信号。由于每个窄带所包含的信息成分更少，性质更单一，并且各个窄带之间的相互影响较小，所以处理起来也更容易。根据卷积定理，时域上的卷积操作可以近似转换为频域上的点积操作，所以在频域进行处理也有利于对信号模型，以及每个窄带所需的滤波器长度进行简化。另外，对语音信号来说，分解为窄带后的稀疏性和非高斯性更强，其统计性质也会变得更有利于算法进行处理。

本章介绍子带滤波（subband filtering）的相关内容，子带滤波相当于傅里叶变换的延伸。"子带"是对窄带信号的统称，分解方法不同，所形成的子带性质，例如子带数目、带宽、频谱泄漏（spectral leakage）等，也会有所不同。"滤波"则相当于某种数据处理算法或操作[3]。子带滤波包含子带分解（subband analysis）和子带综合（subband synthesis）两种操作，分别指将宽带信号拆解成若干子带，以及将各个子带信号合并为宽带信号的操作。

子带滤波也是大多数信号处理算法的基础。这是因为信号处理算法通常属于频域算法，基本处理流程是首先通过子带分解将时域信号变换到时-频域或子带域，然后在各子带上分别进行处理，最后通过子带综合将输出信号变换回时域。将输入进行子带分解后再进行处理，有利于算法充分利用窄带信号的优点，从而对信号模型和问题规模进行简化。

2.1 节介绍离散傅里叶变换与短时傅里叶变换，2.2 节介绍多相（polyphase）滤波器组技术，2.3 介绍子带滤波中会用到的原型滤波器（prototype filter）的基本设计方法，2.4 节进行本章小结。

2.1　离散傅里叶变换与短时傅里叶变换

短时傅里叶变换（short-time Fourier transform，STFT）相当于离散傅里叶变换（discrete Fourier transform，DFT）的延伸，用于对一个无限长[1]的信号序列进行子带分解和综合操作。

2.1.1　离散傅里叶变换

DFT 在数字信号处理领域应用非常广泛，其正变换和逆变换分别如公式 (2.1) 和公式 (2.2) 所示，其中 $x(t)$ 为离散时间信号，其对应的 DFT 系数为 $X(k)$。t 为离散时间索引，T 为序列长度，k 为频段索引，$\mathrm{j} = \sqrt{-1}$。

$$X(k) = \sum_{t=0}^{T-1} x(t)\mathrm{e}^{-\mathrm{j}2\pi kt/T}, \quad k = 0, 1, \cdots, T-1 \tag{2.1}$$

$$x(t) = \frac{1}{T}\sum_{k=0}^{T-1} X(k)\mathrm{e}^{\mathrm{j}2\pi kt/T}, \quad t = 0, 1, \cdots, T-1 \tag{2.2}$$

关于 DFT 的介绍资料非常多，本节为了内容的完整性只列出了对应的公式，对其原理和性质不再赘述，感兴趣的读者可以通过参考文献 [2] 来了解更详细的内容。

DFT 的一种最实用的实现方式是快速傅里叶变换（fast Fourier transform，FFT）。FFT 通过复用 DFT 中运算冗余的部分，可以将 DFT 原本 $O(T^2)$ 的计算复杂度降低为 $O(T\lg T)$ 的量级，FFT 的序列长度一般为 2 的整数次方。

---

1 相当于信号序列的长度远大于 DFT 窗口的长度。

2.1.2 短时傅里叶变换

使用 DFT 对音频信号进行处理还面临着两个问题：首先，音频信号是一种流式信号，可以认为是无限长的，而公式 (2.1) 和公式 (2.2) 在存储有限的前提下只能处理有限长的信号。其次，语音信号具有短时平稳性，即在一个合理的小时间段内，信号的统计性质可以近似地认为是稳定的，但语音信号在长时尺度上却呈现出非平稳性。DFT 将信号当作周期信号，单次 DFT 显然不能反映语音信号的非平稳性质。

为了对流式信号做 DFT，人们提出了短时傅里叶变换，基本思想就是将输入信号分段、加窗、再做 DFT，如公式 (2.3) 和图 2.1(a) 所示。其中 $x(k, \tau)$ 为对应的频域数据，k 为频段序号，τ 为数据块序号。与公式 (2.1) 中的 $X(k)$ 相比，这里增加了时间维度 τ，所以公式 (2.3) 中的 $x(k, \tau)$ 也被称为时-频域。本书中时域和时-频域数据一般用小写字母表示，并通过索引 (t) 和 (k, τ) 进行区分。B 为每次输入的数据块的大小，T 为 DFT 的长度。在图 2.1(a) 中，$T = 2B$，并且各段 DFT 有 $1/2$ 的重叠，这也是一种常用的 STFT 参数配置。

$$x(k, \tau) = \sum_{t=0}^{T-1} g(t) x(\tau B + t) \mathrm{e}^{-\mathrm{j}2\pi kt/T}, \quad k = 0, 1, \cdots, T-1 \qquad (2.3)$$

短时傅里叶逆变换（inverse short-time Fourier transform，ISTFT）如公式 (2.4) 和图 2.1(b) 所示。在按照公式 (2.4) 进行每段数据的逆变换和加窗后，还需要按照图 2.1(b) 的方式将各段时域信号重叠相加（overlap-add），才能得到最终的输出。

$$y(\tau B + t) = \frac{1}{T} \sum_{k=0}^{T-1} h(t) y(k, \tau) \mathrm{e}^{\mathrm{j}2\pi kt/T}, \quad t = 0, 1, \cdots, T-1 \qquad (2.4)$$

在公式 (2.3) 和公式 (2.4) 中，$g = [g(0), g(1), \cdots, g(T-1)]^{\mathrm{T}}$ 和 $h = [h(0), h(1), \cdots, h(T-1)]^{\mathrm{T}}$ 为两个窗函数，分别叫作分析窗（analysis window）和综合窗（synthesis window）。关于加窗的作用，将在后面的内容中详细介绍。

图 2.2 中给出了一个 STFT 与 DFT 的对比示例。其中图 2.2(a) 中的时域信号为 8 秒，前 4 秒为 500 Hz 余弦波，后 4 秒为 2 kHz 余弦波，信号在第 4 秒发生了频率跳变。如果将整段信号做 DFT，则可以得到如图 2.2(b) 所示的频谱。从频谱中可以看到 500 Hz 和 2 kHz 两个峰值，说明 DFT 正确反映了信号

的频率成分，但无法看出频率跳变的时间点。图 2.2(c) 为 STFT 的结果，频谱变成了时间-频率的二维图像，从中不但可以看出信号的频率成分，还可以看出频率跳变的时间点。

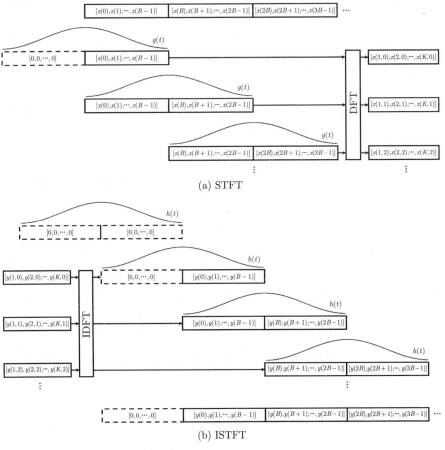

(a) STFT

(b) ISTFT

图 2.1 STFT 与 ISTFF 示意图

语音信号具有局部平稳、长时不平稳的性质，所以非常适合利用 STFT 等子带滤波的方法进行处理。图 2.3 中给出了一段语音信号及其 STFT 频谱的示例，从频谱中可以看出语音的谐波结构随时间变化的特点。

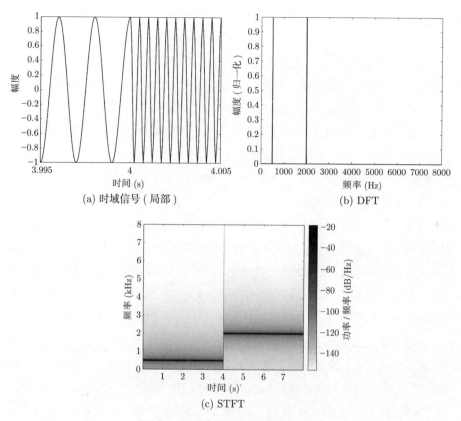

(a) 时域信号 (局部)

(b) DFT

(c) STFT

图 2.2　STFT 与 DFT 的对比示例

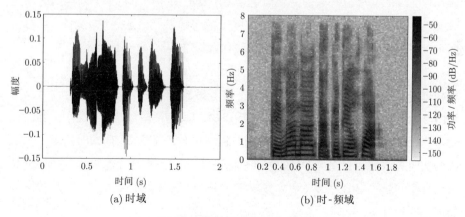

(a) 时域

(b) 时 - 频域

图 2.3　语音信号 STFT 示例

2.1.3　输出延时

本书介绍的算法大多为流式算法，为了保证输出数据的实时性，流式处理要求算法在输入固定长度的数据的同时输出固定长度的数据，数据处理的方式类似于多次 process（input, output）; 形式的函数调用，其中，"input" 和 "output" 分别为输入、输出缓存，长度分别为 B_i 和 B_o。为了简化处理流程，流式算法一般不会在各次 "process" 的调用过程中出现数据长度不一致的情况，并且 B_i、B_o 需要满足实时处理的要求，例如对于音频信号来说长度可以为 $10 \sim 40$ ms。

以图 2.1 中的 STFT 和 ISTFT 为例，$B_i = B_o = B$，而每次 DFT 和 IDFT 的长度 $T = 2B$，显然，第一块数据不足以进行完整的 DFT 和 IDFT。但为了满足实时算法的要求，数据处理和数据输出仍需进行，所以对不足 T 的部分做了补零处理，如图 2.1 中的虚线部分所示。我们可以将用于 DFT 的缓存想象成一个"滑动窗口"，它在无限长的输入序列 $x(t)$ 上滑动，初始窗口为全零的状态，每次处理时，长度为 B 的数据从窗口右侧滑入，历史数据从窗口左侧滑出。

由于算法对数据做了补零处理，所以当我们把信号先做 STFT，再做 ISTFT 后，除了重构误差，输出信号和输入相比还会出现一定的延时。子带滤波算法通常会产生延时，这将影响实时处理的响应速度，所以也是我们需要关注的问题之一。以图 2.1 中的 STFT 和 ISTFT 为例，算法初始补零的长度为 $T - B$，所以输出延时也为 $T - B$。我们可以进行一个简单的实验来验证上述延时关系：在一段音频文件的某个位置添加一个标记点（图 2.4 中相当于将某个采样点的幅度放大至 0.5），对该文件做 STFT 和 ISTFT 后将结果保存为另一个文件，再对比两个文件的标记点的差异，即可看出延时关系，结果如图 2.4 所示。

在实际应用中，信号处理算法通常采用各个算法子模块级联的结构，每个子模块可能会造成不同长度的输出延时。要考察某套算法流程的总延时也可以采用图 2.4 中的方法进行实验，得到的结果即本书所指的输出延时。这里需要注意的是：通过对比输入/输出文件而确定的延时并不是真正的实时信号延时。这是因为实时算法在等待第一个数据块的过程中其实已经产生了长度为 B 的延时，所以真实的延时应该为 $B + T - B = T$，相当于数据经过长度为 T 的滑动窗口所产生的延时。

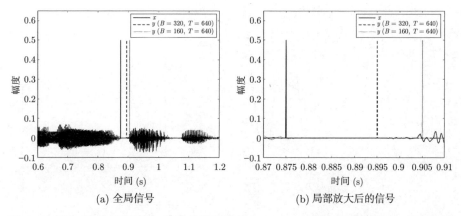

(a) 全局信号   (b) 局部放大后的信号

图 2.4　STFT 输出延时示例。其中信号采样率为 16 kHz，根据 (b) 中峰值的时间戳可以验证输出正好对应 $T - B$ 的延时关系

2.1.4　频谱泄漏

在我们使用 DFT 时通常会发生频谱泄漏（spectral leakage）现象。如图 2.5 所示，当我们对图 2.5(a) 中的余弦信号做 DFT 时，在理想情况中应该得到该信号的单个频率，如图 2.5(b) 所示。但是，并不是每个频率的 DFT 都是这样的，例如在对图 2.5(c) 中的单频信号做 DFT 时，得到的频谱却如图 2.5(d) 所示。可以看到，频谱能量不再集中在单个频点上，而是分布在一个较宽的频率范围中，这种现象就叫作频谱泄漏。

语音信号属于宽带信号，所以频谱泄漏现象在对语音信号做 DFT 和子带分解时经常发生。从图 2.5 中的例子也可以看出，频谱泄漏导致频谱中出现了原信号中不存在的成分，这将对后续的信号处理算法造成影响。

关于频谱泄漏现象的成因可以用图 2.6 进行直观解释：公式 (2.1) 中的 DFT 所操作的虽然是有限长的序列，但其物理意义相当于把当前序列当作周期信号进行处理。从图 2.6 可以看出，当把图 2.5(a) 进行周期延拓后，得到的结果仍是完美的余弦信号，它的 DFT 显然只在对应的单个频点上有数值；而图 2.5(c) 进行周期延拓后在信号接头处会出现跳变，所以频谱上就出现了原来信号中不曾包含的频率成分。

通过图 2.5 和图 2.6 也可以总结出 DFT 不发生频谱泄漏的条件：从图 2.5 可以看出，DFT 得到的频段也是离散的，当单个频率正好落在 DFT 的某个离散频段上时，不会发生泄漏，此时将对应的时域信号进行周期延拓也可以得到完

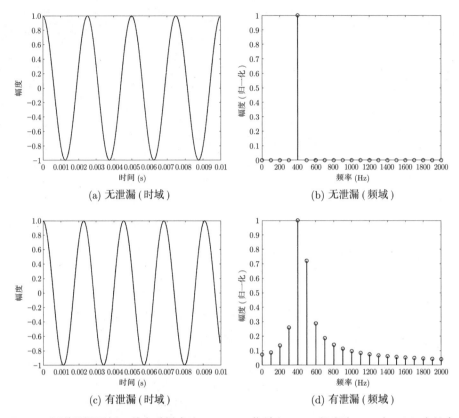

(a) 无泄漏（时域）　　　　(b) 无泄漏（频域）

(c) 有泄漏（时域）　　　　(d) 有泄漏（频域）

图 2.5　频谱泄漏示例。其中采样率为 16 kHz，信号和 DFT 长度为 160 点，(a) 中的余弦信号为 400 Hz，(c) 中的余弦信号为 440 Hz

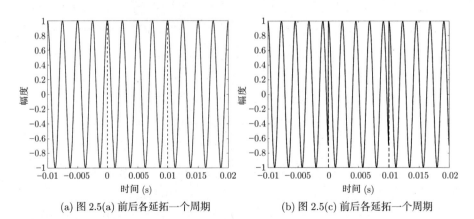

(a) 图 2.5(a) 前后各延拓一个周期　　　　(b) 图 2.5(c) 前后各延拓一个周期

图 2.6　DFT 周期延拓示例，其中两条虚线之间的为用于 DFT 的部分，虚线之外的为前后分别延拓的一个周期

美的单频信号。所以某个频率 f 不发生频谱泄漏的条件为

$$\frac{f}{\Delta f} \in \mathbb{Z}^+ \tag{2.5}$$

其中 $\mathbb{Z}^+$ 表示正整数，Δf 为 DFT 的频率分辨率，如公式 (2.6) 所示，其中 f_s 为采样率（Hz），T 为 DFT 序列的长度。

$$\Delta f = \frac{f_s}{T} \tag{2.6}$$

通过对输入信号进行加窗处理，可以减少频谱泄漏带来的影响[4]。加窗的原理如图 2.7 所示。对比图 2.5(d) 和图 2.7(b) 可以看出，加窗后频谱泄漏现象得到了有效抑制，但并不能完全消除。对比图 2.6(b) 和图 2.7(c) 可以看出，对加窗信号进行周期延拓后在信号接头处变化更加平缓，所以减少了无效的频率成分。

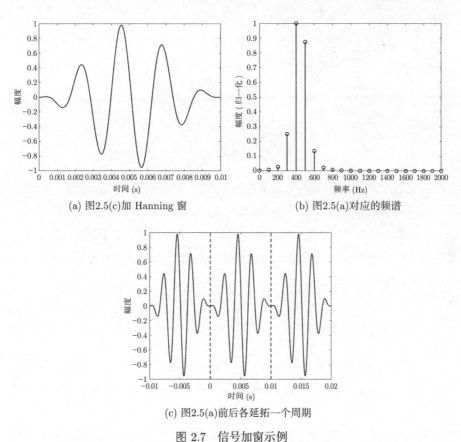

(a) 图2.5(c)加 Hanning 窗

(b) 图2.5(a)对应的频谱

(c) 图2.5(a)前后各延拓一个周期

图 2.7　信号加窗示例

图 2.7 的示例中使用的窗函数被叫作 Hanning 窗，如公式 (2.7) 和图 2.8 所示。可以看出 Hanning 窗具有"中间大，两边小"的结构，所以图 2.7(c) 信号周期的交接处才能具有较为平缓的变化。需要注意的是，公式 (2.7) 中的窗并不是沿最大值处对称的，从图 2.8(b) 中可以更好地看出其非对称的特性。该结构可以在周期延拓时使得加窗后的信号具有更好的周期性。

$$w(t) = 0.5\left[1 - \cos\left(\frac{2\pi t}{T}\right)\right], \quad t = 0, 1, \cdots, T-1 \tag{2.7}$$

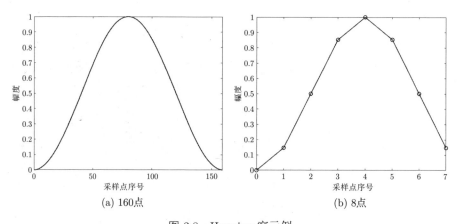

(a) 160点　　　　　　　(b) 8点

图 2.8　Hanning 窗示例

加窗的方法通常也会用在 STFT 和 ISTFT 中。例如，可以使用公式 (2.7) 开平方后的结果作为 STFT 中的分析窗，以及 ISTFT 中的综合窗，即 $g(t) = h(t) = \sqrt{w(t)}$。由于窗口两端的数值通常较小，在 STFT/ISTFT 中通常会采用前后两段信号重叠相加的方式来避免被窗口抑制的这部分信息丢失，实际应用中通常采用 50% 或 75% 重叠。

2.1.5　时域卷积与频域点积的近似关系

子带分解除了能将宽带信号拆分为多路窄带信号，还能将时域上的卷积操作近似转换为频域上每个频段的点积操作，该性质在第 5 章的算法中将发挥重要的作用。

为了进一步了解该性质的原理，我们首先假设麦克风信号 x 可以表示为源信号 s 与房间传递函数（transfer function）a 的卷积，即

$$x(t) = \sum_{l=0}^{L-1} a(l)s(t-l) \tag{2.8}$$

其中，L 为房间传递函数的长度。

对麦克风信号做 STFT，相当于将公式 (2.8) 代入公式 (2.3)，可得：

$$x'(k, \tau B) = \sum_{t=0}^{T-1} g(t) \sum_{l=0}^{L-1} a(l)s(\tau B + t - l)\mathrm{e}^{-\mathrm{j}2\pi kt/T} \tag{2.9}$$

为了后续推导方便，公式 (2.9) 的等号左边相当于用时域索引 τB 代替了数据块索引 τ。交换求和操作有：

$$x'(k, \tau B) = \sum_{l=0}^{L-1} a(l) \sum_{t=0}^{T-1} g(t)s(\tau B + t - l)\mathrm{e}^{-\mathrm{j}2\pi kt/T} \tag{2.10}$$

$$x'(k, \tau B) = \sum_{l=0}^{L-1} a(l)s'(k, \tau B - l) \tag{2.11}$$

利用 DFT 的延时特性[2]，有：

$$s'(k, \tau B - l) \approx s'(k, \tau B)\mathrm{e}^{-\mathrm{j}2\pi kl/T} \tag{2.12}$$

$$s'(k, \tau B - l) = s(k, \tau)\mathrm{e}^{-\mathrm{j}2\pi kl/T} \tag{2.13}$$

这里需要注意的是，由于 DFT 的延时特性针对的是时域信号的循环移位，而公式 (2.11) 却是线性移位，所以公式 (2.12) 使用的是约等于符号。不难看出，当 DFT 长度 T 远大于卷积长度 L 时该近似较为精确。

将公式 (2.12) 代入公式 (2.11)，相当于对传函补零后做 DFT，可得：

$$x'(k, \tau B) \approx \sum_{l=0}^{L-1} a(l)s'(k, \tau B)\mathrm{e}^{-\mathrm{j}2\pi kl/T} \tag{2.14}$$

$$x'(k, \tau B) \approx A(k)s'(k, \tau B) \tag{2.15}$$

所以有：

$$x(k, \tau) \approx A(k)s(k, \tau) \tag{2.16}$$

其中，$s(k, \tau)$ 和 $x(k, \tau)$ 分别为源信号和麦克风信号的 STFT，$A(k)$ 为 $a(t)$ 的 DFT [1]。

---

1 此处只有一个维度，所以使用大小写字母来区分时域和频域。

以上推导证明了本节一开始的推论。需要注意的是，由于线性位移和循环位移之间的差异，时域卷积到各个频段的点积的转换关系是近似的，这种近似关系在 $T \gg L$ 时较为精确。

2.2 多相滤波器组

虽然 STFT 和 ISTFT 可以实现信号的子带分解与综合，并且具有实现简单、计算量小、信号可以完美重构（perfect reconstruction，PR）等优点，但其仍然具有较大的频谱泄漏和扇形损失（scalloping loss），不利于某些对子带性质要求较高的算法应用。为了弥补上述缺点，人们又提出了多相滤波器组的方法，以增加少许计算量为代价进一步提升子带的性能。

2.2.1 对频谱泄漏的数学解释

2.1.4 节介绍了频谱泄漏现象，该现象可以直观地认为是由于 DFT 对信号进行周期延拓操作导致的信号不连续引起的。通过加窗可以改善周期延拓后信号的连续性，从而缓解频谱泄漏现象。

为了对频谱泄漏的程度，以及各种窗函数的性质进行定量分析，我们还需要对该现象进行更深层次的解释。公式 (2.1) 中的 DFT 可以拓展为公式 (2.17) 的形式[5]。

$$X'(k) = \sum_{t=0}^{T'-1} g(t)x(t)\mathrm{e}^{-\mathrm{j}2\pi kt/T'} \tag{2.17}$$

其中，g 可以看作长度为 T 的窗函数，即当 $t \notin [0, T-1]$ 时，$g(t) = 0$，而不加窗可以看作加 $[0, T-1]$ 的矩形窗。根据卷积定理，有：

$$X'(k) \approx \mathcal{F}[g(t)] \star \mathcal{F}[x(t)] \tag{2.18}$$

其中，$\mathcal{F}[\cdot]$ 表示 DFT，$\star$ 表示卷积操作，该近似在 $T' \gg T$ 时较为精确，2.1.4 节使用余弦函数查看某个频率附近的频谱泄漏现象。当 $x(t)$ 代入为三角函数时，$\mathcal{F}[x(t)]$ 在 T' 较大时接近理想冲激函数，再结合式 (2.18) 可以看出，$g(t)$ 的高精度（$T' \gg T$）频谱可以反映出长度为 T 的窗函数的频谱泄漏情况。

图 2.9 中给出了一些典型的窗函数及其对应的频谱，从中可以看出窗口的频

谱泄漏情况。其中"低通滤波器"是通过低通滤波器设计方法生成的截止频率为 $\Delta f/2$ 的滤波器，Δf 为 DFT 的频率分辨率，如公式 (2.6) 所示。该滤波器将在后面的内容中作为原型滤波器（prototype filter）使用。

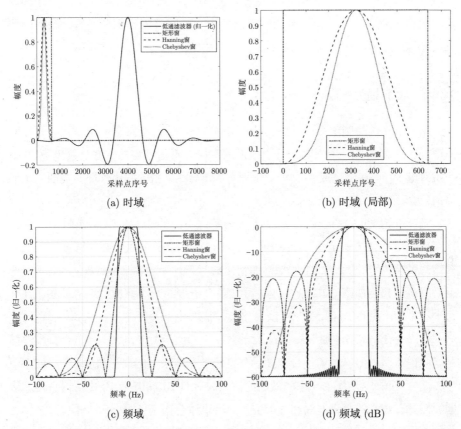

(a) 时域　　　　　　　　　　　　　　　　　(b) 时域 (局部)

(c) 频域　　　　　　　　　　　　　　　　　(d) 频域 (dB)

图 2.9　典型的窗函数频谱泄漏情况示例。其中矩形窗、Hanning 窗、Chebyshev 窗长度为 640 点，低通滤波器长度为 8000 点，DFT 长度为 64000 点，采样频率为 16 kHz

通过图 2.9 可以看出，同等长度的窗函数，其频率分辨率越高，频谱泄漏就越大；反之，若要抑制频谱泄漏，窗口的主瓣就会变宽，频率分辨率也随之降低。

图 2.9(c) 和图 2.9(d) 分别以归一化后的幅度和对应的分贝（decibel，dB）值展示了窗函数的频谱。其中图 2.9(c) 的计算方式为

$$q(k) = \frac{|G(k)|}{\max_{i=0,1,\cdots,T'-1} |G(i)|} \tag{2.19}$$

其中，q 为频谱，$G = \mathcal{F}[g]$。而图 2.9(d) 的计算方式为

$$q_{\mathrm{dB}}(k) = 10\lg\left[\frac{|G(k)|^2}{\max_{i=0,1,\cdots,T'-1}|G(i)|^2} + \epsilon\right] \tag{2.20}$$

其中，ϵ 为一个小的正数，目的是防止当数值为零时取对数出现负无穷的情况。在图 2.9(d) 中，$\epsilon = 1e - 6$。将幅度转换为 dB 后可以更突出显示一些较小的数值。根据实际讲解需求，本节的频谱图例中有的频谱用幅度来展示，有的则用 dB 值来展示。

2.2.2 扇形损失

从图 2.9 中的例子可以看出，基于 DFT 和加窗的子带分解技术除了存在频谱泄漏，还存在另一个问题：每个子带的响应并不是平整的，并且其带宽[1]并不一定对应 Δf，这就造成了子带分解后整体频响不平整的问题，即所谓的"扇形损失"。

继续以图 2.9 中的参数为例，假设采样率 $f_s = 16000\,\mathrm{Hz}$，DFT 点数 $T = 640$，则频率分辨率 $\Delta f = f_s/T = 25\,\mathrm{Hz}$，相当于第 k 个子带的中心频率 $f_k = k\Delta f$，其理想带宽为 $f_k \pm \Delta f/2$。如果不加窗（相当于加矩形窗）做 DFT，则子带分解后对应的频响如图 2.10(a) 所示，显然各个子带的响应叠加后并不平整，并且每个子带的带宽也大于 Δf，所以叠加起来整体响应大于 1。

图 2.10(b) 相当于加 Hanning 窗的效果。相比于矩形窗，Hanning 窗虽然抑制了频谱泄漏，但增加了子带宽度，并且仍然存在较大的扇形损失。

图 2.10(c) 对应图 2.9 中的低通滤波器，从图 2.9 和图 2.10 中可以看出，该滤波器具有较小的频谱泄漏和扇形损失，所以适合用于子带分解[2]。但是，图 2.9 中的矩形窗、Hanning 窗长度均为 640 点，可以使用 2.1 节中的 640 点 STFT 实现子带分解；而低通滤波器的长度和 DFT 长度不匹配，无法套用原来的方法。后续章节将介绍使用多相分解的方法配合原型滤波器实现子带分解，通过对原型滤波器进行设计，可以对频谱泄漏和扇形损失进行有效控制，从而实现较好的子带分解效果。

---

1 我们可以把单个子带看作一个带通滤波器，则带宽对应该带通滤波器两个截止频率（cutoff frequency）之间的部分。所谓截止频率，即滤波器响应衰减一半后的位置。如果采用归一化的响应，则最大值为 1，而截止频率对应响应值为 0.5 的位置，换算成 dB 值，相当于 $10\lg 0.5^2 \approx -6\mathrm{dB}$。

2 从图 2.9(a) 中也可以看出，该滤波器的延时为 4000 个采样点，所以该滤波器只用于讲解，并不适合用于实时信号处理。

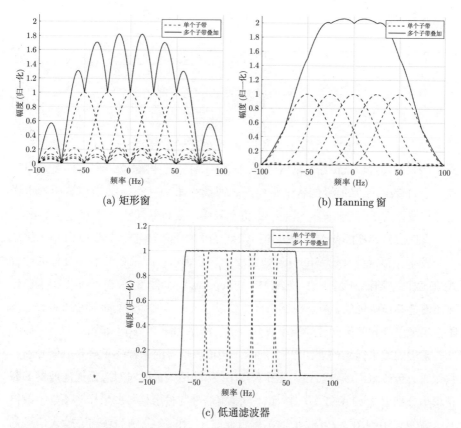

(a) 矩形窗   (b) Hanning 窗

(c) 低通滤波器

图 2.10 扇形损失示例。其中采样率 $f_s = 16000$ Hz，DFT 点数 $T = 640$，频率分辨率 $\Delta f = f_s/T = 25$ Hz。虚线表示各个子带的频响，实线表示各个子带叠加之后的频响

2.2.3 重采样

在数字信号处理中，有时会遇到处理不同采样率信号的问题，例如某个算法模块只能处理 16 kHz 的音频，而输入信号却是 44.1 kHz。此时需要首先进行信号采样率的转换，即重采样（resampling），重采样也被称为多速率数字信号处理（multirate digital signal processing）[6]。在信号重采样的过程中使用多相滤波器结构将显著降低计算量，所以为了方便读者理解，本节先介绍重采样技术，再引出多相滤波器结构。

重采样的两种基本操作被称为下采样（downsampling）/抽取（decimation）、上采样（upsampling）/插值（interpolation）。这两种操作分别对应公式 (2.21)

和公式 (2.22) [6] 1。

$$y(\tau) = x(D\tau) \tag{2.21}$$

$$y(t) = \begin{cases} x(t/U) & t \bmod U \ \text{为} \ 0 \\ 0 & \text{其他} \end{cases} \tag{2.22}$$

其中，x、y 分别为输入和输出信号，t、τ 分别为高、低采样率的数据索引。公式 (2.21) 中的操作相当于原信号每 D 个采样点中只保留一个采样点，而公式 (2.21) 表示在原信号的各个采样点之间插入 $U-1$ 个 0。所以这两种操作也分别被称为 D 重下采样，以及 U 重上采样，分别用符号 $\downarrow D$ 和 $\uparrow U$ 表示。

根据信号处理的基本知识可知，如果在降采样时只进行公式 (2.21) 的操作，则会发生频谱混叠（aliasing），如图 2.11(b) 所示；如果在升采样时只进行公式 (2.22) 的操作，则会产生频谱镜像（imaging），如图 2.11(d) 所示。为了避免频谱混叠和镜像现象，需要在下采样之前以及上采样之后进行低通滤波操作，滤除会出现混叠和镜像问题的频率成分，最终结果如图 2.11(c) 和图 2.11(e) 所示。

常用的重采样结构如图 2.12 所示。当输出信号的采样率正好是原信号的整数倍时，可以采用图 2.12(a) 或图 2.12(b) 中的结构，此时对应低通滤波器的截止频率分别为 $1/D$ 和 $1/U$。然而，当输出信号与输出信号的采样率不是整数倍时，就需要用到图 2.12(c) 中的结构，此时 U 和 D 分别为输出、输入信号的采样率约去两者的最大公约数后的结果。例如，将 44100 Hz 采样率的信号转为 16000 Hz，两个采样率的最大公约数为 100，所以有 $U=160$，$D=441$，而对应低通滤波器的截止频率为 $1/\max(U, D)$。

在重采样过程中的低通滤波器通常由有限脉冲响应（finite impulse response，FIR）滤波器来实现。例如，对于图 2.12(a) 所示的结构，首先进行卷积操作。

$$y'(t) = \sum_{l=0}^{L-1} g(l)x(t-l) \tag{2.23}$$

其中 x 为输入信号，y' 为下采样之前的信号，g 为对应的 FIR 滤波器，L 为滤波器阶数。然后进行 $\downarrow D$ 操作。

---

1 在有的文献和工具中，下采样/抽取和上采样/插值代表两种不同的操作。例如在 MATLAB 中，downsample 函数表示公式 (2.21) 的操作，而 decimate 函数在下采样之前加入了低通滤波的操作。MATLAB 中的 upsample/interp 函数也符合类似的规律。作者查阅不同的文献后总结发现，针对上/下采样的两个术语代表同一种操作，分别对应公式 (2.21) 和公式 (2.22)。

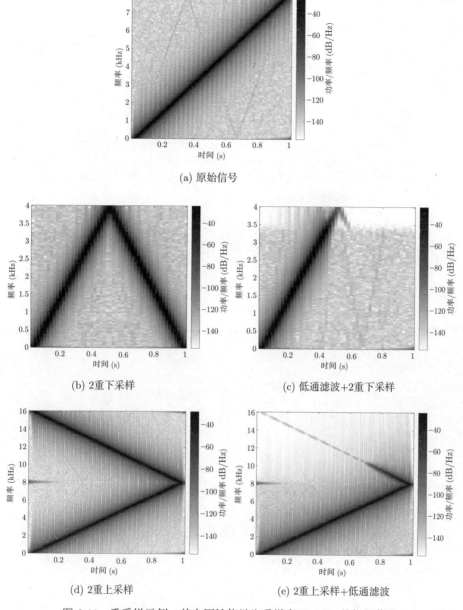

(a) 原始信号

(b) 2重下采样

(c) 低通滤波+2重下采样

(d) 2重上采样

(e) 2重上采样+低通滤波

图 2.11　重采样示例，其中原始信号为采样率 16 kHz 的扫频信号

$$y(\tau) = y'(D\tau) \tag{2.24}$$

其中，τ 为下采样之后的索引。但在重采样过程中，由于低通滤波操作还需要和下采样操作配合，所以直接使用公式 (2.23) 和公式 (2.24) 进行计算会造成计算

资源的浪费。因为下采样后只会保留 $D\tau$ 时刻的数据，所以卷积操作只需计算对应时刻的数据即可，公式 (2.23) 和公式 (2.24) 可以合并为

$$y(\tau) = y'(D\tau) \tag{2.25}$$

$$y(\tau) = \sum_{l=0}^{L-1} g(l)x(D\tau - l) \tag{2.26}$$

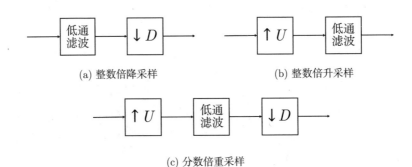

(a) 整数倍降采样　　　　　　　(b) 整数倍升采样

(c) 分数倍重采样

图 2.12　重采样结构示意图

与低通滤波加下采样的原理类似，图 2.12(b) 中先进行 $\uparrow U$ 的操作再进行卷积，对应的操作为

$$y'(t) = \begin{cases} x(t/U) & t \bmod U \text{ 为 } 0 \\ 0 & \text{其他} \end{cases} \tag{2.27}$$

$$y(t) = \sum_{l=0}^{L-1} h(l)y'(t - l) \tag{2.28}$$

其中，y' 为上采样之后、卷积前的信号，h 为所使用的 FIR 滤波器。由于上采样过程会插入若干 0，所以在计算卷积时可以跳过这部分数据以节约计算量。

$$y(t) = \sum_{l=0}^{L-1} h(l)x\left(\frac{t - l}{U}\right) \quad (t - l) \bmod U \text{ 为 } 0 \tag{2.29}$$

使用多相结构可以使重采样中的卷积操作省略将被丢弃或插入为零的数据，从而达到节省计算量的目的。图 2.13 针对图 2.12(a) 和图 2.12(b) 中的结构，对 $D = 3$ 和 $U = 3$ 的情况给出了多相结构示例。在该例子中，图 2.12(a) 的分块结构相当于每次进 3 个数，出 1 个数；而图 2.12(b) 相当于每次进 1 个数，出 3 个数。

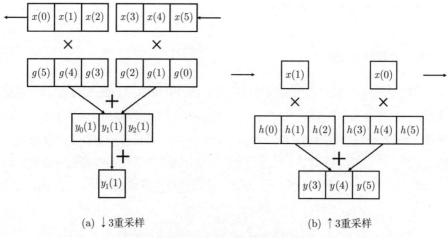

(a) ↓3重采样

(b) ↑3重采样

图 2.13 多相滤波器重采样结构示例

以图 2.13(a) 为例，图中将长度为 L 的滤波器 g 分为 $P = \lceil L/D \rceil$ 个分块，每个分块的长度为 D，滤波器末尾不足一个分块的部分补零即可。信号仍然以滑动窗口的形式从右到左进入缓存，再按照分块进行乘加操作。可以看出，在图 2.13(a) 所示的结构中，若信号每次以采样点为单位进入缓存进行运算，则相当于普通的卷积操作；若信号以分块大小 D 为单位进入缓存，则相当于完成了在卷积之后进行 $\downarrow D$ 的操作，其中倒数第二行缓存中的 $y_k(\tau)$ 如公式 (2.35) 所示，k 为多相结构的分支序号，τ 为下采样后的索引。需要注意的是，图 2.13(a) 中的下采样与公式 (2.21) 中的方式稍有不同：假设 x 表示下采样之前的数据，$D = 3$，则按照公式 (2.21) 中的操作，结果为 $[x(0), x(3), x(6), \cdots]$；而按照图 2.13(a) 中的操作，结果为 $[x(2), x(5), x(8), \cdots]$。两种方式都满足 D 重下采样每 D 个数保留一个的条件。

同理，图 2.13(b) 也采用了分块卷积的结构。相比于图 2.13(a)，图 2.13(b) 中省略了上采样过程中插入的零，并且为了使数据按照顺序输出，图 2.13(b) 中的滤波器改为顺序排列，同时信号缓存改为左进右出。

图 2.12 中的分数重采样有两种简化方式：使用多相结构实现上采样加低通滤波操作，之后接下采样；或者先上采样，再使用多相结构实现低通滤波加下采样操作。作者比较倾向于使用第一种实现方式，由于最终的下采样操作相当于在图 2.13(b) 的输出缓存中按照 $\downarrow D$ 的关系选择对应的结果进行输出，所以可以对图 2.13(b) 的结构进行改进，不必计算输入信号与所有滤波器分块的乘积，只

需计算与输出数据相对应的部分。

2.2.4 多相滤波器组

将图 2.12(a)、图 2.12(b) 的结构进行扩展，就可以得到图 2.14 中的子带滤波基本结构[7]。其中，$g_0, g_1, \cdots, g_{K-1}$ 为相应的带通滤波器组（filterbank），这些带通滤波器将全频带分为 K 个子带。由于单个子带信号蕴含的信息量较全带信号减少，所以可以使用下采样操作来减少数据量。子带信号在经过一系列的信号处理算法后，再通过上采样、子带综合的操作合并为输出信号。

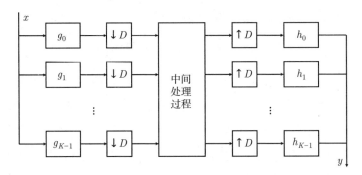

图 2.14　子带滤波基本结构

在 2.2.3 节中，我们了解到，使用多相分解可以简化重采样操作，同理，也可以简化图 2.14 中的子带滤波结构。本节将介绍多相结构的数学表示，以及多相滤波器组的原理。

多相分解是一种常用的数字信号处理技术，它将一个序列 $x(t)$ 分解为 K 个子序列 $x_k(\tau), k = 0, 1, \cdots, K-1$，每个子序列由公式 (2.30) 表示。

$$x_k(\tau) = x(K\tau + k) \quad k = 0, 1, \cdots, K-1 \tag{2.30}$$

其中，τ 为下采样之前和之后的索引。例如，在图 2.13 所示的结构中，我们将滤波器分解为三个子序列：

$$g_0(\tau) = [g(0), g(3), g(6), \cdots] \tag{2.31}$$

$$g_1(\tau) = [g(1), g(4), g(7), \cdots] \tag{2.32}$$

$$g_2(\tau) = [g(2), g(5), g(8), \cdots] \tag{2.33}$$

如此分解得到的每个子序列的性质都比较相似，只不过相位逐渐变化，这也是"多相"一词的由来。

有了上述表示方法，我们可以将 2.2.3 节中的降采样操作写为公式 (2.34) 的形式。

$$y(\tau) = \sum_{k=0}^{K-1} \sum_{p=0}^{P-1} g_{K-k-1}(p) x_k(\tau - p) \tag{2.34}$$

其中，滤波器 g 的长度为 $L = KP$，每个子滤波器 g_k 的长度为 P。公式 (2.34) 和图 2.13(a) 中的块状结构是对应的，只需将图 2.13(a) 逆时针旋转 90 度，再整理一下各分块的位置。

多相滤波器组是一种高效的子带滤波方法，其组成部分包含 FIR 原型滤波器、多相结构，以及 DFT 操作。根据公式 (2.34)，每个多相分支的输出可以表示为

$$y_k(\tau) = \sum_{p=0}^{P-1} g_{K-k-1}(p) x_k(\tau - p) \tag{2.35}$$

而 K 个分支则可以得到一组长度为 K 的序列 $[y_0(\tau), y_1(\tau), \cdots, y_{K-1}(\tau)]$。此时如果不像公式 (2.34) 那样对各个分支求和，而是对该序列做 K 点 DFT，则如公式 (2.36) 所示，其中，为了方便表示，有 $T = K$。

$$y(k, \tau) = \sum_{t=0}^{T-1} y_t(\tau) \mathrm{e}^{-\mathrm{j}2\pi kt/T} \tag{2.36}$$

$$y(k, \tau) = \sum_{t=0}^{T-1} \left[\sum_{p=0}^{P-1} g_{T-t-1}(p) x_t(\tau - p) \right] \mathrm{e}^{-\mathrm{j}2\pi kt/T} \tag{2.37}$$

$$y(k, \tau) = \sum_{p=0}^{P-1} \left\{ \sum_{t=0}^{T-1} g_{T-t-1}(p) \left[x_t(\tau - p) \mathrm{e}^{-\mathrm{j}2\pi kt/T} \right] \right\} \tag{2.38}$$

对于公式 (2.38) 的中括号部分，根据 DFT 的频移特性，输入信号调制上 $\mathrm{e}^{-\mathrm{j}2\pi kt/T}$ 后相当于将信号的频谱左移了 k 个频段[2, 7]，之后再和原型低通滤波器作用，相当于将原来频段 k 的成分提取出来，从而实现了子带分解的功能[5]，该过程示意图如图 2.15 所示[8]。

结合 2.1 节中用到的 overlap-add 方式，一种多相滤波器组的结构如图 2.16 所示。其中，g、h 分别代表分析、综合原型滤波器，每个方框代表一个数据块，

图中将原型滤波器分为 6 个数据块，而 ∘ 表示向量的点对点相乘操作。与图 2.13 稍有不同，图 2.16 中的结构按照奇、偶数据块分别进行叠加，这样便实现了信号 50% 叠加的效果，有利于减小线性卷积与循环卷积之间的差异。

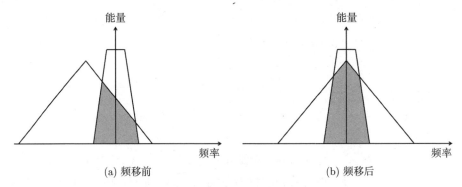

(a) 频移前   (b) 频移后

图 2.15　子带滤波实现过程示意图。其中三角形表示信号频谱，梯形表示原型低通滤波器频谱，两者相交的灰色部分表示单个频段提取的成分

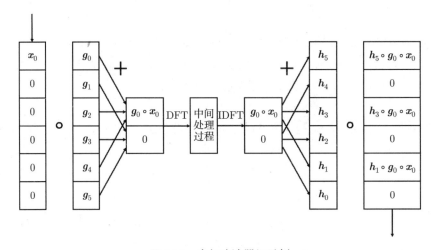

图 2.16　多相滤波器组示例

对比图 2.16 中的多相滤波器组与图 2.1 中的短时傅里叶变换可以发现，多相滤波器组是可以兼容短时傅里叶变换的。如果将图 2.16 中对原型滤波器的分块数目减少为 2，并将原型滤波器替换为 STFT 中所使用的加窗，则可以得到图 2.1 中的结构。

2.3 滤波器设计基础

滤波器在信号处理领域中应用非常广泛，例如使用不同的滤波器来实现对信号的高通、低通、带通、带阻等操作，而本章介绍的重采样、子带滤波技术中，也需要设计相应的滤波器。根据原理不同，滤波器又可以分为 FIR 和无限脉冲响应（infinite impulse response，IIR）两大类，每类滤波器有各自的优缺点，也有多种对应的设计方法。本节将介绍最基础的 FIR 滤波器设计方法，以满足重采样和子带滤波的需求。

假设我们要设计一个通带范围为 $[f_1, f_2]$ 的带通滤波器，其中，$f_1, f_2 \in [0, 1]$ 为归一化后的频率。对于理想滤波器来说，我们期望有：

$$G'(f) = \begin{cases} 1 & f \in [f_1, f_2] \\ 0 & f \in [0, f_1) \text{ 或 } f \in (f_2, 1] \end{cases} \tag{2.39}$$

其中 G' 表示理想滤波器的频响。从公式 (2.39) 可以看出，理想滤波器允许通带范围内的频率成分通过，同时阻止阻带范围内的频率成分通过，除此以外，通带与阻带间的过度还是跳变式的。图 2.17(a) 的虚线部分给出了一个理想带通滤波器的频响示例。

然而，根据信号处理的基本理论可知，具有跳变式频响的滤波器在现实中是无法存在的，因为其频响对应的时域信号具有无限的长度。在实际应用中，我们可以使用一个很大的 IDTF 长度来逼近理想情况。例如，将图 2.17(a) 中的理想频响做 65536 点的 IDFT，可得图 2.17(c) 中的时域信号，但该信号太长，无法作为滤波器使用，所以可以针对该信号的中心部分进行合适长度的加窗，将信号进行适当的平移和截断，并进行幅度的归一化，从而得到图 2.17(d) 中实际可用的滤波器。

令加窗后的滤波器为 $h(t)$，则幅度归一化相当于

$$g(t) = qh(t) \tag{2.40}$$

增益 q 应选取适当，使得滤波器通带中心点位置处的频响为 1，这样才能保证输出信号通带部分的幅度与输入信号一致，即

$$q = \frac{1}{|H[(f_1 + f_2)/2]|} \tag{2.41}$$

其中，$H = \mathcal{F}(h)$。对于低通和高通滤波器，增益 q 可以有特殊的算法：对于低

通滤波器来说，由于直流分量也属于通带范围，所以可以直接利用直流分量进行归一化，即

$$q = \frac{1}{\sum_{l=0}^{L-1} h(l)} \tag{2.42}$$

其中，L 为滤波器阶数。对于高通滤波器来说，可以使用 Nyquist 频率处的响应进行归一化，即

$$q = \frac{1}{\sum_{l=0}^{L-1} (-1)^l h(l)} \tag{2.43}$$

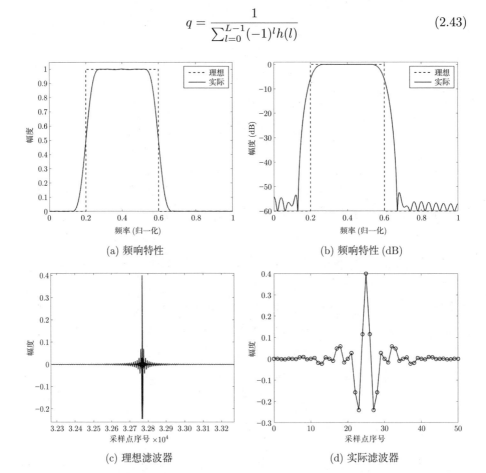

(a) 频响特性 (b) 频响特性 (dB)

(c) 理想滤波器 (d) 实际滤波器

图 2.17　基于加窗法的 FIR 滤波器设计示例。其中，$f_1 = 0.2$, $f_2 = 0.6$,使用的 DFT 长度为 65536。(b) 中理想滤波器的阻带响应实际上应为 $-\infty$, 为了绘图方便显示为 -60 dB。(c) 只截取了 65536 点信号的中间部分, (d) 由 (c) 中的信号中心部分加 51 阶 Hamming 窗得到

将图 2.17(d) 中的滤波器再做 DFT, 其频响如图 2.17(a) 中的实线所示。对

比理想滤波器和实际滤波器的频响曲线可以发现，实际滤波器从通带到阻带的变化不再是跳变式的，而是渐变的，截止频率大约对应频响衰减一半（约 −6 dB）的位置；另外，实际滤波器的通带和阻带也不再是绝对平坦的，而是存在细微的波动。所以，通过加窗来截短滤波器的方法通过牺牲通带与阻带之间的跳变性，以及通带、阻带内的平坦性来减少理想滤波器的阶数，从而达到实际可用的程度。读者可以根据实际情况选择合适的滤波器阶数，滤波器越长，通带与阻带之间的过渡范围就越小，通带、阻带内部的平坦性也越好，但是滤波器的计算量和输出信号延时也随之增大。

图 2.17 中只给出了使用加窗法设计带通滤波器的示例，低通、高通、带阻，甚至具有多个通/阻带的 FIR 滤波器都可以采用类似的方法进行设计，调整好对应的理想滤波器的频响曲线即可。

2.4　本章小结

语音信号属于宽带信号，其有效成分分布在一个相对较宽的频率范围内。如果直接在时域上对信号进行处理，则多种频率成分混合在一起，会增加算法的难度和计算复杂度。子带滤波首先将时域信号分解为若干窄带信号，算法在窄带上进行处理；再将所有窄带信号合并为时域信号进行输出。由于每个窄带所包含的信息量较少，窄带之间相对独立，所以对各个窄带分别进行处理将显著降低信号处理算法的难度。基于以上优点，本书中的算法大多为"子带分解 → 算法 1 → $\cdots$ → 算法 N → 子带综合"的处理模式，即子带滤波是其余智能语音处理算法的基础。

短时傅里叶变换是一种常用的子带滤波技术，该方法计算简单，并可以实现信号的完全重构。通过将长信号分段并加窗后做 DFT，从而达到流式处理的目的。加窗有利于增加每段信号连接部分的平滑程度，有利于缓解频谱泄漏的问题。

为了进一步抑制频谱泄漏，减小扇形损失，从而进一步提升子带信号的质量，本章介绍了多相滤波器组技术。通过原型低通滤波器，配合多相分解/综合的方法，可以将低通滤波器转换为各个子带的带通滤波器来实现子带滤波的功能，并有效降低子带滤波操作的计算复杂度。

本章参考文献

[1] BENESTY J, CHEN J, COHEN I. Design of first-order circular differential arrays[M]. Cham: Springer International Publishing, 2015: 33-52.

[2] BRIA O N. John g. proakis and dimitris g. manolakis, digital signal processing. principles, algorithms, and aplications[J]. Journal of Computer Science and Technology, 1999, 1(1): 1.

[3] MAYBECK P S. Stochastic models, estimation, and control[M]. New York: Academic press, 1982.

[4] HARRIS F J. On the use of windows for harmonic analysis with the discrete Fourier transform[J]. Proceedings of the IEEE, 1978, 66(1): 51-83.

[5] PRICE D C. Spectrometers and polyphase filterbanks in radio astronomy[M]//The WSPC Handbook of Astronomical Instrumentation: Volume 1: Radio Astronomical Instrumentation. Pennsylvania: World Scientific, 2021: 159-179.

[6] VAIDYANATHAN P P. Multirate digital filters, filter banks, polyphase networks, and applications: a tutorial[J]. Proceedings of the IEEE, 1990, 78(1): 56-93.

[7] ENEMAN K. Subband and frequency-domain adaptive filtering techniques for speech enhancement in hands-free communication[J]. Katholieke Universiteit Leuven, Maart, 2002.

[8] 陶然, 张惠云, 王越. 多抽样率数字信号处理理论及其应用: 第 2 版 [M]. 北京: 清华大学出版社, 2022.

3

固定波束形成

对于手机、话筒等近讲场景，由于说话人与拾音设备距离较近，所以采集到的音频信号信噪比较高，通常单路麦克风信号即可满足后续的语音识别、通话等应用需求。但是，在远讲语音交互或语音通话的场景中，例如人通过语音与电视、空调、机器人等智能设备交互，或是会议室中多人通过同一会议终端参会，由于说话人距离拾音设备较远，所以采集到的音频信号往往会受噪声、其他说话人的语音、设备自身播放的声音（回声）、房间混响等不利因素的影响，信噪比和语音可懂度较低，不利于后续的应用。此时，需要先通过某种或多种语音增强算法对原始音频信号进行处理，提高目标语音信噪比和可懂度，再将处理后的语音发送给后续的语音唤醒、识别、通话等任务。

麦克风阵列信号处理算法在音频降噪和增强、语音分离、去混响、声源定位等应用中都发挥着非常重要的作用。相比单通道音频信号，由排列成特定形状的多个麦克风组成的阵列采集到的多通道音频信号包含更多的信息，声音到达各个麦克风的延时、衰减、混响不相同，所以各路音频信号之间存在着微小的差异。我们可以利用多通道信号之间的信息差异对信号进行处理，增强有用的成分、抑制噪声和干扰。简言之，麦克风阵列信号处理相当于一种"空间滤波"操作[1]，利用声源在空间上的差异来实现增强或抑制。由于涉及的知识点较多，我们将用 3 章的篇幅分别介绍多通道语音增强的三大类技术：固定波束形成（fixed beamforming）、自适应波束形成（adaptive beamforming）、盲源分离（blind source separation，BSS）。

本章首先介绍固定波束形成。所谓"固定"，即噪声模型是预先设计好的，不随时间和环境而变化。所以根据噪声模型求解所得的 beamformer（一些文献中翻译为波束形成器，但本书仍然保留英文的写法）也不随时间而改变。固定波束形成算法具有计算量小、无收敛时间、输出稳定、失真小、性能可预期等优点。由于较为耗时的 beamformer 求解过程可以在线下完成,实时应用时所使用的都是现成的 beamformer,所以耗费的计算量较小。同理,由于 beamformer 固定,所以固定波束形成不像自适应算法那样需要一定时间迭代收敛,只要 beamformer 的求解是稳定的,其输出信号就是稳定的,不会发生自适应算法中迭代发散的现象,并且导致的语音失真较小。固定波束形成算法的性能指标在求解 beamformer 时就可以算出,所以我们可以在进行阵列设计的同时对固定波束形成算法的性能作出预估,从而得到指导麦克风阵列设计的反馈。与此同时,性能固定也是固定波束形成算法的缺点之一。算法得到的是在理论噪声模型下的最优结果,无法根据实际环境与理论模型的偏差,以及实际环境的改变作出相应的优化。综合固定波束形成算法的优缺点来看,该类算法比较适合大孔径、多麦克风的阵列,或是某些小孔径的差分阵列。

3.1 节对多通道语音增强的基本原理给出了直观解释;3.2 节介绍远场模型、导向向量(steering vector),以及 delay-sum 波束形成的概念;3.3 节介绍针对 beamformer 的几个性能评价指标,这些指标在麦克风阵列设计及波束性能评价中会经常用到;3.4 节介绍波束形成算法的求解形式,并将 superdirective 和差分波束形成作为特例;3.5 节对本章内容进行总结。

3.1　多通道语音增强的基本原理

为了使初学者更容易理解后续内容,本节对多通道语音增强的基本原理进行直观解释。通过固定波束形成、自适应波束形成、盲源分离等麦克风阵列信号处理算法实现语音增强、干扰、混响、噪声抑制的基本原理都可以用本节中的思想解释说明。也就是说,虽然这几类算法的信号模型、求解思路各不相同,但它们的底层原理是相通的。

3.1.1　物理解释

多通道语音增强的基本思想正是我们在中学物理中学到的波的叠加原理。为了便于理解,我们首先将问题进行抽象和简化,来看一列正弦波被两个麦克风接收的情形,如图 3.1 所示。由于两个麦克风具有一定距离,同一波峰到达两个麦克风的时间并不相同,导致两个麦克风接收到的信号并不是完全相同的,而是存在微小的差异。例如，在图 3.1 中，两路麦克风信号的幅度、相位都不同。之所以说是微小的差异，是因为这种差异是人耳难以捕捉的，却是真实存在的。假设已知两路麦克风信号的幅度和相位差异，通过算法对信号进行调整，将两路信号的幅度和相位对齐，则两列正弦波的波峰与波峰、波谷与波谷叠加，就可以起到信号增强的作用；反之，如果将其中一路信号反相，则两列正弦波的波峰与波谷叠加就可以起到信号抑制的作用。

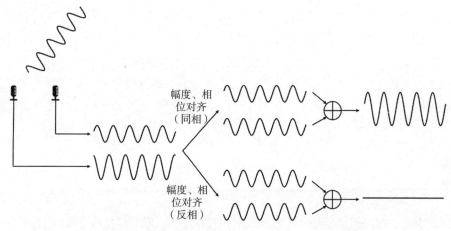

图 3.1 多通道语音增强的基本原理——物理解释

在实际应用中，我们处理的并不是像该示例中那样简单的正弦波，而是语音信号。相比于正弦波这类窄带信号，语音信号属于宽带信号，其信号成分分布在广泛的频率范围内，例如，常用的 100 Hz 到 8 kHz（按语音信号处理常用的 16 kHz 采样率来计算）。另外，在实际情况下，我们并不知道各路信号之间的幅度、相位差异，无法像图 3.1 中这样直接对幅度和相位差做补偿。我们可以使用第 2 章中的子带滤波的方法，将宽带语音信号分解为多个窄带信号，在每个子带上分别求解，再将结果变换回宽带信号。如何对多路信号的差异性进行建模是多通道语音增强算法的关键所在，不同算法的信号模型和求解方法不同，后续章节将详细讲解各类算法的基本思想。

从以上示例中也可以看出多通道语音增强算法的一些特点：首先，算法工作的前提是多通道信号的支持，因为多通道信号是存在信号成分差异的前提，有了多通道信号，才可以利用波的叠加原理实现某个信号成分的增强或抑制。其次，两个麦克风之间的距离不是随意的，例如当两个麦克风重合在一起时，可以近似地认为两路信号相同，无法使用多通道算法进行处理。

3.1.2 几何解释

信号到达各个麦克风的延时、衰减、混响各不相同，这种关于信道的性质可以通过向量的形式来建模，如公式 (3.1) 所示。公式 (3.1) 中的元素均为复数，其中 $\boldsymbol{x}$ 为 M 维的麦克风信号，s_1、s_2 分别为两个源信号，信号成分可以看作将时域信号经过子带分解后的结果，$\boldsymbol{s} = [s_1, s_2]^{\mathrm{T}}$。$\boldsymbol{a}_1$、$\boldsymbol{a}_2$ 为 M 维的向量，分别建模了从各个声源到每个麦克风的信道的信息，称为传递函数（transfer function），简称"传函"，$\boldsymbol{A} = [\boldsymbol{a}_1, \boldsymbol{a}_2]$。$k$ 为频段序号，τ 为数据帧序号，由于后续的操作在各个频段上的原理相同，所以后续的表示中将省略频段序号 k 以使得公式更加简洁。

$$\boldsymbol{x}(k, \tau) = \boldsymbol{a}_1(k) s_1(k, \tau) + \boldsymbol{a}_2(k) s_2(k, \tau) \tag{3.1}$$

$$\boldsymbol{x}(k, \tau) = \boldsymbol{A}(k) \boldsymbol{s}(k, \tau) \tag{3.2}$$

图 3.2 为公式 (3.1) 在二维空间中的示例。可以将 s_1、s_2 看作随时间变化的随机变量，而房间传函在一定时间段内相对稳定，所以可以将 $\boldsymbol{a}_1$、$\boldsymbol{a}_2$ 看作时不变的向量。根据几何关系，当只存在 s_1 时，$\boldsymbol{x}(\tau)$ 只会分布于 $\boldsymbol{a}_1$ 及其延长线上；当只存在 s_2 时，$\boldsymbol{x}(\tau)$ 只会分布于 $\boldsymbol{a}_2$ 及其延长线上；若 s_1、s_2 同时存在，由于图 3.2 中 $\boldsymbol{a}_1$、$\boldsymbol{a}_2$ 线性无关，则 $\boldsymbol{x}(\tau)$ 可以分布于整个二维平面上。

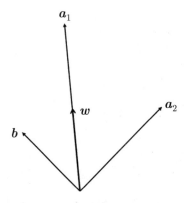

图 3.2 多通道语音增强的基本原理——几何解释。为了方便表示，本图将 M 维空间简化为二维空间，并且将复数向量简化为实数向量。高维复数空间中的原理与本图类似

从图 3.2 中很容易看出，若想对信号 s_1 进行增强，则可以选择一个与 $\boldsymbol{a}_1$ 平行的向量 $\boldsymbol{w}$ 与麦克风信号 $\boldsymbol{x}$ 做内积，即

$$y(\tau) = \boldsymbol{w}^{\mathrm{H}}\boldsymbol{x}(\tau) \tag{3.3}$$

$$y(\tau) = \boldsymbol{w}^{\mathrm{H}}\boldsymbol{a}_1 s_1(\tau) + \boldsymbol{w}^{\mathrm{H}}\boldsymbol{a}_2 s_2(\tau) \tag{3.4}$$

由于 $\boldsymbol{w}$ 平行于 $\boldsymbol{a}_1$，所以 s_1 得到了最大程度的增强，而其他所有非 $\boldsymbol{a}_1$ 传函的信号，例如 s_2，则或多或少受到了抑制。由于 $\boldsymbol{w}$ 与 $\boldsymbol{a}_2$ 并不正交，所以 $\boldsymbol{w}$ 并不能完全抑制 s_2 的影响。但若 M 增大，并且阵列设计合理，使得 $\|\boldsymbol{w}^{\mathrm{H}}\boldsymbol{a}_1\|$ 与 $\|\boldsymbol{w}^{\mathrm{H}}\boldsymbol{a}_2\|$ 的差距进一步增大，则增强效果更明显。

若想对 s_2 进行较强的抑制，则可以使用公式 (3.5) 的形式，其中 $\boldsymbol{b} \perp \boldsymbol{a}_2$。

$$y(\tau) = \boldsymbol{b}^{\mathrm{H}}\boldsymbol{x}(\tau) \tag{3.5}$$

$$y(\tau) = \boldsymbol{b}^{\mathrm{H}}\boldsymbol{a}_1 s_1(\tau) + \boldsymbol{b}^{\mathrm{H}}\boldsymbol{a}_2 s_2(\tau) \tag{3.6}$$

$$y(\tau) = \boldsymbol{b}^{\mathrm{H}}\boldsymbol{a}_1 s_1(\tau) \tag{3.7}$$

从以上例子可以看出，多通道信号处理的原理可以表示为向量内积的形式，即利用传函向量和 beamformer（图 3.2 中的 $\boldsymbol{w}$ 和 $\boldsymbol{b}$ 相当于 beamformer）的几何关系来实现信号的增强或抑制。并且：

- 本节中的几何解释和 3.1.1 节中的物理解释是对应的，对窄带信号进行幅度和相位调整在复数域上可以对应为复数的相乘操作。公式 (3.4) 等号右边第一项对应了窄带信号波峰对波峰、波谷对波谷的叠加操作；而公式 (3.6) 中等号右边第二项对应了波峰与波谷叠加相消的操作。

- 多通道语音增强算法正常工作的前提是各个传函向量是线性无关的。例如当两个麦克风位置重合时，就可以理解为出现了线性相关的传函，此时算法无法正常工作。

- 由线性空间的性质可知，若使用公式 (3.5) 中的方法对干扰进行抑制，则麦克风个数为 M 的阵列理论上最多可以同时完全抑制 $M-1$ 个不同的点声源，因为 M 维空间中的向量最多同时和 $M-1$ 个线性无关的向量正交。

- 若使用公式 (3.3) 中的方法对信号进行增强，则干扰声源的数目不受限制，但只能通过阵列结构设计使得 $\|\boldsymbol{w}^{\mathrm{H}}\boldsymbol{a}_i\|$ 尽可能小，做不到理论上的完全抑制，其中 i 为干扰声源的序号。

图 3.2 的例子中只讨论了 beamformer 的方向，并未限制它们的长度。从几

何关系可以看出，beamformer 的长度决定了内积后向量的长度，即输出信号的能量大小。在实际求解过程中，可以增加一些限制条件来确定或限制 beamformer 的长度，从而增加结果的稳定性，并减小输出信号的失真程度。

3.2　远场模型

远场模型（far-field model）是一种最基础的多通道信号模型，其建模思想非常简单和直观，在多通道信号处理算法中有着广泛的应用。本节介绍远场模型的基本思想，由此引出导向向量（steering vector）的概念和计算方法，以及相应的 delay-sum 波束形成方法。

声音信号在空间中呈球面传播，并且遵循"平方反比定律"（inverse square law）（详见 7.2.1 节），即声音能量与传播距离的平方成反比。麦克风阵列上任意麦克风接收到的信号都可以看作以声源为圆心，以声源到达该麦克风的距离为半径的球面波。但是，当声源到麦克风阵列的距离远大于阵列孔径[1] 时，我们可以将原本的球面波模型近似简化为平面波模型，即相对于阵列孔径的尺度，可以近似认为声源位于无穷远处，此时麦克风所在球面相对于阵列孔径的曲率半径无限大[2]，于是球面近似为了平面。在平面波模型中，信号能量不随传播距离的增加而衰减，同一波面到达各个麦克风时的能量相同，时间不同，并且忽略房间反射及混响的影响，如图 3.3 所示。由于"声源到达阵列的距离远大于阵列孔径"的远场假设是平面波模型近似的前提，所以平面波模型也被称为远场模型。

为了比较信号到达各个阵元的延时差，需要定义一个参考点，在参考点处的延时为零，如图 3.3 中的点 O 所示。该参考点也被称为相位中心（phase center）。可以看出，相位中心不一定位于某一阵元上，可以根据需要来定义相位中心的位置。在图 3.3 中，同一波面到达相位中心和阵元的距离差为 d，则延时差为 $\Delta = d/c$，单位为 s，c 为声速，单位为 m/s。

从以上例子可以看出，计算延时差的关键在于首先计算信号传播的距离差。为了推导在三维空间中来自任意方位的平面波到达任意阵元与到达相位中心的

---

1 孔径（aperture）反映的是阵列对信号的接收能力，可以类比于照相机或望远镜中的"光圈"。孔径越大，所能接收到的信息量就越大。当阵列为线阵时，线阵的长度可以看作孔径，当阵列为面阵或环阵时，对应的对角线或直径长度可以看作孔径。

2 原始定义中的曲率半径对应球面半径 r，与阵列孔径无关。但我们可以定义相对于阵列孔径 d 的曲率半径为 r/d，当 $r \gg d$ 时，该相对曲率半径也较大。

距离差，需要首先定义清楚坐标系。在远场模型中常用的坐标系有两种：直角坐标系（cartesian coordinate system），即笛卡儿坐标系和球面坐标系（spherical coordinate system）。对于直角坐标系我们比较熟悉，位于三维空间中任意位置 P 的阵元可以用一个三维坐标 (x, y, z) 表示，单位为 m，相位中心 O 处的坐标为 $(0, 0, 0)$。

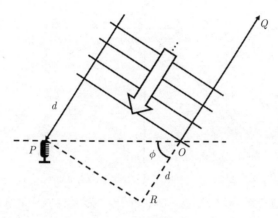

图 3.3　远场模型

直角坐标系不便于表示方位，所以还需引入球面坐标系。如图 3.4 所示，点 P 除了可以用直角坐标 (x, y, z) 表示，还可以用球面坐标 (φ, θ, ρ) 表示，其中，$\varphi \in [-180, 180]$ 被称为方位角（azimuth），$\theta \in [-90, 90]$ 被称为仰角（elevation），方位角和仰角的单位都为度。注意，φ 和 θ 都是有方向的，φ 从 X 轴正方向向 Y 轴正方向旋转为正，反方向旋转为负；θ 从 XY 平面向 Z 轴正方向旋转为正，反方向旋转为负。ρ 为点 P 到坐标原点 O 的距离，单位为 m。直角坐标系到球面坐标系的转换方式如公式 (3.8) ~ 公式 (3.10) 所示，球面坐标系到直角坐标系的转换方式如公式 (3.11) ~ 公式 (3.13) 所示，其中，$\mathrm{atan2}(y, x)$ 为四象限反正切函数，返回值位于 $[-180, 180]$ 区间[1]。在进行转换时应注意角度和弧度的对应关系，本书中的球面坐标系使用的是角度，所以公式 (3.8) ~ 公式 (3.13) 中的三角函数单位为度。

$$\varphi = \mathrm{atan2}(y, x) \tag{3.8}$$

$$\theta = \mathrm{atan2}(z, \sqrt{x^2 + y^2}) \tag{3.9}$$

---

[1] 相比之下，反正切函数 $\mathrm{atan}(y, x)$ 返回值仅限于 $[-90, 90]$ 区间。

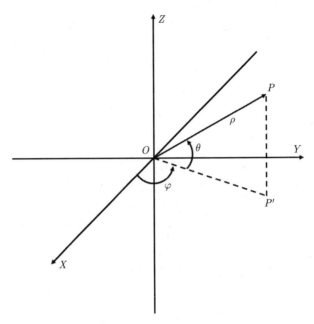

图 3.4 直角坐标系与球面坐标系，其中 P' 为 P 在 XY 平面上的投影

$$\rho = \sqrt{x^2 + y^2 + z^2} \tag{3.10}$$

$$x = \rho \cos(\theta)\cos(\varphi) \tag{3.11}$$

$$y = \rho \cos(\theta)\sin(\varphi) \tag{3.12}$$

$$z = \rho \sin(\theta) \tag{3.13}$$

回到图 3.3 中的例子，平面波的入射方向可以用向量 OQ 所指方向来表示（即阵列的 look direction）。假设 Q 点的方位坐标为 (φ, θ, ρ)，由于远场模型中只关注信号的方位，所以可以令 $\rho = 1$ 将方位坐标简化表示为 (φ, θ)，即向量 OQ 为单位向量。来自向量 OQ 所指方向的平面波到达相位中心 O 与任意位置 P 的距离差可以用向量 OP 在向量 OQ 上的投影长度来表示。根据几何关系，空间中任意两个向量 $\boldsymbol{p}$ 和 $\boldsymbol{q}$ 之间的夹角 ϕ 有如下关系：

$$\cos(\phi) = \frac{\boldsymbol{p}^{\mathrm{T}}\boldsymbol{q}}{\|\boldsymbol{p}\|\|\boldsymbol{q}\|} \tag{3.14}$$

其中 $\boldsymbol{p} = [x, y, z]^{\mathrm{T}}$，$\boldsymbol{q} = [x_q, y_q, z_q]^{\mathrm{T}}$ 分别为向量 OP 和 OQ 的三维直角坐标，$\boldsymbol{q}$ 可以根据方位坐标通过公式 (3.11) ∼ 公式 (3.13) 转换而得。$\|\cdot\|$ 为二范数，即向量的长度。由于 $\|\boldsymbol{q}\| = 1$，所以投影 OR 的长度 d 为

$$d = \|\boldsymbol{p}\| \cos(\phi) = \boldsymbol{p}^{\mathrm{T}} \boldsymbol{q} \tag{3.15}$$

结合延时差的正负关系，通用的延时差可以表示为公式 (3.16) 的形式。注意，Δ 可正可负，在相位中心处 $\Delta = 0$，信号到达某个阵元的时间晚于到达相位中心的时间则 $\Delta > 0$，反之则 $\Delta < 0$。

$$\Delta = -\boldsymbol{p}^{\mathrm{T}} \boldsymbol{q} / c \tag{3.16}$$

利用 DFT 的性质，在某个频率上的延时相当于相位的变化[2]，则将公式 (3.16) 中的延时特性代入 DFT 的相移性质中有：

$$a(f) = \exp(-\mathrm{j}2\pi f \Delta) \tag{3.17}$$

$$a(f) = \cos(2\pi f \Delta) - \mathrm{j}\sin(2\pi f \Delta) \tag{3.18}$$

其中，j 为虚数单位，f 为频率，单位为 Hz。将公式 (3.17) 中的频率用 DFT 的频段序号表示，则有：

$$a(k) = \exp(-\mathrm{j}2\pi f_{\mathrm{s}} k \Delta / K) \tag{3.19}$$

其中，f_{s} 为采样率，单位为 Hz，k 为频段序号，K 为 DFT 的点数。公式 (3.19) 在不同文献中往往会有不同的表示方式，会给初学者造成困惑。其实不同形式的 $a(k)$ 其物理意义是相同的，坐标系选择不同（二维、三维），相位中心定义不同（位于阵列中心处、位于第一个阵元上等），Δ 的表示方式就会有所差别，从而导致了 $a(k)$ 在形式上的差异。

在远场模型中，阵元数为 M 的麦克风阵列，接收到来自 (φ, θ) 方位的信号，则在频段 k 上的相位特性可以由一个向量 $\boldsymbol{a} = [a_1, a_2, \cdots, a_M]^{\mathrm{T}}$ 表示，其中，$a_m, m = 1, 2, \cdots, M$ 由公式 (3.19) 得出。该向量也叫作导向向量（steering vector）。结合公式 (3.1) 中的信号模型，可见在远场模型中，导向向量对应信号的传函，相当于实际传函在远场模型中的简化版，只考虑了相位特性，并没有建模信号的幅度特性以及房间混响。实际传函难以估计，而导向向量可以通过阵元坐标、信号源方位、声速等物理量直接算出。

按照 3.1.2 节中的几何解释，若想对公式 (3.1) 中的信号模型进行增强操作，则其中一种方法是使用公式 (3.20)，其中，系数 $1/M$ 用于将信号归一化到目标方向响应为 1 的尺度上。对应的输出结果如公式 (3.21) $\sim$ 公式 (3.23) 所示。注意到 $|a_{1m}| = 1$，以及 a_{1m} 和 a_{1m}^* 的共轭关系，所以有 $\boldsymbol{a}_1^{\mathrm{H}} \boldsymbol{a}_1 / M = 1$，其中，$a_{1m}$

表示 $\boldsymbol{a}_1$ 的第 m 个元素。在公式 (3.23) 中，由于 $\boldsymbol{a}_1$ 和 $\boldsymbol{a}_2$ 存在一定夹角，所以相当于对 s_1 起到了增强作用。公式 (3.20) 相当于对远场模型中的信号进行了延时补偿再求和，所以这种方法也被称为 delay-sum 波束形成。

$$\boldsymbol{w}(k) = \frac{1}{M}\boldsymbol{a}_1(k) \tag{3.20}$$

$$y(k,\tau) = \boldsymbol{w}^{\mathrm{H}}(k)\boldsymbol{x}(k,\tau) \tag{3.21}$$

$$y(k,\tau) = \frac{1}{M}\boldsymbol{a}_1^{\mathrm{H}}(k)[\boldsymbol{a}_1(k)s_1(k,\tau) + \boldsymbol{a}_2(k)s_2(k,\tau)] \tag{3.22}$$

$$y(k,\tau) = s_1(k,\tau) + \frac{1}{M}\boldsymbol{a}_1^{\mathrm{H}}(k)\boldsymbol{a}_2(k)s_2(k,\tau) \tag{3.23}$$

3.3 波束形成及阵列性能评价

本节将介绍四种波束形成和麦克风阵列的性能评价指标：beampattern（BP）、directivity index（DI）、white noise gain（WNG）[3]，以及 effective rank[4]。这些指标分别从波束的空间滤波特性、对散射噪声的抑制能力、稳定性，以及麦克风阵列对信息的接收能力四个方面对波束形成算法和阵列设计进行定量评价。理解这些评价指标有助于读者对波束形成的工作原理有更深刻的认识。图 3.5 给出了本节用到的两种阵列示例，其中图 3.5(a) 为等间距线性阵列（uniform linear array，ULA），图 3.5(b) 为等间距环形阵列（uniform circular array，UCA），这两种阵列结构在实际应用中较为常见（阵元数和孔径按需调整）。图 3.5(a) 的相位中心定义到了第一个阵元上，而图 3.5(b) 的相位中心定义到了阵列的圆心处，并不位于某个阵元上。由于评价指标建立在远场模型的框架下，坐标系和相位中心位置的不同并不会对性能评价结果造成影响，实际应用中可以按方便原则来定义相应的坐标系和相位中心。本书使用的阵列坐标系都按照图 3.5 中的方式定义，使用时应注意直角坐标与方位坐标的对应关系。

3.3.1 beampattern

我们可以将波束形成理解为一种空间滤波算法，目标方向的信号得到增强，非目标方向的信号则受到抑制。beampattern 反映的就是波束形成在空间各方向上的响应，如公式 (3.24) 所示，其中 $\boldsymbol{w}$ 为 beamformer，$\boldsymbol{a}$ 为导向向量，k 为频段序号，φ 和 θ 分别为方位角和仰角。

$$b(k,\varphi,\theta) = 10\lg|\boldsymbol{w}^{\mathrm{H}}(k)\boldsymbol{a}(k,\varphi,\theta)|^2 \tag{3.24}$$

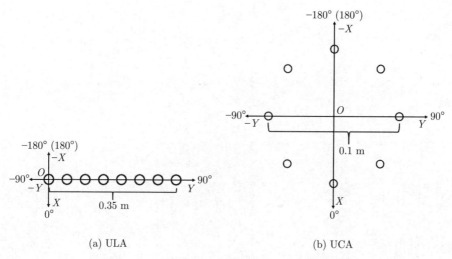

(a) ULA   (b) UCA

图 3.5 麦克风阵列示例。Z 轴正方向指向读者

图 3.6 和图 3.7 分别给出了用图 3.5(a) 和图 3.5(b) 中阵列生成的 delay-sum beampattern，其中目标方向 $(\varphi,\theta)=(0,0)$。公式 (3.24) 中的 beampattern 与方位变量 φ 和 θ 都有关，即某个频段的 beampattern 为一个三维曲面。但为了方便在二维图像上展示，通常在绘制 beampattern 时会固定 φ 或 θ，使得 beampattern 变为一条曲线。例如本节中均固定 $\theta = 0$。

从图 3.6 和图 3.7 中可以看出关于波束形成的一些直观现象和特点。

- 从 beampattern 上来看，在 $\varphi = 0$ 的目标方向上的响应最大（0 dB），而其他方向上的响应有所衰减（< 0 dB），所以示例中的 delay-sum beamformer 起到了空间滤波的作用。

- 图 3.6 中的 beampattern 是前后对称的。这是由于在远场模型中，来自图 3.5(a) 中关于 Y 轴对称的两个方位的信号到达阵列的延时是相同的，所以一字阵列区分不了以阵列为镜面呈现镜像位置的声源。

- 不同频段的 beampattern 往往各不相同。这也是波束形成算法用于语音信号的难点之一：由于语音信号为宽带信号，不同频段上不同的 beampattern 会导致输出语音在不同频段上的滤波效应不同，从而造成语音失真。

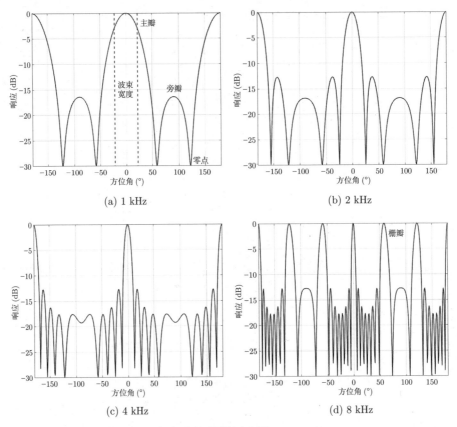

图 3.6　图 3.5(a) 中阵列在不同频率下的 delay-sum beampattern

图 3.6 中还展示了关于波束形成的一些术语。从图中可以看出，beampattern 呈现"瓣"状结构，具体如下。

- 主瓣（main lobe）：目标方位所对应的部分，即响应能量最大的部分。

- 波束宽度（beam width）或主瓣宽度（main lobe width）：主瓣能量衰减 3 dB 时所对应的角度范围[5]。例如在图 3.6(a) 中，波束宽度约为 ±22°。波束宽度用于衡量主瓣的尖锐程度，波束越窄，则定向拾取能力越好。

- 旁瓣（side lobe）：除主瓣外的其余"瓣"状结构，其能量响应小于主瓣。

- 零点（null）：能量响应非常小的某些方位在 beampattern 曲线上形成的凹点[1]。

- 栅瓣（grating lobe）：能量响应接近于主瓣的旁瓣。其 beampattern 往往呈现光栅状的条纹结构，所以叫作栅瓣。

---

1 理论上，零点的响应可以为 0，即 −∞ dB，但为了便于图示，限制了零点的最小值。

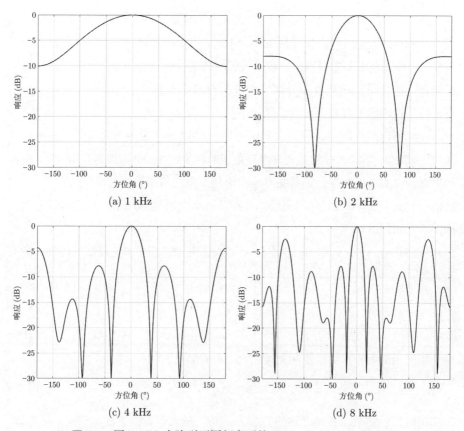

图 3.7　图 3.5(b) 中阵列不同频率下的 delay-sum beampattern

主瓣、旁瓣、零点的形成原理可以用 3.1.2 节中的几何解释来说明：令 a_t 和 a_n 分别表示目标和非目标方向上的导向向量，则在目标方向上，w 与 a_t 同向，两个向量的内积最大，即输出能量最大，所以在目标方向上形成主瓣；在非目标方向上，由于 w 和 a_n 呈现一定夹角，所以 $|w^H a_n| < |w^H a_t|$，并且会由于导向向量各元素中三角函数的周期性形成局部极值，于是形成旁瓣；而在某些特定的方向上，$w \perp a_n$，于是形成零点。

从 beampattern 上也可以看出通过公式 (3.3) 和公式 (3.5) 的思路进行信号增强或抑制的区别：公式 (3.3) 通过主瓣保持目标信号，通过旁瓣对非目标信号进行抑制。主瓣越窄、旁瓣越小，则空间滤波的效果越好。该方法具有普适性，可以对较广范围的非目标成分起到抑制作用。但由于旁瓣的存在，该方法对非目标方向的信号抑制程度有限。由于其具有普适性和稳定性，所以比较适合用于固定波束形成，或是用于抑制散射噪声、环境噪声。

公式 (3.5) 通过向量的正交性形成零点，从而实现对特定方位的抑制。从 beampattern 上也可以看出（例如图 4.1(c)），该方法对零点处的信号抑制程度较强，但作用范围和数量有限。所以该思路较适合于对点声源的抑制，并且需要配合自适应波束形成或盲源分离算法来实现对零点的自适应调节，保证零点一直对准干扰声源才有较明显的抑制效果。

要解释栅瓣出现的原因，需要先回到公式 (3.18) 中导向向量的三角函数形式。可以看出，导向向量的各元素由三角函数构成，而三角函数具有周期性。栅瓣的出现，说明在某些频段、某些方位上出现了由三角函数周期性导致的 $a_t = a_n$ 的情况，其中 a_t 和 a_n 分别为目标和栅瓣方向上的导向向量，从而导致主瓣和栅瓣具有相同的响应。

从公式 (3.15)、公式 (3.16)、公式 (3.18) 可知，若要避免栅瓣的出现，则需要满足：

$$-\pi \leqslant 2\pi f d_1/c \leqslant \pi \tag{3.25}$$

其中，d_1 为对应的平面波到达两个麦克风之间的距离差。考虑到 $|d_1| \leqslant d$，d 为两个麦克风的间距，为了避免栅瓣出现，d 应满足：

$$d \leqslant \frac{c}{2f} \tag{3.26}$$

再利用波长、频率、波速之间的关系 $c = \lambda f$，就可以得到下面的空间采样定理。

定理 3.3.1 空间采样定理（spatial sampling theorem）：若要避免空间歧义性的发生，则两个麦克风的间距需要小于或等于窄带信号波长的一半，即

$$d \leqslant \frac{\lambda}{2} \tag{3.27}$$

其中 d 为两个麦克风的间距，λ 为波长。

3.3.2　directivity index

多通道信号处理的目的之一就是对目标信号进行增强，所以一种最直接的衡量多通道信号处理算法性能的方法就是看输出信号与输入信号的信噪比，将信噪比的提升量作为性能指标。

对信噪比进行分析时，要在子带域建立公式 (3.28) 中的信号模型，其中 x 为麦克风信号，s 为目标信号源，a 为相应的传函，在固定波束形成中可以用导向向量代替，v 为噪声，k、τ 分别为频段序号和数据块序号。

$$\boldsymbol{x}(k,\tau) = \boldsymbol{a}(k)s(k,\tau) + \boldsymbol{v}(k,\tau) \tag{3.28}$$

该信号模型与公式 (3.1) 中的信号模型不同的是，公式 (3.1) 中的麦克风信号由两个点声源混合而成，s_2 可以看作干扰声源。公式 (3.28) 中的信号模型则包含了更广泛的噪声项 $\boldsymbol{v}$，$\boldsymbol{v}$ 可以是某种点干扰源、白噪声，或是散射噪声等。所以，信号模型没有唯一的标准或公式，需要针对具体问题建立。由于公式 (3.28) 的信号模型中明确了目标信号项和噪声项，所以输入信噪比[3] 可以表示为

$$\mathrm{iSNR}(k) = \frac{\phi_s(k)}{\phi_{v_1}(k)} \tag{3.29}$$

其中，$\phi_s(k) = \mathcal{E}[s(k,\tau)s^*(k,\tau)]$，$\phi_{v_1}(k) = \mathcal{E}[v_1(k,\tau)v_1^*(k,\tau)]$，$\mathcal{E}[\cdot]$ 表示求期望操作，$*$ 表示共轭复数。此处假设各个通道的麦克风信号的能量是相等的，所以有 $\phi_{v_1}(k) = \phi_{v_2}(k) = \cdots = \phi_{v_M}(k)$，$M$ 为麦克风个数。

假设某种算法得到的 beamformer 为 $\boldsymbol{w}$，将其作用到 $\boldsymbol{x}$ 上得到输出信号 y，如公式 (3.30) 所示。

$$y(k,\tau) = \boldsymbol{w}^{\mathrm{H}}(k)\boldsymbol{x}(k,\tau) \tag{3.30}$$

$$y(k,\tau) = \boldsymbol{w}^{\mathrm{H}}(k)\boldsymbol{a}(k)s(k,\tau) + \boldsymbol{w}^{\mathrm{H}}(k)\boldsymbol{v}(k) \tag{3.31}$$

根据目标信号项和噪声项的关系，可以得到输出信噪比为

$$\mathrm{oSNR}(k) = \phi_s(k)\frac{|\boldsymbol{w}^{\mathrm{H}}(k)\boldsymbol{a}(k)|^2}{\boldsymbol{w}^{\mathrm{H}}(k)\boldsymbol{\Phi}_v(k)\boldsymbol{w}(k)} \tag{3.32}$$

$$\mathrm{oSNR}(k) = \frac{\phi_s(k)}{\phi_{v_1}(k)}\frac{|\boldsymbol{w}^{\mathrm{H}}(k)\boldsymbol{a}(k)|^2}{\boldsymbol{w}^{\mathrm{H}}(k)\boldsymbol{\Gamma}_v(k)\boldsymbol{w}(k)} \tag{3.33}$$

其中，$\boldsymbol{\Phi}_v(k) = \mathcal{E}[\boldsymbol{v}(k,\tau)\boldsymbol{v}^{\mathrm{H}}(k,\tau)]$，$\boldsymbol{\Gamma}_v(k) = \boldsymbol{\Phi}_v(k)/\phi_{v_1}(k)$ 为归一化后的噪声协方差矩阵。

多通道信号处理算法对信噪比的提升量可以通过输出与输入信噪比的比值来衡量，根据公式 (3.29) 和公式 (3.32)，有

$$g(k) = \frac{\mathrm{oSNR}(k)}{\mathrm{iSNR}(k)} \tag{3.34}$$

$$g(k) = \frac{|\boldsymbol{w}^{\mathrm{H}}(k)\boldsymbol{a}(k)|^2}{\boldsymbol{w}^{\mathrm{H}}(k)\boldsymbol{\Gamma}_v(k)\boldsymbol{w}(k)} \tag{3.35}$$

当公式 (3.35) 中对 $\boldsymbol{\Gamma}_v$ 的定义不同时，性能指标所衡量的侧重点也不同。由此可以引申出两种性能指标：directivity index（DI）和 white noise gain（WNG）。在 DI 中，$\boldsymbol{\Gamma}_v(k) = \boldsymbol{\Gamma}(k)$ 为理想球面散射噪声的协方差矩阵[6]，其各个元素 γ_{ij}

如公式 (3.36) 和公式 (3.37) 所示，其中，频率 f 和频段序号 k 之间的关系为 $f = f_s k/K$，f_s 为采样率（Hz），K 为 DFT 的长度。

$$\gamma_{ij}(f) = \frac{\sin(2\pi f d/c)}{2\pi f d/c} \tag{3.36}$$

$$\gamma_{ij}(k) = \frac{\sin(2\pi f_s k d/cK)}{2\pi f_s k d/cK} \tag{3.37}$$

将 $\boldsymbol{\Gamma}(k)$ 代入公式 (3.35) 就得到了 DI 的计算公式：

$$d(k) = 10\lg \frac{|\boldsymbol{w}^{\mathrm{H}}(k)\boldsymbol{a}(k)|^2}{\boldsymbol{w}^{\mathrm{H}}(k)\boldsymbol{\Gamma}(k)\boldsymbol{w}(k)} \tag{3.38}$$

$$d(k) = 10\lg \frac{1}{\boldsymbol{w}^{\mathrm{H}}(k)\boldsymbol{\Gamma}(k)\boldsymbol{w}(k)} \tag{3.39}$$

考虑到波束形成算法一般都会假设目标方向的信号不失真，有 $\boldsymbol{w}^{\mathrm{H}}(k)\boldsymbol{a}(k) = 1$，$\boldsymbol{a}$ 为目标传函（导向向量），所以公式 (3.38) 的分子取 1 即可。

DI 衡量的是波束形成算法对理想球面散射噪声的抑制能力，DI 越大，对散射噪声的抑制能力就越强。图 3.8 中给出了图 3.5 中的两个阵列配合 delay-sum 波束形成的 DI 指标。从图 3.8 中可以看到，随着频率的增加，DI 稳步提升，但在高频部分有所下降。配合图 3.6(d) 和图 3.7(d) 可以发现，在高频部分出现了栅瓣，即栅瓣处的散射噪声成分也容易泄漏到输出信号中，从而导致了 DI 的降低。

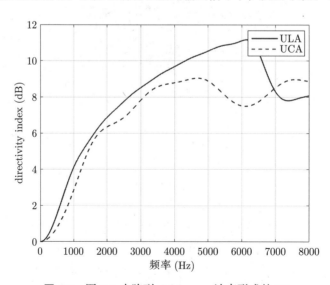

图 3.8　图 3.5 中阵列 delay-sum 波束形成的 DI

3.3.3 white noise gain

假设各个通道的噪声是不相关的，即 $\boldsymbol{\Gamma}_v(k) = \boldsymbol{I}$，于是公式 (3.35) 可以变化为

$$g(k) = 10 \lg \frac{|\boldsymbol{w}^{\mathrm{H}}(k)\boldsymbol{a}(k)|^2}{\boldsymbol{w}^{\mathrm{H}}(k)\boldsymbol{w}(k)} \tag{3.40}$$

$$g(k) = 10 \lg \frac{1}{\boldsymbol{w}^{\mathrm{H}}(k)\boldsymbol{w}(k)} \tag{3.41}$$

公式 (3.41) 即 white noise gain（WNG），衡量的是麦克风阵列在白噪声场景中的信噪比提升。图 3.9 给出了图 3.5 中的阵列配合 delay-sum 波束形成的 WNG，可以看出，当阵列数目固定时，delay-sum 波束的 WNG 在各个频段是相同的，并且不随阵列形状而改变。

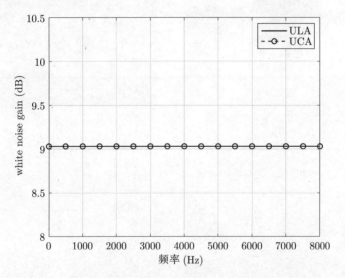

图 3.9　图 3.5 中阵列配合 delay-sum 波束形成的 WNG

WNG 主要用于衡量波束形成算法的稳定性，即波束在出现电路噪声、环境噪声，以及实际阵列参数（例如声速、各个阵元的位置、麦克风的响应特性等）与理论模型存在差异时的表现情况。从公式 (3.41) 可以看出，WNG 主要取决于 $\|\boldsymbol{w}\|$ 的大小，$\|\boldsymbol{w}\|$ 越小，输出信号 $y = \boldsymbol{w}^{\mathrm{H}}\boldsymbol{x}$ 就越趋于稳定。若 $\|\boldsymbol{w}\|$ 较大，则即便麦克风信号 $\boldsymbol{x}$ 较小，也可能导致 y 很大，从而导致输出不稳定。

图 3.10 中给出了一组 WNG 过低对输出信号造成影响的示例，其中的 beamformer 由 3.4.2 节中介绍的差分波束形成，使用的 WNG 阈值分别为 $g_{\min} =$ -10 dB 和 $g_{\min} = -50$ dB，两种阈值所得的 DI 和 WNG 如图 3.11 所示。从图 3.11 中可以看出，WNG 不会小于约束中的 $g_{\min}$。由于 $g_{\min}$ 不同，导致两种 beamformer 在低频部分的 DI 和 WNG 有所不同，但随着频率的升高，当实际 WNG $\geqslant -10$ dB 后，后续部分的指标是相同的。从该示例也可以看出，在设计波束时并不是 DI 越高越好，还需要考虑 WNG 的影响。在图 3.11(a) 的低频部分，$g_{\min} = -50$ dB 时的 DI 高于 $g_{\min} = -10$ dB 时的，但从图 3.10 中的输出结果可以看到，当 WNG 过低时，低频部分的噪声信号被放大了，从而导致了输出信号质量的降低。

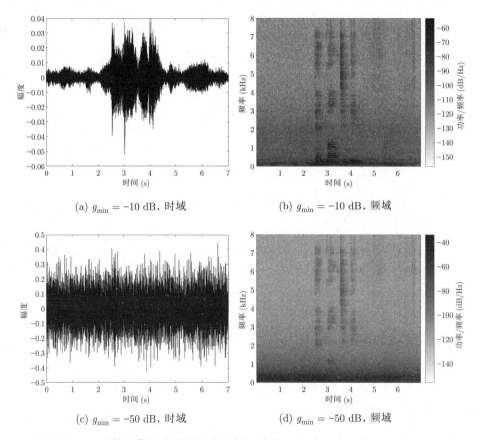

图 3.10 WNG 对输出信号造成的影响示例，其中 $g_{\min}$ 表示在生成 beamformer 时的 WNG 阈值参数

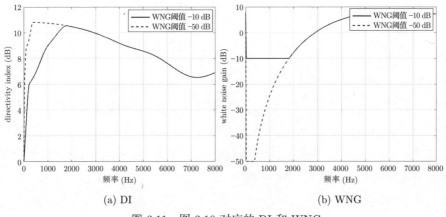

(a) DI   (b) WNG

图 3.11   图 3.10 对应的 DI 和 WNG

3.3.4 effective rank

我们在进行麦克风阵列设计时通常会遇到这样的问题：给定一个固定的尺寸，例如某个产品的面板大小，如何设计麦克风阵列的形状，使得多通道信号处理算法的收益能够最大化？要回这个问题，除了使用 beampattern、DI、WNG 三种指标，参考文献 [4] 中还介绍了一种 effective rank 的思想。effective rank 从信息论的角度出发，衡量的是麦克风阵列接收外界信息的能力。阵列所能接收外界信息的能力越强，麦克风信号中所包含的信息量也就越大，对后续的信号处理算法也就越有利。由于在计算 effective rank 时没有涉及某种具体的多通道信号处理算法，所以该指标对固定波束形成、自适应波束形成、盲源分离、声源定位等多通道信号处理算法都适用。

为了理解 effective rank 的原理，我们建立公式 (3.42) 中的信号模型，其中 x 为 M 维的麦克风信号，a_n 为声源 s_n 对应的传函，v 为噪声信号。从线性代数的基本理论可知：M 维空间所能容纳的信息量是有限的，M 维空间中线性无关的向量最多只有 M 个。所以当公式 (3.42) 中阵列所收到的信号源的个数 $N > M$ 时，必然遇到传函线性相关的情况，即阵列无法容纳更多的信息。

$$x(k,\tau) = \sum_{n=1}^{N} a_n(k)s_n(k,\tau) + v(k,\tau) \tag{3.42}$$

$$x(k,\tau) = A(k)s(k,\tau) + v(k,\tau) \tag{3.43}$$

将公式 (3.42) 中针对特定频段 k 的窄带模型类比到宽带的情形上，得到类似的信号模型。

$$x = As \tag{3.44}$$

$$x = [x^{\mathrm{T}}(1), x^{\mathrm{T}}(2), \cdots, x^{\mathrm{T}}(K)]^{\mathrm{T}} \tag{3.45}$$

$$A = [A^{\mathrm{T}}(1), A^{\mathrm{T}}(2), \cdots, A^{\mathrm{T}}(K)]^{\mathrm{T}} \tag{3.46}$$

其中，s 并不是实际存在的信号，而是抽象成数学表示后的某个随机向量，代表公式 (3.44) 可能接收到的信号源。A 为宽带传函所组成的矩阵，其中包含了对需要考察的空间位置的传函的抽样，例如，可以参考 7.4 节中的方法，在单位球面上生成传函或导向向量的采样来构造 A。

从窄带的例子可以看出，阵列接收信息的能力和 A 的秩有关。为了检验 A 的秩，可以将 A 做 SVD（singular value decomposition）分解。

$$A = P\Sigma Q^{\mathrm{H}} \tag{3.47}$$

将公式 (3.47) 代入公式 (3.44) 得：

$$x = P\Sigma Q^{\mathrm{H}}s \tag{3.48}$$

$$x = \sum_{r=1}^{R} c_r p_r \tag{3.49}$$

其中，$c_r = \sigma_r q_r^{\mathrm{H}} s$，$R$ 为非零奇异值的个数，即 A 的秩，$\sigma_1, \sigma_2, \cdots, \sigma_R$ 为对角矩阵 Σ 的前 R 个对角元素，即前 R 个奇异值。从公式 (3.49) 也可以看出，阵列所接收到的信息，即麦克风信号 x 相当于 R 个向量 $p_1, p_2, \cdots, p_R$ 的线性组合，R 越大，可能接收到的信息组合就越多。

为了避免整数 R 导致的区分性降低的问题，将评价指标进一步抽象为连续的形式。

$$\mathcal{R}(A) = \exp\left(-\sum_{r=1}^{R} \bar{\sigma}_r \lg \bar{\sigma}_r\right) \tag{3.50}$$

$$\bar{\sigma}_r = \frac{\sigma_r}{\sum_{i=1}^{R} \sigma_i} \tag{3.51}$$

公式 (3.50) 即为 effective rank 的计算方式，$\mathcal{R}(\cdot)$ 表示 effective rank 算子。

图 3.12 中给出了几种阵列的 effective rank 示例。从中可以发现一些规律：同等孔径下，面阵的 effective rank 通常大于线阵；同等阵元数目下，大孔径阵列的 effective rank 通常大于小孔径。这些规律也符合我们的日常认知：同等条件下，面阵的镜像位置数目要少于线阵，所以面阵对信息的区分能力要更强一些；

面积大的阵列对信息的接收能力显然也会更强，所以 effective rank 更高。当然，在阵元数目固定的条件下，阵列孔径并不是越大越好，还需要综合考虑空间歧义性、栅瓣等因素造成的影响。

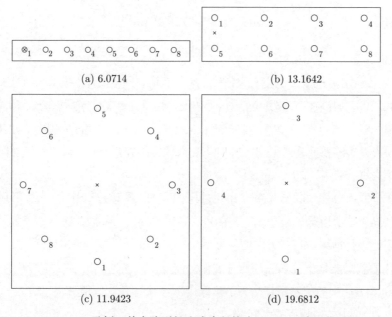

图 3.12 effective rank 示例，其中阵列长边或直径均为 10 cm，阵元位置用 ○ 表示，相位中心用 × 表示

3.4 波束形成算法的求解形式

波束形成算法的常用求解形式如公式 (3.52) ～ 公式 (3.54) 所示，其中，$\boldsymbol{w}$ 为 beamformer，$\boldsymbol{\varPhi}$ 为噪声协方差矩阵，$\boldsymbol{a}$ 为目标传函或导向向量，$g_{\min}$ 为 WNG 的最小阈值，在使用时需要从 dB 值映射回线性尺度，如公式 (3.54) 所示。公式 (3.52) ～ 公式 (3.54) 中的求解形式针对固定和自适应波束形成同样适用，但是这并不是波束形成算法的唯一求解形式，我们可以在实际应用中对这几个原型公式进行灵活修改。

$$\boldsymbol{w} = \text{minimize}\, \boldsymbol{w}^{\mathrm{H}} \boldsymbol{\varPhi} \boldsymbol{w} \tag{3.52}$$

$$\text{s.t.} \quad \boldsymbol{w}^{\mathrm{H}} \boldsymbol{a} = 1 \tag{3.53}$$

$$\boldsymbol{w}^{\mathrm{H}} \boldsymbol{w} \leqslant 1/(10^{g_{\min}/10}) \tag{3.54}$$

从公式 (3.52) ~ 公式 (3.54) 可以看出，波束形成算法的求解过程可以建模为一个带限制条件的凸优化问题。其中，公式 (3.52) 相当于对输出能量的最小化，即

$$\mathcal{E}(yy^*) = \mathcal{E}(\boldsymbol{w}^{\mathrm{H}}\boldsymbol{x}\boldsymbol{x}^{\mathrm{H}}\boldsymbol{w}) \tag{3.55}$$

$$\mathcal{E}(yy^*) = \boldsymbol{w}^{\mathrm{H}}\mathcal{E}(\boldsymbol{x}\boldsymbol{x}^{\mathrm{H}})\boldsymbol{w} \tag{3.56}$$

$$\mathcal{E}(yy^*) = \boldsymbol{w}^{\mathrm{H}}\boldsymbol{\Phi}\boldsymbol{w} \tag{3.57}$$

其中，y 为输出信号，x 为麦克风信号，$\mathcal{E}(\cdot)$ 表示求期望操作。根据线性时不变假设，我们可以假设在一定时间段内信号的统计性质是稳定的，所以公式 (3.55) ~ 公式 (3.56) 中可以将 $\boldsymbol{w}$ 提到求期望操作的外面。另外，在实际应用中，可以使用噪声协方差矩阵替换公式 (3.57) 中的麦克风信号协方差矩阵，以进一步确保目标信号不失真。

如果只有公式 (3.52) 中的最小化过程，则可以解得 $\boldsymbol{w} = \boldsymbol{0}$，这显然不是我们需要的结果。所以除了最小化输出能量，还需要加入一些限制条件。公式 (3.53) 中的限制条件即确保目标方向的信号不失真，在该条件得到满足后，公式 (3.52) 最小化的就只能是干扰和噪声成分的输出能量，从而达到增强目标信号的目的。而公式 (3.54) 中的限制条件是为了确保 WNG 指标达到阈值 $g_{\min}$ 以上，以防止出现图 3.10 中的白噪声放大问题。

所谓固定波束形成，即将公式 (3.52) 中的噪声模型和公式 (3.53) 中的目标传函固定为预先设计好的某个或某几个模型。由于模型固定，所以 beamformer 可以采用离线的方式求解，例如使用 CVX 凸优化工具包[7]。在需要实时运算时，$y = \boldsymbol{w}^{\mathrm{H}}\boldsymbol{x}$ 调用的都是求解好的 $\boldsymbol{w}$，所以相对于需要实时求解 $\boldsymbol{w}$ 的自适应波束形成，固定波束形成往往具有较小的计算量。但是，由于噪声模型和目标传函无法随实际环境自适应更新，所以固定波束形成无法达到和实际环境匹配的最优降噪效果。固定波束形成的设计思想是采用一些普适的模型，使得设计出的 beamformer 具有通用性，以满足绝大部分场景中的应用需求。下面我们就来介绍两种常用的固定波束形成算法。

3.4.1 superdirective beamforming

假设噪声模型为理想球面散射噪声[6]，则公式 (3.52) 中 $\boldsymbol{\Phi} = \boldsymbol{\Gamma}$，其各个元素 γ_{ij} 如公式 (3.36) 和公式 (3.37) 所示。此时根据公式 (3.52) ~ 公式 (3.54) 得到的 $\boldsymbol{w}$ 被称为 superdirective beamformer [8]。所谓 superdirective，即超指向性，指

该波束形成算法可以获得比对应的 delay-sum 方法更窄的，即指向性更强的波束，例如图 3.14(a) 中的 DI 指标对比。由于 superdirective 波束使用的是理想散射噪声模型，所以该方法比较适用于对散射噪声的抑制。除了理想球面散射噪声模型，也可以根据实际需求选择其他模型，例如理想柱面散射噪声模型[6] 等。

3.4.2 差分波束形成

在固定波束的设计思路上，可以预先指定若干零点，并将 beampattern 最小化到以这些零点为基础的光滑曲线上，被称为差分波束形成[1]（differential beamforming）[3]。

如公式 (3.58) 所示，令 $a_1, a_2, \cdots, a_N$ 为 N 个零点的导向向量，将该噪声模型代入公式 (3.52) ～ 公式 (3.54) 中的凸优化问题中进行求解，即可得到对应的 beamformer。

$$\boldsymbol{\Phi} = \sum_{n=1}^{N} \boldsymbol{a}_n \boldsymbol{a}_n^{\mathrm{H}} \tag{3.58}$$

图 3.13 和图 3.14 中给出了以图 3.5(b) 中孔径 10 cm、8 麦克风圆环阵为基础设计的 delay-sum、superdirective、差分波束形成算法的 beampattern、DI 和 WNG 指标。其中，波束指向（look direction）$0°$，差分波束形成的零点分别指定为 $-180°$、$-90°$、$90°$，WNG 阈值 $g_{\min} = -10$ dB。

图 3.13 和图 3.14 可以印证在波束设计时的一些现象：由于限制了 $g_{\min} = -10$dB，所以在图 3.14(b) 中可以看到，WNG 曲线不会低于该阈值，从而保证了 beamformer 在实际应用中的稳定性；随着频率的升高，栅瓣的出现导致中高频的 beampattern 比较混乱，而 DI 指标有所降低。从图 3.13 中还可以看出，delay-sum 和 superdirective 波束的 beampattern 是随频率的变化而变化的，随着频率的升高，主瓣逐渐变窄。这会导致输出信号不同，频率的表现略微不同，造成一定程度的信号失真。但从图 3.13(a)、图 3.13(b) 中可以看出，差分波束在这两个频段上的 beampattern 非常相似，即 beampattern 具有频率不变性。但从图 3.13(c)、图 3.13(d) 中又可以看出，这种频率不变性在高频并不成立。配合图 3.14 可以看出，在频率为 $5000 \sim 8000$ Hz 的部分，差分波束出现了不稳定的现象，导致 DI 和 WNG 剧烈波动。

---

1 按照作者的理解，"差分"一词来源于早期的差分波束形成算法，其中会出现两个麦克风信号相减的操作。但随着算法的改进，后来的波束求解过程中并没有显式的差分操作。

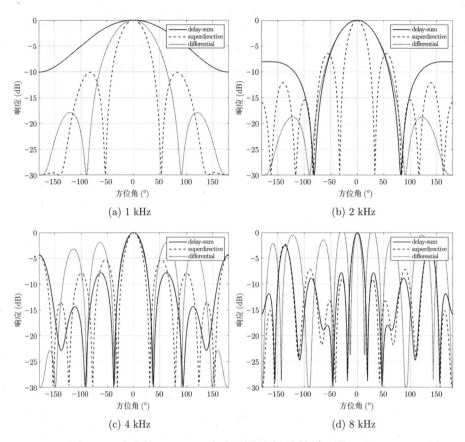

图 3.13　图 3.5(b) 中孔径 10 cm、8 麦克风圆环阵不同频率下的 beampattern 对比

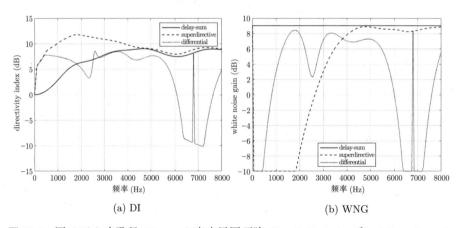

图 3.14　图 3.5(b) 中孔径 10 cm、8 麦克风圆环阵 directivity index 和 white noise gain 对比，WNG 阈值 $g_{min} = -10\text{dB}$

频率不变性是差分波束形成的一个重要性质[3]。在图 3.13 和图 3.14 的例子中，由于差分波束形成是基于图 3.5(b) 中的阵列生成的，该阵列 10 cm 的孔径过大，不利于实现差分波束形成的频率不变性。图 3.15 中将 8 麦克风圆环阵的孔径分别降至 3 cm 和 5 cm，对应的 DI 和 WNG 由图 3.16 给出。从该示例的宽带和窄带 beampattern 中都可以发现，随着孔径的缩小，满足频率不变性的频段范围就会变宽。由上面的示例可知，为了实现 beampattern 的频率不变性，差分波束形成比较适合于小孔径的阵列。但孔径也不是越小越好，需要根据实际需求确定阵型、孔径、麦克风个数等参数。另外，在实际应用中也可以将多种波束形成算法搭配使用。例如在图 3.14(a) 中，在频率为 5000 ∼ 8000 Hz 的部分差分波束性能不好，则可以将这部分的波束替换为更加稳定的 superdirective 或 delay-sum 波束，从而实现在全频段范围内较好的综合效果。

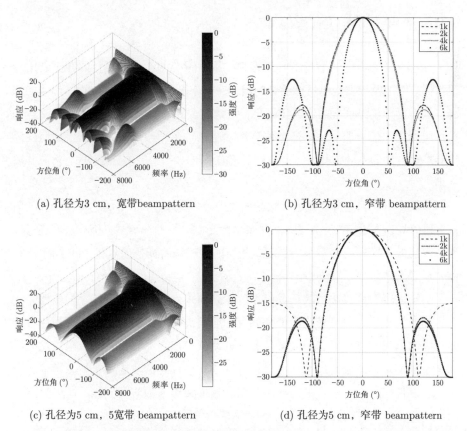

(a) 孔径为3 cm，宽带beampattern   (b) 孔径为3 cm，窄带 beampattern

(c) 孔径为5 cm，5宽带 beampattern   (d) 孔径为5 cm，窄带 beampattern

图 3.15 差分波束形成频率不变性示例，阵列孔径为 3 cm 和 5 cm，8 麦克风的圆环阵，零点位置 $\varphi = \{-180, -90, 90\}$ 度，WNG 阈值 $g_{\min} = -10$ dB

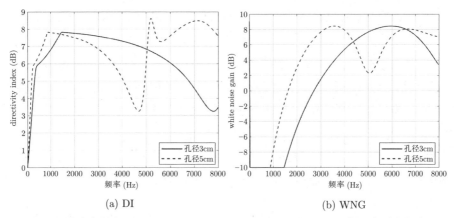

(a) DI   (b) WNG

图 3.16 差分波束形成 directivity index 和 white noise gain 对比示例, 阵列孔径为 3 cm 和 5 cm、8 麦克风的圆环阵, 零点位置 $\varphi = \{-180, -90, 90\}$ 度, WNG 阈值 $g_{\min} = -10$ dB

3.5 本章小结

多通道语音增强在语音信号处理中发挥着重要的作用, 其目的在于利用多通道信号间的差异实现对目标语音的增强, 对点声源干扰、环境噪声、混响的抑制, 从而提升输出信号的信噪比和语音可懂度, 提升后续人机/人人语音交互和通话应用中的信号质量。多通道语音增强是涵盖范围很广的算法, 根据信号模型和求解方法的不同, 可以大致分为固定波束形成、自适应波束形成、盲源分离三类。

本章介绍了固定波束形成算法的相关内容。通过 3.1 节中的物理解释和几何解释可以看出, 固定波束形成、自适应波束形成、盲源分离这三类算法实现目标语音增强或干扰和混响抑制的原理是相通的, 利用的都是信号在空间上的差异, 即"空间滤波"。

固定波束形成算法由"远场模型"发展而来, 远场模型将信号的传播简化为平面波的形式, 并且省略了信号幅度和房间混响的影响, 所以信号到达各个麦克风的延时差可以根据信号方位和阵列结构算出, 即将信号的传函简化为导向向量的形式。波束形成算法可以通过统一的凸优化方法进行求解, 所谓"固定"波束形成, 指表达式中的噪声模型和目标传函不随时间变化, 所以得到的 beamformer 具有普适性、稳定性、计算量小等优点。但由于 beamformer 无法随环境自适应变化, 所以固定波束形成对点声源干扰的抑制能力有限, 除非声源正好位于波束的零点上。

为了评价波束形成算法的性能,在远场模型的框架下又提出了 beampattern、directivity index（DI）、white noise gain（WNG）、effective rank 等性能评价指标。在实际应用中，需要根据实际需求反复对阵列结构进行迭代，使得上述评价指标满足使用要求。

本章参考文献

[1] VAN VEEN B D, BUCKLEY K M. Beamforming: A versatile approach to spatial filtering[J]. IEEE assp magazine, 1988, 5(2): 4-24.

[2] BRIA O N. John g. proakis and dimitris g. manolakis, digital signal processing. principles, algorithms, and aplications[J]. Journal of Computer Science and Technology, 1999, 1(1): 1.

[3] CHEN J, BENESTY J, PAN C. On the design and implementation of linear differential microphone arrays[J]. The Journal of the Acoustical Society of America, 2014, 136(6): 3097-3113.

[4] TOURBABIN V, RAFAELY B. Theoretical framework for the optimization of microphone array configuration for humanoid robot audition[J]. IEEE/ACM Transactions on Audio, Speech, and Language Processing, 2014, 22(12): 1803-1814.

[5] BENESTY J, CHEN J, COHEN I. Design of circular differential microphone arrays: volume 12[M]. Switzerland: Springer, 2015.

[6] HABETS E A, GANNOT S. Generating sensor signals in isotropic noise fields[J]. The Journal of the Acoustical Society of America, 2007, 122(6): 3464-3470.

[7] GRANT M, BOYD S, YE Y. Cvx: Matlab software for disciplined convex programming[Z]. 2009.

[8] BITZER J, SIMMER K U. Superdirective microphone arrays[M]//Microphone arrays. Switzerland: Springer, 2001: 19-38.

4

自适应波束形成

通过对第 3 章的学习，我们已经对波束形成算法有了一定的认识。波束形成的本质相当于向量形式的多通道麦克风信号 x 与 beamformer w 做内积，利用向量之间的方向性或正交性来达到对信号进行增强或抑制的目的。求解 beamformer 的过程相当于求解公式 (3.52) ∼ 公式 (3.54) 中带限制条件的凸优化问题。其中，公式 (3.52) 中的目标函数使得输出信号能量最小化，配合公式 (3.53) 中的限制条件，确保目标信号不失真，所以最小化的为噪声和干扰的能量成分，同时公式 (3.54) 确保 $\|w\|$ 稳定，从而避免白噪声放大的问题。

在第 3 章的固定波束形成中，公式 (3.52) 中的噪声模型，即噪声协方差矩阵 $\boldsymbol{\Phi}$ 是预先计算好的，$\boldsymbol{\Phi}$ 可以通过阵列结构配合一些先验假设得到，例如理想球面、柱面噪声模型，或是在可能的干扰方向上预定义若干零点，通过对应的导向向量叠加来计算 $\boldsymbol{\Phi}$。固定波束形成的优化思路通过调整阵列结构来设计不同的 beampattern，以满足性能需求。由于其 beamformer 可以离线求解，并且其理论性能上限在设计时就可以确定，所以固定波束形成具有计算量小、性能稳定的优点。

然而，在实际应用中，真实的目标传函不可能与远场假设下导出的导向向量形式相同，真实的噪声模型也不可能和预定义的理想模型相同，并且由于实际环境往往是动态变化的，所以真实的目标传函和噪声模型也是不断变化的。为了应对千变万化的实际环境，人们又提出了自适应波束形成的思想。与固定波束形成相比，自适应波束形成最大的特点就在于其"自适应"的特性：通过实时对目标传函和噪声模型进行追踪，可以获得比固定的理想模型准确性更高的模型，并实时迭代更新 beamformer，自适应波束形成理论上能实现比固定波束形成更好的降噪性能。但由于需要实时迭代更新，其计算量也会随之增加，算法稳定性随之降低。

本章主要介绍自适应波束形成的相关知识。4.1 节介绍递推求平均的思想，该思想虽然简单，却是许多统计信号处理算法的基础；4.2 节介绍两种典型的自适应波束形成算法；由于求解 beamformer 的过程中往往需要用到矩阵求逆操作，所以 4.3 节介绍共轭对称矩阵求逆的方法；4.4 节对本章内容进行总结。

4.1 递推求平均

递推求平均是自适应信号处理中经常用到的一种操作。我们可以将信号 x 看作一个随机变量，它的每次采样 $x(t)$ 相当于对 x 的一个观测样本。根据概率统计的基本理论可知，随机变量的性质特点无法通过对其进行单次观测，或少量的观测来总结得到。若要对随机变量进行建模分析，则必须用到统计的方法。求期望（expectation）是一种常用的统计分析方法，其连续形式如公式 (4.1) 所示，离散形式如公式 (4.2) 所示，其中 $\mathcal{E}(\cdot)$ 表示求期望操作，$p(x)$ 表示 x 的概率密度函数或概率。

$$\mathcal{E}(x) = \int xp(x)\,\mathrm{d}x \tag{4.1}$$

$$\mathcal{E}(x) = \sum x(t)p[x(t)] \tag{4.2}$$

在实际应用中，由于实际条件的限制，我们不可能按照公式 (4.1) 和公式 (4.2) 的理想情况进行计算，所以求期望被简化为公式 (4.3) 中求 T 个数的平均值的操作，其中，$\bar{x}$ 表示平均值。

$$\bar{x} = \frac{x(0) + x(1) + \cdots + x(T-1)}{T} \tag{4.3}$$

从公式 (4.3) 可以看出，在实际应用中，我们在有限的时间和算力条件下只能统计有限个观测样本，并且假设每个观测样本都是等概率出现的。

对于实时信号处理算法，数据是以采样点或帧为单位逐渐输入的，我们无法一开始便获得从 $x(0)$ 到 $x(T-1)$ 的所有数据。随着数据不断被输入，T 逐渐变大，直接使用公式 (4.3) 来计算均值需要耗费的内存也将相应地增加。所以实时算法通常采用递推（recurrent）的思想进行计算，我们可以将公式 (4.3) 变形得到公式 (4.6) 的递推方式。

$$\bar{x}(T) = \frac{x(0) + x(1) + \cdots + x(T-1) + x(T)}{T+1} \tag{4.4}$$

$$\bar{x}(T) = \frac{\bar{x}(T-1) \times T + x(T)}{T+1} \tag{4.5}$$

$$\bar{x}(T) = \frac{T}{T+1}\bar{x}(T-1) + \frac{1}{T+1}x(T) \tag{4.6}$$

按照公式 (4.6) 的方法，计算 T 时刻的均值并不需要存储所有的观测数据，也不需要从头开始累加，只需要记住 $T-1$ 时刻的均值 $\bar{x}(T-1)$，并利用当前的观测数据 $x(T)$ 对之前的结果进行更新，即可得到当前 T 时刻的结果 $\bar{x}(T)$。

假设 T 足够大，足以使得信号处理算法得到求解所需的稳定的统计结果，则从公式 (4.6) 可以看出，$0 \ll T/(T+1) < 1$，而 $0 < 1/(T+1) \ll 1$。将这两个系数进行抽象，则公式 (4.6) 可以改写为公式 (4.7) 的形式，其中 $0 \ll \alpha < 1$ 被称为遗忘因子（forgetting factor）。

$$\bar{x}(T) = \alpha\bar{x}(T-1) + (1-\alpha)x(T) \tag{4.7}$$

如果公式 (4.7) 要严格对应公式 (4.6) 计算从算法开始运行到当前时刻的均值，则 $\alpha = T/(T+1)$，此时每个时刻对应的 α 不同。然而，为了使得算法具有自适应特性，即能够追踪环境的变化，我们并不需要计算从开始到当前时刻的均值，而是需要计算截至当前时刻的，足以让信号处理算法得到信号稳定统计特性的一个时间段内的均值。以声源定位为例，如果声源一开始位于 A 点，然后移动到了 B 点，则声源定位算法需要追踪到 A 点和 B 点的方位。如果在计算过程中只是一直增加数据，则最后的结果中将同时包含 A 点和 B 点的信号统计信息，导致定位结果不准确。在公式 (4.7) 中，之所以将 α 称为遗忘因子，是因为在迭代过程中，公式 (4.7) 不仅需要能够累加距离当前时刻较接近时间段内的信号统计信息，还要能够遗忘距离当前时刻较久远的信息，从而使得信号处理算法能追踪到环境的变化。

为了理解遗忘因子的作用原理，可以利用递推关系将公式 (4.7) 展开为从 $t = 0$ 时刻开始累加的情况，得：

$$\bar{x}(T) = (1-\alpha)\sum_{t=0}^{T}[\alpha^{T-t}x(t)] \tag{4.8}$$

由于 $\alpha < 1$，公式 (4.8) 中的系数 α^{T-t} 呈指数衰减，距离前时刻 T 间隔越久，则衰减程度越大，最后可以忽略不计。所以公式 (4.7) 中的递推求平均具有遗忘历史数据，实现自适应追踪的能力。

我们可以通过调节 α 的大小来控制算法追踪的速度，α 越大，相当于求均值的时间窗口也越大，则追踪速度越慢，但得到的统计结果越稳定；α 越小，相当于所考虑的时间窗口越小，则追踪速度越快，但可能导致统计结果不稳定。不同算法、不同场景对 α 的取值要求也各不相同，一般可以取 $0.8 \sim 0.999$。另外，通过对比公式 (4.3) 和公式 (4.7) 还可以发现，两者求平均的方式也有所不同：公式 (4.3) 相当于对每个样本的加权都是相同的，而公式 (4.7) 中的加权方式则更偏向于最新加入的样本。

将公式 (4.7) 进一步泛化，则可以得到更广义的递推求平均方法，如公式 (4.9) 所示。其中 α 和 β 为两个加权系数，可以随着时间或数据变化不断调整。本书中的算法大多采用公式 (4.9) 中的递推方法。

$$\bar{x}(T) = \alpha\bar{x}(T-1) + \beta x(T) \tag{4.9}$$

以上针对标量的运算也可以扩展到对向量和矩阵的运算，例如公式 (4.10) 中递推计算噪声协方差矩阵，其中 $\boldsymbol{\Phi}_v$ 为噪声协方差矩阵，$\boldsymbol{v}(\tau)$ 为 τ 时刻的频域多通道噪声信号。

$$\boldsymbol{\Phi}_v(\tau) = \alpha\boldsymbol{\Phi}_v(\tau-1) + \beta\boldsymbol{v}(\tau)\boldsymbol{v}^{\mathrm{H}}(\tau) \tag{4.10}$$

4.2 典型自适应波束形成算法

与第 3 章中的固定波束形成算法相同，自适应波束形成算法同样可以通过求解类似公式 (3.52) $\sim$ 公式 (3.54) 中的凸优化问题来求解 beamformer $\boldsymbol{w}$。两类算法的不同点在于：固定波束形成中的噪声模型 $\boldsymbol{\Phi}$ 是预先设计好的，例如理想球面、柱面噪声模型，预先固定好若干零点的噪声模型等。固定波束形成中的导向向量 $\boldsymbol{a}$ 使用的也是远场假设下根据阵列结构和目标方位导出的理想结果。为了保证求解稳定，固定波束形成中一般会加上公式 (3.54) 的限制条件。该限制条件使得整个凸优化问题不容易导出解析解，但对于固定波束形成来说，可以通过数值的方法离线求解，再将所得的 beamformer 代入实时算法中。

另外，对于自适应波束形成来说，虽然目标函数是同样的凸优化问题，但为了保证算法的自适应性，噪声模型是不断迭代更新的，记为 $\boldsymbol{\Phi}(\tau)$，例如可以使用公式 (4.10) 中递推求平均的方法。根据实际应用的不同，自适应波束形成中 $\boldsymbol{a}$ 可以使用导向向量，但为了减少理论模型与实际情况的差异，也可以代入从目标信号统计量中估算出的目标传函，记为 $\boldsymbol{a}(\tau)$。在每次更新 $\boldsymbol{\Phi}(\tau)$ 或 $\boldsymbol{a}(\tau)$ 后也会导致 $\boldsymbol{w}(\tau)$ 变化，所以自适应波束形成算法是一个实时迭代求解的过程。除了要计算输出信号 $y(\tau) = \boldsymbol{w}^{\mathrm{H}}(\tau)\boldsymbol{x}(\tau)$，自适应波束形成还需要实时更新 $\boldsymbol{\Phi}(\tau)$、$\boldsymbol{a}(\tau)$，并求解 $\boldsymbol{w}(\tau)$，所以其计算量要显著高于相同麦克风数目下的固定波束形成算法。

4.2.1　MVDR 算法

1. 算法推导

我们首先假设信号模型如公式 (4.11) 所示，其中 s、$\boldsymbol{x}$、$\boldsymbol{v}$ 分别为经过子带分解后的目标信号、多通道麦克风信号、多通道噪声信号，$\boldsymbol{a}$ 为目标传函，k 为频段序号，τ 为数据块序号。

$$\boldsymbol{x}(k,\tau) = \boldsymbol{a}(k,\tau)s(k,\tau) + \boldsymbol{v}(k,\tau) \tag{4.11}$$

经过波束形成算法处理后的信号如公式 (4.12) 所示，其中 y 为输出信号，$\boldsymbol{w}$ 为 beamformer。由于各个频段上的计算方式相同，为了使得公式更加简洁，后续将省略频段序号 k，在不强调递推过程时省略数据块序号 τ。

$$y(k,\tau) = \boldsymbol{w}^{\mathrm{H}}(k,\tau)\boldsymbol{x}(k,\tau) \tag{4.12}$$

$$y(k,\tau) = \boldsymbol{w}^{\mathrm{H}}(k,\tau)\boldsymbol{a}(k,\tau)s(k,\tau) + \boldsymbol{w}^{\mathrm{H}}(k,\tau)\boldsymbol{v}(k,\tau) \tag{4.13}$$

假设 s 与 $\boldsymbol{v}$ 不相关，则输出功率与输入功率的关系为

$$\sigma_y^2 = \sigma_s^2 \boldsymbol{w}^{\mathrm{H}}\boldsymbol{a}\boldsymbol{a}^{\mathrm{H}}\boldsymbol{w} + \boldsymbol{w}^{\mathrm{H}}\boldsymbol{\Phi}_v\boldsymbol{w} \tag{4.14}$$

其中 $\sigma_s^2 = \mathcal{E}(ss^*)$、$\sigma_y^2 = \mathcal{E}(yy^*)$ 分别为源信号和输出信号的功率，$\boldsymbol{\Phi}_v = \mathcal{E}(\boldsymbol{v}\boldsymbol{v}^{\mathrm{H}})$ 为噪声协方差矩阵，可以按照公式 (4.10) 计算。

最小方差无失真响应（minimum variance distortionless response，MVDR）算法[1, 2] 对应的优化问题如公式 (4.15) 和公式 (4.16) 所示。顾名思义，公式 (4.15) 的作用是最小化噪声功率，而公式 (4.16) 的作用是保证目标信号不失真，即在最小化公式 (4.14) 等号右边第二项的同时保持第一项不失真，从而达到降噪的目的。

$$\text{minimize} \quad \boldsymbol{w}^{\mathrm{H}}\boldsymbol{\Phi}_v\boldsymbol{w} \tag{4.15}$$

$$\text{s.t.} \quad \boldsymbol{w}^{\mathrm{H}}\boldsymbol{a} = 1 \tag{4.16}$$

与公式 (3.52) ~ 公式 (3.54) 的波束形成通用优化问题相比，MVDR 中少了公式 (3.54) 中对 WNG 的限制条件。这是由于 MVDR 算法需要自适应更新 $\boldsymbol{w}$，而省略 WNG 限制条件后可以使得 MVDR 目标函数具有解析解，从而简化计算过程并减少计算量。

我们可以利用拉格朗日乘子法对公式 (4.15) 和公式 (4.16) 求解。融合这两个公式后可得：

$$\mathcal{J}(\boldsymbol{w}) = \boldsymbol{w}^{\mathrm{H}}\boldsymbol{\Phi}_v\boldsymbol{w} + \lambda(\boldsymbol{w}^{\mathrm{H}}\boldsymbol{a} - 1) + \lambda^*(\boldsymbol{a}^{\mathrm{H}}\boldsymbol{w} - 1) \tag{4.17}$$

其中，$\mathcal{J}(\boldsymbol{w})$ 为目标函数，λ 为拉格朗日乘子（ Lagrange multiplier ），公式 (4.17) 中的最后两项相当于两个辅助项，在满足公式 (4.16) 的限制条件后辅助项为零。对公式 (4.17) 进行求导，得：

$$\frac{\partial \mathcal{J}(\boldsymbol{w})}{\partial \boldsymbol{w}^{\mathrm{H}}} = \boldsymbol{\Phi}_v\boldsymbol{w} + \lambda\boldsymbol{a} \tag{4.18}$$

在做复数求导时可以将 $\boldsymbol{w}$ 和 $\boldsymbol{w}^{\mathrm{H}}$ 理解为不同的变量，详见 A.1 节。之后令导数等于零，可求得：

$$\boldsymbol{w} = -\lambda\boldsymbol{\Phi}_v^{-1}\boldsymbol{a} \tag{4.19}$$

其中，λ 相当于对 $\boldsymbol{w}$ 的缩放尺度。为了求得 λ，可以将公式 (4.19) 代回公式 (4.16) 的限制条件中，得：

$$\lambda = -\frac{1}{\boldsymbol{a}^{\mathrm{H}}\boldsymbol{\Phi}_v^{-1}\boldsymbol{a}} \tag{4.20}$$

最后，将公式 (4.20) 代回公式 (4.19)，即可得到 MVDR 波束形成算法的解析解，如公式 (4.21) 所示。

$$\boldsymbol{w} = \frac{\boldsymbol{\Phi}_v^{-1}\boldsymbol{a}}{\boldsymbol{a}^{\mathrm{H}}\boldsymbol{\Phi}_v^{-1}\boldsymbol{a}} \tag{4.21}$$

2. 在实际应用中的问题

公式 (4.21) 给出的 MVDR beamformer 在实际应用中还有一些需要注意的问题。首先，在实际应用中噪声成分 v 未知，所以噪声协方差矩阵 $\boldsymbol{\Phi}_v$ 也无法直接通过 v 来计算。可以使用麦克风信号的协方差矩阵 $\boldsymbol{\Phi}_x = \mathcal{E}(\boldsymbol{x}\boldsymbol{x}^{\mathrm{H}})$ 来代替 $\boldsymbol{\Phi}_v$，从而得到 MVDR 算法的另一种理论形式，如公式 (4.22) 所示。

$$w = \frac{\boldsymbol{\Phi}_x^{-1}\boldsymbol{a}}{\boldsymbol{a}^{\mathrm{H}}\boldsymbol{\Phi}_x^{-1}\boldsymbol{a}} \tag{4.22}$$

通过公式 (4.21) 和公式 (4.22) 对矩阵求逆时，为了保证结果的稳定性，一般还会用到对角加载（diagonal loading）的方法，即实际计算的是 $[\boldsymbol{\Phi} + \epsilon\boldsymbol{I}]^{-1}$，其中 $\boldsymbol{I}$ 为单位矩阵，ϵ 为一个小的正数。在公式 (4.22) 中，虽然 $\boldsymbol{\Phi}_x$ 中也包含目标信号成分，但是由于公式 (4.16) 的限制条件存在，所以理论上不会造成目标信号失真，理论上使用 $\boldsymbol{\Phi}_v$ 和 $\boldsymbol{\Phi}_x$ 的效果是等价的。

然而，在实际应用中，真实的目标传函与传函估计 $\boldsymbol{a}$ 之间肯定会存在误差，导致公式 (4.16) 的限制条件未必能保护目标信号，从而造成输出结果不稳定。例如，图 4.1 中的 beampattern，所有子图都在干扰方向上形成了零点，说明 MVDR 算法起到了降噪作用。在使用公式 (4.22) 时，虽然 $\boldsymbol{\Phi}_x$ 的计算方式更加简单，但只有当 $\boldsymbol{a}$ 与真实的目标传函正确匹配时才能获得较好的结果，如图 4.1(a) 所示。一旦二者存在偏差，即便只有很小的误差，也会造成 beamformer 不稳定，如图 4.1(b) 所示。如果使用公式 (4.21) 进行计算，假设 $\boldsymbol{\Phi}_v$ 已知，由于 $\boldsymbol{\Phi}_v$ 中并不包含目标信号的成分，所以即便 $\boldsymbol{a}$ 与真实传函间存在误差，求得的 beamformer 也具有较强的鲁棒性，如图 4.1(c) 和图 4.1(d) 所示。

图 4.1 的示例中也出现了可能令读者困惑的问题：有的初学者会认为波束的指向（look direction）就是 beampattern 中响应最大的方向，这个方向的信号增益应该为 0 dB。但从图 4.1 中可以看出，该假设并不成立。仔细分析便可发现，该现象与公式 (4.15) 和公式 (4.16) 中的优化问题并不矛盾。在该示例中，我们可以认为 $\boldsymbol{\Phi}_v = \boldsymbol{a}(50)\boldsymbol{a}^{\mathrm{H}}(50)$，而波束指向 0°，其中 $\boldsymbol{a}(50)$ 表示方位角为 50° 时的导向向量。在该问题中，由于公式 (4.15) 的作用，在方位角为 50° 时形成了零点，而由于公式 (4.16) 的作用，$\varphi = 0$ 处的增益为 0 dB。但是求解过程中没有任何条件限制其他方向上的增益小于波束指向处的增益，所以会出现 beampattern 增益大于 0 dB 的情况。该问题在波束指向靠近干扰方向时会变得更加明显。例如在图 4.1(b) 中，可以认为 $\boldsymbol{\Phi}_v = \boldsymbol{a}(50)\boldsymbol{a}^{\mathrm{H}}(50) + \boldsymbol{a}(1)\boldsymbol{a}^{\mathrm{H}}(1)$，而波束指向 0。这样会导致整个系统变得不稳定，从而出现 3.3.3 节中提到的白噪声放大的问题。

图 4.1(c) 和图 4.1(d) 中的例子为我们在实际应用中计算 beamformer 带来了启发：虽然 $\boldsymbol{\Phi}_v$ 未知，但如果能有方法对其进行较为准确的估计，就可以利用公式 (4.21) 计算出较为鲁棒的 beamformer。例如，参考文献 [3] 中采用了公式 (4.23) 和公式 (4.24) 的方法来估计 $\boldsymbol{\Phi}_v$：

$$\boldsymbol{\Phi}_v(\tau) = \alpha \boldsymbol{\Phi}_v(\tau - 1) + (1 - \alpha)\boldsymbol{x}(\tau)\boldsymbol{x}^{\mathrm{H}}(\tau) \tag{4.23}$$

$$\alpha = \alpha_0 + (1 - \alpha_0)P(\text{target}\,|\boldsymbol{x}(\tau)) \tag{4.24}$$

其中，α_0 为固定的遗忘因子，$P(\text{target}\,|\boldsymbol{x}(\tau))$ 表示目标语音存在概率，而 α 为受目标语音存在概率控制的动态遗忘因子。从公式 (4.24) 可以看出，如果当前信号为目标语音（$P(\text{target}\,|\boldsymbol{x}(\tau)) \approx 1$），则 $\alpha \approx 1$，公式 (4.23) 缓慢或暂停更新，从而减少了 $\boldsymbol{\Phi}_v$ 中包含的目标语音成分；如果当前信号中不包含目标语音成分（$P(\text{target}\,|\boldsymbol{x}(\tau)) \approx 0$），则 $\alpha \approx \alpha_0$，公式 (4.23) 开始迭代更新。针对不同应用，$P(\text{target}\,|\boldsymbol{x}(\tau))$ 可以由不同的方式给出，例如 VAD（第 9 章）、KWS（第 10 章）、唇动、声纹等。

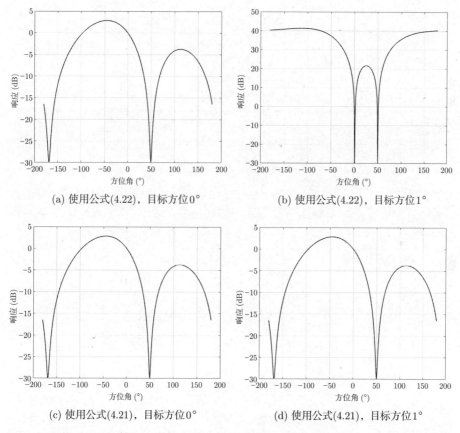

(a) 使用公式(4.22)，目标方位 0° (b) 使用公式(4.22)，目标方位 1°

(c) 使用公式(4.21)，目标方位 0° (d) 使用公式(4.21)，目标方位 1°

图 4.1 理想 MVDR 算法在实际应用中的问题示例。图中的阵列为 8 麦克风、直径为 10 cm 的圆环阵，波束频率为 1 kHz，波束指向 0°，干扰信号位于 50°

解决完噪声协方差矩阵估计的问题之后，还需解决目标传函估计的问题。在实际应用中，真实目标传函同样未知，公式 (4.21) 中的 a 越接近真实传函，则波束的性能越好。针对不同的应用，同样有多种方法来计算 a，例如可以通过阵列结构配合声源定位算法得到导向向量来替代 a。在参考文献 [3] 中，作者利用 MVDR 算法来抑制扫地机器人的自噪声（ego-noise）。由于扫地机器人相对于目标说话人是不断运动的，再加上低信噪比、非稀疏噪声等影响，导致目标信号的统计信息难以被准确估计，所以参考文献 [3] 中使用了多个固定方向的波束（multi-look beamforming）。根据图 4.1(d) 中的例子，由于 $\boldsymbol{\Phi}_v$ 中排除了目标语音成分的影响，所以即便真实传函与导向向量之间存在误差，也能得到相对鲁棒的波束。在 4.2.2 节中，我们将对公式 (4.21) 做进一步改进，使其能更好地利用对目标传函的估计来提升算法性能。

4.2.2　PMWF 算法

在 MVDR 算法中，除了需要使用噪声协方差矩阵 $\boldsymbol{\Phi}_v$，还需要用到目标传函 a。由于真实的目标传函未知，所以在某些应用中会使用导向向量来代替目标传函，但远场模型下导出的导向向量与真实传函间的差异可能会降低波束形成算法的性能。在参考文献 [4] 中提出了参数化多通道维纳滤波器（parameterized multichannel Wiener filter, PMWF）算法，该算法的优点在于将目标传函的估计问题转换为对目标协方差矩阵 $\boldsymbol{\Phi}_s$ 的估计问题，从而可以采用类似估计 $\boldsymbol{\Phi}_v$ 的思路计算 $\boldsymbol{\Phi}_s$，简化了求解过程。

要推导出 PMWF 算法，首先从公式 (4.21) 的 MVDR 算法开始。对于大多数应用来说，目标信号的协方差矩阵满足公式 (4.25) 中的 1 秩假设。

$$\boldsymbol{\Phi}_s = \mathcal{E}(ass^*a^{\mathrm{H}}) = \sigma_s^2 aa^{\mathrm{H}} \tag{4.25}$$

即目标信号以点声源的形式出现。将公式 (4.25) 代入公式 (4.21) 可得：

$$w = \frac{\frac{1}{\sigma_s^2}\boldsymbol{\Phi}_v^{-1}\boldsymbol{\Phi}_s}{a^{\mathrm{H}}\boldsymbol{\Phi}_v^{-1}a}e_1 \tag{4.26}$$

其中 $e_1 = [1, 0, \cdots, 0]^{\mathrm{T}}$。考虑到 $a^{\mathrm{H}}\boldsymbol{\Phi}_v^{-1}a = \mathrm{tr}(\boldsymbol{\Phi}_v^{-1}aa^{\mathrm{H}})$，并且有 $\mathrm{tr}(aB) = a\,\mathrm{tr}(B)$，所以 $a^{\mathrm{H}}\boldsymbol{\Phi}_v^{-1}a = \mathrm{tr}(\boldsymbol{\Phi}_v^{-1}\boldsymbol{\Phi}_s)/\sigma_s^2$，代回公式 (4.26) 的分母部分，可得在 1 秩假设下 MVDR 算法的另一种形式。

$$w = \frac{\boldsymbol{\Phi}_v^{-1}\boldsymbol{\Phi}_s}{\mathrm{tr}(\boldsymbol{\Phi}_v^{-1}\boldsymbol{\Phi}_s)}\boldsymbol{e}_1 \tag{4.27}$$

从公式 (4.27) 可以看出，原本公式 (4.21) 求解所需的目标传函隐含到了目标协方差矩阵中，目标和噪声协方差矩阵估计得越精确，波束形成算法的效果就越接近理想状态下的性能。

参考文献 [4] 还对公式 (4.27) 做了进一步泛化，得到了 PMWF 算法，如公式 (4.28) 所示。其中，γ 为平衡噪声抑制程度和语音失真程度的参数，γ 越大，则噪声抑制程度越大，但相应的语音失真程度也越大。可以看出，当 $\gamma = 0$ 时，PMWF 算法退化为 MVDR 算法。

$$w = \frac{\boldsymbol{\Phi}_v^{-1}\boldsymbol{\Phi}_s}{\mathrm{tr}(\boldsymbol{\Phi}_v^{-1}\boldsymbol{\Phi}_s) + \gamma}\boldsymbol{e}_1 \tag{4.28}$$

4.3 共轭对称矩阵求逆

在自适应波束形成算法中，以及许多自适应信号处理算法中都会用到共轭对称矩阵求逆的操作。常规矩阵求逆操作具有 $O(M^3)$ 级别的计算复杂度，M 为矩阵维数，计算复杂度较高，不利于低资源实时算法处理。本节将介绍若干种针对共轭对称矩阵的求逆方法，这些方法可以利用矩阵的共轭对称性以及协方差矩阵的递推特性减少求逆操作的计算量。首先严格定义一下本节要解决的问题：本节处理的是类似公式 (4.29) 中的协方差矩阵，其中，$\boldsymbol{\Phi}$ 为 $M \times M$ 的协方差矩阵，$\boldsymbol{v}$ 为 M 维复数向量，α 为遗忘因子，β 为加权系数，α 和 β 也可以是随时间变化的形式，即 $\alpha(\tau)$、$\beta(\tau)$，但二者均为实数。要解决的问题是已知 $\boldsymbol{\Phi}(\tau)$，求解 $\boldsymbol{\Phi}^{-1}(\tau)$，或是利用递推关系，已知 $\boldsymbol{\Phi}^{-1}(\tau-1)$，求解 $\boldsymbol{\Phi}^{-1}(\tau)$。

$$\boldsymbol{\Phi}(\tau) = \alpha\boldsymbol{\Phi}(\tau-1) + \beta\boldsymbol{v}(\tau)\boldsymbol{v}^{\mathrm{H}}(\tau) \tag{4.29}$$

从公式 (4.29) 可以看出，$\boldsymbol{\Phi}$ 一定是共轭对称矩阵，所以 $\boldsymbol{\Phi}$ 的对角线一定为实数。$\boldsymbol{\Phi}$ 具有半正定性质，即 $\boldsymbol{\Phi}$ 的特征值 $\lambda_1, \lambda_2, \cdots, \lambda_M \geqslant 0$，并且 λ_m 一定为实数。当 $\boldsymbol{\Phi}$ 满秩时即满足正定性，$\lambda_1, \lambda_2, \cdots, \lambda_M > 0$，则 $\boldsymbol{\Phi}^{-1}$ 一定存在。若无特殊说明，默认 $\boldsymbol{\Phi}$ 为满秩的情况，使用公式 (4.29) 累积一定数据量后一般都能保证 $\boldsymbol{\Phi}$ 满秩。

4.3.1 1×1 和 2×2 矩阵求逆

针对 1×1 和 2×2 的矩阵求逆虽然简单，但适用范围广泛。例如，针对单参考和双参考的 AEC 算法就可能用到对应的求逆方法。由于阶数较小，所以直接计算即可。1×1 的情况相当于将矩阵 $\boldsymbol{\Phi}$ 简化为了标量 ϕ，则 $\phi^{-1} = 1/\phi$。

2×2 共轭对称矩阵具有公式 (4.30) 的形式，其中 a、c 为实数，b 为复数。

$$\boldsymbol{\Phi} = \begin{bmatrix} a & b \\ b^* & c \end{bmatrix} \tag{4.30}$$

则根据克拉默法则（Cramer's rule）有：

$$\boldsymbol{\Phi}^{-1} = \frac{1}{\det(\boldsymbol{\Phi})} \begin{bmatrix} c & -b \\ -b^* & a \end{bmatrix} \tag{4.31}$$

$$\boldsymbol{\Phi}^{-1} = \frac{1}{ac - bb^*} \begin{bmatrix} c & -b \\ -b^* & a \end{bmatrix} \tag{4.32}$$

其中 $\det(\cdot)$ 表示矩阵的行列式。

4.3.2 Cholesky 分解

参考文献 [5] 介绍了一种利用 Cholesky 分解和 LDL 分解来简化共轭对称矩阵求逆的方法。首先我们来介绍一下 Cholesky 分解和 LDL 分解。注意在本节的 Cholesky 分解和 LDL 分解中，$\boldsymbol{L}$、$\boldsymbol{R}$、$\boldsymbol{B}$、$\boldsymbol{S}$ 均代表不同的变量，但由于 Cholesky 分解和 LDL 分解不会同时使用，所以在表示时不进行区分，并不会发生混淆。

对于任意对称正定矩阵 $\boldsymbol{\Phi}$，Cholesky 分解可以将其分解为两个三角矩阵相乘的形式。

$$\boldsymbol{\Phi} = \boldsymbol{L}\boldsymbol{L}^{\mathrm{H}} \tag{4.33}$$

$$\boldsymbol{\Phi} = \boldsymbol{R}^{\mathrm{H}}\boldsymbol{R} \tag{4.34}$$

其中，$\boldsymbol{L}$ 为下三角矩阵，$\boldsymbol{R}$ 为上三角矩阵，$\boldsymbol{R} = \boldsymbol{L}^{\mathrm{H}}$。对于 C 程序中数据按行主序排列的情形，我们倾向于使用上三角矩阵。矩阵 $\boldsymbol{R}$ 的对角线和对角线以外的上三角部分可以按照公式 (4.35) 和公式 (4.36) 进行计算。

$$r_{ii} = \sqrt{\phi_{ii} - \sum_{k=1}^{i-1} r_{ki}^* r_{ki}} \tag{4.35}$$

$$r_{ij} = \frac{1}{r_{ii}} \left(\phi_{ij} - \sum_{k=1}^{i-1} r_{ki}^* r_{kj} \right), \quad i < j \tag{4.36}$$

对于任意对称正定矩阵 $\boldsymbol{\Phi}$，LDL 分解可以将其分解为公式 (4.37) 或公式 (4.38) 的形式。

$$\boldsymbol{\Phi} = \boldsymbol{L} \boldsymbol{D} \boldsymbol{L}^{\mathrm{H}} \tag{4.37}$$

$$\boldsymbol{\Phi} = \boldsymbol{R}^{\mathrm{H}} \boldsymbol{D} \boldsymbol{R} \tag{4.38}$$

其中，$\boldsymbol{L}$ 为对角线为 1 的下三角矩阵，$\boldsymbol{D}$ 为对角矩阵，$\boldsymbol{R}$ 为上三角矩阵，$\boldsymbol{R} = \boldsymbol{L}^{\mathrm{H}}$。我们可以按照公式 (4.39) 和公式 (4.40) 进行 LDL 分解。

$$d_{ii} = \phi_{ii} - \sum_{k=1}^{i-1} r_{ki}^* r_{ki} d_{kk} \tag{4.39}$$

$$r_{ij} = \frac{1}{d_{ii}} \left(\phi_{ij} - \sum_{k=1}^{i-1} r_{ki}^* r_{kj} d_{kk} \right), \quad i < j \tag{4.40}$$

与公式 (4.35) 相比，公式 (4.39) 中避免了开平方的操作。

令 $\boldsymbol{X} = \boldsymbol{\Phi}^{-1}$ 为要求的逆矩阵，则根据公式 (4.34) 有：

$$\boldsymbol{X} = \boldsymbol{\Phi}^{-1} \tag{4.41}$$

$$\boldsymbol{X} = (\boldsymbol{R}^{\mathrm{H}} \boldsymbol{R})^{-1} \tag{4.42}$$

$$\boldsymbol{X} = \boldsymbol{R}^{-1} \boldsymbol{R}^{-\mathrm{H}} \tag{4.43}$$

其中，$\boldsymbol{R}^{-\mathrm{H}} = (\boldsymbol{R}^{-1})^{\mathrm{H}} = (\boldsymbol{R}^{\mathrm{H}})^{-1}$。令 $\boldsymbol{Y} = [\boldsymbol{y}_1, \boldsymbol{y}_2, \cdots, \boldsymbol{y}_M] = \boldsymbol{R}^{-1}$，则可以通过求解公式 (4.44) 中的线性方程组来求解 $\boldsymbol{y}_1, \boldsymbol{y}_2, \cdots, \boldsymbol{y}_M$，其中 $\boldsymbol{e}_m$ 是第 m 维为 1，其余全为 0 的向量。由于 $\boldsymbol{R}$ 为上三角矩阵，所以在利用公式 (4.44) 回代求解 $\boldsymbol{y}_1, \boldsymbol{y}_2, \cdots, \boldsymbol{y}_M$ 时，将会节约一些计算量。

$$\boldsymbol{R} \boldsymbol{y}_m = \boldsymbol{e}_m \tag{4.44}$$

在求得 $\boldsymbol{Y} = \boldsymbol{R}^{-1}$ 后，逆矩阵 $\boldsymbol{\Phi}^{-1}$ 可以通过公式 (4.43) 得到。使用 LDL 分解进行计算的方法和上述使用 Cholesky 分解的方法类似，这里不再赘述。

参考文献 [5] 将上述通过解线性方程组来求解逆矩阵的方法做了进一步改进。由于 $\boldsymbol{X} = \boldsymbol{\Phi}^{-1}$，所以有：

$$\boldsymbol{\Phi X} = \boldsymbol{I} \tag{4.45}$$

根据 Cholesky 分解，有：

$$\boldsymbol{R}^{\mathrm{H}} \boldsymbol{R X} = \boldsymbol{I} \tag{4.46}$$

令 $\boldsymbol{RX} = \boldsymbol{B}$，则：

$$\boldsymbol{R}^{\mathrm{H}} \boldsymbol{B} = \boldsymbol{I} \tag{4.47}$$

$\boldsymbol{B} = \boldsymbol{R}^{-\mathrm{H}} = \boldsymbol{L}^{-1}$，同时，下三角矩阵 $\boldsymbol{L}$ 的逆矩阵同样具有下三角结构，并且 $\boldsymbol{L}^{-1}$（矩阵 $\boldsymbol{B}$）对角线上的元素为 $\boldsymbol{L}$ 对角线对应元素的倒数。根据这些性质，我们可以构造矩阵 $\boldsymbol{S}$，使得：

$$s_{ij} = \begin{cases} 1/r_{ii} & i = j \\ 0 & \text{其他} \end{cases} \tag{4.48}$$

对比矩阵 $\boldsymbol{S}$ 和 $\boldsymbol{B}$ 可以发现，两者对角线以下的部分不同，但上三角部分是相同的：对角线部分为 $1/r_{ii}$，而对角线以上的部分为零。所以，在利用 $\boldsymbol{RX} = \boldsymbol{B}$ 的关系求解 $\boldsymbol{X}$ 时，并不需要计算 $\boldsymbol{B}$，而是利用回带法求解线性方程组 (4.49) 的上三角部分，即当 $i \leqslant j \leqslant M$ 时利用回代法求解公式 (4.49) 得到 x_{ij}，其余部分则利用矩阵的共轭对称性 $x_{ji} = x_{ij}^*$ 进行补充。

$$\boldsymbol{R x}_i = \boldsymbol{s}_i \tag{4.49}$$

对比公式 (4.49) 和公式 (4.44) 可以发现，改进后的方法相当于在做完 Cholesky 分解后直接求解 $\boldsymbol{X}$，省掉了公式 (4.43) 的计算量。

使用 Cholesky 分解进行共轭对称矩阵求逆的算法总结如算法 1 所示。

使用 LDL 分解进行矩阵求逆的方法与使用 Cholesky 分解类似。在做完 LDL 分解后有：

$$\boldsymbol{R}^{\mathrm{H}} \boldsymbol{D R X} = \boldsymbol{I} \tag{4.50}$$

令 $\boldsymbol{RX} = \boldsymbol{B}$，则：

$$\boldsymbol{R}^{\mathrm{H}} \boldsymbol{D B} = \boldsymbol{I} \tag{4.51}$$

注意到 $\boldsymbol{B} = (\boldsymbol{R}^{\mathrm{H}} \boldsymbol{D})^{-1} = \tilde{\boldsymbol{L}}^{-1}$，这里的 $\tilde{\boldsymbol{L}} = \boldsymbol{R}^{\mathrm{H}} \boldsymbol{D}$ 为下三角矩阵，所以可以构造矩阵 $\boldsymbol{S}$：

$$s_{ij} = \begin{cases} 1/d_{ii} & i = j \\ 0 & \text{其他} \end{cases} \tag{4.52}$$

之后按照类似的方式回代求解线性方程组 $\boldsymbol{R}\boldsymbol{x}_i = \boldsymbol{s}_i$ 即可。

算法 1: 使用 Cholesky 分解进行共轭对称矩阵求逆

输入: 共轭对称矩阵 $\boldsymbol{\Phi}$
输出: $\boldsymbol{X} = \boldsymbol{\Phi}^{-1}$
1. 进行 Cholesky 分解: $\boldsymbol{\Phi} = \boldsymbol{R}^{\mathrm{H}}\boldsymbol{R}$, r_{ij} 为上三角矩阵 $\boldsymbol{R}$ 的各元素。

$$r_{ii} = \sqrt{\phi_{ii} - \sum_{k=1}^{i-1} r_{ki}^* r_{ki}} \tag{4.53}$$

$$r_{ij} = \frac{1}{r_{ii}}\left(\phi_{ij} - \sum_{k=1}^{i-1} r_{ki}^* r_{kj}\right) \quad i < j \tag{4.54}$$

2. 对于 $j = M, M-1, \cdots, 1$, 构造向量 $\boldsymbol{s}_j$, 使得 $\boldsymbol{s}_j$ 的第 j 个元素为 $1/r_{jj}$, 而其余元素为零。
3. 利用回代法求解线性方程组 $\boldsymbol{R}\boldsymbol{x}_j = \boldsymbol{s}_j$, 当 $i \leqslant j$ 时, x_{ij} 由线性方程组解出, 否则 $x_{ji} = x_{ij}^*$, 其中 i 为向量 $\boldsymbol{x}$ 的行标。

使用 LDL 分解进行共轭对称矩阵求逆的算法总结如算法 2 所示。

算法 2: 使用 LDL 分解进行共轭对称矩阵求逆

输入: 共轭对称矩阵 $\boldsymbol{\Phi}$
输出: $\boldsymbol{X} = \boldsymbol{\Phi}^{-1}$
1. 进行 LDL 分解: $\boldsymbol{\Phi} = \boldsymbol{R}^{\mathrm{H}}\boldsymbol{D}\boldsymbol{R}$, $\boldsymbol{R}$ 为对角线为 1 的上三角矩阵, $\boldsymbol{D}$ 为对角矩阵。

$$d_{ii} = \phi_{ii} - \sum_{k=1}^{i-1} r_{ki}^* r_{ki} d_{kk} \tag{4.55}$$

$$r_{ij} = \frac{1}{d_{ii}}\left(\phi_{ij} - \sum_{k=1}^{i-1} r_{ki}^* r_{kj} d_{kk}\right) \quad i < j \tag{4.56}$$

2. 对于 $j = M, M-1, \cdots, 1$, 构造向量 $\boldsymbol{s}_j$, 使得 $\boldsymbol{s}_j$ 的第 j 个元素为 $1/d_{jj}$, 而其余元素为零。
3. 利用回代法求解线性方程组 $\boldsymbol{R}\boldsymbol{x}_j = \boldsymbol{s}_j$, 当 $i \leqslant j$ 时, x_{ij} 由线性方程组解出, 否则 $x_{ji} = x_{ij}^*$, 其中 i 为向量 $\boldsymbol{x}$ 的行标。

4.3.3 矩阵求逆引理

4.3.2 节介绍的方法利用矩阵的共轭对称性减少了矩阵求逆操作的计算量。该方法的优点是稳定性高, 因为 $\boldsymbol{\Phi}$ 来自类似公式 (4.29) 的数据累加, 只要输入

数据 v 是稳定的，即 $|v| < \infty$，$\boldsymbol{\Phi}$ 和 $\boldsymbol{\Phi}^{-1}$ 的稳定性就可以得到保证。该方法的缺点是计算量仍然较大，一旦 $\boldsymbol{\Phi}$ 更新就必须从头开始计算 $\boldsymbol{\Phi}^{-1}$。从公式 (4.29) 可以看出，$\boldsymbol{\Phi}$ 在每次更新时只会在原来的基础上叠加一个 1 秩矩阵，这种情形正好可以使用矩阵求逆引理（matrix inversion lemma）[6] 进行计算。矩阵求逆引理和 4.3.4 节将要介绍的 IQRD 方法属于递推的方法，可以利用 $\boldsymbol{\Phi}^{-1}(\tau - 1)$ 递推求得 $\boldsymbol{\Phi}(\tau)$。递推求逆的方法的优点在于计算量更小，利用之前已经获得的结果，经过少量递推操作后就可以得到新的结果；其缺点在于稳定性要差于直接求逆，因为当前的结果会依赖上一次的结果，所以会存在误差累积的现象。

矩阵求逆引理的一般形式如公式 (4.57) 所示[7]，其中，$\boldsymbol{B}$、$\boldsymbol{C}$、$\boldsymbol{D}$ 为维度相互匹配的矩阵。

$$(\boldsymbol{B} + \boldsymbol{C}\boldsymbol{D})^{-1} = \boldsymbol{B}^{-1} - \boldsymbol{B}^{-1}\boldsymbol{C}(\boldsymbol{I} + \boldsymbol{D}\boldsymbol{B}^{-1}\boldsymbol{C})^{-1}\boldsymbol{D}\boldsymbol{B}^{-1} \quad (4.57)$$

令 $\boldsymbol{B} = \alpha\boldsymbol{\Phi}(\tau - 1)$，$\boldsymbol{C} = \beta\boldsymbol{v}(\tau)$，$\boldsymbol{D} = \boldsymbol{v}(\tau)^{\mathrm{H}}$，代入公式 (4.57) 可得：

$$\boldsymbol{\Phi}^{-1}(\tau) = \frac{1}{\alpha}\left[\boldsymbol{\Phi}^{-1}(\tau - 1) - \frac{\beta\boldsymbol{\Phi}^{-1}(\tau - 1)\boldsymbol{v}(\tau)\boldsymbol{v}^{\mathrm{H}}(\tau)\boldsymbol{\Phi}^{-1}(\tau - 1)}{\alpha + \beta\boldsymbol{v}^{\mathrm{H}}(\tau)\boldsymbol{\Phi}^{-1}(\tau - 1)\boldsymbol{v}(\tau)}\right] \quad (4.58)$$

公式 (4.58) 看似复杂，但基本上都是在做 1 秩矩阵的操作，所以矩阵求逆引理将矩阵求逆操作的复杂度从 $O(M^3)$ 降为 $O(M^2)$。将其进一步化简后可得算法 3 的形式。

算法 3: 使用矩阵求逆引理进行共轭对称矩阵求逆

初始化：$\boldsymbol{\Phi}^{-1}(0) = (1/\epsilon)\boldsymbol{I}$，其中 ϵ 为一个小的正数。
输入：共轭对称矩阵 $\boldsymbol{\Phi}^{-1}(\tau - 1)$，数据 $\boldsymbol{v}(\tau)$，遗忘因子 α，加权系数 β
输出：$\boldsymbol{\Phi}^{-1}(\tau)$，其中 $\boldsymbol{\Phi}(\tau) = \alpha\boldsymbol{\Phi}(\tau - 1) + \beta\boldsymbol{v}(\tau)\boldsymbol{v}^{\mathrm{H}}(\tau)$
1. 计算临时变量 $\boldsymbol{k}$，在有的文献中，$\boldsymbol{k}$ 也被称为 Kalman 增益。

$$\boldsymbol{k} = \boldsymbol{\Phi}^{-1}(\tau - 1)\boldsymbol{v}(\tau) \quad (4.59)$$

2. 计算临时变量 q，其中 $\mathrm{Re}(\cdot)$ 表示取实部操作。

$$q = \frac{\beta}{\alpha + \beta\,\mathrm{Re}[\boldsymbol{v}^{\mathrm{H}}(\tau)\boldsymbol{k}]} \quad (4.60)$$

3. 更新逆矩阵。

$$\boldsymbol{\Phi}^{-1}(\tau) = \frac{1}{\alpha}\left[\boldsymbol{\Phi}^{-1}(\tau - 1) - q\boldsymbol{k}\boldsymbol{k}^{\mathrm{H}}\right] \quad (4.61)$$

4.3.4 IQRD 方法

参考文献 [8] 中介绍了通过逆 QR 分解（inverse QR decomposition, IQRD）来实现矩阵迭代求逆的方法。我们简单介绍一下 QR 分解：如公式 (4.62) 所示，QR 分解将一个矩阵 A 分解为单位正交矩阵 Q 和上三角矩阵 R 的乘积。

$$A = QR \tag{4.62}$$

本节并不介绍针对一般矩阵 A 的 QR 分解方法，对于共轭对称矩阵 Φ，使用 4.3.2 节的 Cholesky 分解将 Φ 分解为 $R^{\mathrm{H}}R$，该性质已满足本节的需求。根据 Cholesky 分解有：$\Phi^{-1} = R^{-1}R^{-\mathrm{H}}$，其中 $R^{-\mathrm{H}}$ 具有下三角结构。本节介绍的方法的原理是通过递推计算 $U = R^{-\mathrm{H}}$，实现对 Φ 迭代求逆的目的，具体过程如算法 4 所示。

算法 4: IQRD 算法

初始化：$U(0) = (1/\epsilon)I$，其中 ϵ 为一个小的正数。
输入：下三角矩阵 $U(\tau-1) = R^{-\mathrm{H}}(\tau-1)$，数据 $v(\tau)$，遗忘因子 α，
    加权系数 β
输出：$U(\tau)$，其中 $\Phi^{-1}(\tau) = U^{\mathrm{H}}(\tau)U(\tau)$
1. 构造 $a = \alpha^{-1/2}\beta^{1/2}U(\tau-1)v(\tau)$。
2. 根据 Givens 旋转求 Q，使得：

$$\begin{bmatrix} \gamma^{-1} \\ 0 \end{bmatrix} = Q \begin{bmatrix} 1 \\ -a \end{bmatrix} \tag{4.63}$$

3. 更新。

$$\begin{bmatrix} u^{\mathrm{H}} \\ U(\tau) \end{bmatrix} = Q \begin{bmatrix} 0^{\mathrm{H}} \\ \alpha^{-1/2}U(\tau-1) \end{bmatrix} \tag{4.64}$$

本节并未给出算法 4 的推导过程，详细的解释参见参考文献 [8] 第 3 章中对 IQRD-RLS 算法的介绍。该算法的基本思想是利用一系列的坐标旋转操作对向量 $[1, -a^{\mathrm{T}}]^{\mathrm{T}}$ 进行消元，消掉第一维以外的元素。而相同的坐标旋转操作可以作用在 $U(\tau-1)$ 之上，将其更新为 $U(\tau)$。

算法 4 需要用到 Givens 旋转。一般形式的 Givens 旋转如公式 (4.65) 所示，除了 ii、jj、ij、ji 位置上的值为三角函数的形式，单位正交矩阵 Q_{ij} 其余对角线上的元素为 1，其余元素为 0。$Q_{ij}x$ 的几何意义相当于将向量 x 在 (i, j) 平面上逆时针旋转 θ 弧度。

$$
Q_{ij} = \begin{bmatrix} 1 & & & & & & \\ & \ddots & & & & & \\ & & \cos(\theta) & \cdots & -\sin(\theta) & & \\ & & \vdots & \ddots & \vdots & & \\ & & \sin(\theta) & \cdots & \cos(\theta) & & \\ & & & & & \ddots & \\ & & & & & & 1 \end{bmatrix} \tag{4.65}
$$

公式 (4.63) 相当于利用 Givens 旋转进行消元。我们构造 M 个旋转矩阵，即 $Q = Q_{M+1}, Q_M, \cdots, Q_2$，将 $M+1$ 维向量 $[1; -a]$ 旋转为 $[\gamma^{-1}; 0]$ 的格式，每个 Q_m 作用在输入向量的第 1 维和第 m 维上，相当于将第 m 维分量旋转至与坐标轴重合，从而达到消元的目的。注意到我们操作的为复数向量，并且 γ 为实数，所以公式 (4.63) 中使用的 Givens 旋转与公式 (4.65) 的一般形式稍有不同。每次只考虑第 1 维和第 m 维，则消元的功能如公式 (4.66) 所示，其中 u、x 为实数，而 $v\mathrm{e}^{\mathrm{j}\theta}$ 为复数，使用了模和幅角的表示方式。

$$
\begin{bmatrix} \cos(\theta) & \sin(\theta) \\ -\sin^*(\theta) & \cos(\theta) \end{bmatrix} \begin{bmatrix} u \\ v\mathrm{e}^{\mathrm{j}\theta} \end{bmatrix} = \begin{bmatrix} x \\ 0 \end{bmatrix} \tag{4.66}
$$

根据公式 (4.66)，可以按公式 (4.67) 和公式 (4.68) 来分别构造 $\cos(\theta)$ 和 $\sin(\theta)$。

$$
\cos(\theta) = \frac{u}{\sqrt{u^2 + v^2}} \tag{4.67}
$$

$$
\sin(\theta) = \frac{v\mathrm{e}^{-\mathrm{j}\theta}}{\sqrt{u^2 + v^2}} \tag{4.68}
$$

可以将公式 (4.67) 和公式 (4.68) 代回公式 (4.66) 进行验证，有：

$$
\begin{bmatrix} \dfrac{u}{\sqrt{u^2 + v^2}} & \dfrac{v\mathrm{e}^{-\mathrm{j}\theta}}{\sqrt{u^2 + v^2}} \\ -\dfrac{v\mathrm{e}^{\mathrm{j}\theta}}{\sqrt{u^2 + v^2}} & \dfrac{u}{\sqrt{u^2 + v^2}} \end{bmatrix} \begin{bmatrix} u \\ v\mathrm{e}^{\mathrm{j}\theta} \end{bmatrix} = \begin{bmatrix} \sqrt{u^2 + v^2} \\ 0 \end{bmatrix} \tag{4.69}
$$

4.3.5 误差与稳定性

1. 计算误差

前面的内容介绍了若干种针对共轭对称矩阵的求逆方法。为了对比这些方法的误差，我们设计如下的模拟实验：使用直径 10 cm，8 麦克风圆环阵，工作频率 1 kHz，两个点声源方位分别为 0° 和 90°，模拟输入数据 $\boldsymbol{x}$ 按照公式 (4.70) 的方式构造，其中，$\boldsymbol{a}_1$、$\boldsymbol{a}_2$ 为两个点声源对应的导向向量，s_1、s_2 为模拟源信号，$\boldsymbol{v}$ 为模拟噪声信号，三者均由均值为 0、方差为 1 的高斯随机变量生成，σ_s 和 σ_v 用于控制点声源和噪声的大小。

$$\boldsymbol{x}(\tau) = \sigma_s \boldsymbol{a}_1 s_1(\tau) + \sigma_s \boldsymbol{a}_2 s_2(\tau) + \sigma_v \boldsymbol{v}(\tau) \tag{4.70}$$

协方差矩阵 $\boldsymbol{\Phi}$ 按照递推求平均的方式计算。

$$\boldsymbol{\Phi}(\tau) = \alpha \boldsymbol{\Phi}(\tau - 1) + (1 - \alpha)\beta(\tau)\boldsymbol{x}(\tau)\boldsymbol{x}^{\mathrm{H}}(\tau) \tag{4.71}$$

其中，$\beta(\tau)$ 由 0 到 1 之间的均匀分布生成，相当于此时的动态加权系数为 $(1 - \alpha)\beta(\tau)$。我们在上述模拟环境中对比以下几种求逆方法：直接求逆、4.3.2 节中基于 Cholesky 分解和 LDL 分解的方法、4.3.3 节中的矩阵求逆引理，以及 4.3.4 中的 IQRD 方法。其中，直接求逆采用 8 字节双精度浮点数（double），我们可以认为该结果即为真实的结果，记为 $\tilde{\boldsymbol{\Phi}}^{-1}$。其他方法采用 4 字节单精度浮点数（float），该精度也常用于嵌入式信号处理算法。误差采用公式 (4.72) 的方式计算，其中，$\boldsymbol{\Phi}^{-1}$ 为单精度浮点的求逆结果，$\|\boldsymbol{\Phi}\|_{\mathrm{F}} = \sqrt{\sum_{ij} |\phi_{ij}|^2}$ 表示矩阵的 Frobenius 范数。

$$e(\tau) = 10 \lg \|\boldsymbol{\Phi}^{-1}(\tau) - \tilde{\boldsymbol{\Phi}}^{-1}(\tau)\|_{\mathrm{F}}^2 \tag{4.72}$$

图 4.2 给出了四种共轭对称矩阵求逆方法的误差对比，可以看出，在该模拟实验环境中，在数据的稳定性和逆矩阵的存在得以保证的前提下，四种算法都是相对稳定的，误差都处于相对较低的水平，并未出现迭代发散的情况。针对不同的矩阵条件，四种算法的表现有所不同：图 4.2(a) 中的模拟参数配置接近于白噪声的场景，$\boldsymbol{\Phi}$ 的各个特征值相差不大，此种条件下 Cholesky 和 LDL 分解的方法要好一些；而图 4.2(b) 更接近两个点声源的场景，$\boldsymbol{\Phi}$ 的前两个特征值较大，其余特征值较小，此时迭代求逆的方法反而具有更小的误差。

2. 稳定性

本节的矩阵求逆过程都假设 $\boldsymbol{\Phi}$ 是正定的，即其特征值满足 $\lambda_1, \lambda_2, \cdots, \lambda_M > 0$，所以 $\boldsymbol{\Phi}$ 的可逆性能得到保证。但在自适应信号处理中，$\boldsymbol{\Phi}$ 大多由类似公式 (4.29) 的方式递推求得，输入数据 $\boldsymbol{v}$ 的不确定性可能导致 $\boldsymbol{\Phi}$ 出现不可逆或接近不可逆的情形，例如：

- 算法冷启动时，$\boldsymbol{\Phi}$ 一般初始化为 0，少量输入数据不足以使得 $\boldsymbol{\Phi}$ 达到满秩的状态。
- 在多通道算法中，多路数据长时间为 0 的情况。
- 在多参考 AEC 中，多路参考信号强相关，导致回声路径不唯一[9]。
- 输入数据中某些较强的冲激、突变等因素。

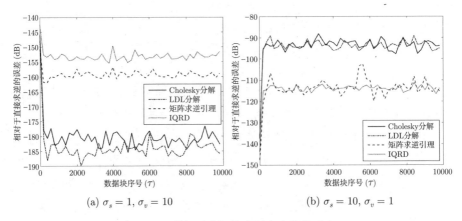

(a) $\sigma_s = 1,\ \sigma_v = 10$ (b) $\sigma_s = 10,\ \sigma_v = 1$

图 4.2 共轭对称矩阵求逆方法误差对比

对于自适应算法和递推算法，如果 $\boldsymbol{\Phi}^{-1}$ 稳定性变差，则当前结果可能影响后续迭代，导致算法稳定性进一步恶化，最终导致算法发散。

所以，除了常规的求逆操作，我们还须采取额外的措施来提高算法的稳定性。对角加载（diagonal loading）是一种常用的提高矩阵稳定性的方法，如公式 (4.73) 所示。其中 ϵ 为一个小的正数，即在每次求逆时不直接计算 $\boldsymbol{\Phi}^{-1}$，而是计算 $\tilde{\boldsymbol{\Phi}}^{-1}$。在 $\boldsymbol{\Phi}$ 对角线上加上一个小的正数后能提高矩阵的正定性，从而避免矩阵奇异的情况。但 ϵ 的取值也会因算法和频率而异，ϵ 越大，稳定性越强，但求解后的结果与真实结果的偏差也越大，算法的性能也会打折扣。ϵ 越小，稳定状态下 $\tilde{\boldsymbol{\Phi}}^{-1}$ 与 $\boldsymbol{\Phi}^{-1}$ 的偏差就越小，算法性能越高，但应对奇异状态的能力越差，还需根据具体算法和应用来确定 ϵ。

$$\tilde{\boldsymbol{\Phi}} = \boldsymbol{\Phi} + \epsilon \boldsymbol{I} \tag{4.73}$$

对于递推求逆算法来说，我们并不追踪 $\boldsymbol{\Phi}(\tau)$，而是通过 $\boldsymbol{\Phi}^{-1}(\tau-1)$ 递推求解 $\boldsymbol{\Phi}^{-1}(\tau)$，所以也无法使用公式 (4.73) 的对角加载方法。但我们可以通过对输入数据加噪的方式来提升稳定性，具体操作如公式 (4.74) 所示，其中 $\boldsymbol{x}$ 为真实的输入数据，v 为均值为 0、方差为 1 的高斯型随机实数向量。在进行迭代求逆时，我们并不直接使用 x，而是使用加噪后的数据 $\tilde{x}$。

$$\tilde{x}(\tau) = x(\tau) + \epsilon v(\tau) \tag{4.74}$$

通过数据加噪提升矩阵稳定性的原理如下：使用加噪后的数据进行矩阵迭代求逆，其背后对应的协方差矩阵更新方式为

$$\tilde{\boldsymbol{\Phi}}(\tau) = \alpha \tilde{\boldsymbol{\Phi}}(\tau - 1) + \beta \tilde{x}(\tau)\tilde{x}^{\mathrm{H}}(\tau) \tag{4.75}$$

$$\tilde{\boldsymbol{\Phi}}(\tau) = \alpha \tilde{\boldsymbol{\Phi}}(\tau - 1) + \beta [x(\tau) + \epsilon v(\tau)][x(\tau) + \epsilon v(\tau)]^{\mathrm{H}} \tag{4.76}$$

可以将上述累加的过程进一步抽象为求期望的形式，并且由于 x 和 v 不相关，所以有：

$$\tilde{\boldsymbol{\Phi}} = \mathcal{E}(\tilde{x}\tilde{x}^{\mathrm{H}}) \tag{4.77}$$

$$\tilde{\boldsymbol{\Phi}} = \mathcal{E}(xx^{\mathrm{H}}) + \epsilon^2 \mathcal{E}(vv^{\mathrm{H}}) \tag{4.78}$$

$$\tilde{\boldsymbol{\Phi}} = \boldsymbol{\Phi} + \epsilon^2 \boldsymbol{I} \tag{4.79}$$

所以数据加噪的效果与对角加载是类似的。

4.4 本章小结

自适应波束形成与固定波束形成都属于波束形成算法的范畴，它们有着相同的目标函数，都可以通过类似公式 (3.52) ~ 公式 (3.54) 中带限制条件的凸优化问题进行求解。与固定波束形成相比，自适应波束形成最大的优点在于它的自适应性，即算法能随着外界环境的变化而自适应改变，从而逐渐收敛到目标函数的最优解，实现更好的降噪性能。与固定波束形成中使用预定义的噪声模型不同，为了实现自适应性，自适应波束形成算法的噪声协方差矩阵是实时更新的，通常可以通过 4.1 节中递推求平均的方式进行迭代更新。在已知目标传函和噪声模型的前提下，我们可以通过 MVDR 算法来计算 beamformer。但在实际应用中，目标传函估计通常较为困难，为了避免该问题，我们又介绍了 PMWF 算法，从而将求解 beamformer 简化为对目标和噪声协方差矩阵的估计问题，这两个统计量估计得越准确，则 beamformer 的质量越高。在实际应用中，我们可以通过语音/噪声存在概率，或是相应的时频掩蔽（mask）方法对数据进行加权，从而

实现对语音/噪声协方差矩阵的估计。自适应波束形成，以及许多自适应信号处理算法中都会用到共轭对称矩阵求逆的操作，为了满足低资源、低算力的嵌入式信号处理需求，4.3 节介绍了若干针对共轭对称矩阵的求逆方法，并对比了它们的计算精度和稳定性。可以根据不同的应用选择合适的算法进行处理。

本节只介绍了 MVDR 和 PMWF 这两种常用的自适应波束形成算法。然而，自适应波束形成所涵盖的范围远不止于此，例如可以增加多个限制条件的线性约束最小方差（linearly constrained minimum variance，LCMV）算法[10]，使用阻塞矩阵将带限制条件的凸优化问题转换为无限制条件的凸优化问题，从而简化求解的广义旁瓣相消器（generalized sidelobe canceller，GSC）算法[11] 等。虽然不同自适应波束形成算法的形式各不相同，但它们的作用原理是相同的，都是通过在目标声源处形成主瓣，或是保证目标声源不失真，并在干扰声源处形成零点，达到增强目标声源、抑制干扰声源和噪声的目的。

本章参考文献

[1] CAPON J. High-resolution frequency-wavenumber spectrum analysis[J]. Proceedings of the IEEE, 1969, 57(8): 1408-1418.

[2] BENESTY J, CHEN J, HUANG Y. A generalized MVDR spectrum[J]. IEEE Signal Processing Letters, 2005, 12(12): 827-830.

[3] NA Y, WANG Z, WANG L, et al. Joint ego-noise suppression and keyword spotting on sweeping robots[C]//ICASSP 2022-2022 IEEE International Conference on Acoustics, Speech and Signal Processing (ICASSP). IEEE, 2022: 7547-7551.

[4] SOUDEN M, BENESTY J, AFFES S. On optimal frequency-domain multichannel linear filtering for noise reduction[J]. IEEE Transactions on audio, speech, and language processing, 2009, 18(2): 260-276.

[5] KRISHNAMOORTHY A, MENON D. Matrix inversion using cholesky decomposition[C]//2013 signal processing: Algorithms, architectures, arrangements, and applications (SPA). IEEE, 2013: 70-72.

[6] WOODBURY M A. Inverting modified matrices[J]. Memorandum Report, 1950, 42 (106): 336.

[7] TANIGUCHI T, ONO N, KAWAMURA A, et al. An auxiliary-function approach to online independent vector analysis for real-time blind source separation[C]//2014 4th Joint Workshop on Hands-free Speech Communication and Microphone Arrays (HSCMA). IEEE, 2014: 107-111.

[8] APOLINÁRIO J A, RAUTMANN R. Qrd-rls adaptive filtering[J]. 2009.

[9] SONDHI M M, MORGAN D R, HALL J L. Stereophonic acoustic echo cancellation-an overview of the fundamental problem[J]. IEEE Signal Processing Letters, 1995, 2(8): 148-151.

[10] FROST O L. An algorithm for linearly constrained adaptive array processing[J]. Proceedings of the IEEE, 1972, 60(8): 926-935.

[11] GRIFFITHS L, JIM C. An alternative approach to linearly constrained adaptive beamforming[J]. IEEE Transactions on antennas and propagation, 1982, 30(1): 27-34.

5

盲源分离

盲源分离（blind source separation，BSS）是一类涵盖范围非常广泛的信号处理和机器学习算法，其目的在于将各个源信号，或是单个目标源信号从观察得到的混合信号中分离或提取（blind source extraction, BSE）出来，从而达到增强目标信号、抑制干扰信号的目的。与其他类型的算法相比，盲源分离最大的优点就在于"盲源"，即无须对信号的先验信息和信道环境做较多限制和假设就可以实现信号的分离或提取。这使得算法在实际应用中具有很高的灵活性。显然，由于先验信息较少，要实现全"盲源"的信号分离比较困难，所以一种研究思路是想办法引入一些先验信息到分离算法中，以更好地实现源信号的分离或提取。例如可以引入信号源的方位、能量、存在概率等信息，或是使用大量训练数据对分离模型进行训练。这类算法也被称为半盲源分离（semi-blind source separation）算法，或直接被称为源分离（source separation）算法。盲源分离在许多领域中有着重要的应用，除了分离混合语音，盲源分离也可以用于心电和脑电信号处理、地质勘探、图像处理等领域[1]。

本章介绍的算法被称为独立成分分析（independent component analysis，ICA）和独立向量分析（independent vector analysis, IVA），这类算法只是广义盲源分离算法中的一种，利用源信号间的独立性假设实现信号的分离或提取。所以本章中的 BSS 特指 ICA/IVA 类型的算法。本章主要介绍 ICA/IVA 的基本原理，及其在多通道实时语音处理中涉及的一些问题。5.1 节介绍盲源分离算法的信号模型；5.2 节和 5.3 节详细介绍 ICA 和 IVA 算法；5.4 节对比盲源分离与波束形成的联系和区别；5.5 节对本章内容进行总结。

5.1 信号模型

盲源分离问题源自人们对"鸡尾酒会问题"(the cocktail party problem)[2] 的研究。设想一个鸡尾酒会的环境,在一个宴会大厅内,不同客人的说话声、脚步声、音乐声等混合在一起。对于宴会中的客人来说,即使处于嘈杂的环境中,也能很轻松地理解同伴说话的内容。然而对于计算机来说,例如语音识别程序,很难在这样一个有噪声和干扰,并且信噪比较低的环境下准确识别接收到的声音信号。但是,如果能用某种算法先将各种声源所产生的声音信号从麦克风接收到的混合信号中分离出来,再选择目标语音进行识别,则语音识别的准确率将得到显著提高。在日常生活中,类似"鸡尾酒会问题"的例子很多,这类问题有着共同的特点,即人们实际观测得到的信号是多个源信号混合而成的结果,而源信号事先无法得知,在后续的处理中往往需要用到某个或某几个源信号,所以需要把各个源信号从观测得到的混合信号中分离出来。

5.1.1 瞬时模型

将"鸡尾酒会问题"进行简化和抽象,可得到相应的混合和分离过程的信号模型。一种较为简单的建模方式如图 5.1 所示。模型中一共有 N 个源信号和 M 路麦克风信号,$\boldsymbol{s}(t) = [s_1(t), s_2(t), \cdots, s_N(t)]^{\mathrm{T}}$、$\boldsymbol{x}(t) = [x_1(t), x_2(t), \cdots, x_M(t)]^{\mathrm{T}}$、$\boldsymbol{y}(t) = [y_1(t), y_2(t), \cdots, y_N(t)]^{\mathrm{T}}$ 分别表示源信号、麦克风信号、分离后的信号,t 为时域信号的采样点序号。图 5.1 底部的 $\boldsymbol{s}$、$\boldsymbol{x}$、$\boldsymbol{y}$ 不带有时间索引,此时应将其理解为随机向量,而 $\boldsymbol{s}(t)$、$\boldsymbol{x}(t)$、$\boldsymbol{y}(t)$ 相当于对 $\boldsymbol{s}$、$\boldsymbol{x}$、$\boldsymbol{y}$ 的一次采样。从图 5.1 中可以看出,"鸡尾酒会问题"的难点在于每路麦克风信号中都能接收来自所有源信号的信息,但是对应的传播信道是未知的。

对信道的建模是信号模型的关键。在图 5.1 的信号模型中采用一个标量对信道进行建模,代表了信道对信号造成的衰减,声源和麦克风的位置不同,则衰减系数不同。在该信号模型中,相应的混合和分离的过程可以写为矩阵与向量相乘的形式,如公式 (5.1) 和公式 (5.2) 所示,其中 $\boldsymbol{A}$ 为 $M \times N$ 维的矩阵,其中的元素 a_{mn} 建模了从声源 n 到麦克风 m 的传播信道。分离的过程相当于混合过程的某种逆过程,例如,当公式 (5.1) 中的 $\boldsymbol{A}$ 可逆时,一种可能的分离方法便是 $\boldsymbol{B} = \boldsymbol{A}^{-1}$。与信号变量不同,$\boldsymbol{A}$、$\boldsymbol{B}$ 不随时间变化,或随时间缓慢变化,所以在一定的时间段内可以把该信号模型看成线性时不变系统。由于图 5.1 以及对应的公式 (5.1) 和公式 (5.2) 中采用标量的形式对信道进行建模，系统在 t 时刻的输出只与 t 时刻的输入有关，所以该信号模型也被称为瞬时（instantaneous）模型。

$$\boldsymbol{x}(t) = \boldsymbol{A}\boldsymbol{s}(t) \tag{5.1}$$

$$\boldsymbol{y}(t) = \boldsymbol{B}\boldsymbol{x}(t) \tag{5.2}$$

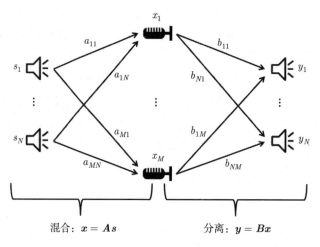

图 5.1　瞬时信号模型

5.1.2　卷积模型

对于语音信号来说，只用一个标量对信道进行建模显然是不够的。由于声音在空气中的传播速度是有限的，所以声音到达各个麦克风的时间会有先后，并且声音会在环境中形成反射和混响。麦克风接收到的信号并不仅仅是源信号的直接衰减，而应该是源信号及其延时、衰减、混响的叠加，如图 5.2(a) 所示。将这一过程进行数学建模，则麦克风信号 x 可由源信号 s 与对应的房间传函 a 卷积得到，如公式 (5.3) 所示，其中 $\star$ 表示卷积操作。由于房间传函属于有限长冲激响应（finite impulse response, FIR），如图 5.2(b) 所示，所以可以选择一个足够建模房间传函的长度 L，将卷积的过程表示为公式 (5.4) 的形式。

$$x = a \star s \tag{5.3}$$

$$x(t) = \sum_{l=0}^{L-1} a(l)s(t-l) \tag{5.4}$$

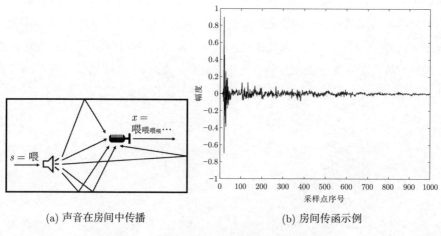

(a) 声音在房间中传播　　　　　　　(b) 房间传函示例

图 5.2　声音在房间中传播及房间传函示例

如果系统中存在 N 个声源和 M 个麦克风，则麦克风 m 接收到的信号 x_m 可以表示为公式 (5.5) 的形式，其中 a_{mn} 为声源 n 到麦克风 m 的传函。综合所有麦克风来看，整个卷积混合模型可以写成公式 (5.6) 的形式，对应的卷积分离模型如公式 (5.7) 所示。

$$x_m = \sum_{n=1}^{N} a_{mn} \star s_n \tag{5.5}$$

$$\boldsymbol{x}(t) = \sum_{l=0}^{L-1} \boldsymbol{A}(l)\boldsymbol{s}(t-l) \tag{5.6}$$

$$\boldsymbol{y}(t) = \sum_{l=0}^{L-1} \boldsymbol{B}(l)\boldsymbol{x}(t-l) \tag{5.7}$$

对比公式 (5.6) 和公式 (5.7) 中的卷积模型与公式 (5.1) 和公式 (5.2) 中的瞬时模型可以发现，卷积模型比瞬时模型复杂得多。在瞬时模型中只需一个矩阵来建模混合及分离的过程，但在卷积模型中需要 L 个相同维度的矩阵，相当于从 t 到 $t-L+1$ 时刻的输入都会影响 t 时刻的输出。对于语音信号来说，房间传函一般比较长，例如在混响时间 $\mathrm{RT}_{60} = 0.4\,\mathrm{s}$ 的普通办公室环境中，$16\,\mathrm{kHz}$ 采样率下的房间传函的采样点可能多达上千个，所以直接在时域对具有庞大参数量的卷积模型进行求解显然是不现实的。

针对语音信号的分离问题通常采用频域盲源分离算法。频域盲源分离首先通过子带分解将时域信号转换到频域，根据卷积定理，时域中信号的卷积混合可以近似转换为频域中各个频段的瞬时混合（详见 2.1.5 节），如公式 (5.8) 所示，其中 k 为频段序号，τ 为数据块序号，s、x、y、A、B 中的元素均为复数。之后通过瞬时盲源分离算法在各个频段上分别求解公式 (5.9) 中的分离矩阵 $B(k)$，并对频域信号进行分离，再将频域结果通过子带综合变换回时域。

$$x(k, \tau) = A(k)s(k, \tau) \tag{5.8}$$

$$y(k, \tau) = B(k)x(k, \tau) \tag{5.9}$$

将公式 (5.8) 中的混合模型展开，可得：

$$x(k, \tau) = \sum_{n=1}^{N} a_n(k)s_n(k, \tau) \tag{5.10}$$

其中 $A(k) = [a_1(k), a_2(k), \cdots, a_N(k)]$，$s(k, \tau) = [s_1(k, \tau), s_2(k, \tau), \cdots, s_N(k, \tau)]^{\mathrm{T}}$。可见 $a_n(k)$ 相当于频段 k 上声源 s_n 到各个麦克风的传函。对比公式 (5.10) 中的 a_n 与 3.2 节远场模型中的导向向量可以发现，两者的相同之处在于它们都可以表示为 M 维复数向量的形式。不同点在于导向向量通过远场模型得到，其建模过程对实际传函进行了简化，忽略了信号幅度和混响的影响，只建模了平面波模型下多个麦克风之间的延时关系。而公式 (5.10) 中的 $a_n(k)$ 为频域上的实际传函，其中建模了不同麦克风上信号的延时、衰减，并且考虑了混响的影响。由于远场模型对实际环境进行了简化，所以导向向量可以直接根据阵列结构和声源方位得出，但是仅凭这些条件无法得出真实的传函。

5.2 独立成分分析

独立成分分析（independent component analysis，ICA）[1] 是求解瞬时盲源分离问题的一种重要方法。在公式 (5.1) 和公式 (5.8)，即实数和复数域的瞬时混合模型中，已知量只有观测信号 x，源信号 s 和传播信道 A 都未知。初步看起来无法求解源信号或分离信道，但是 ICA 巧妙地利用独立性假设实现了对瞬时盲源分离问题的求解。本节将介绍 ICA 的基本思想、目标函数，以及一种具体的 ICA 算法。

并不是所有如公式 (5.1) 和公式 (5.8) 那样的混合模型都可以用 ICA 进行求

解。在 ICA 的理论框架中，从相应的公式 (5.2) 和公式 (5.9) 的分离模型中可以看出，ICA 是通过求解 $\boldsymbol{B}$ 来实现信号分离的，所以 $\boldsymbol{B}$ 的存在性和确定性是问题得以求解的前提。令 $\boldsymbol{A}$ 为 $M \times N$ 维的矩阵，M、N 分别为麦克风和声源的数目。假设 $\boldsymbol{A}$ 已知，排除多个声源或麦克风重合等奇异情况，则当 $M = N$ 时，显然有 $\boldsymbol{B} = \boldsymbol{A}^{-1}$ 是问题的一种解法；当 $M > N$ 时，可以通过最小二乘法（6.3.1 节）的思想对问题进行求解；但是当 $M < N$ 时，通过线性代数的基本知识可知，方程组 $\boldsymbol{x} = \boldsymbol{A}\boldsymbol{s}$ 有无穷多组解，即对于同样的 $\boldsymbol{x}$，可以有无穷多种 $\boldsymbol{A}$、$\boldsymbol{s}$ 的组合使得 $\boldsymbol{x} = \boldsymbol{A}\boldsymbol{s}$ 成立，此种情况在 ICA 框架中无法求解。我们将 $M = N$、$M > N$、$M < N$ 时的问题分别称为正定（determined）、超定（over-determined），以及欠定（under-determined）问题，所以本章中的方法针对的是前两种通过线性方程组可解的情况。简单起见，本章中以 $M = N$ 为条件进行讲解。

5.2.1 独立性假设与中心极限定理

本节和 5.2.2 节的部分内容翻译自参考文献 [1]，感兴趣的读者可以直接参考原文。为了在仅仅已知观测信号的前提下求解源信号，需要对问题做进一步假设，以获得更多可以利用的信息。独立性假设便是一种比较合理的假设：在我们的日常生活中，不同物理过程所产生的信息或信号可以看作是相互独立的。用概率论的语言解释两个随机事件 A 和 B 相互独立，即：

$$P(A) = P(A|B) \tag{5.11}$$

或

$$P(B) = P(B|A) \tag{5.12}$$

其中，$P(A)$ 表示随机事件 A 发生的概率，$P(A|B)$ 表示在 B 发生的条件下 A 发生的概率。公式 (5.11) 和公式 (5.12) 说明当两个随机事件相互独立时，我们无法从一个随机事件中推测出另一个随机事件的任何信息。对于"鸡尾酒会问题"来说，由于不同说话人的语音由不同的物理过程产生，所以也可以假设这些源信号之间相互独立。

根据条件概率的计算方式可得：

$$P(A|B) = \frac{P(A, B)}{P(B)} \tag{5.13}$$

其中，$P(A, B)$ 表示随机事件 A 和 B 同时发生的概率。所以当 A 和 B 相互独立时，将公式 (5.11) 代入公式 (5.13) 可以导出：

$$P(A, B) = P(A)P(B) \tag{5.14}$$

即相互独立的随机事件的联合概率可以拆分成各个随机事件的概率乘积。该性质可以用于导出关于独立性的另一个非常重要的性质：给定两个函数 $f_1(\cdot)$ 和 $f_2(\cdot)$，当随机变量 y_1 和 y_2 相互独立时，有：

$$\mathcal{E}\{f_1(y_1)f_2(y_2)\} = \mathcal{E}\{f_1(y_1)\}\mathcal{E}\{f_2(y_2)\} \tag{5.15}$$

证明过程如下。

$$\mathcal{E}\{f_1(y_1)f_2(y_2)\} = \iint f_1(y_1)f_2(y_2)p(y_1, y_2) \, \mathrm{d}y_1\mathrm{d}y_2 \tag{5.16}$$

$$\mathcal{E}\{f_1(y_1)f_2(y_2)\} = \iint f_1(y_1)f_2(y_2)p_1(y_1)p_2(y_2) \, \mathrm{d}y_1\mathrm{d}y_2 \tag{5.17}$$

$$\mathcal{E}\{f_1(y_1)f_2(y_2)\} = \int f_1(y_1)p_1(y_1) \, \mathrm{d}y_1 \int f_2(y_2)p_2(y_2) \, \mathrm{d}y_2 \tag{5.18}$$

$$\mathcal{E}\{f_1(y_1)f_2(y_2)\} = \mathcal{E}\{f_1(y_1)\}\mathcal{E}\{f_2(y_2)\} \tag{5.19}$$

其中，$p_1(y_1)$ 和 $p_2(y_2)$ 分别为 y_1 和 y_2 的概率密度函数（probability density function，PDF），$p(y_1, y_2)$ 表示 y_1 和 y_2 的联合概率密度函数。请注意随机事件、随机变量、概率、概率密度函数这些概念及其表示方法的区别。

比相互独立更弱一些的条件是不相关（uncorrelatedness）。两个随机变量 y_1 和 y_2 不相关时，它们的协方差（covariance）为零，即

$$\mathcal{E}\{y_1y_2\} - \mathcal{E}\{y_1\}\mathcal{E}\{y_1\} = 0 \tag{5.20}$$

通常我们假设语音信号具有零均值、单位方差，则公式 (5.20) 可以简化为

$$\mathcal{E}\{y_1y_2\} = 0 \tag{5.21}$$

如果两个随机变量相互独立，则它们不相关，该推论可以根据公式 (5.15)，并令 $f_1(y_1) = y_1$、$f_2(y_2) = y_2$ 得到。反之，当两个随机变量不相关时，并不能推断出它们相互独立。因为不相关仅仅要求随机变量的二阶统计量为零，而相互独立要求对于各种变换，公式 (5.15) 都成立。根据公式 (5.15) 和公式 (5.21) 可知，独立又可以解释为非线性不相关，即对于任意变换 $f_1(\cdot)$ 和 $f_2(\cdot)$，有：

$$\mathcal{E}\{f_1(y_1)f_2(y_2)\} = 0 \tag{5.22}$$

中心极限定理（central limit theorem）是概率论中的一个经典定理。该定理严格的数学形式比较复杂，但通俗来讲，该定理告诉我们：多个相互独立的随机变量叠加，其混合分布趋近高斯分布，随机变量叠加得越多，则趋近程度越高[1]。该定理可以解释为什么我们通常使用服从高斯分布的随机信号来模拟噪声信号：自然界中的噪声信号往往不是由单一的因素引起的，而是由多个不同的物理过程所产生的信号叠加的结果。不同的物理过程可以看作是相互独立的，根据中心极限定理，最终叠加的信号趋近高斯分布。例如在一个菜市场中有许多人在说话，如果单独听某个人的语音，则信号包含明显的信息量，不能将其视为无意义的噪声；但是如果全局来听菜市场中的声音，相当于得到的信号是多个独立信号的叠加，根据中心极限定理，其性质趋近高斯噪声。

独立性假设和中心极限定理为我们求解瞬时盲源分离问题提供了思路：由于源信号是由不同的物理过程产生的，所以我们可以假设 $s_1, s_2, \cdots, s_N$ 相互独立，并且单个随机分量 s_n 距离高斯分布的差距最大。混合信号由多个独立的源信号叠加而成，所以 $x_1, x_2, \cdots, x_M$ 之间不再独立，并且根据中心极限定理，各个分量 x_m 的分布也更趋近高斯分布。假设分离模型 $\boldsymbol{y} = \boldsymbol{Bx}$ 成立，所以有 $y_n = \boldsymbol{w}_n^{\mathrm{H}}\boldsymbol{x}$，其中 $\boldsymbol{w}_n^{\mathrm{H}}$ 为 $\boldsymbol{B}$ 的第 n 行。如果我们能够找到某种衡量单个随机变量的非高斯性的指标 $J(y_n)$，或是衡量多个随机变量之间的独立性的指标 $J(\boldsymbol{y})$，并根据该指标对 $\boldsymbol{w}_n$ 或 $\boldsymbol{B}$ 逐步进行调整，使得 y_n 的非高斯性最强，并且 $y_1, y_2, \cdots, y_N$ 之间的独立性最强，则输出信号 y_n 可以看作对某个源信号 s_n 的估计，而 $\boldsymbol{y}$ 可以看作对所有源信号 $\boldsymbol{s}$ 的估计。

5.2.2 ICA 的目标函数

从上一节的分析可知，求解 ICA 问题有两种思路：一是通过最大化单个输出信号的非高斯性来迭代 $\boldsymbol{w}_n$，并实现对单个源信号的提取，而所有源信号的分离可以通过串行或并行迭代 $\boldsymbol{w}_n, n = 1, 2, \cdots, N$ 来实现；二是通过最大化 $y_1, y_2, \cdots, y_N$ 之间的独立性来迭代 $\boldsymbol{B}$，从而实现对所有源信号的分离。这两种思路各有特点，在不同的应用中各有优缺点。

1. 鞘度

对于第一种求解思路，需要找到能够衡量随机变量非高斯性的指标作为问题的目标函数。鞘度（峰度、四阶累积量、Kurtosis）是经典的衡量随机变量非高斯性的指标，其定义如公式 (5.23) 所示。

$$\text{kurt}(y) = \mathcal{E}(y^4) - 3\mathcal{E}^2(y^2) \tag{5.23}$$

为了简化问题，我们通常会对信号进行预处理，使得信号具有零均值和单位方差，则公式 (5.23) 可以简化为

$$\text{kurt}(y) = \mathcal{E}(y^4) - 3 \tag{5.24}$$

鞘度的取值可正可负，当 y 服从高斯分布时，$\text{kurt}(y) = 0$；当 $\text{kurt}(y) < 0$ 时，我们称 y 服从次高斯（subgaussian）分布，典型的次高斯分布例如均匀分布（uniform distribution）。当 $\text{kurt}(y) > 0$ 时，我们称 y 服从超高斯（supergaussian）分布，典型的超高斯分布例如拉普拉斯分布（Laplace distribution）。图 5.3 给出了高斯、次高斯、超高斯分布的示例。从图中可以看出，相比于高斯分布，超高斯分布有更加尖锐的峰，更加平坦的拖尾，这说明超高斯型随机变量的分布更加稀疏。语音信号具有稀疏性，其统计特性也服从超高斯分布，本章只关注对超高斯型随机变量的处理。次高斯分布相比高斯分布具有更加平坦的峰，以及更加短的拖尾，说明次高斯型随机变量的稀疏程度比高斯型随机变量弱。

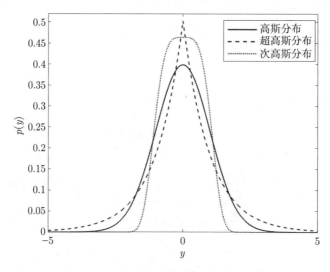

图 5.3　高斯、次高斯、超高斯分布示例

在实际应用中，使用峭度作为目标函数会遇到一些稳定性方面的问题：由于实际观测到的信号往往带有各种噪声、误差，所以会产生各种异常值（outlier）。从公式 (5.23) 中可见，峭度的计算带有四次方的操作，容易将误差显著放大，所以峭度容易受到异常值的影响。

2. 负熵

负熵源自信息论中一个非常重要的概念——熵（entropy）。在信息论中，一个随机变量的熵可以解释为该随机变量所包含信息量的多寡程度，随机变量的随机性越强，其观测值越不可预测，熵就越大，包含的信息量也越多。更严格地说，一个随机变量的熵与用于编码该随机变量的比特（bit）位数正相关。

离散型随机变量 Y 的熵 $\mathcal{H}(Y)$ 定义为公式 (5.25) 的形式。

$$\mathcal{H}(Y) = -\sum_i P(Y = a_i) \lg P(Y = a_i) \tag{5.25}$$

其中 a_i 为 Y 的各种可能的取值。公式 (5.25) 中离散的情况可以被推广为连续随机变量或随机向量的情况，此时称之为微分熵（differential entropy）。假设连续型随机向量为 $\boldsymbol{y}$，其概率密度函数为 $p(\boldsymbol{y})$，则其微分熵 $\mathcal{H}(\boldsymbol{y})$ 定义为

$$\mathcal{H}(\boldsymbol{y}) = -\int p(\boldsymbol{y}) \lg p(\boldsymbol{y}) \, \mathrm{d}\boldsymbol{y} \tag{5.26}$$

由于下面的内容主要分析连续的情况，所以也将微分熵简称为熵。

信息论中的一个重要结论是在所有相同方差的随机变量中，高斯型随机变量具有最大的熵。该结论表明熵可以用作衡量随机变量非高斯性的指标，将该指标的计算方式稍做变形，如公式 (5.27) 所示。

$$\mathcal{J}(\boldsymbol{y}) = \mathcal{H}(\boldsymbol{v}) - \mathcal{H}(\boldsymbol{y}) \tag{5.27}$$

其中，$\boldsymbol{v}$ 表示与 $\boldsymbol{y}$ 具有相同协方差矩阵的高斯型随机向量。从上面的分析可知 $\mathcal{J}(\boldsymbol{y}) \geqslant 0$，当且仅当 $\boldsymbol{y}$ 也为高斯型随机向量时，$\mathcal{J}(\boldsymbol{y}) = 0$。所以公式 (5.27) 中的非高斯性度量 $\mathcal{J}(\boldsymbol{y})$ 也被称为负熵（negentropy）。

在实际应用中，直接使用公式 (5.27) 计算负熵比较困难，因为需要用到随机变量的概率密度函数。由于概率密度函数是未知的，所以要使用负熵作为非高斯性度量还需要对其计算方式进行简化和近似。参考文献 [1] 中给出了计算单个随机变量 y 的负熵的一种近似方法，如公式 (5.28) 所示。

$$\mathcal{J}(y) \propto [\mathcal{E}\{G(y)\} - \mathcal{E}\{G(v)\}]^2 \tag{5.28}$$

其中，v 为高斯型随机变量，而 y 和 v 都被归一化为具有零均值和单位方差。$G(\cdot)$ 为某种非线性函数，在参考文献 [1] 中使用了两种非线性函数：

$$G_1(y) = \frac{1}{a_1} \lg \cosh(a_1 y) \tag{5.29}$$

$$G_2(y) = - \exp(-y^2/2) \tag{5.30}$$

其中，$1 \leqslant a_1 \leqslant 2$ 为参数。公式 (5.28) 对负熵的近似方法并不精确，但足够用于实现源信号的分离，例如，FastICA 算法[1, 3] 就使用了上述类型的目标函数。

3. 互信息

求解 ICA 问题的第二种思路是迭代分离矩阵 $\boldsymbol{B}$，实现输出信号 $y_1, y_2, \cdots, y_N$ 之间的独立性最大化，从而实现对所有源信号的分离。该思路可以通过最小化互信息（mutual information）来实现。Infomax ICA [4, 5] 及本章重点介绍的 AuxICA（auxiliary-function-based independent component analysis）[6] 使用的都是基于互信息的目标函数。

从公式 (5.26) 中的微分熵可以引申出互信息的概念。

$$\mathcal{I}(\boldsymbol{y}) = \mathcal{I}(y_1, \cdots, y_N) \tag{5.31}$$

$$\mathcal{I}(\boldsymbol{y}) = \sum_{n=1}^{N} \mathcal{H}(y_n) - \mathcal{H}(\boldsymbol{y}) \tag{5.32}$$

其中 $\mathcal{I}(\cdot)$ 表示互信息。互信息衡量的是随机变量之间的独立性，$\mathcal{I}(\boldsymbol{y}) \geqslant 0$，当且仅当 $y_1, y_2, \cdots, y_N$ 相互独立时有 $\mathcal{I}(\boldsymbol{y}) = 0$。从上一小节可知，熵与用于编码随机变量的比特位数正相关。所以也可以这样来理解互信息：$\sum_{n=1}^{N} \mathcal{H}(y_n)$ 相当于将各个随机变量单独编码所需要的编码长度，而 $\mathcal{H}(\boldsymbol{y})$ 相当于将这些随机变量联合编码所需要的编码长度。当 $y_1, y_2, \cdots, y_N$ 之间不独立时，说明它们之间存在信息冗余，则单独编码比联合编码所需要的编码长度要长，即 $\mathcal{I}(\boldsymbol{y}) > 0$。然而，当 $y_1, y_2, \cdots, y_N$ 相互独立时，由于不能从一个随机变量中推测出其他随机变量的任何信息，所以 $y_1, y_2, \cdots, y_N$ 之间不存在信息冗余，则单独编码和联合编码所需要的编码长度是一样的，此时 $\mathcal{I}(\boldsymbol{y}) = 0$。

互信息还有一个重要的性质，对于一个可逆线性变换 $\boldsymbol{y} = \boldsymbol{B}\boldsymbol{x}$，有：

$$\mathcal{I}(\boldsymbol{y}) = \sum_{n=1}^{N} \mathcal{H}(y_n) - \mathcal{H}(\boldsymbol{x}) - \lg|\det \boldsymbol{B}| \tag{5.33}$$

其中 $\det(\cdot)$ 表示矩阵的行列式。在推导 ICA 目标函数时我们将用到公式 (5.33) 中的性质。

互信息也可以用 KL 散度（Kullback-Leibler divergence，记作 $\mathcal{KL}(\cdot\|\cdot)$）的形式表示，如公式 (5.34) 所示。其中，$p(\boldsymbol{y})$ 表示随机向量 $\boldsymbol{y}$ 的联合概率密度函数，$q_n(y_n)$ 表示 $\boldsymbol{y}$ 中第 n 个分量的概率密度，而 v 为积分变量。

$$\mathcal{I}(\boldsymbol{y}) = \mathcal{KL}\left(p(\boldsymbol{y}) \,\bigg\|\, \prod_{n=1}^{N} q_n(y_n) \right) \tag{5.34}$$

$$\mathcal{I}(\boldsymbol{y}) = \int p(\boldsymbol{v}) \lg \frac{p(\boldsymbol{v})}{\prod_{n=1}^{N} q_n(v_n)} \, \mathrm{d}\boldsymbol{v} \tag{5.35}$$

我们可以从公式 (5.34) 中导出 ICA 的目标函数，如公式 (5.36) ~ 公式 (5.39) 所示。

$$\mathcal{I}(\boldsymbol{y}) = \sum_{n=1}^{N} \mathcal{H}(y_n) - \mathcal{H}(\boldsymbol{y}) \tag{5.36}$$

$$\mathcal{I}(\boldsymbol{y}) = \sum_{n=1}^{N} \mathcal{H}(y_n) - \mathcal{H}(\boldsymbol{Bx}) \tag{5.37}$$

$$\mathcal{I}(\boldsymbol{y}) = \sum_{n=1}^{N} \mathcal{H}(y_n) - \lg|\det \boldsymbol{B}| - C \tag{5.38}$$

$$\mathcal{I}(\boldsymbol{y}) = -\sum_{n=1}^{N} \mathcal{E}[\lg q_n(y_n)] - \lg|\det \boldsymbol{B}| - C \tag{5.39}$$

其中，公式 (5.37) ~ 公式 (5.38) 利用了公式 (5.33) 中的性质，并且由于输入信号 $\boldsymbol{x}$ 是已知的，在迭代过程中不会发生改变，所以 $\mathcal{H}(\boldsymbol{x})$ 可以简化为一个常量 C。在公式 (5.39) 中，等号右边第一项利用了公式 (5.26) 中熵的定义，其中 $q_n(y_n)$ 表示 $\boldsymbol{y}$ 中第 n 个分量的概率密度函数。

5.2.3 节将使用公式 (5.39) 作为目标函数来介绍 AuxICA 算法。

5.2.3 AuxICA 算法

我们可以这样来理解某种机器学习算法的构成：机器学习算法 = 目标函数 + 优化方法，不同的目标函数，或者相同的目标函数但不同的优化方法可以得到不同的机器学习算法。例如 FastICA 算法[1, 3] 将公式 (5.27) 和公式 (5.28) 中的负熵作为其目标函数，将快速不动点法作为其优化方法；InfomaxICA 算法[4, 5] 将公式 (5.39) 中的互信息作为其目标函数，将随机梯度下降（stochastic gradient descent，也叫作随机/自然梯度）法作为其优化方法；AuxICA 算法[6] 同样将公式 (5.39) 作为其目标函数，但优化方法为基于辅助函数（auxiliary-function-based，即前缀 "Aux" 的由来）的方法。AuxICA/IVA 具有收敛速度快、无复杂参数（例如迭代步长）、无须复杂预处理（例如白化）的优点，非常适合对语音信号进行实时分离。本节介绍基于单个频段离线迭代的 AuxICA 算法，5.3.2 节把问题扩展到针对实时语音处理的全频段、在线迭代的 AuxIVA 算法。

首先，将公式 (5.39) 中的目标函数进一步简化可得：

$$\mathcal{J}(\boldsymbol{B}) = \sum_{n=1}^{N} \mathcal{E}[G(\boldsymbol{w}_n^{\mathrm{H}} \boldsymbol{x})] - \lg|\det \boldsymbol{B}| \tag{5.40}$$

其中，$\mathcal{J}(\boldsymbol{B})$ 表示要对分离矩阵 $\boldsymbol{B}$ 进行调整，使得目标函数 $\mathcal{J}(\boldsymbol{B})$，即输出信号的互信息最小化，从而达到分离的目的。而 $y_n = \boldsymbol{w}_n^{\mathrm{H}} \boldsymbol{x}$，$\boldsymbol{w}_n^{\mathrm{H}}$ 为 $\boldsymbol{B}$ 的第 n 行，分离矩阵 $\boldsymbol{B}$ 与各个 $\boldsymbol{w}_n, n = 1, 2, \cdots, N$ 的关系为

$$\boldsymbol{B} = [\boldsymbol{w}_1, \boldsymbol{w}_2, \cdots, \boldsymbol{w}_N]^{\mathrm{H}} \tag{5.41}$$

函数 $G(y_n) = -\lg q_n(y_n)$ 与 y_n 的概率密度函数有关。由于常数不影响目标函数的使用，所以公式 (5.39) 和公式 (5.40) 省略了常数 C。

由于公式 (5.40) 中的目标函数形式比较复杂，而且是非凸的，所以并不好对其直接进行优化。而基于辅助函数的迭代方法为优化这类非凸目标函数提供了一种解决思路：对于每一步迭代 τ，如果能构造一个相对简单的辅助函数 $Q_\tau(\boldsymbol{B})$，并且使得 $\mathcal{J}(\boldsymbol{B}) \leqslant Q_\tau(\boldsymbol{B})$ 成立，相当于每次构造的辅助函数为原目标函数的某个上界，则对 $Q_\tau(\boldsymbol{B})$ 进行优化能达到间接优化 $\mathcal{J}(\boldsymbol{B})$ 的目的。下一次迭代再从 $\mathcal{J}(\boldsymbol{B})$ 的新起始点上构造新的辅助函数 $Q_{\tau+1}(\boldsymbol{B})$ 并对其进行优化，如此循环直到达到某个局部最优点。这种迭代思想如图 5.4 所示。

辅助函数的形式和构造方法与要求解的问题相关。由于二次函数构造简单，并且具有全局最优点，所以常被作为辅助函数使用。对于语音信号的分离问题，由于语音具有超高斯的统计特性，所以根据参考文献 [6] 中的推导，可以构造公式 (5.42) 中的辅助函数。

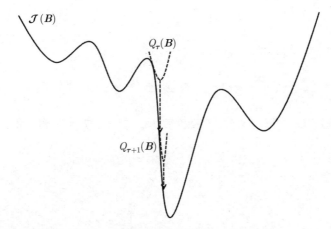

图 5.4 基于辅助函数的优化方法迭代示意图，其中实线表示原目标函数，虚线表示辅助函数，τ 为迭代次数

$$Q(\boldsymbol{B}) = \sum_{n=1}^{N} \boldsymbol{w}_n^{\mathrm{H}} \boldsymbol{V}_n \boldsymbol{w}_n - \lg|\det \boldsymbol{B}| + R \tag{5.42}$$

$$\boldsymbol{V}_n = \mathcal{E}\left[\frac{G'(r_n)}{r_n} \boldsymbol{x} \boldsymbol{x}^{\mathrm{H}}\right] \tag{5.43}$$

其中 $r_n = |\boldsymbol{w}_n^{\mathrm{H}} \boldsymbol{x}|$，$R$ 为与 $\boldsymbol{B}$ 无关的常数。$G(r_n)$ 与源信号的概率密度函数有关，对于语音信号，可以近似取 $G(r_n) = r_n$，则 $G'(r_n) = 1$。或者根据参考文献 [7] 的思想，将整个 $\phi(r_n) = G'(r_n)/r_n$ 项看作某种非线性加权，则可以设计非线性加权为公式 (5.44) 中指数函数的形式。

$$\phi(r) = \frac{G'(r)}{r} = r^{\beta-2} \tag{5.44}$$

其中，$0 \leqslant \beta \leqslant 2$ 为控制稀疏性的参数，实验表明，$\beta = 0.2$ 时在语音分离任务上可以取得较好的效果。无论使用哪种加权形式，都可以看到公式 (5.43) 相当于一种广义的麦克风信号的非线性加权协方差矩阵，麦克风信号中包含源信号 y_n 的成分越少，加权系数反而越大。

因为 Q 具有全局最优点，要实现 Q 最小化，可以求解 $\partial Q(\boldsymbol{B})/\partial \boldsymbol{w}_n^* = 0$，其中上标 $*$ 表示共轭复数。为了方便推导，将公式 (5.42) 中的辅助函数拆分为两部分。

$$Q(\boldsymbol{B}) = Q_1(\boldsymbol{B}) - Q_2(\boldsymbol{B}) \tag{5.45}$$

$$Q_1(\boldsymbol{B}) = \sum_{n=1}^{N} \boldsymbol{w}_n^{\mathrm{H}} \boldsymbol{V}_n \boldsymbol{w}_n \tag{5.46}$$

$$Q_2(\boldsymbol{B}) = \lg|\det \boldsymbol{B}| \tag{5.47}$$

分别对 Q_1、Q_2 进行求导，有：

$$\frac{\partial Q_1}{\partial[\boldsymbol{w}_1^*, \boldsymbol{w}_2^*, \cdots, \boldsymbol{w}_N^*]} = [\boldsymbol{V}_1\boldsymbol{w}_1, \boldsymbol{V}_2\boldsymbol{w}_2, \cdots, \boldsymbol{V}_N\boldsymbol{w}_N] \tag{5.48}$$

再利用 $\partial \lg x/\partial x = 1/x$、$(\partial/\partial \boldsymbol{B})\det \boldsymbol{B} = \boldsymbol{B}^{-\mathrm{T}}\det \boldsymbol{B}$ 等性质可得：

$$\frac{\partial Q_2}{\partial \boldsymbol{B}^*} = (\boldsymbol{B}^{\mathrm{H}})^{-1} = [\boldsymbol{w}_1, \boldsymbol{w}_2, \cdots, \boldsymbol{w}_N]^{-1} \tag{5.49}$$

即：

$$\frac{\partial Q_2}{\partial[\boldsymbol{w}_1^*, \boldsymbol{w}_2^*, \cdots, \boldsymbol{w}_N^*]} = \begin{bmatrix} \boldsymbol{w}_1^{\mathrm{H}} \\ \boldsymbol{w}_2^{\mathrm{H}} \\ \vdots \\ \boldsymbol{w}_N^{\mathrm{H}} \end{bmatrix}^{-1} \tag{5.50}$$

综合公式 (5.48) 和公式 (5.50)，并求解 $\partial Q/\partial \boldsymbol{w}_n^* = 0$，可得：

$$\begin{bmatrix} \boldsymbol{w}_1^{\mathrm{H}} \\ \boldsymbol{w}_2^{\mathrm{H}} \\ \vdots \\ \boldsymbol{w}_N^{\mathrm{H}} \end{bmatrix} [\boldsymbol{V}_1\boldsymbol{w}_1, \boldsymbol{V}_2\boldsymbol{w}_2, \cdots, \boldsymbol{V}_N\boldsymbol{w}_N] = \boldsymbol{I} \tag{5.51}$$

公式 (5.51) 中的问题可以改写为公式 (5.52) 的形式：

$$\boldsymbol{w}_m^{\mathrm{H}}\boldsymbol{V}_n\boldsymbol{w}_n = \delta_{mn}, \quad m, n = 1, 2, \cdots, N \tag{5.52}$$

其中，

$$\delta_{mn} = \begin{cases} 1, & m = n \\ 0, & m \neq n \end{cases} \tag{5.53}$$

1. $N \times N$ AuxICA

除了 $N = 2$ 的特殊情况，目前还没有有效的方法对公式 (5.52) 中的所有等式同时求解。参考文献 [8] 给出了一种迭代求解的方法，即每次只求解 $\boldsymbol{w}_n$，而保持其他 $\boldsymbol{w}_m$ 固定。根据公式 (5.52) 可得：

$$
\begin{bmatrix}
\boldsymbol{w}_1^{\mathrm{H}} \\
\boldsymbol{w}_2^{\mathrm{H}} \\
\vdots \\
\boldsymbol{w}_{n-1}^{\mathrm{H}} \\
\boldsymbol{a}^{\mathrm{H}} \\
\boldsymbol{w}_{n+1}^{\mathrm{H}} \\
\vdots \\
\boldsymbol{w}_N^{\mathrm{H}}
\end{bmatrix}
\boldsymbol{V}_n \boldsymbol{w}_n =
\begin{bmatrix}
0 \\
1 \\
\vdots \\
0 \\
1 \\
0 \\
\vdots \\
0
\end{bmatrix}
\tag{5.54}
$$

其中 $\boldsymbol{a}$ 为临时变量。求解公式 (5.54)，并利用上一次迭代的 $\boldsymbol{w}_n$ 代替 $\boldsymbol{a}$ 就得到了 $\boldsymbol{w}_n$ 的迭代公式。

$$
\boldsymbol{w}_n \leftarrow (\boldsymbol{B}\boldsymbol{V}_n)^{-1}\boldsymbol{e}_n \tag{5.55}
$$

其中，$\boldsymbol{e}_n$ 为第 n 列为 1，其余元素为 0 的向量。根据 $\delta = 1$ 时的条件对 $\boldsymbol{w}_n$ 进行归一化，可得：

$$
\boldsymbol{w}_n \leftarrow \frac{\boldsymbol{w}_n}{\sqrt{\boldsymbol{w}_n^{\mathrm{H}}\boldsymbol{V}_n\boldsymbol{w}_n}} \tag{5.56}
$$

综上所述，离线版本的 AuxICA 算法可以总结如算法 5 所示，其中的求期望操作 $\mathcal{E}(\cdot)$ 可以近似由求平均代替。

算法 5: 离线 AuxICA 算法

输入：N 维麦克风信号 $\boldsymbol{x}(0), \boldsymbol{x}(1), \cdots, \boldsymbol{x}(T-1)$，$T$ 为数据帧数
输出：分离后的 N 维信号 $\boldsymbol{y}(0), \boldsymbol{y}(1), \cdots, \boldsymbol{y}(T-1)$

1. 初始化：$\boldsymbol{B} = \boldsymbol{I}$ 为 $N \times N$ 单位矩阵。重复第 2 至 4 步直到 $\boldsymbol{B}$ 收敛，或超过最大迭代次数。
2. 进行分离。

$$
\boldsymbol{y}(\tau) = \boldsymbol{B}\boldsymbol{x}(\tau) \quad \tau = 0, 1, \cdots, T-1 \tag{5.57}
$$

3. 针对各路输出信号 $n = 1, 2, \cdots, N$ 计算加权协方差矩阵。

$$
r_n(\tau) = |y_n(\tau)| \tag{5.58}
$$

$$
\boldsymbol{V}_n = \frac{1}{T} \sum_{\tau=0}^{T-1} \phi[r_n(\tau)] \boldsymbol{x}(\tau) \boldsymbol{x}^{\mathrm{H}}(\tau) \tag{5.59}
$$

其中，非线性加权 $\phi[\cdot]$ 可以采用公式 (5.44) 的形式。
4. 更新分离矩阵，对于 $n = 1, 2, \cdots, N$，有

$$
\boldsymbol{w}_n \leftarrow (\boldsymbol{B}\boldsymbol{V}_n)^{-1}\boldsymbol{e}_n \tag{5.60}
$$

$$
\boldsymbol{w}_n \leftarrow \frac{\boldsymbol{w}_n}{\sqrt{\boldsymbol{w}_n^{\mathrm{H}}\boldsymbol{V}_n\boldsymbol{w}_n}} \tag{5.61}
$$

更新 $\boldsymbol{w}_n^{\mathrm{H}}$ 为 $\boldsymbol{B}$ 的第 n 行。其中 $\boldsymbol{e}_n$ 的第 n 列为 1，其余为 0。

---

2. 2×2 AuxICA

对于 2×2 的特殊情况，即两声源、两麦克风的情况，公式 (5.52) 中的问题有解析解。首先将公式 (5.52) 中的一般情况改写为 2×2 的特殊情况，可得以下 4 个公式。

$$w_1^{\mathrm{H}} V_1 w_1 = 1 \tag{5.62}$$

$$w_1^{\mathrm{H}} V_2 w_2 = 0 \tag{5.63}$$

$$(w_2^{\mathrm{H}} V_1 w_1)^{\mathrm{H}} = w_1^{\mathrm{H}} V_1 w_2 = 0 \tag{5.64}$$

$$w_2^{\mathrm{H}} V_2 w_2 = 1 \tag{5.65}$$

注意，由于 V_1、V_2 是共轭对称矩阵，所以有 $V_1^{\mathrm{H}} = V_1$、$V_2^{\mathrm{H}} = V_2$。

对比公式 (5.63) 和公式 (5.64) 可以发现，向量 w_2 同时和向量 $V_2 w_1$、向量 $V_1 w_1$ 正交。在二维空间中，一个向量同时和两个不同的向量正交，说明这两个向量相互平行，即

$$V_2 w_1 = \lambda_1 V_1 w_1 \tag{5.66}$$

同理，可以推导出：

$$V_2 w_2 = \lambda_2 V_1 w_2 \tag{5.67}$$

公式 (5.66) 和公式 (5.67) 相当于求解 2×2 的广义特征分解问题，得到的两个特征向量分别为 AuxICA 需要求解的 w_1 和 w_2。将算法 5 中的第 4 步替换为求解广义特征向量，便可得到 2×2 AuxICA 离线算法。5.2.4 节将详细介绍 2×2 的广义特征分解问题的解法。

5.2.4　2×2 广义特征分解问题

双麦克风的阵列具有成本低、部署灵活等优点，在诸多消费电子类产品中有着广泛的应用。双麦克风配合在线 AuxIVA 算法可以用于解决目标声源与单一点干扰声源的分离问题。根据 5.2.3 节中的内容可知，由于 2×2 分离问题的特殊性，我们可以利用广义特征分解的方法直接求解分离矩阵，本节专门研究具体的求解方法。

广义特征分解问题（generalized eigen-decomposition problem）如公式 (5.68) 所示，其中，V_1 和 V_2 为两个 $N \times N$ 的矩阵，要求解的部分为 λ 和 w，λ 为特征值，w 为对应的特征向量。

$$V_2 w = \lambda V_1 w \tag{5.68}$$

从公式 (5.68) 可以看出，最直接的求解方法是将广义特征值问题转换为一般的特征值问题，即

$$V_1^{-1} V_2 w = \lambda w \tag{5.69}$$

并套用一般方法求解。但由于我们的问题具有特殊性，所以可以利用这些性质对问题进行简化。

利用 2×2 问题的特殊性，并且考虑加权协方差矩阵 V_1 和 V_2 的共轭对称性，可以将问题展开为

$$\begin{bmatrix} d & e \\ e^* & f \end{bmatrix} \begin{bmatrix} w_1 \\ w_2 \end{bmatrix} = \lambda \begin{bmatrix} a & b \\ b^* & c \end{bmatrix} \begin{bmatrix} w_1 \\ w_2 \end{bmatrix} \tag{5.70}$$

其中，$V_1 = [a, b; b^*, c]$、$V_2 = [d, e; e^*, f]$、$w = [w_1, w_2]^{\mathrm{T}}$。由于问题规模比较小，所以最简单的方法就是直接按特征值和特征向量的定义求解。首先根据公式 (5.70) 中的问题列出对应的特征方程：

$$\begin{bmatrix} d - \lambda a & e - \lambda b \\ e^* - \lambda b^* & f - \lambda c \end{bmatrix} \begin{bmatrix} w_1 \\ w_2 \end{bmatrix} = \begin{bmatrix} 0 \\ 0 \end{bmatrix} \tag{5.71}$$

对于非零的 w，要使得特征方程成立，只可能使特征多项式为零，即

$$\begin{vmatrix} d - \lambda a & e - \lambda b \\ e^* - \lambda b^* & f - \lambda c \end{vmatrix} = 0 \tag{5.72}$$

公式 (5.72) 中的行列式可以展开为二元一次方程的形式。

$$x\lambda^2 + y\lambda + z = 0 \tag{5.73}$$

其中未知数为 λ，系数为 x、y、z，并且：

$$x = ac - bb^* \tag{5.74}$$

$$y = be^* + b^*e - cd - af \tag{5.75}$$

$$z = df - ee^* \tag{5.76}$$

根据问题的特殊性可以看出，虽然原始问题中存在复数，但是 λ、x、y、z 均为实数。根据二元一次方程的求根公式可以直接对两个特征值 λ_1 和 λ_2 求解。

$$\lambda_1 = \frac{-y + \sqrt{y^2 - 4xz}}{2x} \tag{5.77}$$

$$\lambda_2 = \frac{-y - \sqrt{y^2 - 4xz}}{2x} \tag{5.78}$$

在求解完特征值后，将 λ_1 和 λ_2 分别代回公式 (5.71) 的特征方程中求解对应的特征向量。为了推导方便，将特征方程做变量代换。

$$\begin{bmatrix} p & q \\ q^* & r \end{bmatrix} \begin{bmatrix} w_1 \\ w_2 \end{bmatrix} = \begin{bmatrix} 0 \\ 0 \end{bmatrix} \tag{5.79}$$

其中，

$$p = d - \lambda a \tag{5.80}$$
$$q = e - \lambda b \tag{5.81}$$
$$r = f - \lambda c \tag{5.82}$$

由于特征多项式行列式为零，所以特征方程有无穷多组解，只需要找到其中的一个特解作为特征向量。固定 $w_2 = -1$，求解第一个方程，可得 $w_1 = q/p$；固定 $w_1 = -1$，求解第二个方程，可得 $w_2 = q^*/r$。综合以上结果，可以得到其中的一组特征向量为

$$\boldsymbol{w}_1 = \begin{bmatrix} r \\ -q^* \end{bmatrix} = \begin{bmatrix} f - \lambda_1 c \\ -e^* + \lambda_1 b^* \end{bmatrix} \tag{5.83}$$

$$\boldsymbol{w}_2 = \begin{bmatrix} -q \\ p \end{bmatrix} = \begin{bmatrix} -e + \lambda_2 b \\ d - \lambda_2 a \end{bmatrix} \tag{5.84}$$

对于在线算法，由于数据是递推更新的，所以有可能出现数据不稳定导致奇异值的情况，导致公式 (5.73) 中的二元一次方程无实数解。此时可以使用对角加载（diagonal loading）的方法缓解求解不稳定的问题，即将公式 (5.68) 中的原始问题近似改为求解公式 (5.85) 中的问题，其中，$\boldsymbol{I}$ 为对应维度的单位矩阵，ϵ 为一个很小的正数。

$$(\boldsymbol{V}_2 + \epsilon \boldsymbol{I})\boldsymbol{w} = \lambda(\boldsymbol{V}_1 + \epsilon \boldsymbol{I})\boldsymbol{w} \tag{5.85}$$

5.2.5 排列歧义性与尺度歧义性

在学习了使用 ICA 方法求解盲源分离问题之后，我们还需要思考一个问题：通过算法求解得到的信号是不是源信号本身？为了回答这个问题，我们需要再回顾一下算法的混合和分离模型，这里重新将其列为公式 (5.86) 和公式 (5.87)，其中 $\boldsymbol{A}$、$\boldsymbol{B}$ 分别为时不变的混合和分离矩阵，$\boldsymbol{s}$、$\boldsymbol{x}$、$\boldsymbol{y}$ 为随机向量，分别表示源信号、观测到的混合信号、分离后的信号。分离后的信号是否就是源信号本身的问题，相当于 $\boldsymbol{y}$ 是否等于 $\boldsymbol{s}$。

$$x = As \tag{5.86}$$

$$y = Bx \tag{5.87}$$

这个问题的答案是：在实际情况中 $y \neq s$，所以我们用与源信号 s 不同的字母 y 表示分离后的信号，即对源信号 s 的估计。

为了进一步研究为什么在实际情况下 $y \neq s$，首先将公式 (5.87) 变形得到公式 (5.88)。

$$B^{-1}y = x \tag{5.88}$$

公式 (5.88) 可以看作一个未知数为 y，系数为 B^{-1} 的线性方程组。假如在理想情况下 B^{-1} 已知，并且不考虑方程组奇异的情况，则根据公式 (5.86) 可以看出，当 $B^{-1} = A$ 时，$y = s$。

但是在实际问题中，公式 (5.88) 只有 x 已知，B^{-1} 和 y 都未知。我们无法对其直接求解，所以引入了额外的独立性假设的条件，并且通过最大化输出信号的独立性进行求解。当公式 (5.88) 成立时，公式 (5.89) 也成立，即对同一组观测信号 x，如果对源信号的估计为 y，对应的分离矩阵为 B，那么 $\tilde{y} = DPy$ 也是一组问题的解，并且对应的分离矩阵为 $\tilde{B} = DPB$。

$$[DPB]^{-1}DPy = x \tag{5.89}$$

在公式 (5.89) 中，P 表示排列矩阵，由单位矩阵 I 的各行按照某种顺序重新排列后得到，Py 相当于将 y 的各行按照 P 对应的排列顺序重新进行排列。例如：

$$\begin{bmatrix} 0 & 1 & 0 & 0 \\ 0 & 0 & 0 & 1 \\ 1 & 0 & 0 & 0 \\ 0 & 0 & 1 & 0 \end{bmatrix} \begin{bmatrix} y_1 \\ y_2 \\ y_3 \\ y_4 \end{bmatrix} = \begin{bmatrix} y_2 \\ y_4 \\ y_1 \\ y_3 \end{bmatrix} \tag{5.90}$$

排列矩阵的每行中只有一个 1，其余元素都为 0，并且各行中 1 的位置不能重复。公式 (5.89) 中的 D 为对角矩阵，其作用在某个向量上，相当于将向量的各个元素按照 D 中对角元素的尺度进行了缩放。

公式 (5.89) 中的现象被称为盲源分离问题中的排列歧义性（permutation ambiguity）和尺度歧义性（scaling ambiguity）。这两种歧义性表明，我们通过算法得到的对源信号的估计并不是唯一的，该估计可以是对源信号 s 进行任意排列和尺度缩放后的结果。针对同一组观测数据 x 来说，受到算法的初始值、计算精度等因素的影响，当外界因素改变时，求解得到的信号的顺序、尺度可能改变。

排列歧义性影响输出信号的顺序，而尺度歧义性影响输出信号的幅度。对于 ICA 问题来说，排列歧义性和尺度歧义性对输出的影响通常不大，因为源信号已经分离出来了，并且我们关注的一般是信号随时间的波动，并不太在意信号的绝对幅度。但是对于语音信号的频域盲源分离问题来说，排列歧义性和尺度歧义性将会显著影响算法的输出结果。由 5.1.2 节可知，频域盲源分离算法需要在各个频段上分别进行瞬时分离，排列歧义性会导致各个频段分离信号的输出顺序各不相同，如果不加以处理则会导致分离失败。尺度歧义性会导致各个频段输出信号的能量分布和原始语音有所偏差，从而造成语音失真。

解决排列歧义性问题的方法较为复杂，5.3 节将详细讨论。解决尺度歧义性问题的方法比较固定，一般可参照 MDP (minimal distortion principle) 方法[9]进行处理。原始的 MDP 方法如公式 (5.91) 所示，其中 $\leftarrow$ 表示赋值操作，$\mathrm{diag}(\cdot)$ 表示把矩阵的非对角元素设为零。

$$\boldsymbol{B} \leftarrow \mathrm{diag}(\boldsymbol{B}^{-1})\boldsymbol{B} \tag{5.91}$$

MDP 方法的思想可以从公式 (5.88) 中看出。为了方便表示，令 $\boldsymbol{G} = \boldsymbol{B}^{-1}$，将公式 (5.88) 展开后可得：

$$\begin{bmatrix} x_1 \\ x_2 \\ \vdots \\ x_M \end{bmatrix} = \begin{bmatrix} g_{11} \\ g_{21} \\ \vdots \\ g_{M1} \end{bmatrix} y_1 + \begin{bmatrix} g_{12} \\ g_{22} \\ \vdots \\ g_{M2} \end{bmatrix} y_2 + \cdots + \begin{bmatrix} g_{1N} \\ g_{2N} \\ \vdots \\ g_{MN} \end{bmatrix} y_N \tag{5.92}$$

其中 g_{mn} 为 $\boldsymbol{G}$ 的各个元素。对于公式 (5.92) 右边的某一项 $\boldsymbol{g}_n y_n$ 来说，可以看作盲源 n 对所有麦克风的贡献。所以，可以将输出信号 y_n 缩放到某个麦克风接收到的信号尺度上来避免尺度歧义性带来影响，即 $y_n \leftarrow g_{mn}y_n$。公式 (5.91) 相当于选择了与输出信号的序号对应的麦克风进行尺度缩放，而在实际应用中，选择增益最大的尺度进行缩放，可以达到更好的效果，即

$$\boldsymbol{B} \leftarrow \begin{bmatrix} \bar{g}_1 & & & \\ & \bar{g}_2 & & \\ & & \ddots & \\ & & & \bar{g}_N \end{bmatrix} \boldsymbol{B} \tag{5.93}$$

$$\bar{g}_n = \max_{m=1,\cdots,M} g_{mn} \tag{5.94}$$

MDP 方法的缺点是只有获得完整的分离矩阵 $\boldsymbol{B}$ 才可以使用，而在某些应用中，只分离得到了某个或某几个所需的信号源，并未实现所有信号源的分离，所以无法使用该方法进行尺度调整。参考文献 [10] 介绍了一种基于最小二乘法解决尺度歧义性的方法，如公式 (5.95) 所示，其中 $y = \boldsymbol{w}^{\mathrm{H}}\boldsymbol{x}$ 是我们需要的单路输出信号，$\boldsymbol{g}$ 为 y 对应到各个麦克风的增益。

$$\boldsymbol{g} = \arg\min_{\boldsymbol{v}} \mathcal{E}\left[\|\boldsymbol{x} - \boldsymbol{v}y\|^2\right] \tag{5.95}$$

公式 (5.95) 的基本思想是将输出信号的幅度投影到麦克风信号上，当两者的误差最小化后，求得的 g_m 就趋近于 y 在麦克风 m 处的增益贡献，从而解决尺度歧义性问题。公式 (5.95) 求解可得：

$$\boldsymbol{g} = \frac{\boldsymbol{\Phi}\boldsymbol{w}}{\boldsymbol{w}^{\mathrm{H}}\boldsymbol{\Phi}\boldsymbol{w}} \tag{5.96}$$

其中，$\boldsymbol{\Phi} = \mathcal{E}[\boldsymbol{x}\boldsymbol{x}^{\mathrm{H}}]$。该方法的好处在于无须知道分离矩阵 $\boldsymbol{B}$ 就可以进行操作，缺点在于需要额外计算 $\boldsymbol{\Phi}$。

5.3 独立向量分析

频域盲源分离算法的要点在于通过时频变换将时域上的卷积混合近似转换为各个频段上的瞬时混合，这使得我们可以使用瞬时盲源分离的方法在各个频段上分别进行求解，从而将问题简化。在按频段分离完成后，还需要解决排列歧义性问题和尺度歧义性问题，这样，在逆变换后才能得到正确的输出结果。

对于 $\boldsymbol{Y} = f(\boldsymbol{X}), \boldsymbol{Y} = [\boldsymbol{y}(0), \boldsymbol{y}(1), \cdots, \boldsymbol{y}(T-1)], \boldsymbol{X} = [\boldsymbol{x}(0), \boldsymbol{x}(1), \cdots, \boldsymbol{x}(T-1)]$ 这样的离线算法，可以采用批处理加分步骤处理的方式实现，即先对各个频段的数据进行分离，再通过某种排列算法来解决排列歧义性问题，最后统一输出结果，参考文献 [11] 就采用了这种方式。但离线算法需要累积足够多的数据量，使得信号的统计特性足够明显以便处理，所以其实时性较低，无法满足实时语音处理的要求。

对于实时语音处理，我们通常采用在线算法，即 $\boldsymbol{y}(\tau) = f(\boldsymbol{x}(\tau)), \tau = 0, 1, \cdots, T-1$ 的形式，在给定一帧（短时数据块）输入后，算法能及时获得对应的输出，以保证输出信号的实时性。与分离之后再排列的处理思路不同，独立向量分析（independent vector analysis, IVA）算法可以在进行分离的同时解决排列歧义性问题，所以此类算法省略了排列后处理的步骤，非常利于实时语音处理。

5.3.1　IVA 的目标函数

参考文献 [12, 13] 中将频域盲源分离中的 ICA 算法从单频段的情形扩展到了多频段的情形，也就是最早期的 IVA 算法。为了解释两种算法的不同，图 5.5 中分别给出了两种算法解决两源混合问题的例子，其中每层代表一个频段的分离过程，即

$$\boldsymbol{y}(k) = \boldsymbol{B}(k)\boldsymbol{x}(k) \tag{5.97}$$

其中 $k = 1, 2, \cdots, K$ 为频段序号，$\boldsymbol{x}$、$\boldsymbol{y}$ 仍然看作麦克风信号和输出信号的随机向量。

对于图 5.5(a) 中的 ICA，由于每个频段的分离过程是独立进行的，所以各个频段输出信号的顺序可能不同，即排列歧义性，在图 5.5(a) 中用颜色深浅表示。而对于图 5.5(b) 的 IVA 算法，各个频段不再独立进行处理，而是作为向量统一进行优化，如公式 (5.98) 所示，即 IVA 中 "V" 的由来，对应图 5.5(b) 中的虚线竖长条。

$$\boldsymbol{y}_n = [y_n(1), y_n(2), \cdots, y_n(K)]^{\mathrm{T}} \tag{5.98}$$

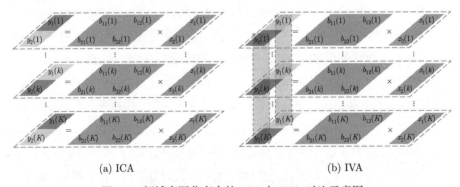

(a) ICA　　　　　　　　　　　　　(b) IVA

图 5.5　频域盲源分离中的 ICA 与 IVA 对比示意图

对于语音信号，除了不同声源的独立性假设，相同声源相邻频段之间还存在较强的相关性，例如同一信号不同频段具有一致的启、停时间点，语音信号具有

谐波特性等。IVA 除了在各个频段上进行分离，还利用了同一信号不同频段之间的相关信息，在最大化不同声源之间独立性的同时最大化同一声源不同频段之间的相关性，所以 IVA 能在分离的过程中解决排列歧义性问题。

与 ICA 类似，IVA 的分离模型同样能够表示为矩阵运算的形式：将每个频段的数据串联起来组成一个大向量，再将各个频段的分离矩阵 $\boldsymbol{B}(k)$ 组成一个大的块对角矩阵 $\boldsymbol{B}$，则统一的分离模型可以表示为公式 (5.99) ~ 公式 (5.104) 的形式，其中分号表示列向量的拼接。公式 (5.99) 与 ICA 分离模型具有相同的形式。注意在公式 (5.102) 中，$\boldsymbol{y}$ 有两种拼接方式：一种是通过各个频段的数据 $\boldsymbol{y}(k)$ 拼接而成，另一种是通过同一声源所有频段的数据 $\boldsymbol{y}_n$ 拼接而成，如公式 (5.98) 所示。这里认为两种拼接方式是等价的，只是元素在向量中的顺序有所不同。

$$\boldsymbol{y} = \boldsymbol{B}\boldsymbol{x} \tag{5.99}$$

$$\boldsymbol{x} = [\boldsymbol{x}(1); \boldsymbol{x}(2); \cdots; \boldsymbol{x}(K)] \tag{5.100}$$

$$\boldsymbol{x}(k) = [x_1(k), x_2(k), \cdots, x_M(k)]^{\mathrm{T}} \tag{5.101}$$

$$\boldsymbol{y} = [\boldsymbol{y}(1); \boldsymbol{y}(2); \cdots; \boldsymbol{y}(K)] = [\boldsymbol{y}_1; \boldsymbol{y}_2; \cdots; \boldsymbol{y}_N] \tag{5.102}$$

$$\boldsymbol{y}(k) = [y_1(k), y_2(k), \cdots, y_N(k)]^{\mathrm{T}} \tag{5.103}$$

$$\boldsymbol{B} = \begin{bmatrix} \boldsymbol{B}(1) & & & \\ & \boldsymbol{B}(2) & & \\ & & \ddots & \\ & & & \boldsymbol{B}(K) \end{bmatrix} \tag{5.104}$$

IVA 同样将互信息作为衡量独立性的指标，并通过 KL 散度的形式进行计算，如公式 (5.105) 所示。对比公式 (5.105) 和公式 (5.34) 可以发现，两者具有非常相似的形式，但是在公式 (5.105) 中，每个 $\boldsymbol{y}_n$ 如公式 (5.98) 所示，而 $\boldsymbol{y}$ 如公式 (5.102) 所示。

$$\mathcal{I}(\boldsymbol{y}) = \mathcal{KL}\left(p(\boldsymbol{y}) \left\| \prod_{n=1}^{N} q_n(\boldsymbol{y}_n)\right.\right) \tag{5.105}$$

$$\mathcal{I}(\boldsymbol{y}) = \int p(\boldsymbol{v}) \lg \frac{p(\boldsymbol{v})}{\prod_{n=1}^{N} q_n(\boldsymbol{v}_n)} \, \mathrm{d}\boldsymbol{v} \tag{5.106}$$

根据最小化互信息的原理，可以由公式 (5.105) 推导出 IVA 的目标函数，如公式 (5.107) ~ 公式 (5.112) 所示[14]。首先，公式 (5.107) 和公式 (5.108) 根据的是 KL 散度的计算原理。由于 $\mathcal{H}(\boldsymbol{y})$ 可以按通道进行计算，也可以按频段进行计算，所以就得到了公式 (5.109)。接着，利用公式 (5.33) 中单个频段的分离模型，以及公式 (5.99) 中全频段上的分离模型，就得到了公式 (5.110) 和公式 (5.111)。最后，利用公式 (5.33) 中的性质，就得到了公式 (5.112)，其中，$C = \mathcal{H}(\boldsymbol{x})$ 是常数，因为观测信号在计算过程中不发生改变。

$$\mathcal{J}_{\text{IVA}} = \mathcal{KL}\left(p(\boldsymbol{y}) \left\| \prod_{n=1}^{N} q_n(\boldsymbol{y}_n)\right.\right) \tag{5.107}$$

$$\mathcal{J}_{\text{IVA}} = \sum_{n=1}^{N} \mathcal{H}(\boldsymbol{y}_n) - \mathcal{H}(\boldsymbol{y}_1; \boldsymbol{y}_2; \cdots; \boldsymbol{y}_N) \tag{5.108}$$

$$\mathcal{J}_{\text{IVA}} = \sum_{n=1}^{N} \mathcal{H}(\boldsymbol{y}_n) - \mathcal{H}(\boldsymbol{y}(1); \boldsymbol{y}(2); \cdots; \boldsymbol{y}(K)) \tag{5.109}$$

$$\mathcal{J}_{\text{IVA}} = \sum_{n=1}^{N} \mathcal{H}(\boldsymbol{y}_n) - \mathcal{H}(\boldsymbol{B}(1)\boldsymbol{x}(1); \boldsymbol{B}(2)\boldsymbol{x}(2); \cdots; \boldsymbol{B}(K)\boldsymbol{x}(K)) \tag{5.110}$$

$$\mathcal{J}_{\text{IVA}} = \sum_{n=1}^{N} \mathcal{H}(\boldsymbol{y}_n) - \mathcal{H}(\boldsymbol{B}\boldsymbol{x}) \tag{5.111}$$

$$\mathcal{J}_{\text{IVA}} = \sum_{n=1}^{N} \mathcal{H}(\boldsymbol{y}_n) - \sum_{k=1}^{K} \lg|\det \boldsymbol{B}(k)| - C \tag{5.112}$$

根据公式 (5.31) 中熵和互信息之间的关系有：$\mathcal{H}(\boldsymbol{y}_n) = \sum_{k=1}^{K} \mathcal{H}(y_n(k)) - \mathcal{I}(\boldsymbol{y}_n)$，则公式 (5.112) 中的目标函数可以写为

$$\mathcal{J}_{\text{IVA}} = \sum_{n=1}^{N} \left[\sum_{k=1}^{K} \mathcal{H}(y_n(k)) - \mathcal{I}(\boldsymbol{y}_n)\right] - \sum_{k=1}^{K} \lg|\det \boldsymbol{B}(k)| - C \tag{5.113}$$

通过公式 (5.113) 可以看出，最小化 IVA 的目标函数的意义在于平衡最小化 $\mathcal{H}(y_n(k))$ 项和最大化 $\mathcal{I}(\boldsymbol{y}_n)$ 项及后续项之间的关系。根据 ICA 的基本理论，独立性可以通过非高斯性来度量，而最小化 $\mathcal{H}(y_n(k))$ 等效于最大化同一频段上各个源的非高斯性[1]，所以该项的作用在于对各个频段的数据进行分离；同时，最大化 $\mathcal{I}(\boldsymbol{y}_n)$ 表示增强 $\boldsymbol{y}_n$ 中各个分量的相关性，即增强同一源信号中各个频段的数据间的相关性，所以该项的作用在于解决排列歧义性问题。综上所述，最小化 IVA 的目标函数可以在对源信号进行分离的同时解决排列歧义性问题。

5.3.2 AuxIVA 算法

参考文献 [8] 提出了离线形式的 AuxIVA 算法，而参考文献 [15] 进一步将 AuxIVA 算法扩展为在线迭代的形式。类似于公式 (5.40) 中 AuxICA 的情况，AuxIVA 的目标函数可以由 (5.112) 进一步简化为公式 (5.114) 的形式。

$$\mathcal{J}[\boldsymbol{B}(1), \boldsymbol{B}(2), \cdots, \boldsymbol{B}(K)] = \sum_{n=1}^{N} \mathcal{E}[G(\boldsymbol{y}_n)] - \sum_{k=1}^{K} \lg |\det \boldsymbol{B}(k)| \qquad (5.114)$$

其中，$G(\boldsymbol{y}_n) = -\lg q_n(\boldsymbol{y}_n)$ 与向量 $\boldsymbol{y}_n$ 的联合概率密度分布有关。对比公式 (5.40) 中 AuxICA 的目标函数和公式 (5.114) 中的目标函数可以发现两者的不同：Aux-ICA 求解的只是单个分离矩阵，AuxIVA 则针对频域盲源分离算法，需要对所有频段的分离矩阵同时进行优化。并且，AuxICA 中的函数 G 只作用在标量 y_n 上，而 AuxIVA 中的函数 G 则作用在独立向量 $\boldsymbol{y}_n$ 上，即对应源 n 的所有频段的数据。在实际应用中，声源的概率密度分布未知，但是利用语音信号具有超高斯分布的性质，可以使用典型的超高斯分布来代替，例如：

$$G(\boldsymbol{y}_n) = G_R(r_n) \qquad (5.115)$$

$$r_n = \|\boldsymbol{y}_n\|_2 \qquad (5.116)$$

$$r_n = \sqrt{\sum_{k=1}^{K} |y_n(k)|^2} \qquad (5.117)$$

$$r_n = \sqrt{\sum_{k=1}^{K} |\boldsymbol{w}_n^{\mathrm{H}}(k)\boldsymbol{x}(k)|^2} \qquad (5.118)$$

之后在各个频段上分别进行求解。同样利用辅助函数的思想，可以构造出辅助函数：

$$Q[\boldsymbol{B}(k)] = \sum_{n=1}^{N} \boldsymbol{w}_n^{\mathrm{H}}(k)\boldsymbol{V}_n(k)\boldsymbol{w}_n(k) - \lg |\det \boldsymbol{B}(k)| + R \qquad (5.119)$$

$$\boldsymbol{V}_n(k) = \mathcal{E}\left[\frac{G_R'(r_n)}{r_n}\boldsymbol{x}(k)\boldsymbol{x}^{\mathrm{H}}(k)\right] \qquad (5.120)$$

注意与公式 (5.42) 中 AuxICA 版本的辅助函数不同，由于 AuxIVA 要同时对多个频段进行分离，所以公式 (5.119) 和公式 (5.120) 中的 $\boldsymbol{B}$、$\boldsymbol{V}$、$\boldsymbol{w}$、$\boldsymbol{x}$ 变量都带有频段索引 k，即每个频段的这些数据不同。但对于同一个源 n，r_n 是所有频段通用的，综合所有频段信息进行优化是 IVA 解决排列歧义性问题的关键。

1. 离线 AuxIVA 算法

与 AuxICA 算法类似，可以使用类似公式 (5.55) 和公式 (5.56) 的方法对辅助函数进行优化，完整的离线 AuxIVA 算法总结如算法 6 所示。

算法 6: 离线 AuxIVA 算法

输入：N 通道时域麦克风信号 $x_1(t), x_2(t), \cdots, x_N(t)$

输入：分离后的时域信号 $y_1(t), y_2(t), \cdots, y_N(t)$

1. 使用第 2 章中的子带分解方法将时域信号变换到时-频域，得到麦克风信号 $\boldsymbol{x}(k,\tau) = [x_1(k,\tau), x_2(k,\tau), \cdots, x_N(k,\tau)]^{\mathrm{T}}$。为了迭代方便，可以将各通道、各频段归一化为零均值、单位方差的信号。

2. 初始化：$\boldsymbol{B}(k) = \boldsymbol{I}$ 为单位矩阵，重复第 3 至 5 步直到收敛，或超过最大迭代次数。

3. 进行分离。

$$\boldsymbol{y}(k,\tau) = \boldsymbol{B}(k)\boldsymbol{x}(k,\tau) \tag{5.121}$$

4. 计算加权协方差矩阵。

$$\boldsymbol{V}_n(k) = \frac{1}{T}\sum_{\tau=0}^{T-1}\phi[r_n(\tau)]\boldsymbol{x}(k,\tau)\boldsymbol{x}^{\mathrm{H}}(k,\tau) \tag{5.122}$$

其中，$r_n(\tau) = \sqrt{\sum_{k=1}^{K}|y_n(k,\tau)|^2}$，非线性变换 $\phi(r_n)$ 可以使用公式 (5.44) 中的形式。

5. 求解 $\boldsymbol{B}(k)$ 中的各行 $\boldsymbol{w}_n^{\mathrm{H}}(k)$。

$$\boldsymbol{w}_n(k) = [\boldsymbol{B}(k)\boldsymbol{V}_n(k)]^{-1}\boldsymbol{e}_n \tag{5.123}$$

进行归一化。

$$\boldsymbol{w}_n(k) \leftarrow \frac{\boldsymbol{w}_n(k)}{\sqrt{\boldsymbol{w}_n^{\mathrm{H}}(k)\boldsymbol{V}_n\boldsymbol{w}_n(k)}} \tag{5.124}$$

用更新后的 $\boldsymbol{w}_n^{\mathrm{H}}(k)$ 替换 $\boldsymbol{B}(k)$ 的第 n 行。

6. 解决尺度歧义性问题，使用 MDP 方法：$\boldsymbol{B}(k) \leftarrow \mathrm{diag}[\boldsymbol{B}^{-1}(k)]\boldsymbol{B}(k)$，或公式 (5.93) 中的方法。

7. 输出结果：$\boldsymbol{y}(k,\tau) = \boldsymbol{B}(k)\boldsymbol{x}(k,\tau)$，之后使用对应的子带综合方法将 $\boldsymbol{y}(k,\tau)$ 变换回时域并输出。

---

2. 在线 AuxIVA 算法

为了满足实时语音处理低延时的要求，需要对离线版本的算法做出一些修改。首先，由于实时数据是一块一块逐渐输入的，并不是一开始就能获得所有数据，所以公式 (5.122) 计算加权协方差矩阵的方法需要变为递推求平均的形式。

$$V_n(\tau) = \alpha V_n(\tau - 1) + \beta(\tau) \boldsymbol{x}(\tau) \boldsymbol{x}^{\mathrm{H}}(\tau) \tag{5.125}$$

其中 $0 \ll \alpha < 1$（如 0.99）为遗忘因子，$\beta(\tau) = (1-\alpha)\phi[r_n(\tau)]$ 相当于遗忘因子与非线性加权共同作用后的系数。为了使得公式更加简洁，在公式 (5.125) 及本节下面的公式中省略了频段序号 k，相当于所有频段都可以用相同的方法进行操作。

另外，为了节省计算量，公式 (5.123) 中的矩阵求逆部分可以利用矩阵求逆引理[16]（详见 4.3.3 节）迭代进行。将公式 (5.123) 中的矩阵求逆部分改写为在线算法并展开，有：

$$\boldsymbol{w}_n(\tau) = \boldsymbol{V}_n^{-1}(\tau) \boldsymbol{B}^{-1}(\tau) \boldsymbol{e}_n \tag{5.126}$$

我们可以利用矩阵求逆引理对 $\boldsymbol{V}_n$ 和 $\boldsymbol{B}$ 分别实现迭代求逆。原始形式的矩阵求逆引理如公式 (5.127) 所示，由于在本问题中迭代求逆所需的运算大多为矩阵与向量的乘法，所以可以显著减少矩阵求逆的计算量。

$$(\boldsymbol{D} + \boldsymbol{E}\boldsymbol{F})^{-1} = \boldsymbol{D}^{-1} - \boldsymbol{D}^{-1}\boldsymbol{E}(\boldsymbol{I} + \boldsymbol{F}\boldsymbol{D}^{-1}\boldsymbol{E})^{-1}\boldsymbol{F}\boldsymbol{D}^{-1} \tag{5.127}$$

要求 $\boldsymbol{V}_n^{-1}$，可以令 $\boldsymbol{D} = \alpha \boldsymbol{V}_n(\tau-1)$，$\boldsymbol{E} = \beta(\tau)\boldsymbol{x}(\tau)$，$\boldsymbol{F} = \boldsymbol{x}^{\mathrm{H}}(\tau)$，则有：

$$\boldsymbol{V}_n^{-1}(\tau) = \frac{1}{\alpha}\left[\boldsymbol{V}_n^{-1}(\tau-1) - \frac{\beta(\tau)\boldsymbol{V}_n^{-1}(\tau-1)\boldsymbol{x}(\tau)\boldsymbol{x}^{\mathrm{H}}(\tau)\boldsymbol{V}_n^{-1}(\tau-1)}{\alpha + \beta(\tau)\boldsymbol{x}^{\mathrm{H}}(\tau)\boldsymbol{V}_n^{-1}(\tau-1)\boldsymbol{x}(\tau)}\right] \tag{5.128}$$

公式 (5.128) 用于将 $\tau-1$ 步的加权协方差逆矩阵更新到第 τ 步。

将分离矩阵 $\boldsymbol{B}$ 从第 $\tau-1$ 步更新到第 τ 步需要迭代 N 次，每次更新其中的第 n 行。我们将更新完 1 至 n 行后的分离矩阵记作 $\boldsymbol{B}^{[n]}(\tau)$，则分离矩阵的迭代顺序为：$\cdots \boldsymbol{B}(\tau-1) = \boldsymbol{B}^{[N]}(\tau-1) \to \boldsymbol{B}^{[1]}(\tau) \to \boldsymbol{B}^{[2]}(\tau) \to \cdots \to \boldsymbol{B}^{[N]}(\tau) = \boldsymbol{B}(\tau)\cdots$，其中第 n 行的更新过程可以写为

$$\boldsymbol{B}^{[n]}(\tau) \leftarrow \boldsymbol{B}^{[n-1]}(\tau) + \boldsymbol{e}_n \Delta \boldsymbol{w}_n^{\mathrm{H}}(\tau) \tag{5.129}$$

其中，临时变量 $\Delta \boldsymbol{w}_n = \boldsymbol{w}_n^{[n]}(\tau) - \boldsymbol{w}_n^{[n-1]}(\tau)$。利用矩阵求逆引理，有：

$$\boldsymbol{A}^{[n]}(\tau) = \boldsymbol{A}^{[n-1]}(\tau) - \frac{\boldsymbol{A}^{[n-1]}(\tau)\boldsymbol{e}_n\Delta\boldsymbol{w}_n^{\mathrm{H}}\boldsymbol{A}^{[n-1]}(\tau)}{1 + \Delta\boldsymbol{w}_n^{\mathrm{H}}\boldsymbol{A}^{[n-1]}(\tau)\boldsymbol{e}_n} \tag{5.130}$$

其中，$\boldsymbol{A}^{[n]}(\tau) = (\boldsymbol{B}^{[n]})^{-1}(\tau)$ 相当于对混合信道的估计，正好是公式 (5.126) 中的第 2 部分。

综上所述，在线版本的 AuxIVA 算法总结如算法 7 和算法 8 所示。需要注意的是，为了篇幅简洁，算法 7 中没有显式写出对频段 k 的循环，但是每个频段都需要做相同的操作。由于 IVA 的非线性加权需要用到所有频段分离后的数据，所以第 1 步需要预估所有 $\boldsymbol{y}(k, \tau), k = 1, 2, \cdots, K$。另外，公式 (5.136) 中的在线归一化方法与公式 (5.124) 中的离线方法不同。这是由于在线算法迭代初期缺少数据，会导致公式 (5.124) 中的分母不稳定，并且在线算法计算的是 $\boldsymbol{V}_n^{-1}$，并不是 $\boldsymbol{V}_n$，所以改用了公式 (5.136) 中的归一化方法。

算法 7: 在线 AuxIVA 算法

初始化：$\boldsymbol{B}(k, \tau = 0) = \boldsymbol{I}, k = 1, 2, \cdots, K$，遗忘因子 α
输入：当前帧的频域麦克风信号 $\boldsymbol{x}(k, \tau), k = 1, 2, \cdots, K$
输出：分离后的信号 $\boldsymbol{y}(k, \tau), k = 1, 2, \cdots, K$
1. 利用上一步的分离矩阵进行预估。

$$\boldsymbol{y}(k, \tau) = \boldsymbol{B}(k, \tau - 1)\boldsymbol{x}(k, \tau) \tag{5.131}$$

针对各个源 $n = 1, 2, \cdots, N$ 循环迭代第 $2 \sim 6$ 步，每次更新分离矩阵的一行，最终将 $\boldsymbol{B}(k, \tau - 1)$ 更新至 $\boldsymbol{B}(k, \tau)$，将 $\boldsymbol{A}(k, \tau - 1)$ 更新至 $\boldsymbol{A}(k, \tau)$。
2. 计算非线性加权，非线性变换 $\phi(r_n)$ 可以使用公式 (5.44) 中的形式。

$$r_n(\tau) = \sqrt{\sum_{k=1}^{K} |y_n(k, \tau)|^2} \tag{5.132}$$

$$\beta(\tau) = (1 - \alpha)\phi[r_n(\tau)] \tag{5.133}$$

3. 更新加权协方差矩阵。

$$\boldsymbol{V}_n^{-1}(\tau) = \frac{1}{\alpha}\left[\boldsymbol{V}_n^{-1}(\tau - 1) - \frac{\beta(\tau)\boldsymbol{V}_n^{-1}(\tau - 1)\boldsymbol{x}(\tau)\boldsymbol{x}^{\mathrm{H}}(\tau)\boldsymbol{V}_n^{-1}(\tau - 1)}{\alpha + \beta(\tau)\boldsymbol{x}^{\mathrm{H}}(\tau)\boldsymbol{V}_n^{-1}(\tau - 1)\boldsymbol{x}(\tau)}\right]$$
$$\tag{5.134}$$

算法 8: 在线 AuxIVA 算法（续）

4. 计算分离矩阵的第 n 行：

$$\boldsymbol{w}_n^{[n]}(k,\tau) = \boldsymbol{V}_n^{-1}(k,\tau)\boldsymbol{a}^{[n-1]}(k,\tau) \tag{5.135}$$

相当于公式 (5.126)，其中 $\boldsymbol{a}^{[n-1]}(k,\tau) = \boldsymbol{A}^{[n-1]}(k,\tau)\boldsymbol{e}_n$。之后进行归一化：

$$\boldsymbol{w}_n^{[n]}(k,\tau) \leftarrow \boldsymbol{w}_n^{[n]}(k,\tau)/\|\boldsymbol{w}_n^{[n]}(k,\tau)\| \tag{5.136}$$

5. 计算临时变量：

$$\Delta\boldsymbol{w}_n = \boldsymbol{w}_n^{[n]}(k,\tau) - \boldsymbol{w}_n^{[n-1]}(k,\tau) \tag{5.137}$$

并将 $(\boldsymbol{w}_n^{[n]}(k,\tau))^{\mathrm{H}}$ 设置为 $\boldsymbol{B}$ 的第 n 行，至此将 $\boldsymbol{B}^{[n-1]}(k,\tau)$ 更新至 $\boldsymbol{B}^{[n]}(k,\tau)$。

6. 将 $\boldsymbol{A}^{[n-1]}(k,\tau)$ 更新至 $\boldsymbol{A}^{[n]}(k,\tau)$：

$$\boldsymbol{A}^{[n]}(\tau) = \boldsymbol{A}^{[n-1]}(\tau) - \frac{\boldsymbol{A}^{[n-1]}(\tau)\boldsymbol{e}_n\Delta\boldsymbol{w}_n^{\mathrm{H}}\boldsymbol{A}^{[n-1]}(\tau)}{1 + \Delta\boldsymbol{w}_n^{\mathrm{H}}\boldsymbol{A}^{[n-1]}(\tau)\boldsymbol{e}_n} \tag{5.138}$$

7. 解决尺度歧义性并输出最终信号：

$$\boldsymbol{y}(k,\tau) = \mathrm{diag}[\boldsymbol{A}(k,\tau)]\boldsymbol{B}(k,\tau)\boldsymbol{x}(k,\tau) \tag{5.139}$$

也可以按照 5.2.5 节的方法选择 $\boldsymbol{A}$ 中各列的最大元素作为缩放尺度。

5.3.3 两级架构

5.3.2 节介绍的在线 AuxIVA 算法虽然实现了在线迭代处理，但是仍然具有输出延时较大、计算峰值较高的缺点。本节介绍参考文献 [17] 提出的一种两级架构思想，使用两级架构能有效提升在线 AuxIVA 算法的收敛速度，同时减少输出延时和计算峰值，进一步满足实时音频处理和低资源嵌入式应用的要求。

1. 延时和峰值

参考文献 [8, 15] 需要采用较长的 DFT 窗口，长度和房间传函相当，这样才能较好地将时域卷积混合近似转换为各个频段上矩阵和向量相乘的形式，频域信号模型的准确性才能得到保障（2.1.5 节）。例如，在普通办公室环境中，处理 16 kHz 采样率的音频信号时，所采用的 DFT 长度为 8192，相当于 512 ms 的窗口。我们可以将"子带分解—算法处理—子带综合"的过程看作音频数据的各个采样点经过一个长度与子带窗口的长度相等的队列结构的过程，算法使用的子带窗口越大，输出数据的延时也越大（2.1.3 节），512 ms 的延时显然不符合实时音频处理的要求。

为了使得算法能够及时输出数据，实时音频处理算法大多采用较小数据块的数据吞吐方式，算法每做一次处理就会消耗一块输入数据，同时输出一块相同大小的数据，数据块的音频长度一般为 10 或 20 ms。在参考文献 [18] 中，作者采用了小数据块吞吐加时域滤波的方法来减小 IVA 算法的延时。在 IVA 算法中，数据可以在每个频段上以 $\boldsymbol{y}(k) = \boldsymbol{B}(k)\boldsymbol{x}(k)$ 这种矩阵相乘的形式进行分离。另外，根据卷积定理中频域与时域的对应性，频响 $\boldsymbol{b}_{nm} = [b_{nm}(1), b_{nm}(2), \cdots, b_{nm}(K)]^{\mathrm{T}}$ 对应的时域滤波器可以由频响特性做 IDFT 得到，即

$$b_{nm}(t) = \mathcal{F}^{-1}(\boldsymbol{b}_{nm}) \tag{5.140}$$

其中，$\mathcal{F}^{-1}(\cdot)$ 表示 IDFT 操作。有了时域滤波器之后，数据可以按照公式 (5.7) 中时域卷积的方式进行分离。使用公式 (5.140) 得到的滤波器大多为非因果的形式，例如图 5.6(a) 中的例子。在将其用于时域卷积之前，需要利用 IDFT 的周期性质将其进行周期延拓，得到图 5.6(b) 中的形式，相当于将图 5.6(a) 中滤波器的左右两半互换。为了降低输出延时，在参考文献 [18] 中，作者将图 5.6(b) 中的滤波器进行了截断，保留了少量非因果的成分，得到类似图 5.6(c) 的形式用于时域分离。

除了输出延时，实时算法还需要关注计算峰值的问题。我们一般采用公式 (5.141) 中的实时率（real-time factor，RTF）来衡量实时算法所需的算力水平。当 RTF ≥ 1 时，说明系统处理一个数据块所需的时间比对应音频的时长还长，此时算法处理的速度跟不上音频采集的速度，无法实现实时处理。所以，对于实时音频算法来说，需要保证其 RTF < 1。

$$\text{RTF} = \frac{\text{系统处理完一个数据块所用的时间}}{\text{数据块音频的时长}} \tag{5.141}$$

从 RTF 的波动上也可以看出实时算法中的一些问题。图 5.7 的例子中给出了处理相同数据块时两种算法的 RTF 变化情况，两种算法的 RTF 均值相同，但算法 2 会在经过一段时间的处理后周期性地出现需要耗费较大计算量的操作，从而表现为图 5.7(a) 中的曲线峰值。该现象可以对应上述大窗口 IVA 算法配合小数据块吞吐的情形：在子带滤波窗口未满时，系统等待数据输入，对应的 RTF

较低；而当子带滤波窗口填满后，系统需要在一个小数据块的时长内处理完整个大窗口中的数据，对应的 RTF 较高。

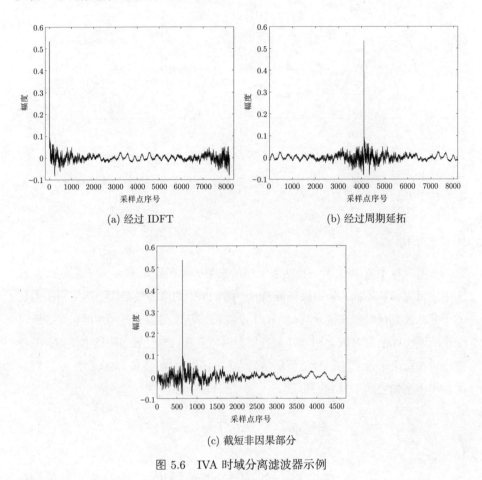

(a) 经过 IDFT

(b) 经过周期延拓

(c) 截短非因果部分

图 5.6　IVA 时域分离滤波器示例

对于离线算法，或者计算资源较好的实时系统，图 5.7 中算法 1 和算法 2 的差别不大，但是对于计算资源较为紧张的嵌入式实时应用，RTF 峰值的出现将会显著影响整体系统的表现。虽然两种算法的 RTF 均值相同，但是 RTF 峰值较大的算法 2 需要性能更强的硬件支持才能进行实时处理，并且 RTF 峰值的出现容易造成系统卡顿（系统上运行的各种应用叠加在一起，更容易造成瞬时 RTF > 1 的情况，表现为系统响应迟钝、数据丢帧等），影响最终的用户体验。所以，一个好的嵌入式实时处理算法需要具有较低的输出延时，以及较小的 RTF 峰值。

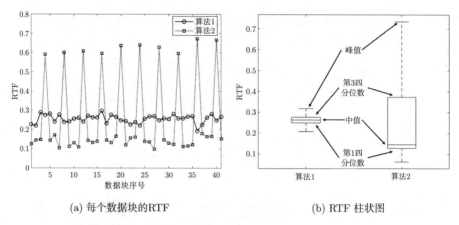

(a) 每个数据块的RTF　　　　　　　(b) RTF 柱状图

图 5.7　RTF 峰值示例。图中算法 1 和算法 2 每次输入/输出的数据块大小相同，两个算法的 RTF 均值相同，但峰值不同

2. 两级架构

参考文献 [17] 提出了一种两级架构的思想，如图 5.8 所示。与原始 IVA 算法中使用大窗长不同，为了保证低延时，图 5.8 中的第一级架构仍然采用小窗长的子带滤波进行时频变换。然而，由于小窗长不足以覆盖完整的房间传函，所以子带滤波也无法将时域卷积较好地近似为频域点积。与时域卷积模型类似，子带分解后在每个子带上的信号模型仍然是卷积的形式，如公式 (5.142) 所示，对应的分离模型如公式 (5.143) 所示。

$$\boldsymbol{x}(k,\tau) = \sum_{l=0}^{L-1} \boldsymbol{A}(k,l)\boldsymbol{s}(k,\tau-l) \tag{5.142}$$

$$\boldsymbol{y}(k,\tau) = \sum_{l=0}^{L-1} \boldsymbol{B}(k,l)\boldsymbol{x}(k,\tau-l) \tag{5.143}$$

与公式 (5.6) 中的时域模型不同，公式 (5.142) 和公式 (5.143) 中的滤波器为复数，并且由于已经做了一次子带分解，其中的滤波器阶数 L 要远小于公式 (5.6) 中的阶数。

虽然信号已经过了一次子带分解，但是我们仍然可以将每个子带上的信号看作复数的时间序列，序列中每个采样点所代表的时间尺度为子带滤波的帧移。为了将公式 (5.142) 中的卷积混合近似为点积混合的形式，以便套用 IVA 的方法进行分离，我们可以将第一级的子带信号进一步做第二级的复数子带分解，并在第二级上使用 IVA 求解分离滤波器。之后便可采用类似图 5.6(c) 中的方法将第二级滤波器反变换到第一级并截短非因果部分，之后使用公式 (5.143) 在第一级子带上进行分离。需要注意的是，第二级 IVA 所能解决的只是本子带内的排列歧义性问题，并不能解决第一级子带间的排列歧义性问题，所以最后还需要在第一级子带上做一次 IVA 进行更彻底的分离并解决子带间的排列歧义性问题。

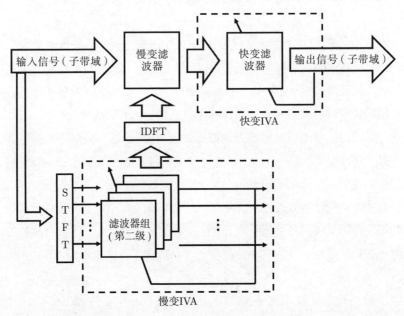

图 5.8　两级 IVA 算法数据流图。图中第二级子带分解使用的是短时傅里叶变换（short-time Fourier transform, STFT）的方法。在第二级上将每个子带的信号看作独立的复数时间序列，并通过独立的 IVA 进行分离

图 5.8 中的两级架构还体现了"快慢变滤波器"的设计思想。滤波器阶数越大，其分离性能也越好，但由于阶数原因，其更新速度较慢，对声学环境变化的响应速度也较慢。滤波器阶数越小，其更新速度和对环境变化的追踪速度越快，但滤波器不足以建模房间传函，分离性能也越差。为了兼顾性能和响应速度，可以把一个长滤波器拆为慢变和快变两部分，慢变滤波器对应第二级 IVA 得到的分离滤波器，具有较大的阶数，可以提供较好的分离性能。其追踪速度慢的缺点则由位于第一级 IVA 上阶数较小（在本节中为 1 阶）但更新速度较快的快变滤波器弥补。除了低延时，两级架构每次更新过程中只迭代部分子带（例如 20 个子带）上的二级 IVA 和完整的一级 IVA，每次迭代所消耗的计算量几乎是相同

的，所以具有较低的 RTF 峰值，类似于图 5.7 中算法 1 的情形。

值得指出的是，除了本节介绍的两级架构，11.1 节的盲源分离统一框架同样具有低延时、低 RTF 峰值的优点。

5.4 盲源分离与波束形成的联系和区别

本章介绍的盲源分离技术，以及前面章节介绍的波束形成技术同属于麦克风阵列信号处理的范畴，都可以用于对目标声源进行增强，对干扰和噪声进行抑制。然而，两种技术在求解原理、目标函数、迭代方式等方面有很大不同。本节讨论这两种技术的相同点和不同点，并比较它们的优势和劣势。

两种技术对信号进行处理的方式都类似 $y = \boldsymbol{w}^{\mathrm{H}} \boldsymbol{x}$ 这种向量内积的形式，其中，$\boldsymbol{x}$ 为多通道麦克风信号，y 为单通道输出信号，$\boldsymbol{w}$ 为算法求得的滤波器，在波束形成算法中对应 beamformer，在盲源分离算法中 $\boldsymbol{w}^{\mathrm{H}}$ 对应分离矩阵 $\boldsymbol{B}$ 中的某一行。相同的数学形式表明这两种方法的基本工作原理是相同的，都通过向量间的相互作用实现信号的增强或抑制。在参考文献 [19] 中，作者对两种技术的工作原理进行了分析，认为盲源分离等效于自适应零点波束形成（adaptive null beamforming）。

为了验证参考文献 [19] 的结论，我们在仿真环境下进行了实验，对比了 MVDR（见 4.2.1 节）和 AuxICA 的 beampattern，如图 5.9 所示。仿真环境基于无混响的远场模型（见 3.2 节），所以目标传函可以使用导向向量代替，双麦克风间距 10 cm，目标声源位于 $-50°$，干扰声源位于 $50°$。从图 5.9 可以看出，两种方法的 beampattern 基本是重合的，从而说明了两种方法的等效性。该仿真实验虽然使用导向向量代替了真实的房间传函，但图 5.9 中的结论说明一旦真实传函已知，两种方法就可以得到非常相似的增强性能。

图中的零点 A 和主瓣 C（由于麦克风个数较少，所以没有形成明显的"瓣"状结构）与仿真环境中干扰和目标声源的方位对应，即生成的滤波器既保证了目标声源不失真，又在干扰声源处形成了零点对其进行抑制。由于 AuxICA 在计算过程中并不知道目标和干扰的位置，其收敛的过程是自发的，并且是自适应的，所以称其降噪原理等效于自适应零点的波束形成。由于双麦克风呈现线阵结构，所以除了零点 A，图 5.9(a) 中还在镜像位置出现了零点 B。另外，随着频率的升高，当麦克风间距不满足公式 (3.27) 的空间采样定理时，图 5.9(b) 中还

出现了零点 D、E。多个零点的出现与 3.1.2 节中的几何解释并不矛盾,即双麦克风的阵列最多能对一个声源进行抑制。虽然图 5.9 中存在多个零点,但只有零点 A 具有自由度,一旦 A 的位置固定,其余零点的位置也就固定了,不能自由调节。

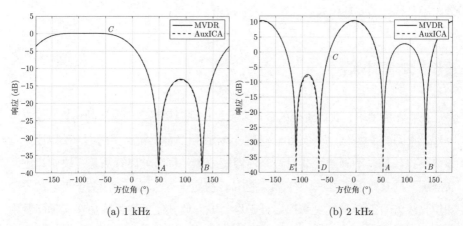

(a) 1 kHz (b) 2 kHz

图 5.9 仿真环境下 MVDR 与 AuxICA 的 beampattern 对比。MVDR 求解过程中认为目标方位已知

虽然盲源分离和波束形成的底层作用原理是相同的,但对于如何求得滤波器 w,两种方法存在很大不同。波束形成的求解思路基于输出能量最小化的准则,将原始问题转换为一个带限制条件的凸优化问题进行求解。限制条件保证了目标信号不失真,所以最小化输出能量相当于将噪声能量最小化,从而达到降噪的目的。保证目标方向不失真的限制条件需要用到目标传函,然而在实际应用中,目标传函是未知的,往往使用导向向量代替传统波束形成。真实传函与远场假设下通过目标方位加阵列结构算出的导向向量的差异导致了传统波束形成算法在实际使用过程中不能达到最优的效果。所以在实际应用中,波束形成的一个改进方向便是如何更好地对目标传函和噪声协方差矩阵进行估计。

另外,"盲源"的特性表明盲源分离算法在求解过程中并不要求目标传函已知,与波束形成相比,"盲源"特性极大地方便了这类算法在实际问题中的应用。通过引入源信号之间的独立性假设,盲源分离算法利用最大化输出信号之间的独立性来达到分离的目的。由于衡量独立性的目标函数是非凸的,所以盲源分离算法没有解析解,往往需要对目标函数进行简化,并通过迭代的方式逐步逼近。所以,与目标传函和噪声模型都已确定的波束形成相比,盲源分离算法在计算量、稳定性、收敛性方面都有所差距。同时，盲源分离算法着重于在干扰声源处形成零点，所以比较适合用于对点声源进行抑制。而对于混响、散射这类没有明显方向性噪声的场景，考虑到计算量、收敛性等因素，具有大孔径、多麦克风的阵列配合上波束形成算法往往较为适合。综上所述，各类算法没有绝对的优劣之分，需要根据实际环境灵活选择、灵活使用。

5.5 本章小结

在实际应用中，我们所处的日常环境类似"鸡尾酒会问题"的场景，麦克风阵列采集到的是带噪、带干扰的音频，目标音频混合于噪声干扰中，所以原始音频信噪比较低，不利于后续对音频内容的理解。盲源分离算法是解决"鸡尾酒会问题"的有效手段之一，"盲源"的特性决定了算法无须使用关于信号的先验知识，或者只需少量先验知识即可工作，极大地方便了这类算法在实际问题中应用。

本章介绍的内容属于盲源分离算法中的一类，是基于独立性假设的 ICA、IVA 类型的算法，需要配合麦克风阵列使用。通过引入独立性假设，算法将原本看似不可解的问题变为可解的，并通过对协方差矩阵进行非线性加权、基于辅助函数的迭代方法、两级架构等手段加快了算法的收敛速度，并降低了输出延时和计算峰值，使其可以用于对实时音频进行处理。

我们用以下问题来对本章的内容进行总结，这也是初学者容易产生困惑的地方。请问以下场景中，有哪些能使用本章中介绍的盲源分离算法对信号进行分离？

- 场景 1：单通道音轨中的歌声和小提琴声。
- 场景 2：用麦克风阵列现场录制的歌声和小提琴声。
- 场景 3：用麦克风阵列现场录制，用单个扬声器播放场景 1 中的音频，再加一个钢琴声。
- 场景 4：相对于麦克风阵列方位相同，但是距离不同的两个声源。

本章介绍的盲源分离算法的基本工作原理是对混合信号的传函进行建模，并使用类似混合过程的逆过程对信号进行分离。所以信号得以分离的关键在于能否找到这样的逆过程。场景 1 属于欠定问题，所以无法使用本章的方法解决。但是，盲源分离是一个非常广泛的概念，而本章介绍的内容只是其中基于 ICA、IVA 类型的算法。如果使用一些基于大数据加深度学习的方法，则可以实现从背景音乐中提取人声。

在场景 2 中，两个独立声源处于不同位置，并且多通道信号可用，正是本章算法可以解决的。

判断两个声音成分属于同一个声源还是不同的声源，关键看它们的传函是不是同一个，而不是看它们的声音成分是否相同。在场景 3 中，虽然歌声和小提琴声原本由两个不同的物理过程发声，但它们通过同一个扬声器播放，所以真正发声的物理器件只有一个，两种声音成分具有相同的传函。加上一个钢琴声，相当于有两个声源的场景，可以使用两通道 IVA 算法进行处理，分离出一路歌声和小提琴声，以及另一路钢琴声。

在场景 4 中，两个声源与阵列位于同一方位。如果按照远场模型的假设，则它们的方位相同，导向向量相同，无法进行分离。但在实际场景中，受房间混响的影响，与阵列位于同一直线（或线阵的镜像位置）但不同位置上的传函也存在一定的差异，所以可以使用本章的方法进行分离。但是，由于传函接近理想场景中的奇异位置，分离性能可能不如其他位置，具体情况还需根据具体场景分析。

本章参考文献

[1] HYVÄRINEN A, OJA E. Independent component analysis: algorithms and applications[J]. Neural networks, 2000, 13(4-5): 411-430.

[2] MCDERMOTT J H. The cocktail party problem[J]. Current Biology, 2009, 19(22): R1024-R1027.

[3] BINGHAM E, HYVÄRINEN A. A fast fixed-point algorithm for independent component analysis of complex valued signals[J]. International journal of neural systems, 2000, 10(01): 1-8.

[4] BELL A J, SEJNOWSKI T J. An information-maximization approach to blind separation and blind deconvolution[J]. Neural computation, 1995, 7(6): 1129-1159.

[5] DOUGLAS S C, GUPTA M. Scaled natural gradient algorithms for instantaneous and convolutive blind source separation[C]//2007 IEEE International Conference on Acoustics, Speech and Signal Processing-ICASSP'07: volume 2. IEEE, 2007: II-637.

[6] ONO N, MIYABE S. Auxiliary-function-based independent component analysis for super-gaussian sources[C]//International Conference on Latent Variable Analysis

and Signal Separation. Switzerland: Springer, 2010: 165-172.

[7] ONO N. Auxiliary-function-based independent vector analysis with power of vector-norm type weighting functions[C]//Proceedings of The 2012 Asia Pacific Signal and Information Processing Association Annual Summit and Conference. IEEE, 2012: 1-4.

[8] ONO N. Stable and fast update rules for independent vector analysis based on auxiliary function technique[C]//2011 IEEE Workshop on Applications of Signal Processing to Audio and Acoustics (WASPAA). IEEE, 2011: 189-192.

[9] MATSUOKA K. Minimal distortion principle for blind source separation[C]// Proceedings of the 41st SICE Annual Conference. SICE 2002.: volume 4. IEEE, 2002: 2138-2143.

[10] KOLDOVSKÝ Z, NESTA F. Performance analysis of source image estimators in blind source separation[J]. IEEE Transactions on Signal Processing, 2017, 65(16): 4166-4176.

[11] WANG L, DING H, YIN F. A region-growing permutation alignment approach in frequency-domain blind source separation of speech mixtures[J]. IEEE transactions on audio, speech, and language processing, 2010, 19(3): 549-557.

[12] KIM T, LEE I, LEE T W. Independent vector analysis: definition and algorithms[C]//2006 Fortieth Asilomar Conference on Signals, Systems and Computers. IEEE, 2006: 1393-1396.

[13] HIROE A. Solution of permutation problem in frequency domain ICA, using multivariate probability density functions[C]//International Conference on Independent Component Analysis and Signal Separation. Springer, 2006: 601-608.

[14] KIM T, ATTIAS H T, LEE S Y, et al. Blind source separation exploiting higher-order frequency dependencies[J]. IEEE transactions on audio, speech, and language processing, 2006, 15(1): 70-79.

[15] TANIGUCHI T, ONO N, KAWAMURA A, et al. An auxiliary-function approach to online independent vector analysis for real-time blind source separation[C]//2014 4th Joint Workshop on Hands-free Speech Communication and Microphone Arrays (HSCMA). IEEE, 2014: 107-111.

[16] WOODBURY M A. Inverting modified matrices[J]. Memorandum report, 1950, 42 (106): 336.

[17] FRANCESCO NESTA W W, Tranusti Thormundsson. Selective audio source enhancement[M/OL]. Google Patents, 2015.

[18] SUNOHARA M, HARUTA C, ONO N. Low-latency real-time blind source separation for hearing aids based on time-domain implementation of online independent vector analysis with truncation of non-causal components[C]//2017 IEEE International Conference on Acoustics, Speech and Signal Processing (ICASSP). IEEE, 2017:

216-220.

[19] ARAKI S, MAKINO S, HINAMOTO Y, et al. Equivalence between frequency-domain blind source separation and frequency-domain adaptive beamforming for convolutive mixtures[J]. EURASIP Journal on Advances in Signal Processing, 2003, 2003(11): 1-10.

6

回声消除与去混响

在远讲免提语音交互和语音通信（distant-talking hands-free speech interaction / communication）应用中，许多硬件设备通常同时具备拾音和放音功能，例如智能音箱、电视、车载语音助手系统、会议终端等。在这类应用中，设备播放的声音会被自身的拾音系统采集到，从而形成声学回声（acoustic echo），在本书中简称为回声。

回声会对设备的语音交互和通信功能造成严重的影响。例如智能音箱在播放音乐时，音乐回声通常远大于用户正常的语音交互命令，如果不对回声进行处理则容易导致智能设备难以被唤醒，或是交互命令难以被识别。回声对会议系统造成的影响可以用图 6.1 来解释。假设在图 6.1 的系统中，用户 A，即远端（far-end）在发言，语音信号通过拾音设备、信号处理、编解码、网络传输等过程后到达用户 B，即近端（near-end）[1] 处。由于 B 通过会议终端接入，设备同时具有回放和拾音功能，所以 A 的声音会被 B 的设备回放并采集到。如果在 B 处不对回声进行处理，则信号通过上述一系列操作又回到 A 处，使得 A 能从耳机中再次听到自己的发言，从而降低了 A 的用户体验[2]。从图 6.1 的例子中可以看出，会议系统中的回声问题影响的是远端用户。

为了降低回声对语音交互和语音通信造成的影响，人们研发出一系列抑制回声的技术和算法，统称为回声消除（acoustic echo cancellation，AEC）。在实际应用中，回声消除所要面临的挑战非常严峻，主要表现为以下几个方面。

- 大回声：在智能音箱类的应用中，设备允许的最大播放音量通常比较大，从而导致信号的信回比较低，有的设备信回比甚至能达到 −40 dB 的量级[1]。

---

1 所谓近端、远端是相对而言的。近端一般指要考虑进行回声消除操作的设备，例如图 6.1 中考虑 B 处的回声问题，所以选择 B 处为近端。A 的信号通过远程传输得到，所以 A 相对于 B 是远端。

2 在图 6.1 的例子中，由于 A 戴了耳机，所以 B 的声音一般不会在 A 处被回放从而导致 B 能听到自己的声音。

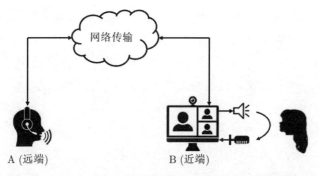

图 6.1　回声对会议系统造成的影响示例（素材来源于网络）

另外，设备音量过大会造成回放系统失真、设备振动、信号截幅等现象，从而产生非线性回声，进一步增加了消除回声的难度。

- 双讲（double-talk）：即近端语音和远端信号同时出现的场景。回声消除算法在尽量抑制回声成分的同时，还要尽可能使得近端语音不失真。

- 回声路径变化：由于网络抖动、设备移动、声学环境变化等因素，可能导致回声路径产生变化，所以自适应算法需要具备快速追踪回声路径变化的能力。

- 数据不同步：在通话类应用中，数据经过网络传输后，麦克风和参考信号之间可能出现较大的延时，通常在百毫秒甚至秒量级；由于硬件环境的问题，某些应用中可能出现麦克风和参考的采样时钟不同的情况，导致两种信号不同步，甚至两者的延时会随时间而变化，如图 6.2 所示。数据的不同步将使得回声消除的效果大打折扣。

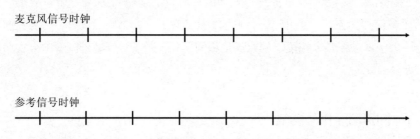

图 6.2　时钟不同步示意图。由于麦克风信号和参考信号来源于两个不同的时钟，其时钟周期可能存在微小的误差，随着信号采集的进行，误差积累将越来越大，从而对回声消除算法的性能造成影响

- 多参考问题：在有的应用场景中具有多路回放系统，例如某些车载场景可

能包含四路或八路参考信号。较多的参考信号会给回声消除算法带来性能、稳定性、计算量等一系列难题。

由于回声消除任务挑战严峻，并且不同的回声类型需要使用不同的方法进行处理，所以回声消除所涉及的知识点和算法涵盖范围也非常广泛。本章主要介绍回声消除技术中的自适应滤波部分，也称为线性部分。该方法主要应对的是线性回声，即信号模型可以建模为参考信号和回声路径的卷积的回声成分。由于去混响（dereverberation，DR）任务中线性部分的信号模型和线性回声消除非常相似，所以我们把线性去混响任务也放在本章介绍。

本章主要包括以下内容：6.1 节介绍线性回声消除和去混响的信号模型；6.2 节介绍基于经典自适应滤波理论的 LMS 和 NLMS 算法；6.3 节介绍基于最小二乘理论的 RLS 算法，由于线性回声消除问题相当于回声和近端语音的分离问题，所以同样可以使用第 5 章中的盲源分离算法进行求解；6.4 节介绍一种基于盲源分离理论的回声消除算法，并对比该算法与 RLS 算法的关系；6.5 节对本章内容进行总结。

6.1　信号模型

为了更好地对本章内容进行讲解，我们首先介绍回声消除与去混响问题的信号模型。原始的信号模型是在时域开始建立的，但本章中的算法为频域算法，所以本节中介绍的信号模型是时域模型经过子带分解变换到频域后的结果，信号模型在时域与频域的基本原理是相同的。时域信号 $x(t)$ 在经过子带分解后得到了子带信号 $x(k,\tau)$，其中，t 为时域采样点序号，k 为频段序号，τ 为数据块序号。由于算法在各个频段上的原理是相同的，所以在部分信号模型中会省略频段序号 k。

6.1.1　回声消除信号模型

假设有图 6.3 所示的既带回放功能又带拾音功能的系统，则麦克风信号 x 由两部分组成。

$$x(\tau) = s(\tau) + e(\tau) \tag{6.1}$$

其中，s 表示近端信号，e 表示线性回声（echo）。

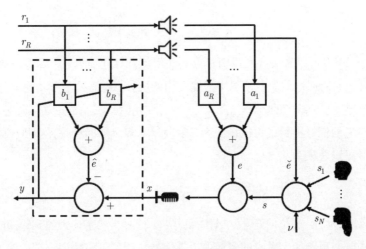

图 6.3　回放系统与回声消除问题示意图，其中虚线框内的部分表示回声消除算法

线性回声由扬声器播放的 R 路参考（reference）信号 $\boldsymbol{r} = [r_1, r_2, \cdots, r_R]^{\mathrm{T}}$ 经过未知的回声路径（echo path）$a_1, a_2, \cdots, a_R$（相当于 FIR 滤波器）卷积后形成，即

$$e(\tau) = \sum_{i=1}^{R} \sum_{l=0}^{L-1} a_i(l) r_i(\tau - l) \tag{6.2}$$

其中，L 表示回声路径的长度。在该信号模型中，我们假设回声路径在一个时间段内是稳定的，所以可以假设公式 (6.2) 中回声路径不随时间 τ 而变化。

另一方面，近端信号 s 由多个语音成分 $s_1, s_2, \cdots, s_N$、噪声 v，以及非线性回声 $\tilde{e}$ 组成，即

$$s(\tau) = \sum_{n=1}^{N} s_n(\tau) + v(\tau) + \tilde{e}(\tau) \tag{6.3}$$

需要说明的是，由于线性回声消除算法无法处理非线性回声，所以公式 (6.3) 将非线性回声看作另一种形式的噪声源叠加到近端信号上。

自适应回声消除算法的目的就是根据已知信号对各个回声路径进行估计，进而求得总的回声估计，再将回声估计从麦克风信号中减去，从而得到对近端信号的估计，如公式 (6.4) 和公式 (6.5)，以及图 6.3 中虚线方框中的部分所示。其中 $b_1, b_2, \cdots, b_R$、$\hat{e}$、y 分别为回声路径、回声、近端信号的估计。

$$\hat{e}(\tau) = \sum_{i=1}^{R} \sum_{l=0}^{L-1} b_i(l) r_i(\tau - l) \tag{6.4}$$

$$y(\tau) = x(\tau) - \hat{e}(\tau) \tag{6.5}$$

从公式 (6.5) 也可以看出，回声消除算法并不负责对近端信号中的混合成分进行处理，对于如何从这些混合信号中提取有用的成分，还需要参考其他章节中的内容，例如第 4、5 章中的方法。

多参考的信号模型也可以扩展为多麦克风、多参考的形式，即 M 通道的麦克风信号可以建模为

$$\boldsymbol{x}(\tau) = \boldsymbol{s}(\tau) + \sum_{l=0}^{L-1} \boldsymbol{A}(l) \boldsymbol{r}(\tau - l) \tag{6.6}$$

其中，$\boldsymbol{A}(l)$ 为 $M \times R$ 阶矩阵，$\boldsymbol{A}(l)$ 的第 m 行对应各个扬声器到第 m 个麦克风的第 l 阶回声路径。对应的多通道近端信号估计可以建模为

$$\boldsymbol{y}(\tau) = \boldsymbol{x}(\tau) - \sum_{l=0}^{L-1} \boldsymbol{B}(l) \boldsymbol{r}(\tau - l) \tag{6.7}$$

6.1.2　去混响信号模型

声音在传播过程中受到环境的各种反射形成混响，这个过程通常由原始信号卷积上对应的房间冲激响应（room impulse response，RIR，也被称为传递函数，简称传函）来建模。如图 6.4 所示，我们可以大致将房间冲激响应划分为三部分：直达声、早期反射、晚期混响[2]。

直达声即信号直接从声源传播到麦克风的成分，不考虑任何环境反射，对应的传函可以由单个冲激函数来建模，代表了信号的延时和衰减；在直达声之后的大约 50 毫秒内会产生若干由房间早期反射所形成的冲激，其强度要弱于直达声，并且冲激之间的间隔较为明显；之后的晚期混响便是一系列更加密集，以至于难以区分的冲激的叠加，并且信号强度还呈现指数级衰减的趋势。需要注意的是，早期反射和晚期混响之间并无明显的划分规则。直达声和早期反射的性质显著依赖于声源和麦克风在房间中的位置，而我们通常假设晚期混响的性质与该位置无关。

研究表明，早期反射有利于提升语音的可懂度和语音识别正确率；但晚期混响会降低语音可懂度，并增加多数语音信号和信息处理任务的难度[3]。所以去混响的目的是抑制信号中的晚期混响成分，保留直达声和早期反射成分。

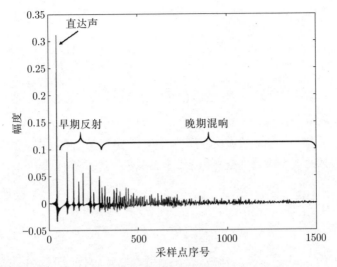

图 6.4 房间冲激响应示意图。该冲激响应由镜像法（7.2.1 节）仿真得到，真实的房间传函由于噪声、器件特性等原因会显得比仿真结果更加嘈杂

假设一个单声源、单麦克风的系统，在子带域上，麦克风信号可以建模为源信号与声源到麦克风的传函的卷积，如公式 (6.8) 所示，其中 s 为源信号，x 为麦克风信号，a 为传函[1]。我们假设传函是线性时不变的，并且为了便于后续的推导，其卷积部分表示为无穷阶的形式。

$$x(\tau) = \sum_{l=0}^{\infty} a(l)s(\tau - l) \tag{6.8}$$

关于公式 (6.8) 中的信号模型还需要说明：

- 同样是子带域，在第 5 章中，我们假设 DFT 窗口长度大于房间传函，所以时域上的卷积操作可以近似转换为频域上的点积操作，信号模型大多是点积的形式。而公式 (6.8) 使用小窗口 DFT，单个窗口不足以覆盖房间传函，所以其信号模型仍然是卷积的形式。
- 同样是卷积操作，与时域卷积相比，如果利用房间传函 FIR 滤波器有限长的性质对传函进行截断，则公式 (6.8) 中滤波器的长度要远小于时域卷积的长度。

如果我们的 DFT 窗口大小选择恰当，使得信号的直达声和早期反射都能包含在一个 DFT 窗口中，则公式 (6.8) 中的信号模型可以表示为

---

[1] 在本章中，回声路径和声源传函都用字母 a 表示。由于本章中的回声消除和去混响是作为两个独立的问题来考虑的，所以这样表示并不会发生歧义。

$$x(\tau) = a(0)s(\tau) + \sum_{l=1}^{\infty} a(1)s(\tau - l) \tag{6.9}$$

$$x(\tau) = a(0)s(\tau) + a(1)s(\tau - 1) + a(2)s(\tau - 2) + \cdots \tag{6.10}$$

公式 (6.9) 中等号右边第一项相当于信号的直达声和早期反射，而等号右边第二项相当于晚期混响。

由于 s 未知，所以无法直接使用公式 (6.9) 进行去混响操作。但考虑到线性时不变系统的假设，该信号模型在 $\tau - 1$ 时刻仍然成立，即

$$x(\tau - 1) = a(0)s(\tau - 1) + a(1)s(\tau - 2) + a(2)s(\tau - 3) + \cdots \tag{6.11}$$

所以可求得：

$$s(\tau - 1) = \frac{1}{a(0)} \left[x(\tau - 1) - a(1)s(\tau - 2) - a(2)s(\tau - 3) - \cdots \right] \tag{6.12}$$

将公式 (6.12) 代入公式 (6.10) 得：

$$\begin{aligned}
x(\tau) = \ &a(0)s(\tau) + \\
&\frac{a(1)}{a(0)} \left[x(\tau - 1) - a(1)s(\tau - 2) - a(2)s(\tau - 3) - \cdots \right] + \\
&a(2)s(\tau - 2) + a(3)s(\tau - 3) + \cdots
\end{aligned} \tag{6.13}$$

合并同类项后有：

$$\begin{aligned}
x(\tau) = \ &a(0)s(\tau) + \frac{a(1)}{a(0)}x(\tau - 1) + \\
&\left[a(2) - \frac{a^2(1)}{a(0)} \right] s(\tau - 2) + \left[a(3) - \frac{a(1)a(2)}{a(0)} \right] s(\tau - 3) + \cdots
\end{aligned} \tag{6.14}$$

从上述递推关系可以看到，对于公式 (6.10) ~ 公式 (6.14)，信号模型中的 $s(\tau - 1)$ 项被替代为 $x(\tau - 1)$ 项，而 $s(\tau - 2), s(\tau - 3), \cdots$ 项仍然采用系数乘以信号的模式，只不过系数发生了改变。重复上述递推过程，我们可以逐渐将 $s(\tau - 2), s(\tau - 3), \cdots$ 项替换为 $x(\tau - 2), x(\tau - 3), \cdots$ 项，最终得到的信号模型如公式 (6.15) 所示，其中，c 是新的滤波器系数，可以由原始传函得到，例如 $c(1) = a(1)/a(0), \cdots$ 等[1]，L 为根据 FIR 条件截断后的滤波器长度。

---

[1] 相当于随着递推的进行，还会出现 $c(2), c(3), \cdots$ 等系数，但由于表示较为复杂，本书中并未给出。

$$x(\tau) = a(0)s(\tau) + \sum_{l=1}^{\infty} c(l)x(\tau - l) \tag{6.15}$$

$$x(\tau) \approx a(0)s(\tau) + \sum_{l=1}^{L} c(l)x(\tau - l) \tag{6.16}$$

由于 x 已知，所以根据公式 (6.16) 中的信号模型，去混响任务要做的就是从麦克风信号中估计出滤波器 c，从而求得晚期混响，并将晚期混响从麦克风信号中减去，如公式 (6.17) 所示，其中 y 为对信号直达声和早期反射的估计，d 为对 c 的估计。

$$y(\tau) = x(\tau) - \sum_{l=1}^{L} d(l)x(\tau - l) \tag{6.17}$$

公式 (6.16) 和公式 (6.17) 也可以扩展为多通道的形式，即

$$\boldsymbol{x}(\tau) = \boldsymbol{A}(0)\boldsymbol{s}(\tau) + \sum_{l=1}^{L} \boldsymbol{C}(l)\boldsymbol{x}(\tau - l) \tag{6.18}$$

$$\boldsymbol{y}(\tau) = \boldsymbol{x}(\tau) - \sum_{l=1}^{L} \boldsymbol{D}(l)\boldsymbol{x}(\tau - l) \tag{6.19}$$

关于公式 (6.16) 和公式 (6.18) 中的去混响信号模型还需要说明的是：

- 在信号模型的推导过程中用到了传函的求逆操作，所以该信号模型成立的前提是 $1/a_0$ 和 $\boldsymbol{A}_0^{-1}$ 必须存在。在非奇异情况下，我们通常假设以上求逆可进行。

- 在有的文献中，为了保证目标信号不失真，通常采用距离当前时刻 τ 延时 Δ 后的数据用于去混响操作。对应之前的递推关系，相当于从 $\tau - \Delta$ 项开始递推，同样可以得到类似的信号模型。

对比 6.1.1 节的回声消除信号模型和本节的去混响信号模型可以发现，两种任务的实现原理非常相似。在去混响任务中可以把麦克风信号的延时看作"参考"信号，并套用回声消除的方法进行求解。所以本章将两种任务合并到一起介绍。

6.2 LMS 与 NLMS 算法

LMS（least mean square）与 NLMS（normalized least mean square）算法[4, 5] 是经典的自适应滤波算法，具有算法简单，计算复杂度低的优点。这类算

法主要基于梯度下降法（gradient descent）的思想，迭代方法类似于公式 (6.20) 的形式，其中，τ 为数据块序号，$\boldsymbol{b}$ 为自适应滤波器，μ 为迭代步长，$\mathcal{J}$ 表示目标函数。

$$\boldsymbol{b}(\tau) = \boldsymbol{b}(\tau-1) - \mu \frac{\partial \mathcal{J}}{\partial \boldsymbol{b}^*} \tag{6.20}$$

对于回声消除任务来说，LMS 算法选择当前时刻的平方误差作为目标函数，即

$$\mathcal{J} = |y(\tau)|^2 \tag{6.21}$$

$$\mathcal{J} = |x(\tau) - \boldsymbol{b}^{\mathrm{H}}(\tau-1)\boldsymbol{r}(\tau)|^2 \tag{6.22}$$

$$\mathcal{J} = [x(\tau) - \boldsymbol{b}^{\mathrm{H}}(\tau-1)\boldsymbol{r}(\tau)][x^*(\tau) - \boldsymbol{r}^{\mathrm{H}}(\tau)\boldsymbol{b}(\tau-1)] \tag{6.23}$$

$$\mathcal{J} = x(\tau)x^*(\tau) - x(\tau)\boldsymbol{r}^{\mathrm{H}}(\tau)\boldsymbol{b}(\tau-1) - x^*(\tau)\boldsymbol{b}^{\mathrm{H}}(\tau-1)\boldsymbol{r}(\tau) +$$
$$\boldsymbol{b}^{\mathrm{H}}(\tau-1)\boldsymbol{r}(\tau)\boldsymbol{r}^{\mathrm{H}}(\tau)\boldsymbol{b}(\tau-1) \tag{6.24}$$

对目标函数求共轭梯度有：

$$\frac{\partial \mathcal{J}}{\partial \boldsymbol{b}^*} = -x^*(\tau)\boldsymbol{r}(\tau) + \boldsymbol{r}(\tau)\boldsymbol{r}^{\mathrm{H}}(\tau)\boldsymbol{b}(\tau-1) \tag{6.25}$$

$$\frac{\partial \mathcal{J}}{\partial \boldsymbol{b}^*} = -\boldsymbol{r}(\tau)[x^*(\tau) - \boldsymbol{r}^{\mathrm{H}}(\tau)\boldsymbol{b}(\tau-1)] \tag{6.26}$$

$$\frac{\partial \mathcal{J}}{\partial \boldsymbol{b}^*} = -y^*(\tau)\boldsymbol{r}(\tau) \tag{6.27}$$

所以根据梯度下降法的思想，LMS 算法可以总结如算法 9 所示。由于目标函数只用到了当前时刻的平方误差，所以该方法的优点是计算简单。但由于单个观测样本不足以体现出数据的统计性质，所以算法是一个逐渐迭代收敛，并在最优解处振荡的过程，这类算法也被称为随机梯度下降法（stochastic gradient descent）。

NLMS 算法相当于对 LMS 算法的迭代过程进行了改进，从而增加了算法的稳定性，如算法 10 所示。对于 LMS 和 NLMS 算法来说，迭代步长 μ 是一个非常重要的参数，将显著影响算法的性能和收敛性，所以有许多围绕迭代步长展开的研究，例如自适应迭代步长的思想[6] 等。另外，原始版本的算法 9 和算法 10 一般只适用于单参考的回声消除问题。这是由于多路参考信号通常相关性较高，容易造成回声路径不唯一的问题[7]，会影响算法的稳定性。

算法 9: LMS 算法

初始化: L 阶自适应滤波器 $\boldsymbol{b}(0) = \boldsymbol{0}$,$L$ 阶参考缓存 $\boldsymbol{r}(0) = \boldsymbol{0}$,迭代步长 μ。

输入: 麦克风信号 $x(\tau)$,参考信号 $r(\tau)$

输出: 近端信号估计 $y(\tau)$

1. 将新输入的参考信号加入参考缓存,新数据排在前。

$$\boldsymbol{r}(\tau) = [r(\tau), r(\tau-1), \cdots, r(\tau-L+1)]^{\mathrm{T}} \tag{6.28}$$

2. 求近端信号估计。

$$\boldsymbol{y}(\tau) = \boldsymbol{x}(\tau) - \boldsymbol{b}^{\mathrm{H}}(\tau-1)\boldsymbol{r}(\tau) \tag{6.29}$$

3. 更新回声路径。

$$\boldsymbol{b}(\tau) = \boldsymbol{b}(\tau-1) + \mu y^*(\tau)\boldsymbol{r}(\tau) \tag{6.30}$$

算法 10: NLMS 算法

初始化: L 阶自适应滤波器 $\boldsymbol{b}(0) = \boldsymbol{0}$,$L$ 阶参考缓存 $\boldsymbol{r}(0) = \boldsymbol{0}$,迭代步长 μ,$\epsilon \approx 0$

输入: 麦克风信号 $x(\tau)$,参考信号 $r(\tau)$

输出: 近端信号估计 $y(\tau)$

1. 将新输入的参考信号加入参考缓存,新数据排在前。

$$\boldsymbol{r}(\tau) = [r(\tau), r(\tau-1), \cdots, r(\tau-L+1)]^{\mathrm{T}} \tag{6.31}$$

2. 求近端信号估计。

$$\boldsymbol{y}(\tau) = \boldsymbol{x}(\tau) - \boldsymbol{b}^{\mathrm{H}}(\tau-1)\boldsymbol{r}(\tau) \tag{6.32}$$

3. 更新回声路径。

$$\boldsymbol{b}(\tau) = \boldsymbol{b}(\tau-1) + \frac{\mu}{\boldsymbol{r}^{\mathrm{H}}(\tau)\boldsymbol{r}(\tau) + \epsilon} y^*(\tau)\boldsymbol{r}(\tau) \tag{6.33}$$

6.3 RLS 算法

RLS(recursive least squares)算法是一类适用性非常广泛的算法,中文为递推最小二乘法[1],可以用于包括回声消除、去混响在内的多种自适应滤波任务。

---

1 recursive 直译到中文为"递归",但这里的概念显然与计算机程序设计里带进栈、出栈操作的递归的概念不同,反而更类似于 recurrent(中文翻译为递推)的概念,即根据 $\tau-1$ 时刻的结果求 τ 时刻的结果。所以作者将 RLS 算法译为了递推最小二乘法。

本节详细介绍 RLS 算法，6.3.1 节介绍 RLS 算法的数学基础最小二乘法；6.3.2 节将离线形式的最小二乘法推导为在线递推更新的形式，以满足自适应滤波任务的要求。

6.3.1　最小二乘法

本节的大部分内容翻译自参考文献 [8]，感兴趣的读者可以参考原文。最小二乘法（least squares）是一种标准的数学和统计建模方法，用于对一组存在误差的观测样本进行曲线拟合。由于数据获取过程中往往存在各种误差和不确定性，所以当拟合曲线精确穿过所有观测样本时，得到的曲线反而不能反映数据的真实分布，其表现类似于机器学习中的模型过拟合。所以在数据拟合任务中，我们要求拟合曲线能对观测样本背后的物理模型提供某种最优程度的近似，而最小二乘法遵循的正是均方误差最小化的近似原则[8]，如图 6.5 中的例子所示。

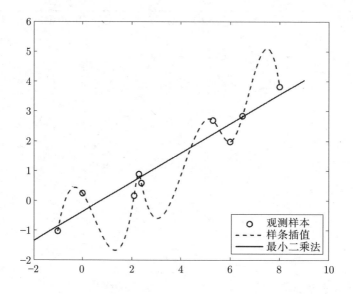

图 6.5　最小二乘法示例。图中观测数据背后的物理模型为直线模型。由于观测样本存在误差，所以用插值的方法获得的模型曲线虽然在观测样本处误差为 0，但在其余部分存在较大误差；而最小二乘法遵循均方误差最小化的原则，使得拟合得到的曲线更加符合实际物理模型。

最小二乘问题的数学形式可以概括为求解一组超定（overdetermined）的线性方程组，如公式 (6.34) 所示，其中 $\boldsymbol{A}$ 为 $M \times N$ 维的系数矩阵，$\boldsymbol{x}$ 为 N 维的未知数向量。所谓超定问题即方程组的个数多于未知数的个数：$M > N$。

$$\boldsymbol{A}\boldsymbol{x} = \boldsymbol{b} \tag{6.34}$$

根据线性代数的基本知识可知，当 $M > N$ 时系统中的线性方程组通常存在不一致性，所以公式 (6.34) 中的线性方程组通常[1]是无解的，即我们无法在 $\boldsymbol{A}$ 的列向量所张成的子空间 $\mathcal{R}(\boldsymbol{A})$ 中找到一个向量 $\boldsymbol{A}\boldsymbol{x}$ 使其等于 $\boldsymbol{b}$，其中 $\mathcal{R}(\cdot)$ 表示 range space。但是，我们可以想办法求解 $\boldsymbol{x}$，使得 $\boldsymbol{A}\boldsymbol{x}$ 最接近 $\boldsymbol{b}$。正交性在求解这样的 $\boldsymbol{x}$ 的过程中起到了重要的作用。

根据上述思路可以构造残差项 $\boldsymbol{z}$。

$$\boldsymbol{z} = \boldsymbol{b} - \boldsymbol{A}\boldsymbol{x} \tag{6.35}$$

需要求解的 $\hat{\boldsymbol{x}}$ 能使残差最小化，如公式 (6.36) 所示，其中 $\hat{\boldsymbol{x}}$ 表示最小二乘解。

$$\hat{\boldsymbol{x}} = \arg\min_{\boldsymbol{x}} \|\boldsymbol{b} - \boldsymbol{A}\boldsymbol{x}\|^2 \tag{6.36}$$

$$\hat{\boldsymbol{x}} = \arg\min_{\boldsymbol{x}} \|\boldsymbol{z}\|^2 \tag{6.37}$$

如果 $\hat{\boldsymbol{x}}$ 是线性系统 $\boldsymbol{A}\boldsymbol{x} = \boldsymbol{b}$ 的最小二乘解，令 $\boldsymbol{p} = \boldsymbol{A}\hat{\boldsymbol{x}}$，则 $\boldsymbol{p}$ 是子空间 $\mathcal{R}(\boldsymbol{A})$ 中最接近 $\boldsymbol{b}$ 的向量。定理 6.3.1 表明 $\boldsymbol{p}$ 不但存在，并且唯一。定理 6.3.1 还为求解 $\hat{\boldsymbol{x}}$ 提供了思路。

定理 6.3.1 假设 $\mathbb{S}$ 为 $\mathbb{C}^M$ 的子空间，对于 $\forall \boldsymbol{b} \in \mathbb{C}^M$，在子空间 $\mathbb{S}$ 中存在一个唯一的与 $\boldsymbol{b}$ 距离最近的向量 $\boldsymbol{p}$，即 $\forall \boldsymbol{y} \in \mathbb{S}$ 有：

$$\|\boldsymbol{b} - \boldsymbol{y}\| \geqslant \|\boldsymbol{b} - \boldsymbol{p}\| \tag{6.38}$$

当且仅当 $\boldsymbol{y} = \boldsymbol{p}$ 时上述不等式取等号。并且当且仅当 $\boldsymbol{b} - \boldsymbol{p} \in \mathbb{S}^\perp$ 时 $\boldsymbol{p}$ 是 $\mathbb{S}$ 中距离 $\boldsymbol{b}$ 最近的向量。其中 $\mathbb{S}^\perp$ 表示子空间 $\mathbb{S}$ 的正交补（orthogonal complement）。

证明过程如下。由于 $\mathbb{C}^M = \mathbb{S} \cup \mathbb{S}^\perp$，所以对于 $\forall \boldsymbol{b} \in \mathbb{C}^M$ 都可以唯一表示为

$$\boldsymbol{b} = \boldsymbol{p} + \boldsymbol{z} \tag{6.39}$$

其中 $\boldsymbol{p} \in \mathbb{S}$，$\boldsymbol{z} \in \mathbb{S}^\perp$。如果 $\boldsymbol{y}$ 是 $\mathbb{S}$ 中的另一个向量，则：

$$\|\boldsymbol{b} - \boldsymbol{y}\|^2 = \|(\boldsymbol{b} - \boldsymbol{p}) + (\boldsymbol{p} - \boldsymbol{y})\|^2 \tag{6.40}$$

由于 $\boldsymbol{b} - \boldsymbol{y} \in \mathbb{S}$，$\boldsymbol{b} - \boldsymbol{p} = \boldsymbol{z} \in \mathbb{S}^\perp$，根据勾股定理有：

---

1 这里的 "通常" 指 $\boldsymbol{A}$ 满秩的情况。

$$\|\boldsymbol{b}-\boldsymbol{y}\|^2 = \|\boldsymbol{b}-\boldsymbol{p}\|^2 + \|\boldsymbol{p}-\boldsymbol{y}\|^2 \tag{6.41}$$

所以有：

$$\|\boldsymbol{b}-\boldsymbol{y}\| \geqslant \|\boldsymbol{b}-\boldsymbol{p}\| \tag{6.42}$$

当且仅当 $\boldsymbol{y}=\boldsymbol{p}$ 时，上述不等式取等号。所以，如果 $\boldsymbol{p} \in \mathbb{S}$ 并且 $\boldsymbol{b}-\boldsymbol{p} \in \mathbb{S}^{\perp}$，则 $\boldsymbol{p}$ 是 $\mathbb{S}$ 中最接近 $\boldsymbol{b}$ 的向量。

反过来看，假设 $\boldsymbol{q} \in \mathbb{S}$ 并且 $\boldsymbol{b}-\boldsymbol{q} \notin \mathbb{S}^{\perp}$，则说明 $\boldsymbol{q} \neq \boldsymbol{p}$。令 $\boldsymbol{y}=\boldsymbol{q}$，则根据上述结论有：

$$\|\boldsymbol{b}-\boldsymbol{q}\| \geqslant \|\boldsymbol{b}-\boldsymbol{p}\| \tag{6.43}$$

上述证明过程的几何解释如图 6.6 所示。一种特殊的情况是 $\boldsymbol{b}$ 也属于子空间 $\mathbb{S}$，由于 $\boldsymbol{b}-\boldsymbol{p}+\boldsymbol{z}$，$\boldsymbol{p} \in \mathbb{S}$，$\boldsymbol{z} \in \mathbb{S}^{\perp}$，所以有 $\boldsymbol{b}-\boldsymbol{b}+\boldsymbol{0}$，此时 $\boldsymbol{p}=\boldsymbol{b}$，$\boldsymbol{z}-\boldsymbol{0}$。

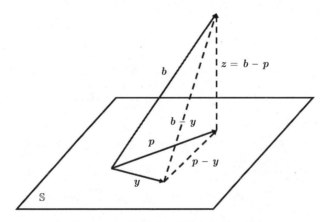

图 6.6 定理 6.3.1 证明过程的几何解释，其中 $\boldsymbol{z} \perp \mathbb{S}$

如果 $\hat{\boldsymbol{x}}$ 是线性系统 $\boldsymbol{Ax}=\boldsymbol{b}$ 的最小二乘解，则 $\boldsymbol{p}=\boldsymbol{A\hat{x}} \in \mathcal{R}(\boldsymbol{A})$ 是距离 $\boldsymbol{b}$ 最近的向量，我们将 $\boldsymbol{p}$ 称为 $\boldsymbol{b}$ 在 $\mathcal{R}(\boldsymbol{A})$ 上的投影。根据定理 6.3.1 可知，残差：

$$\boldsymbol{z}=\boldsymbol{b}-\boldsymbol{p}=\boldsymbol{b}-\boldsymbol{A\hat{x}} \tag{6.44}$$

一定属于 $\mathcal{R}(\boldsymbol{A})^{\perp}$。所以当且仅当 $\boldsymbol{z} \in \mathcal{R}(\boldsymbol{A})^{\perp}$ 时，$\hat{\boldsymbol{x}}$ 是系统的最小二乘解。

线性代数中的基本子空间定理（定理 6.3.2）为求解 $\hat{\boldsymbol{x}}$ 提供了帮助。

定理 6.3.2 基本子空间定理（Fundamental Subspaces Theorem）：如果 $\boldsymbol{A}$ 为 $M \times N$ 维的矩阵，则 $\mathcal{N}(\boldsymbol{A}) = \mathcal{R}(\boldsymbol{A}^{\mathrm{H}})^{\perp}$，并且 $\mathcal{N}(\boldsymbol{A}^{\mathrm{H}}) = \mathcal{R}(\boldsymbol{A})^{\perp}$，其中，$\mathcal{R}(\cdot)$

表示 range space，$\mathcal{N}(\cdot)$ 表示 null space。

证明过程如下。根据 null space 的定义：$\mathcal{N}(\boldsymbol{A}) = \{\boldsymbol{x}|\boldsymbol{A}\boldsymbol{x} = \boldsymbol{0}\}$，说明 $\boldsymbol{x} \in \mathcal{N}(\boldsymbol{A})$ 则 $\boldsymbol{x}$ 与 $\boldsymbol{A}$ 的各行都正交，令 $\boldsymbol{B} = [\boldsymbol{b}_1, \boldsymbol{b}_2, \cdots, \boldsymbol{b}_M] = \boldsymbol{A}^{\mathrm{H}}$，有 $\boldsymbol{b}_1^{\mathrm{H}}\boldsymbol{x} = 0, 1, \cdots, \boldsymbol{b}_M^{\mathrm{H}}\boldsymbol{x} = 0$。而根据 range space 的定义 $\mathcal{R}(\boldsymbol{A}^{\mathrm{H}}) = \mathcal{R}(\boldsymbol{B}) = \{\boldsymbol{y}|\forall \boldsymbol{z}, \boldsymbol{y} = \boldsymbol{B}\boldsymbol{z}\}$ 可以看出，$\forall \boldsymbol{x} \in \mathcal{N}(\boldsymbol{A})$，$\forall \boldsymbol{y} \in \mathcal{R}(\boldsymbol{A}^{\mathrm{H}})$，则 $\boldsymbol{x} \perp \boldsymbol{y}$，即 $\mathcal{N}(\boldsymbol{A}) \perp \mathcal{R}(\boldsymbol{A}^{\mathrm{H}})$。

根据上述两个子空间的正交性，说明 $\mathcal{N}(\boldsymbol{A}) \subset \mathcal{R}(\boldsymbol{A}^{\mathrm{H}})^{\perp}$。另外，若 $\boldsymbol{x} \in \mathcal{R}(\boldsymbol{A}^{\mathrm{H}})^{\perp}$，则 $\boldsymbol{x}$ 与 $\boldsymbol{A}^{\mathrm{H}}$ 的所有列向量都正交，所以有 $\boldsymbol{A}\boldsymbol{x} = \boldsymbol{0}$，即 $\boldsymbol{x} \in \mathcal{N}(\boldsymbol{A})$，可以得到 $\mathcal{R}(\boldsymbol{A}^{\mathrm{H}})^{\perp} \subset \mathcal{N}(\boldsymbol{A})$。综合以上两个包含关系，必然有 $\mathcal{N}(\boldsymbol{A}) = \mathcal{R}(\boldsymbol{A}^{\mathrm{H}})^{\perp}$。

根据公式 (6.44) 中的残差项，再结合定理 6.3.2 可得：

$$\boldsymbol{z} \in \mathcal{N}(\boldsymbol{A}^{\mathrm{H}}) \tag{6.45}$$

即

$$\boldsymbol{0} = \boldsymbol{A}^{\mathrm{H}}\boldsymbol{z} = \boldsymbol{A}^{\mathrm{H}}(\boldsymbol{b} - \boldsymbol{A}\hat{\boldsymbol{x}}) \tag{6.46}$$

所以，为了得到 $\boldsymbol{A}\boldsymbol{x} = \boldsymbol{b}$ 的最小二乘解，我们必须求解：

$$\boldsymbol{A}^{\mathrm{H}}\boldsymbol{A}\hat{\boldsymbol{x}} = \boldsymbol{A}^{\mathrm{H}}\boldsymbol{b} \tag{6.47}$$

公式 (6.47) 也被称为 normal equation。当 $\boldsymbol{A}^{\mathrm{H}}\boldsymbol{A}$ 可逆时，通过公式 (6.47) 可以求出最小二乘解：

$$\hat{\boldsymbol{x}} = (\boldsymbol{A}^{\mathrm{H}}\boldsymbol{A})^{-1}\boldsymbol{A}^{\mathrm{H}}\boldsymbol{b} \tag{6.48}$$

与图 6.6 类似，图 6.7 给出了最小二乘法的几何解释。由于 $\boldsymbol{b} \notin \mathcal{R}(\boldsymbol{A})$，所以不可能找到 $\boldsymbol{x}$ 使得 $\boldsymbol{A}\boldsymbol{x} = \boldsymbol{b}$。所以我们取而代之地在 $\mathcal{R}(\boldsymbol{A})$ 中寻找一个向量 $\boldsymbol{p} = \boldsymbol{A}\hat{\boldsymbol{x}}$，使其与 $\boldsymbol{b}$ 的距离最接近，而 $\hat{\boldsymbol{x}}$ 就是对应的最小二乘解。

根据图 6.7 中的几何解释，$\boldsymbol{p}$ 相当于 $\boldsymbol{b}$ 在子空间 $\mathcal{R}(\boldsymbol{A})$ 上的投影。根据公式 (6.48) 可以看出投影向量 $\boldsymbol{p}$ 满足：

$$\boldsymbol{p} = \boldsymbol{A}\hat{\boldsymbol{x}} = \boldsymbol{A}(\boldsymbol{A}^{\mathrm{H}}\boldsymbol{A})^{-1}\boldsymbol{A}^{\mathrm{H}}\boldsymbol{b} \tag{6.49}$$

所以

$$\boldsymbol{P} = \boldsymbol{A}(\boldsymbol{A}^{\mathrm{H}}\boldsymbol{A})^{-1}\boldsymbol{A}^{\mathrm{H}} \tag{6.50}$$

也叫作投影矩阵，$\boldsymbol{P}\boldsymbol{y}$ 相当于将任意向量 $\boldsymbol{y} \in \mathbb{C}^M$ 投影到子空间 $\mathcal{R}(\boldsymbol{A})$ 上。而

$$b - p = [I - A(A^H A)^{-1} A^H] b \tag{6.51}$$

所以有矩阵 Q：

$$Q = I - A(A^H A)^{-1} A^H \tag{6.52}$$

而 Qy 相当于将任意向量 $y \in \mathbb{C}^M$ 投影到子空间 $\mathcal{R}(A)^\perp$ 上。

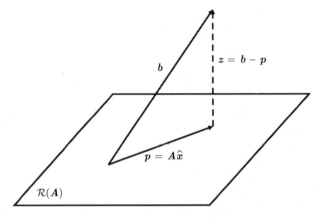

图 6.7　最小二乘法的几何解释

除了上述用正交投影的思想通过最小二乘法得到 normal equation，采用均方误差最小化的思想也可以得到相同形式的解。根据公式 (6.36)，最小二乘法的目标函数相当于：

$$\mathcal{J} = \|Ax - b\|^2 \tag{6.53}$$

展开得：

$$\mathcal{J} = (Ax - b)^H (Ax - b) \tag{6.54}$$

$$= x^H (A^H A) x - x^H A^H b - b^H A x + b^H b \tag{6.55}$$

要使得均方误差最小化，可以对目标函数求共轭梯度：

$$\frac{\partial \mathcal{J}}{\partial x^*} = A^H A x - A^H b \tag{6.56}$$

关于复数求导的内容可以参考 A.1 节。再令 $\partial \mathcal{J} / \partial x^* = 0$ 可求得：

$$\hat{x} = (A^H A)^{-1} A^H b \tag{6.57}$$

可见结果与公式 (6.48) 具有相同的形式。

6.3.2 RLS 算法

6.3.1 节介绍的最小二乘法相当于一种离线批处理形式的算法，公式 (6.34) 在获得足够多的数据 $\boldsymbol{A}$、$\boldsymbol{b}$ 后一次性求出最小二乘解 $\hat{\boldsymbol{x}}$，这种处理形式对自适应信号处理任务来说显然是不适用的。在自适应信号处理中，为了保证算法的实时性和计算峰值的平稳性，数据都是组织成短时数据块或数据帧的形式来输入、处理、输出的，不可能像离线算法那样等待一个较大的数据块后再做统一处理和统一输出。另外，为了实现对环境变化的自适应追踪，算法还需具备对历史信息的遗忘能力。

本节将对 6.3.1 节中的最小二乘法进行改进，以满足自适应信号处理算法的要求，即 RLS 算法。RLS 算法可以用于多种自适应信号处理任务中，为了便于讲解，本节以回声消除任务为例进行算法的推导。结合 6.1.1 节的信号模型，将公式 (6.34) 中通用形式的最小二乘问题改写为回声消除任务中的 RLS 问题，即

$$\boldsymbol{R}(\tau)\boldsymbol{b}(\tau) = \boldsymbol{x}(\tau) \tag{6.58}$$

其中，$\boldsymbol{R}$ 为参考数据构成的矩阵，$\boldsymbol{b}$ 为待求解的回声路径，$\boldsymbol{x}$ 为麦克风信号，τ 为经过子带分解后的数据块序号。可见，公式 (6.58) 中的 RLS 算法与公式 (6.34) 中的最小二乘法具有相同的基本形式。

将公式 (6.58) 中的各项展开为更详细的表示[4]，有：

$$\boldsymbol{R}(\tau) = \begin{bmatrix} \beta^{1/2}\bar{\boldsymbol{r}}^{\mathrm{H}}(\tau) \\ \alpha^{1/2}\beta^{1/2}\bar{\boldsymbol{r}}^{\mathrm{H}}(\tau-1) \\ \vdots \\ \alpha^{(\tau-1)/2}\beta^{1/2}\bar{\boldsymbol{r}}^{\mathrm{H}}(1) \\ \alpha^{\tau/2}\beta^{1/2}\bar{\boldsymbol{r}}^{\mathrm{H}}(0) \end{bmatrix}_{(\tau+1)\times(LR)} \tag{6.59}$$

其中，$\bar{\boldsymbol{r}}$ 为 L 阶 R 路参考拼接而成的向量，其具体形式为

$$\bar{\boldsymbol{r}}(\tau) = \begin{bmatrix} \boldsymbol{r}(\tau) \\ \boldsymbol{r}(\tau-1) \\ \vdots \\ \boldsymbol{r}(\tau-L+1) \end{bmatrix}_{(LR)\times 1} \tag{6.60}$$

其工作方式相当于一个 LR 长度的滑动窗口，每次更新时将新的参考数据 $\boldsymbol{r}(\tau) = [r_1(\tau), r_2(\tau), \cdots, r_R(\tau)]^{\mathrm{T}}$ 滑入向量的最上方，并将最老的历史数据从向量的最

下方滑出。

从公式 (6.59) 可以看出，$\boldsymbol{R}(\tau)$ 为一个 $(\tau+1) \times (LR)$ 维的矩阵，该矩阵包含了从系统开始运行的 0 时刻到当前 τ 时刻，RLS 算法所需的所有参考数据，并且随着系统的运行，$\boldsymbol{R}$ 的行数会不断增加。为了使得算法能够自适应追踪回声路径的变化，公式 (6.59) 中的遗忘因子 $\alpha \in [0, 1]$ 起到了遗忘老旧信息的目的，而 β 相当于某种加权系数，在后续的内容中我们将更清楚地看到 α 和 β 的作用原理。

同理，将公式 (6.58) 中的麦克风信号 $\boldsymbol{x}$ 展开后有：

$$\boldsymbol{x}(\tau) = \begin{bmatrix} \beta^{1/2} x^*(\tau) \\ \alpha^{1/2} \beta^{1/2} x^*(\tau-1) \\ \vdots \\ \alpha^{(\tau-1)/2} \beta^{1/2} x^*(1) \\ \alpha^{\tau/2} \beta^{1/2} x^*(0) \end{bmatrix} \tag{6.61}$$

而待求解的回声路径为

$$\boldsymbol{b}(\tau) = [b_1(\tau), b_2(\tau), \cdots, b_{LR}(\tau)]^{\mathrm{T}} \tag{6.62}$$

需要注意的是，为了后续表示方便，我们在公式 (6.59) 和公式 (6.61) 中都对应使用了共轭操作，所以此时求出的回声路径也相当于原本回声消除问题中回声路径的共轭。

根据 6.3.1 节中的内容，公式 (6.58) 中的最小二乘问题可以通过其 normal equation 求解，即

$$\hat{\boldsymbol{b}}(\tau) = [\boldsymbol{R}^{\mathrm{H}}(\tau)\boldsymbol{R}(\tau)]^{-1} \boldsymbol{R}^{\mathrm{H}}(\tau)\boldsymbol{x}(\tau) \tag{6.63}$$

$$= \boldsymbol{\Phi}(\tau)^{-1} \boldsymbol{p}(\tau) \tag{6.64}$$

其中，

$$\boldsymbol{\Phi}(\tau) = \boldsymbol{R}^{\mathrm{H}}(\tau)\boldsymbol{R}(\tau) \tag{6.65}$$

$$\boldsymbol{p}(\tau) = \boldsymbol{R}^{\mathrm{H}}(\tau)\boldsymbol{x}(\tau) \tag{6.66}$$

分别为参考数据的自相关（协方差）矩阵，以及参考信号和麦克风信号的互相关向量。

将公式 (6.59) 代入公式 (6.65) 可得：

$$\boldsymbol{\Phi}(\tau) = \beta[\alpha^{\tau} \bar{\boldsymbol{r}}(0)\bar{\boldsymbol{r}}^{\mathrm{H}}(0) + \alpha^{\tau-1} \bar{\boldsymbol{r}}(1)\bar{\boldsymbol{r}}^{\mathrm{H}}(1) + \cdots + \bar{\boldsymbol{r}}(\tau)\bar{\boldsymbol{r}}^{\mathrm{H}}(\tau)] \tag{6.67}$$

$$= \beta \sum_{i=0}^{\tau} \alpha^{\tau-i} \bar{\boldsymbol{r}}(i)\bar{\boldsymbol{r}}^{\mathrm{H}}(i) \tag{6.68}$$

再利用递推关系将公式 (6.68) 进行改写可得：

$$\boldsymbol{\Phi}(\tau) = \alpha\boldsymbol{\Phi}(\tau - 1) + \beta\bar{\boldsymbol{r}}(\tau)\bar{\boldsymbol{r}}^{\mathrm{H}}(\tau) \tag{6.69}$$

公式 (6.69) 即我们熟悉的递推求协方差矩阵的形式。在不同文献或应用中，公式 (6.69) 的递推方式可能有所不同，例如 $\beta = 1$、$\beta = 1 - \alpha$，或是采用随时间变化的加权系数 $\beta(\tau)$ 等。

与公式 (6.65) 和公式 (6.68) 相比，公式 (6.69) 的最大优势就在于其计算过程是递推式的，所消耗的存储不会随着算法迭代而无限增长，该优势为 RLS 算法的实际可操作性奠定了基础。同理，我们可以将公式 (6.66) 变形为递推的形式，得到：

$$\boldsymbol{p}(\tau) = \alpha\boldsymbol{p}(\tau - 1) + \beta\bar{\boldsymbol{r}}(\tau)x^*(\tau) \tag{6.70}$$

利用公式 (6.64)、公式 (6.69)、公式 (6.70)，可以通过 RLS 原理求解单路麦克风信号的回声消除问题。我们可以将上述推导过程进一步整理，从而得到多通道 RLSAEC 算法的直接求解形式，如算法 11 所示。其中，$\boldsymbol{B}$ 为 $M \times LR$ 的多通道回声路径，公式 (6.63) 中的 $\hat{\boldsymbol{b}}_m^{\mathrm{H}}$ 对应 $\boldsymbol{B}$ 的第 m 行，而公式 (6.70) 中的 $\boldsymbol{p}_m^{\mathrm{H}}$ 对应 $\boldsymbol{\Phi}_{xr}$ 的第 m 行。

算法 11: 多通道 RLSAEC 算法（直接求解）

初始化： 参考缓存 $\bar{\boldsymbol{r}}(0) = \boldsymbol{0}$，回声路径 $\boldsymbol{B}(0) = \boldsymbol{0}$，协方差矩阵 $\boldsymbol{\Phi}_{xr}(0) = \boldsymbol{0}$，$\boldsymbol{\Phi}_{rr}(0) = \boldsymbol{0}$，遗忘因子 α, β。

输入： 麦克风信号 $\boldsymbol{x}(\tau) = [x_1(\tau), x_2(\tau), \cdots, x_M(\tau)]^{\mathrm{T}}$，参考信号 $\boldsymbol{r}(\tau) = [r_1(\tau), r_2(\tau), \cdots, r_R(\tau)]^{\mathrm{T}}$

输出： 近端信号估计 $\boldsymbol{y}(\tau) = [y_1(\tau), y_2(\tau), \cdots, y_M(\tau)]^{\mathrm{T}}$

1. 将新输入的参考信号加入参考缓存。

$$\bar{\boldsymbol{r}}(\tau) = [\boldsymbol{r}(\tau)^{\mathrm{T}}, \boldsymbol{r}(\tau - 1)^{\mathrm{T}}, \cdots, \boldsymbol{r}(\tau - L + 1)^{\mathrm{T}}]^{\mathrm{T}} \tag{6.71}$$

2. 求近端信号估计。

$$\boldsymbol{y}(\tau) = \boldsymbol{x}(\tau) - \boldsymbol{B}(\tau - 1)\bar{\boldsymbol{r}}(\tau) \tag{6.72}$$

3. 更新协方差矩阵。

$$\boldsymbol{\Phi}_{xr}(\tau) = \alpha\boldsymbol{\Phi}_{xr}(\tau - 1) + \beta\boldsymbol{x}(\tau)\bar{\boldsymbol{r}}^{\mathrm{H}}(\tau) \tag{6.73}$$

$$\boldsymbol{\Phi}_{rr}(\tau) = \alpha\boldsymbol{\Phi}_{rr}(\tau - 1) + \beta\bar{\boldsymbol{r}}(\tau)\bar{\boldsymbol{r}}^{\mathrm{H}}(\tau) \tag{6.74}$$

4. 更新回声路径。

$$\boldsymbol{B}(\tau) = \boldsymbol{\Phi}_{xr}(\tau)\boldsymbol{\Phi}_{rr}^{-1}(\tau) \tag{6.75}$$

算法 11 的计算量主要集中在公式 (6.75) 的矩阵求逆中，对于 1×1 或 2×2 这类规模较小的矩阵比较适合直接求解，例如对于单参考或双参考问题，我们可以使用 5.3.3 节介绍过的两级架构将每个频段的问题规模缩减到 1×1 或 2×2。随着问题规模的进一步扩大，直接求逆的代价显著增加，但我们可以利用递推关系对算法 11 做改进。根据公式 (6.75) 有：

$$B(\tau)\boldsymbol{\Phi}_{rr}(\tau) = \boldsymbol{\Phi}_{xr}(\tau) \tag{6.76}$$

$$B(\tau-1)\boldsymbol{\Phi}_{rr}(\tau-1) = \boldsymbol{\Phi}_{xr}(\tau-1) \tag{6.77}$$

利用公式 (6.73) 可以推出：

$$B(\tau)\boldsymbol{\Phi}_{rr}(\tau) = \alpha B(\tau-1)\boldsymbol{\Phi}_{rr}(\tau-1) + \beta \boldsymbol{x}(\tau)\bar{\boldsymbol{r}}^{\mathrm{H}}(\tau) \tag{6.78}$$

将公式 (6.74) 代入公式 (6.78) 得：

$$B(\tau)\boldsymbol{\Phi}_{rr}(\tau) = B(\tau-1)[\boldsymbol{\Phi}_{rr}(\tau) - \beta\bar{\boldsymbol{r}}(\tau)\bar{\boldsymbol{r}}^{\mathrm{H}}(\tau)] + \beta \boldsymbol{x}(\tau)\bar{\boldsymbol{r}}^{\mathrm{H}}(\tau) \tag{6.79}$$

$$= B(\tau-1)\boldsymbol{\Phi}_{rr}(\tau) + \beta[\boldsymbol{x}(\tau) - B(\tau-1)\bar{\boldsymbol{r}}(\tau)]\bar{\boldsymbol{r}}^{\mathrm{H}}(\tau) \tag{6.80}$$

$$= B(\tau-1)\boldsymbol{\Phi}_{rr}(\tau) + \beta \boldsymbol{y}(\tau)\bar{\boldsymbol{r}}^{\mathrm{H}}(\tau) \tag{6.81}$$

可以得到 $B(\tau-1)$ 到 $B(\tau)$ 的递推关系：

$$B(\tau) = B(\tau-1) + \beta \boldsymbol{y}(\tau)[\boldsymbol{\Phi}_{rr}^{-1}(\tau)\bar{\boldsymbol{r}}(\tau)]^{\mathrm{H}} \tag{6.82}$$

利用 4.3.3 节的矩阵求逆引理得到 $\boldsymbol{\Phi}_{rr}^{-1}(\tau-1)$ 与 $\boldsymbol{\Phi}_{rr}^{-1}(\tau)$ 之间的递推关系：

$$\boldsymbol{\Phi}_{rr}^{-1}(\tau) = \frac{1}{\alpha}\left[\boldsymbol{\Phi}_{rr}^{-1}(\tau-1) - \frac{\beta\boldsymbol{\Phi}_{rr}^{-1}(\tau-1)\bar{\boldsymbol{r}}(\tau)\bar{\boldsymbol{r}}^{\mathrm{H}}(\tau)\boldsymbol{\Phi}_{rr}^{-1}(\tau-1)}{\alpha + \beta\bar{\boldsymbol{r}}^{\mathrm{H}}(\tau)\boldsymbol{\Phi}_{rr}^{-1}(\tau-1)\bar{\boldsymbol{r}}(\tau)}\right] \tag{6.83}$$

为了简化表示，令：

$$\boldsymbol{k} = \boldsymbol{\Phi}_{rr}^{-1}(\tau-1)\bar{\boldsymbol{r}}(\tau) \tag{6.84}$$

$$q = \beta\bar{\boldsymbol{r}}^{\mathrm{H}}(\tau)\boldsymbol{k} \tag{6.85}$$

注意 q 为实数。将公式 (6.83) 代入公式 (6.82)，再利用刚才定义的中间变量 $\boldsymbol{k}$ 和 q，回声路径的递推关系可以简化为

$$B(\tau) = B(\tau-1) + \frac{\beta}{\alpha}\boldsymbol{y}(\tau)\left[\boldsymbol{k} - \frac{q\boldsymbol{k}}{\alpha+q}\right]^{\mathrm{H}} \tag{6.86}$$

$$= B(\tau-1) + \frac{\beta}{\alpha}\left(1 - \frac{q}{\alpha+q}\right)\boldsymbol{y}(\tau)\boldsymbol{k}^{\mathrm{H}} \tag{6.87}$$

$$= B(\tau-1) + \frac{\beta}{\alpha+q}\boldsymbol{y}(\tau)\boldsymbol{k}^{\mathrm{H}} \tag{6.88}$$

而逆矩阵的递推关系可以简化为

$$\boldsymbol{\Phi}_{rr}^{-1}(\tau) = \frac{1}{\alpha}\left[\boldsymbol{\Phi}_{rr}^{-1}(\tau-1) - \frac{\beta}{\alpha+q}\boldsymbol{k}\boldsymbol{k}^{\mathrm{H}}\right] \tag{6.89}$$

综上所述，完整的多通道 RLSAEC 算法可以总结为算法 12 的形式，其中 ϵ 为一个小的正数，相当于对角加载参数。算法 12 相比算法 11 进一步完善了递推的形式，可以利用历史结果经过少量运算后递推得到当前结果，从而减少了计算和存储开销。

算法 12: 多通道 RLSAEC 算法

初始化：$\bar{\boldsymbol{r}}(0) = \boldsymbol{0}$，$\boldsymbol{B}(0) = \boldsymbol{0}$，$\boldsymbol{\Phi}_{rr}^{-1}(0) = \boldsymbol{I}/\epsilon$，$\alpha$，$\beta$。

输入：$\boldsymbol{x}(\tau) = [x_1(\tau), x_2(\tau), \cdots, x_M(\tau)]^{\mathrm{T}}$，$\boldsymbol{r}(\tau) = [r_1(\tau), r_2(\tau), \cdots, r_R(\tau)]^{\mathrm{T}}$

输出：$\boldsymbol{y}(\tau) = [y_1(\tau), y_2(\tau), \cdots, y_M(\tau)]^{\mathrm{T}}$

1. 将新输入的参考信号加入参考缓存。

$$\bar{\boldsymbol{r}}(\tau) = [\boldsymbol{r}(\tau)^{\mathrm{T}}, \boldsymbol{r}(\tau-1)^{\mathrm{T}}, \cdots, \boldsymbol{r}(\tau-L+1)^{\mathrm{T}}]^{\mathrm{T}} \tag{6.90}$$

2. 求近端信号估计。

$$\boldsymbol{y}(\tau) = \boldsymbol{x}(\tau) - \boldsymbol{B}(\tau-1)\bar{\boldsymbol{r}}(\tau) \tag{6.91}$$

3. 更新回声路径。

$$\boldsymbol{k} = \boldsymbol{\Phi}_{rr}^{-1}(\tau-1)\bar{\boldsymbol{r}}(\tau) \tag{6.92}$$

$$q = \beta\bar{\boldsymbol{r}}^{\mathrm{H}}(\tau)\boldsymbol{k} \tag{6.93}$$

$$\boldsymbol{B}(\tau) = \boldsymbol{B}(\tau-1) + \frac{\beta}{\alpha+q}\boldsymbol{y}(\tau)\boldsymbol{k}^{\mathrm{H}} \tag{6.94}$$

4. 更新逆矩阵。

$$\boldsymbol{\Phi}_{rr}^{-1}(\tau) = \frac{1}{\alpha}\left[\boldsymbol{\Phi}_{rr}^{-1}(\tau-1) - \frac{\beta}{\alpha+q}\boldsymbol{k}\boldsymbol{k}^{\mathrm{H}}\right] \tag{6.95}$$

6.4　一种基于盲源分离的回声消除方法

6.4.1　问题背景

第 5 章介绍了解决"鸡尾酒会问题"的一种有效手段——盲源分离，并重点介绍了其中以最大化输出信号独立性为优化目标的 ICA/IVA 类型的算法。本章的回声消除也可以看作对混合信号的分离问题，即已知麦克风信号是由近端信号和参考信号混合而成的，需要将两者分离，输出对近端信号的估计。与第 5 章中的问题不同的是，在回声消除问题中，其中一个独立成分——参考信号是已知的，相当于要求解的是半盲源分离问题。

参考文献 [9, 10] 中介绍了一种基于盲源分离的回声消除算法，该算法先在盲源分离的理论框架下为回声消除建立了相应的信号模型，再通过 AuxICA 算法[11] 进行求解。其优点主要表现在以下两个方面。

第一，在持续双讲（double-talk）场景[1] 中具有良好的性能表现。传统回声消除算法大多把待求解问题建模为一个带噪场景下的系统辨识（system identification）问题，即

$$x(\tau) = \sum_{l=0}^{L-1} a(1)r(\tau - l) + v(\tau) \tag{6.96}$$

其中，τ 为数据块索引，x 为麦克风信号，r 为参考信号，a 为 L 阶回声路径，而 v 为系统从 r 到 x 传输过程中受到的噪声干扰，也是我们要求的近端信号。而算法要做的就是在公式 (6.96) 的带噪信号模型下求得对回声路径的估计 b，从而求解近端信号，即

$$v(\tau) = x(\tau) - \sum_{l=0}^{L-1} b(l)r(\tau - l) \tag{6.97}$$

在上述信号模型中，v 一般建模为高斯噪声，这显然与实际应用中近端语音的统计性质不相符。所以一些传统的回声消除算法，例如 NLMS [5]，需要加入自适应迭代步长机制[6]，或双讲检测（double-talk detection, DTD）机制[12]，在双讲期间通过减缓或暂停滤波器更新来确保滤波器迭代不发散，并确保近端信号不失真，但这也导致了传统算法在双讲期间的回声消除性能下降。在基于盲源分离的回声消除算法中，由于盲源分离信号模型建模了近端语音和参考的混合过程，相当于信号模型本身就是一个双讲模型。近端信号不再被看作系统噪声，而是作为其中的一个独立成分有着明确的建模，所以该算法在持续双讲场景中具有失真小、回声消除性能高的优点。

第二，在 NLMS 等基于梯度下降法的传统自适应滤波算法中，迭代步长是一个非常重要的参数。迭代步长越小，则算法迭代越稳定，收敛速度越慢；迭代步长越大，则算法收敛速度越快，算法稳定性越差，在极端情况下容易造成算法发散。图 6.8 给出了一个不同迭代步长对算法性能影响的示例，其中 misalignment

---

1 即近端信号和回声同时出现的场景。例如智能音箱在播放音乐，旁边还有持续不断的噪声干扰。

衡量的是算法求得的回声路径与真实的回声路径之间的差异，如公式 (6.98) 所示，其中 a 为真实的回声路径，b 为算法估计得到的回声路径。

$$\text{misalignment}(\tau) = 10 \lg \frac{\|\boldsymbol{b}(\tau) - \boldsymbol{a}(\tau)\|^2}{\|\boldsymbol{a}(\tau)\|^2} \tag{6.98}$$

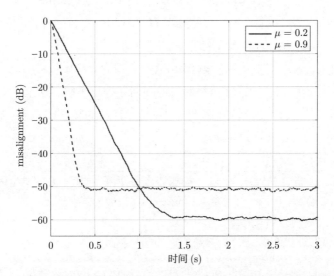

图 6.8　NLMS 算法（算法 10）迭代步长选择示例。其中参考信号和近端信号均由高斯噪声模拟，μ 为迭代步长。通过本示例可以看出：迭代步长越小，算法收敛后的回声路径越接近真实的回声路径，但收敛速度越慢；迭代步长越大，算法收敛速度越快，但收敛后的回声路径与真实值之间的偏差也越大

　　如何平衡收敛速度与稳定性的关系是迭代步长参数在实际应用中需要面临的一个关键问题。本节介绍的基于盲源分离的回声消除算法使用的是基于辅助函数的优化方法，不存在迭代步长参数的影响，所以该算法可以更好地平衡收敛速度与稳定性的关系。

6.4.2　算法推导

　　为了使用盲源分离的理论框架求解回声消除问题，我们首先需要将回声消除的信号模型变形为盲源分离中混合模型与分离模型的形式，如公式 (6.99) 和公式 (6.100) 所示。

$$\underbrace{\begin{bmatrix} x(\tau) \\ \bar{\boldsymbol{r}}(\tau) \end{bmatrix}}_{\boldsymbol{x}(\tau)} = \underbrace{\begin{bmatrix} 1 & a_1, a_2, \cdots, a_{LR} \\ \mathbf{0}_{LR \times 1} & \boldsymbol{I}_{LR \times LR} \end{bmatrix}}_{\boldsymbol{A}} \underbrace{\begin{bmatrix} s(\tau) \\ \bar{\boldsymbol{r}}(\tau) \end{bmatrix}}_{\boldsymbol{s}(\tau)} \tag{6.99}$$

$$\underbrace{\begin{bmatrix} y(\tau) \\ \bar{r}(\tau) \end{bmatrix}}_{\boldsymbol{y}(\tau)} = \underbrace{\begin{bmatrix} 1 & b_1, b_2, \cdots, b_{LR} \\ \boldsymbol{0}_{LR \times 1} & \boldsymbol{I}_{LR \times LR} \end{bmatrix}}_{\boldsymbol{B}} \underbrace{\begin{bmatrix} x(\tau) \\ \bar{r}(\tau) \end{bmatrix}}_{\boldsymbol{x}(\tau)} \tag{6.100}$$

其中 $\boldsymbol{s}$、$\boldsymbol{x}$、$\boldsymbol{y}$ 为 $LR+1$ 维的向量，$\bar{r}$ 由 L 阶多通道参考信号拼接而成，如公式 (6.60) 所示。混合矩阵 $\boldsymbol{A}$、分离矩阵 $\boldsymbol{B}$ 为 $(LR+1) \times (LR+1)$ 维的矩阵，可以注意到 $\boldsymbol{A}$ 和 $\boldsymbol{B}$ 具有特殊的结构。

可以看出，公式 (6.99) 和公式 (6.100) 符合盲源分离中信号的混合和分离过程，所以可以套用相应的算法来对回声消除问题进行求解。这里我们使用的是 AuxICA 算法[11]，算法的具体原理见 5.2.3 节。针对本节中的问题，需要对原始算法做少许改动，最终总结如算法 13 所示。

算法 13: BSSAEC 算法（直接求解）

初始化：分离矩阵 $\boldsymbol{B}(0) = \boldsymbol{I}$，加权协方差矩阵 $\boldsymbol{\Phi}(0) = \boldsymbol{0}$，遗忘因子 α。

输入：麦克风信号 $x(\tau)$，参考信号 $\boldsymbol{r}(\tau) = [r_1(\tau), r_2(\tau), \cdots, r_R(\tau)]^{\mathrm{T}}$

输出：近端信号估计 $y(\tau)$

1. 根据输入数据构造 $\boldsymbol{x}(\tau)$，并求近端信号估计。

$$\boldsymbol{y}(\tau) = \boldsymbol{B}(\tau - 1)\boldsymbol{x}(\tau) \tag{6.101}$$

其中 $\boldsymbol{x}$、$\boldsymbol{y}$、$\boldsymbol{B}$ 如公式 (6.100) 所示，输出信号 $y(\tau)$ 为 $\boldsymbol{y}(\tau)$ 的第一个元素。

2. 更新加权协方差矩阵。

$$\beta(\tau) = (1 - \alpha)[|y(\tau)|^2 + \varepsilon]^{(\gamma-2)/2} \tag{6.102}$$

$$\boldsymbol{\Phi}(\tau) = \alpha\boldsymbol{\Phi}(\tau - 1) + \beta(\tau)\boldsymbol{x}(\tau)\boldsymbol{x}^{\mathrm{H}}(\tau) \tag{6.103}$$

其中，ε 用于在分母过小时保持算法稳定，可以取值 0.01，γ 为稀疏化参数，可以取值 0.2。

3. 更新回声路径。

$$\boldsymbol{w}(\tau) = [\boldsymbol{B}(\tau - 1)\boldsymbol{\Phi}(\tau)]^{-1}\boldsymbol{i}_1 \tag{6.104}$$

$$\boldsymbol{w}(\tau) = \boldsymbol{\Phi}^{-1}(\tau)\boldsymbol{B}^{-1}(\tau - 1)\boldsymbol{i}_1 \tag{6.105}$$

$$\boldsymbol{w} \leftarrow \boldsymbol{w}/w_1 \tag{6.106}$$

利用公式 (6.106) 的结果更新 $\boldsymbol{B}$。其中 $\boldsymbol{w} = \boldsymbol{B}^{\mathrm{H}}\boldsymbol{i}_1 = [1, \boldsymbol{b}^{\mathrm{T}}]^{\mathrm{T}}$，即 $\boldsymbol{w}^{\mathrm{H}}$ 相当于 $\boldsymbol{B}$ 的第一行，$\boldsymbol{i}_1 = [1, 0, \cdots, 0]$ 为第一个元素为 1，其余元素为 0 的向量。

需要说明的是，与第 5 章中的盲源分离算法相比，算法 13 并不存在所谓的排列歧义性和尺度歧义性。这是因为从公式 (6.99) 和公式 (6.100) 的信号模型中可以看出，近端信号固定为输出向量 $\boldsymbol{y}$ 的第一路信号，并且在将分离矩阵 $\boldsymbol{B}$ 的第一个元素归一化为 1 后，信号尺度即为所需要的尺度。

我们还可以利用问题的特殊性对算法 13 中的原始形式进行化简。首先，从公式 (6.100) 中可以注意到矩阵 $\boldsymbol{B}$ 具有特殊结构。容易验证，$\boldsymbol{B}^{-1}$ 也具有相同的结构，所以公式 (6.105) 可以化简为

$$\boldsymbol{w}(\tau) = \boldsymbol{\Phi}^{-1}(\tau)\boldsymbol{i}_1 \tag{6.107}$$

另外，加权协方差矩阵 $\boldsymbol{\Phi}$ 也可以进行如下分块表示。

$$\boldsymbol{\Phi} = \begin{bmatrix} \phi_{11} & \boldsymbol{p}^{\mathrm{H}} \\ \boldsymbol{p} & \boldsymbol{R} \end{bmatrix} \tag{6.108}$$

其中，

$$\phi_{11}(\tau) = \alpha\phi_{11}(\tau-1) + \beta(\tau)x(\tau)x^*(\tau) \tag{6.109}$$

$$\boldsymbol{p}(\tau) = \alpha\boldsymbol{p}(\tau-1) + \beta(\tau)\boldsymbol{r}(\tau)x^*(\tau) \tag{6.110}$$

$$\boldsymbol{R}(\tau) = \alpha\boldsymbol{R}(\tau-1) + \beta(\tau)\boldsymbol{r}(\tau)\boldsymbol{r}^{\mathrm{H}}(\tau) \tag{6.111}$$

再注意到公式 (6.108) 中的分块矩阵与其逆矩阵有如下关系。

$$\boldsymbol{\Phi}^{-1} = \begin{bmatrix} \dfrac{1}{\phi_{11} - \boldsymbol{p}\boldsymbol{R}^{-1}\boldsymbol{p}} & \dfrac{-\boldsymbol{p}^{\mathrm{H}}}{\phi_{11}}\left(\boldsymbol{R} - \dfrac{\boldsymbol{p}\boldsymbol{p}^{\mathrm{H}}}{\phi_{11}}\right)^{-1} \\ \dfrac{-\boldsymbol{R}^{-1}\boldsymbol{p}}{\phi_{11} - \boldsymbol{p}\boldsymbol{R}^{-1}\boldsymbol{p}} & \left(\boldsymbol{R} - \dfrac{\boldsymbol{p}\boldsymbol{p}^{\mathrm{H}}}{\phi_{11}}\right)^{-1} \end{bmatrix} \tag{6.112}$$

对比公式 (6.112) 与公式 (6.107) 和公式 (6.106)，我们很容易得到化简之后的求解方式，如公式 (6.113) 所示。从公式 (6.112) 到公式 (6.113) 省略了负号，这是因为公式 (6.100) 中的分离模型可以看作将负的回声加到麦克风信号上，公式 (6.113) 省略负号求回声路径，所以之后的操作变为将回声估计从麦克风信号中减去，和本章中回声消除问题的操作一致。

$$\boldsymbol{b}(\tau) = \boldsymbol{R}^{-1}(\tau)\boldsymbol{p}(\tau) \tag{6.113}$$

回顾 6.3.2 节的内容可以发现，公式 (6.113) 正好相当于 RLS 算法中 normal equation 的解，其中的 $\boldsymbol{p}$、$\boldsymbol{R}$ 是通过加权协方差的形式得到的，而加权来自

AuxICA 算法的非线性加权，所以算法 13 也相当于一种加权 RLS 算法。对比算法 11 中的多通道 RLSAEC 算法，我们只需要将其中计算加权 β 的方法替换为公式 (6.102) 即可得到相应的多通道 BSSAEC 算法，此处不再赘述。

6.4.3 对比实验

为了验证本节中算法的性能，我们对三种算法进行了对比实验，包括算法 10 中的 NLMS 算法，算法 11 中的 RLS 算法，以及本节的 BSSAEC 算法。

建立如下模拟环境：16 kHz 的单通道语音、音乐分别作为近端信号和参考信号，随机生成 256 阶回声路径，模拟混合后的信回比为 −20 dB，将 misalignment（公式 (6.98)）和语音质量感知评价（Perceptual Eval-uation of Speech Quality, PESQ）作为模拟实验的评价指标。在模拟实验中，所有算法均为时域实现。

实时 misalignment 以及对应的近端信号如图 6.9 所示。从本实验中可以看出：第一，当近端信号出现，即双讲情况发生时，NLMS 和 RLS 算法的 misalignment 指标有所降低，BSSAEC 的指标却能仍然保持较好水平，从而说明了该算法信号模型的全双工特性；第二，BSSAEC 算法的 misalignment 和收敛速度在对比算法中最优，并且具有较好的 PESQ 指标，如表 6.1 所示，说明该算法具有较好的回声消除性能。

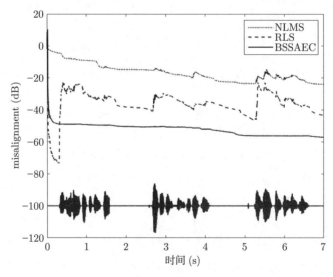

图 6.9　实时 misalignment 以及对应的近端信号。为了便于对比，图中将近端信号绘制到纵坐标 −100 处，并进行相应的尺度缩放

表 6.1　平均 misalignment 与 PESQ 指标

算法	平均 misalignment (dB)	PESQ
NLMS	−18.15	1.17
RLS	−36.08	2.47
BSSAEC	−52.31	4.12

为了进一步验证算法的性能，我们还在图 6.10 所示的测试房间中进行了实际环境的实验。智能电视上安装有 4 个麦克风和 4 个扬声器，麦克风阵列位于设备底部，为间距 3.5 cm 的线阵。测试环境中的"噪声源 1""噪声源 2""低音炮"并联到同一个音频路由器上，用于播放噪声。目标语音、回声、噪声在图 6.10 的环境中分别录制，并以不同信噪比叠加作为算法的输入音频。目标语音为 120 句唤醒词，回声信号为歌曲，噪声信号为实际卖场中录制的噪声。本实验中的信号处理算法均为频域算法，采用的是第 5 章的级联架构，DFT 长度为 640，帧移 320，回声消除滤波器阶数 $L = 10$。在不同算法的对比中只替换其中的回声消除算法，其余算法模块保持不变。信号处理算法之后接关键词检测算法（见第 10 章），评价指标为唤醒率，即唤醒次数/关键词总数。

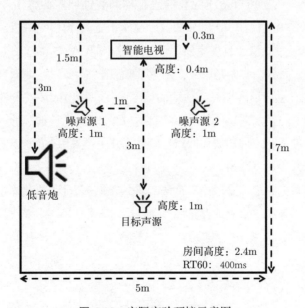

图 6.10　实际实验环境示意图

表 6.2 给出了本实验中各个算法的唤醒率对比，可以看出，在所有实验场景

中，近端语音、回声、噪声同时存在，即持续双讲的场景。当回声消除算法关闭时，系统几乎不能检测出关键词，说明了回声消除算法在回声场景中的重要性。从本实验中还可以看出，BSSAEC 算法优于 NLMS 和 RLS 算法，说明本节的方法在持续双讲场景中有较好的性能。

表 6.2 持续双讲场景中的唤醒率对比

SER(dB)/ SNR(dB)	$-25/-10$	$-20/-5$	$-19/-4$	$-18/-3$	$-17/-2$
AEC 关闭（%）	1.7	0.8	1.7	1.7	0.8
NLMS（%）	16.7	57.5	69.2	75.0	88.3
RLS（%）	36.7	73.3	85.0	87.5	88.3
BSSAEC（%）	71.7	95.0	94.2	94.2	95.0

6.5 本章小结

本章主要介绍使用自适应滤波的思想抑制线性回声的方法，包括经典的 LMS 算法、NLMS 算法、RLS 算法，以及基于盲源分离思想的回声消除算法。由于去混响的信号模型和自适应回声消除非常相似，所以本章的方法也可以用于去混响任务。需要说明的是，由于存在回声路径估计误差、非线性回声等多种因素，在经过自适应回声消除算法后的信号中往往存留或多或少的回声。所以实际应用中的回声消除系统一般采用"自适应滤波 → 后滤波"的级联架构，自适应滤波部分主要用于抑制线性回声，而后滤波主要采用类似时频掩蔽（mask）的方法，用于抑制回声残余。

本章的重点内容之一是最小二乘法。最小二乘法基于正交投影的思想，相关定理不但保证了最小二乘解的存在性、唯一性、最优性，还为寻找最小二乘解提供了思路。在最小二乘法的基础上增加遗忘因子使得算法具有了对环境的自适应追踪能力。

本章的另一个重点是递推的思想。去混响信号模型、RLS 算法等都用到了递推求解的方式。对于实时算法来说，数据是逐帧或者逐块输入的，如果每增加一次数据就要重新开始计算，那么会消耗较多的计算和存储成本。递推的思想利用递推关系将求解过程变形，利用上一时刻的结果，结合新输入的数据，经过少量计算就能得到当前时刻的结果，从而显著降低算法的计算量和存储开销。

本章参考文献

[1] ENGINEERING A S, TEAM S S. Optimizing siri on homepod in far-field settings[EB/OL]. 2018. https://www.hxedu.com.cn/Resource/202301841/02.htm.

[2] YOSHIOKA T, SEHR A, DELCROIX M, et al. Making machines understand us in reverberant rooms: robustness against reverberation for automatic speech recognition[J]. IEEE Signal Processing Magazine, 2012, 29(6): 114-126.

[3] WANG Z, NA Y, LIU Z, et al. A semi-blind source separation approach for speech dereverberation.[C]//INTERSPEECH. 2020: 3925-3929.

[4] APOLINÁRIO J A, APOLINÁRIO J A, RAUTMANN R. Qrd-rls adaptive filtering[J]. 2009.

[5] MORGAN D R, KRATZER S G. On a class of computationally efficient, rapidly converging, generalized nlms algorithms[J]. IEEE Signal Processing Letters, 1996, 3(8): 245-247.

[6] VALIN J M. On adjusting the learning rate in frequency domain echo cancellation with double-talk[J]. IEEE Transactions on Audio, Speech, and Language Processing, 2007, 15(3): 1030-1034.

[7] BENESTY J, MORGAN D R, SONDHI M M. A better understanding and an improved solution to the specific problems of stereophonic acoustic echo cancellation[J]. IEEE transactions on speech and audio processing, 1998, 6(2): 156-165.

[8] LEON S J, DE PILLIS L, DE PILLIS L G. Linear algebra with applications[M]. United States of America: Pearson Prentice Hall Upper Saddle River, NJ, 2006.

[9] NA Y, WANG Z, LIU Z, et al. A new perspective of auxiliary-function-based independent component analysis in acoustic echo cancellation[EB/OL]. 2020. https://www.hxedu.com.cn/Resource/202301841/03.htm.

[10] WANG Z, NA Y, LIU Z, et al. Weighted recursive least square filter and neural network based residual echo suppression for the aec-challenge[C]//ICASSP 2021-2021 IEEE International Conference on Acoustics, Speech and Signal Processing (ICASSP). IEEE, 2021: 141-145.

[11] ONO N, MIYABE S. Auxiliary-function-based independent component analysis for super-gaussian sources[C]//International Conference on Latent Variable Analysis and Signal Separation. Switzerland: Springer, 2010: 165-172.

[12] YANG J. Multilayer adaptation based complex echo cancellation and voice enhancement[C]//2018 IEEE International Conference on Acoustics, Speech and Signal Processing (ICASSP). IEEE, 2018: 2131-2135.

7

数据模拟

如今，深度学习已经在语音领域中实现了大规模应用。除了最初的语音识别、声纹识别、关键词检测等模式识别类型的任务，基于深度学习的方法在语音降噪、分离、目标语音提取、回声残余抑制、去混响等传统信号处理领域中的应用也越来越广泛。并且，在某些应用场景中，基于深度学习的方法能取得比传统方法更加优异的性能表现。

基于深度学习的方法离不开海量数据的支持。为了增强模型的稳定性和泛化性以覆盖更多更全的应用场景，需要使用多样化的海量数据对模型进行训练。直接在各种实际场景中采集到的数据显然是最真实的，但是这种方法只有在产品上线并形成一定规模后才能通过数据回流的方式实现，直接大规模采集实际数据用于初始模型训练显然是不现实的。

比实际采集更加经济且高效地获得多样化数据的方法便是数据模拟，即利用原先储备的各种语音和噪声音源数据，通过音频拼接、加混响、加噪、非线性处理、调整信噪比等手段，模拟不同环境中采集到的、多种条件下的音频信号，从而达到丰富训练数据的目的。实践证明，通过大规模数据模拟的方法可以有效改善模型在实际应用中的表现[1]。

本章主要介绍数据模拟中经常用到的信号处理方法。7.1 节介绍一种数据模拟系统的框架和信号模型；7.2 节介绍传函的模拟和实际测量方法；7.3 节介绍非线性回声的模拟方法；7.4 节介绍散射噪声的模拟方法；7.5 节介绍信噪比、音量等基础概念；7.6 节对本章内容进行总结。

7.1 信号模型和系统框架

数据模拟系统的目的在于利用已有的各种单通道、高信噪比、近讲、短音频的语音音源数据，各种参考（远端）音源数据，以及各种单通道噪声音源数据，模拟出指定麦克风阵列结构采集的多通道、远讲、各种混响和信噪比条件下的长音频[1]数据。之所以需要模拟长音频数据，一是因为某些应用中的模拟数据还需要经过语音增强算法处理才能用于模型训练，而长音频有利于信号处理算法的收敛；二是因为长音频模拟数据还可以用于信号处理算法的性能评价。

本章中数据模拟所采用的基础信号模型如公式 (7.1) 所示，其中，x 为模拟所得的 M 通道麦克风信号，t 为时域信号采样点索引。在该信号模型中，麦克风信号由四部分叠加而成，分别为目标镜像（target image）s、干扰镜像（interference image）q、回声（echo）e，以及噪声（noise）v。这四个向量与 x 同为 M 维的向量。

$$x(t) = s(t) + q(t) + e(t) + v(t) \tag{7.1}$$

基础信号模型中的前三个分量分别由公式 (7.2) ∼ 公式 (7.4) 表示，而第四个噪声分量 v 无法用一个简单的公式来建模，我们将在 7.4 节介绍散射噪声的模拟。公式 (7.2) ∼ 公式 (7.4) 都具有卷积的结构，为了便于存储和计算，目标传递函数（transfer function，后文简称传函）、干扰传函、回声路径统一由长度为 L 的滤波器建模，L 相当于三种滤波器中最长者。

$$s(t) = \sum_{l=0}^{L-1} a(l)s(t-l) \tag{7.2}$$

$$q(t) = \sum_{l=0}^{L-1} A(l)p(t-l) \tag{7.3}$$

$$e(t) = \sum_{l=0}^{L-1} B(l)r(t-l) + \tilde{e}(t) = \bar{e}(t) + \tilde{e}(t) \tag{7.4}$$

公式 (7.2) 建模了麦克风阵列采集到的目标说话人语音，即目标镜像的生成过程。其中，s 为目标音源信号，$a(l)$ 为各阶目标传函。在该信号模型中假设只有一个目标声源，并且假设混合系统为线性时不变（linear and time-invariant,

---

1 这里的长音频指分钟级别的音频，其中包含多个短句；而短音频指短句级别的音频。

LTI）系统，传函不随时间 t 变化。公式 (7.3) 建模了点声源干扰的生成过程，其中，p 为 P 维的干扰音源信号，即系统中有 P 个点声源干扰，而 $A(l)$ 为 $M \times P$ 维的干扰传函矩阵。回声信号的建模如公式 (7.4) 所示，其中，r 为 R 维的向量，表示参考信号，$B(l)$ 为 $M \times R$ 维的回声路径矩阵，$\bar{e}$ 为线性回声，$\tilde{e}$ 为非线性回声。非线性回声无法通过矩阵运算、卷积等线性操作建模，我们将在 7.3 节中讨论非线性回声的模拟。

配合公式 (7.1) 中的信号模型，图 7.1 描述了相应的数据模拟系统框架。在实际应用中容易大量获得的是单通道的干净短音频信号，这些信号可以作为数据模拟中的音源使用。为了增加数据的多样性，有的应用还需要对语音音源做变声、变语速处理（详见 2.2.3 节）。将短音频的音源信号进行随机拼接变为单通道长音频，并卷积上相应的目标传函、干扰传函、回声路径，从而完成信号从单通道到多通道的转变。传函可以通过模拟的方法得到，也可以通过实际测量得到。在此之后，叠加非线性回声和散射噪声，并进行信干比（signal-to-interference ratio, SIR）、信回比、信噪比、音量的调整，就得到了模拟的麦克风信号。需要补充说明的是，图 7.1 中的系统不仅可以输出麦克风信号，还可以输出各种镜像和音源信号，并配合干净音源生成的标签和语音活动检测（voice activity detection, VAD）信息，进行后续模块的特征提取和算法性能评价等操作。

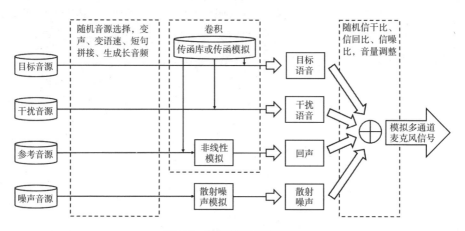

图 7.1　数据模拟系统框架

本章后续内容将对公式 (7.1) 和图 7.1 中的重点步骤进行讲解。

7.2 传函的模拟与测量

声音在从声源传播到接收点的过程中会受到延时、衰减，以及周围环境反射的影响，声源以及接收点的位置不同，传播过程中的延时、衰减、反射也各不相同。在信号处理中，通常使用有限长冲激响应（finite impulse response, FIR）来建模声音从声源到接收点的传播过程，该 FIR 也被称为传递函数，在本书中简称传函[1]。之所以是"有限长"，是因为环境本身并不会给声音提供能量，并且还会造成能量衰减，所以如果没有持续能量补充，那么初始的声音能量将会逐渐衰减为零。

在 7.1 节中，公式 (7.2) ～ 公式 (7.4) 对目标、干扰、线性回声的模拟过程正是利用了信号处理中对线性时不变系统建模的基本原理，即系统的输出可以由输入与系统的冲激响应卷积得到。要从少量、单通道的音源中生成大量、多通道的模拟数据，就需要首先获得对应的传函，所以，传函在数据模拟中起着非常重要的作用。7.2.1 节介绍一种传函的模拟方法，7.2.2 节介绍一种传函的实际测量方法。

7.2.1 镜像法传函模拟

要大批量获得不同环境、不同音源和接收点位置、不同阵列结构、不同朝向的传函，通过实际测量的方法显然是不现实的，最可行并且经济的方法就是传函模拟。本节介绍的镜像法（image method）[2] 是一种在大批量数据模拟中常用的传函的方法。本节的内容大多参考自参考文献 [3] 及其对应的代码[4]，感兴趣的读者可以参考原文以获得更详细的资料。

使用镜像法进行传函模拟的基本思想基于声波反射的物理原理：声波遇到远大于自己波长的障碍物时将发生镜面反射，反射角等于入射角。在我们的日常生活中，房间墙壁、地板、天花板的尺寸远大于声波波长，所以可以用镜面反射来近似声波在房间中的反射过程，从而模拟出相应的传函。镜像法的关键步骤在于求出声波在空间中传播的距离。为了便于在书本上阐述原理，图 7.2 将三维的房间结构简化为了二维，即图中长方形的四条边表示房间的四面墙壁，省略了地板和天花板。在图 7.2 中，S 表示声源位置，X 表示接收点位置，所以图 7.2(a)

---

1 由于实际应用中通常模拟房间内的传函，所以有的文献中也将其称为房间传函（room impulse response, RIR）。

中线段 SX 的长度即直达声传播的距离。

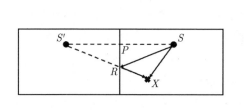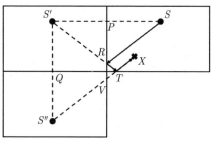

(a) 直达声和一阶反射

(b) 二阶反射

图 7.2 镜像法示意图。图片参考自参考文献 [3]

除了直达声，图 7.2(a) 还描述了声音从点 S 出发，经过左边墙壁一次反射之后到达点 X 的过程，此时声波的传播距离为 $SR+RX$。为了计算 $SR+RX$，可以假设有一个镜像声源 S'，S 与 S' 关于左边的墙壁 PR 所在直线镜面对称，即 $SP \perp PR$，$SP = S'P$。从几何关系上可以看出：$SR = S'R$，所以 $SR + RX = S'X$，即通过镜像声源到接收点的距离就可以直接计算出相应的反射声走过的距离。

在图 7.2(b) 的例子中，声音经过两次反射后才到达接收点，所走过的路程为 $SR + RT + TX$。分别做这两次反射的镜像声源 S' 和 S''，根据几何关系有：$SR = S'R = S''V$，$RT = VT$，所以 $SR + RT + TX = S''X$。从以上例子可以看出，通过镜像声源简化了声音传播距离的计算过程，我们无须知道入射点、入射角等具体信息来分别计算各次反射的距离再求和后得到总距离，只需计算镜像声源到观测点的直线距离即可。

重新回到三维的情形，假设有一个长方体形状的房间，其长、宽、高分别为 L_x、L_y、L_z，单位为 m。声源位置 $\boldsymbol{r}_s = [x_s, y_s, z_s]^T$，接收点位置 $\boldsymbol{r} = [x, y, z]^T$，坐标原点位于房间的一角，即所有坐标都非负（如图 14.3 所示）。对于位于 $x = 0$、$y = 0$、$z = 0$ 的三面墙壁（$x = 0$ 表示位于 yz 平面的墙壁，其他二者的定义类似）来说，其镜像声源与接收点的相对位置 $\boldsymbol{r}_p$ 可以由公式 (7.5) 表示，其中 $i, j, k \in \{0, 1\}$。例如当 $i = j = k = 0$ 时，$\boldsymbol{r}_p = [x_s - x, y_s - y, z_s - z]^T$，即直达声；当 $i = 1, j = k = 0$ 时，$\boldsymbol{r}_p = [-x_s - x, y_s - y, z_s - z]^T$，即关于 yz 平面墙壁的镜像声源与接收点的相对位置。

$$\boldsymbol{r}_{\mathrm{p}} = [(1-2i)x_{\mathrm{s}} - x, (1-2j)y_{\mathrm{s}} - y, (1-2k)z_{\mathrm{s}} - z]^{\mathrm{T}} \tag{7.5}$$

为了获得各阶镜像与接收点的相对位置，可以利用公式 (7.6) 对公式 (7.5) 中的直达声和 1 阶镜像进行阶数扩展，其中 m_x、m_y、m_z 为索引，取值范围为 $-N$ 到 N 的整数，N 为最大反射阶数。

$$\boldsymbol{r}_{\mathrm{m}} = [2m_x L_x, 2m_y L_y, 2m_z L_z]^{\mathrm{T}} \tag{7.6}$$

结合公式 (7.5) 和公式 (7.6) 可以算出各阶镜像声源到接收点的距离，如公式 (7.7) 所示，其中 $\|\cdot\| = \sqrt{x^2 + y^2 + z^2}$ 表示二范数。

$$d = \|\boldsymbol{r}_{\mathrm{p}} + \boldsymbol{r}_{\mathrm{m}}\| \tag{7.7}$$

显然，声波从镜像声源传播到接收点所需要的时间 τ 为

$$\tau = \frac{d}{c} = \frac{\|\boldsymbol{r}_{\mathrm{p}} + \boldsymbol{r}_{\mathrm{m}}\|}{c} \tag{7.8}$$

其中 c 为声速，单位为 m/s。

综合以上推论，对应的传函 $h(\tilde{t})$ 可以通过公式 (7.9) 进行模拟，其中，$\tilde{t}$ 表示连续的时间，单位为 s，$\beta_1 \sim \beta_6$ 对应房间六个面的反射系数，例如 β_1 对应 $x = 0$ 时的墙面，β_2 对应 $x = L_x$ 时的墙面，其余反射系数依此类推，$\delta(\tilde{t})$ 为冲激函数，如公式 (7.10) 所示。

$$h(\tilde{t}) = \sum_{m_x, m_y, m_z = -N}^{N} \sum_{i,j,k=0}^{1} \beta_1^{|m_x - i|} \beta_2^{|m_x|} \beta_3^{|m_y - j|} \beta_4^{|m_y|} \beta_5^{|m_z - k|} \beta_6^{|m_z|} \frac{\delta(\tilde{t} - \tau)}{4\pi d} \tag{7.9}$$

$$\delta(\tilde{t}) = \begin{cases} 1, & \tilde{t} = 0 \\ 0, & 其他 \end{cases} \tag{7.10}$$

使用公式 (7.9) 进行传函模拟的基本思想可以理解为，真声源和各阶镜像声源会同时向接收点发射出一个幅度为 1 的冲激，通过镜像法计算出各个冲激到达接收点的距离和所需时间，根据距离和所经过的反射次数对冲激幅度进行衰减，并根据时间对冲激进行延时，最后将经过延时和衰减后的各个冲激信号叠加在一起就得到了模拟传函 $h(\tilde{t})$。

在公式 (7.9) 中，反射系数 $\beta \in [0,1]$ 建模的是房间中的六个面对反射声能量的衰减作用。声波每被某个平面反射一次，对应的能量就需要乘上该平面的反射系数。当 $\beta < 1$ 时，说明反射的过程总是使得能量衰减，即我们日常生活中的

情形；当 $\beta = 1$ 时，说明该平面是理想的反射面，使得声波反射时不产生能量衰减。

反射系数和混响时间 RT_{60} 密切相关。RT_{60} 定义为声音的激励源停止后声压级降低 60 dB 所需的时间。RT_{60} 和反射系数之间的关系可以由赛宾公式（Sabin-Franklin's formula）描述，即公式 (7.11)，其中，$V = L_x \times L_y \times L_z$ 为房间体积，S_i 为 β_i 对应平面的面积。

$$\mathrm{RT}_{60} = \frac{24V \ln 10}{c \sum_{i=1}^{6} S_i(1 - \beta_i^2)} \tag{7.11}$$

当已知 RT_{60}，并假设各个面的反射系数相同时，β 可以通过将公式 (7.11) 变形得出，即公式 (7.12)。

$$\beta = \sqrt{1 - \frac{24V \ln 10}{2(L_x L_y + L_x L_z + L_y L_z)c\mathrm{RT}_{60}}} \tag{7.12}$$

平方反比定律

声音在空间中传播，其能量衰减还遵循平方反比定律（inverse square law），即声音能量与其传播的距离的平方成反比。为了理解平方反比定律，可以假想一个如图 7.3 所示的理想环境：在点声源 S 处产生一段总能量为 E 的声音信号，声音能量呈球面状向四周均匀扩散。假设空间无限大，声音传播过程中无反射，并且环境足够理想，除了扩散造成的能量密度降低，没有任何其他形式的能量损失。则声音传播到半径为 r_1 的球面处时，其整个球面上的总能量仍为 E。假设此时在半径为 r_1 的球面上有一个截面面积为 A 的麦克风接收到了信号，则在理想情况下，接收到的能量为 $E_1 = AE/4\pi r_1^2$，相当于将总能量 E 均匀分配到球面后，截面 A 占有的能量。同理，声音继续扩散至半径为 r_2 的球面处，假如该球面上还有一个和之前相同的麦克风，则接收到的能量为 $E_2 = AE/4\pi r_2^2$，所以有 $E_2/E_1 = r_1^2/r_2^2$，即能量与传播距离的平方成反比。除了声音，光照、重力、辐射等呈球面扩散的物理量，其能量衰减也遵循平方反比定律。

为了建立起模拟传函与平方反比定律之间的联系，假设点声源 S 处的信号序列为 $s(t) = [s(0), s(1), \cdots]$，则总能量为

$$E = \sum_{t=0}^{\infty} s^2(t) \tag{7.13}$$

注意，公式 (7.9) 中的 $\tilde{t}$ 表示连续时间，而此处的 t 表示离散时间索引。此时可

以认为源信号的传函 $h(t) = \delta(t)$。当声音传播到半径为 r_1 的球面上时，根据之前的推导，有：

$$E_1 = \frac{AE}{4\pi r_1^2} \tag{7.14}$$

$$E_1 = \sum_{t=0}^{\infty} s_1^2(t) \tag{7.15}$$

$$E_1 = a_1^2 \sum_{t=0}^{\infty} s^2(t) \tag{7.16}$$

其中，$s_1 = \delta_1 \star s$，$\star$ 表示卷积操作。此时可以认为对应的传函序列为

$$\delta_1(t) = a_1 \delta(t - r_1/c) \tag{7.17}$$

即将原始信号进行相应的延时操作，并乘以系数为 a_1 的衰减。该衰减操作在公式 (7.16) 中可以提到求和号之外，而纯延时操作并不会改变求和的结果。

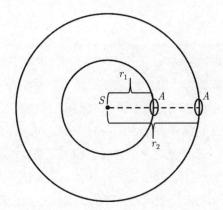

图 7.3 平方反比定律的理想环境。声音在空间中呈球面扩散，为了表示方便，这里简化为呈圆周扩散

同理，当声音传播到半径为 r_2 的球面上时：

$$E_2 = \frac{AE}{4\pi r_2^2} \tag{7.18}$$

$$E_2 = \sum_{t=0}^{\infty} s_2^2(t) \tag{7.19}$$

$$E_2 = a_2^2 \sum_{t=0}^{\infty} s^2(t) \tag{7.20}$$

其中 $s_2 = \delta_2 \star s$，而

$$\delta_2(t) = a_2\delta(t - r_2/c) \tag{7.21}$$

公式 (7.20) 比公式 (7.16) 有：

$$\frac{E_2}{E_1} = \frac{r_1^2}{r_2^2} \tag{7.22}$$

$$\frac{E_2}{E_1} = \frac{a_2^2}{a_1^2} \tag{7.23}$$

所以

$$\frac{a_2}{a_1} = \frac{r_1}{r_2} \tag{7.24}$$

即传函的幅度与声音传播距离成反比。回到公式 (7.9)，从之前的分析可以看出，该公式末尾处的 $1/4\pi d$ 正是平方反比定律的体现，其中 4π 可以理解为一个衰减常数。

分数延时

使用公式 (7.9) 进行传函模拟还需要考虑一个实际问题：公式 (7.9) 使用的是连续时间索引，生成的传函相当于模拟信号，但实际应用中我们使用的是数字信号，其离散时间索引的精度受到采样率的限制。所以当 $\tilde{t} - \tau$ 位于两个采样点之间时，数字信号无法正确表示出 $\delta(\tilde{t} - \tau)$。

要正确表示出两个采样点之间的冲激，相当于要实现分数延时。参考文献 [5] 给出了一种解决方法：对于公式 (7.9) 中的各个冲激，可以使用加 Hanning 窗的理想低通滤波器的冲激响应代替，即公式 (7.25) 和公式 (7.26)，其中 f_s 为采样率，此处以 $f_s = 16000$ 为例。公式 (7.25) 相当于在使用公式 (7.8) 求得冲激的延时 τ 后再将其离散化，$\lfloor \cdot \rfloor$ 为向下取整操作，$t = \lfloor \tau f_s \rfloor$ 相当于该冲激对应的离散时间索引，而 Δt 相当于需要分数延时的部分。在公式 (7.26) 中，T_w 为离散冲激函数的宽度（采样点数），f_c 为低通滤波器的截止频率。对于传函模拟来说，可以取 $\pm 0.004\,\text{s}$ 的宽度，相当于 $T_w = 2 \times 0.004 \times f_s = 128$ 个采样点，$f_c = f_s/2 = 8000$ 为奈奎斯特（Nyquist）频率。

$$\Delta t = \tau f_s - \lfloor \tau f_s \rfloor \tag{7.25}$$

$$\delta_{\mathrm{LPF}}(t) = \begin{cases} \dfrac{1}{2}\left[1+\cos\left(\dfrac{2\pi(t-\Delta t)}{T_{\mathrm{w}}}\right)\right]\mathrm{sinc}\left(\dfrac{2\pi f_{\mathrm{c}}(t-\Delta t)}{f_{\mathrm{s}}}\right) & -\dfrac{T_{\mathrm{w}}}{2}+1 \leqslant t \leqslant \dfrac{T_{\mathrm{w}}}{2} \\ 0 & \text{其他} \end{cases}$$

$$(7.26)$$

图 7.4 中给出了几个 $\delta_{\mathrm{LPF}}(t)$ 的示例。可以看出，当分数延时部分 $\Delta t = 0$ 时，$\delta_{\mathrm{LPF}}(t)$ 与 $\delta(\tilde{t})$ 相同；当 Δt 不为零时，其冲激部分不再集中在某个采样点上，而是会以类似 sinc 函数的规律扩散在中心点的周围。使用公式 (7.26) 中的离散冲激序列代替公式 (7.9) 中的冲激函数，并将其对齐中心点后叠加到传函序列的 $t = \lfloor \tau f_{\mathrm{s}} \rfloor$ 处，便可较为精确地模拟出离散传函 $h(t)$。

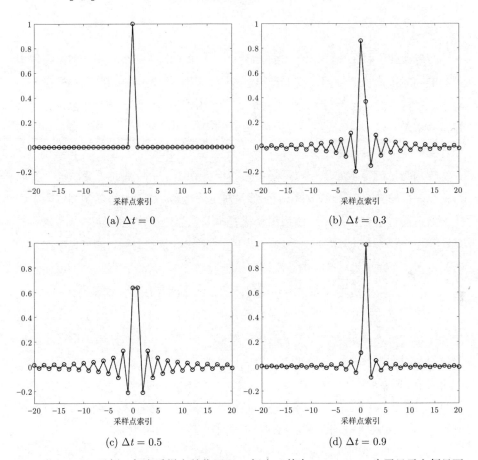

(a) $\Delta t = 0$ (b) $\Delta t = 0.3$

(c) $\Delta t = 0.5$ (d) $\Delta t = 0.9$

图 7.4 $\delta_{\mathrm{LPF}}(t)$ 示例，每个采样点的位置以 ○ 标出。其中 $T_{\mathrm{w}} = 128$，为了显示方便只画出了 ± 20 的部分

在介绍完镜像法生成模拟传函的基本原理后，我们可以清楚地看到该方法

的缺点：第一，为了简化建模，镜像法将房间简化为一个长方体盒子。而实际房间中显然除了墙壁、地板、天花板还有各种不同材质、不同摆放位置的家具。这些家具也会对传函产生影响，但是镜像法无法建模这些影响。第二，实际环境中的反射面并不是理想光滑的，所以声波除了镜面反射，还会发生漫反射，而镜像法只建模了镜面反射的过程。镜像法的优点在于简单易用，便于大规模生成不同的模拟传函，在数据模拟中以多样性来弥补建模不精确带来的损失。在参考文献 [6, 7] 中，作者改进了传函模拟方法，除了建模镜面反射，还可以模拟漫反射，从而提升后续识别任务的性能。感兴趣的读者可以参考相关文献。

7.2.2 传函测量

在专业的语料采集任务中，通常配备有专门的放音和拾音设备，可以在采集语料的同时采集房间传函，以丰富传函库，并用于后续的数据模拟任务。另外，对于某些特定的产品，也可以采集对应的真实的传函，从而提升对特定设备数据模拟的精确程度。本节介绍一种简单的传函测量方法，只需一个放音设备和一个拾音设备即可测量实际传函。

传函测量的基本原理是将声音传播的信道看作一个线性时不变系统，所以给系统一个冲激声，录到的冲激响应就是对应的传函。作者见过的实测传函中产生冲激声的方法包括拍手、使用田径比赛中的发令枪、或是扎破事先准备的气球，等等。但是这类方法有一个缺点：理想冲激函数是瞬时的，能量集中在一个时间点上，而物理过程产生的冲激声，其能量分布在一个时间段内，不可能做到瞬时。所以这类通过物理冲激声测量传函的方法必然存在较大误差。

参考文献 [8] 介绍了一种传函测量方法。该方法的巧妙之处在于：并不是想办法来产生声音更大、能量更集中的冲激，而是反其道而行之，将理想的冲激信号在时间维度上拉长，变为一个拉长了的冲激信号（time stretched pulse，TSP）。TSP 表现为一个扫频信号，并具有一定的持续时间。所以，与理想冲激信号不可能由扬声器播放不同，TSP 可以用扬声器正常播放，通过拾音设备录制播放出来的 TSP 信号，并进行求逆操作即可得到对应的传函。

TSP 信号在频域上生成，如公式 (7.27) 所示，其中，K 为 DFT 的长度，k 为频段序号，$j = \sqrt{-1}$ 为虚数单位，m 为 TSP 的参数，控制拉伸的程度。例如，当 $K = 4096$ 时，可以取 $m = 1200$。当时域信号为实数时，其频域信号沿最高频率共轭对称，可见公式 (7.27) 也是共轭对称的。时域的 TSP 序列 $p(t)$ 可以由

公式 (7.27) 做 IDFT 得到。

$$P(k) = \begin{cases} \exp(\mathrm{j}4m\pi k^2/K^2) & 0 \leqslant k \leqslant K/2 \\ P^*(K-k) & K/2 < k < K \end{cases} \qquad (7.27)$$

图 7.5(a) 和图 7.5(b) 中给出了一个时域 TSP 信号的例子以及对应的频谱，可以看出，TSP 具有扫频信号的性质。TSP 的逆信号在频域上如公式 (7.28) 所示，其时域信号 $p^{-1}(t)$ 相当于把序列 $p(t)$ 左右翻转过来，即 $p^{-1}(t) = p(K-t)$。

$$P^{-1}(k) = \begin{cases} \exp(-\mathrm{j}4m\pi k^2/K^2) & 0 \leqslant k \leqslant K/2 \\ (P^{-1}(K-k))^* & K/2 < k < K \end{cases} \qquad (7.28)$$

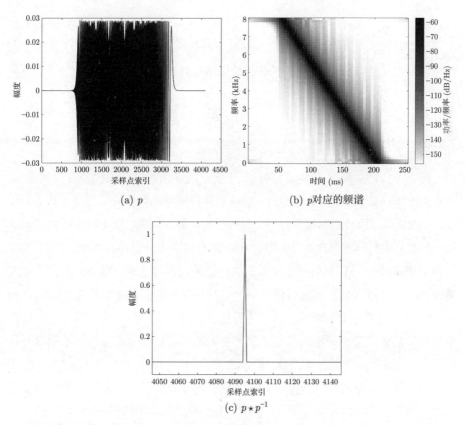

(a) p (b) p对应的频谱

(c) $p \star p^{-1}$

图 7.5   TSP 示例，其中，$K = 4096$，$m = 1200$，采样率 $f_s = 16000$。(a) 中的 p 经过了循环移位使得信号部分集中在序列的中间

容易验证，$p \star p^{-1}$ 的结果为一个理想冲激信号 δ，如图 7.5(c) 所示，冲激的延时位置与 K 有关。根据该性质很容易理解使用 TSP 测量传函的原理：在

待测位置部署扬声器和麦克风，通过扬声器播放 p 并录音，录到的信号 x 为

$$x = h \star p \tag{7.29}$$

其中 h 为待测传函。然后计算麦克风信号与 p^{-1} 的卷积，有：

$$y = x \star p^{-1} \tag{7.30}$$

$$y = (h \star p) \star p^{-1} \tag{7.31}$$

$$y = h \star (p \star p^{-1}) \tag{7.32}$$

$$y = h \tag{7.33}$$

最后一步忽略了 $p \star p^{-1}$ 产生的延时。在使用 TSP 测量传函时，返回结果中包含了扬声器和麦克风的特性，所以应尽量选择频响特性较好的设备。实际操作中也可以多次播放 TSP，将多次录音的结果对齐并求平均后再卷积上 p^{-1}，以获得更精确的结果。

7.2.3 分块卷积

公式 (7.2) ～ 公式 (7.4) 对目标、干扰、线性回声的模拟都涉及卷积操作。在常用的 16 kHz 采样率条件下，一般的房间传函可能包含数千乃至上万个采样点，所以直接如原公式那样在时域上计算卷积计算量较大。由于数据模拟属于批处理操作，无须考虑算法的实时性，所以最直接的改进思路即利用 FFT。根据卷积定理，FFT 可以将时域上的卷积操作转换为频域上对应频点的点积，之后再做 IFFT 即可得到卷积后的信号。由短音频音源拼接而成的单通道长音频 s、p、r 的时长通常在分钟级别，所以不可能将整段信号一次性做 FFT，而是需要将信号分块后再进行相应的操作。分块卷积的思想在自适应滤波技术中也有着广泛的应用，可以参见参考文献 [9] 等。

为了理解分块卷积操作的原理，首先看图 7.6(a)。假设无限长音源信号序列为 $s = [s(0), s(1), \cdots]$，有限长传函序列为 $h = [h(0), h(1), \cdots, h(T-1)]$，则图 7.6(a) 中描述了计算对应的 s_l 段卷积的操作：相当于把第二行左右翻转后的序列 h 和 s 的对应位置相乘再相加，得到结果 x_l 的一个采样点。向右滑动 h 并重复上述操作，直到 h 滑动到第三行的位置，即得到第四行中对应位置的结果序列 x_l。

图 7.6(a) 中的操作等价于图 7.6(b) 中将序列分块后再各自计算卷积的操作，即 $x_l = s_l \star h_0 + s_{l-1} \star h_1 + s_{l-2} \star h_2$。此处的卷积操作只需计算到两个序列末端对齐的位置即可，无须像卷积定义那样计算到两个序列完全错开。图 7.6(b) 的例子中只分了三个块，实际应用中可以将音源序列分为长度适合做 FFT 的若干分块，为图 7.6(c) 中的步骤做准备。

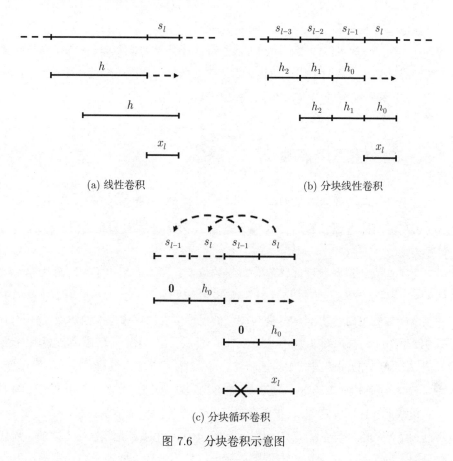

(a) 线性卷积   (b) 分块线性卷积

(c) 分块循环卷积

图 7.6　分块卷积示意图

根据卷积定理，有限长序列在时域上的循环卷积相当于频域上对应频点的点积。为了避免循环卷积与线性卷积之间的误差，可以取长度为分块长度两倍的数据做 FFT。如图 7.6(c) 所示，序列 $[s_{l-1}, s_l]$ 做循环卷积相当于把该序列做周期延拓，得到 $[s_{l-1}, s_l, s_{l-1}, s_l]$，传函分块序列则使用 $[h_0, \mathbf{0}]$ 的形式，即后半部分补零。图 7.6(c) 中第二行和第三行相当于将序列 $[h_0, \mathbf{0}]$ 左右翻转后的形式。为了降低计算量，可以按照公式 (7.34) 进行计算：

$$[x, x_l] = \mathcal{F}^{-1}(\mathcal{F}([s_{l-1}, s_l]) \circ \mathcal{F}([h_0, \mathbf{0}])) \tag{7.34}$$

其中，$\mathcal{F}$ 表示 FFT，$\mathcal{F}^{-1}$ 表示 IFFT，$\circ$ 表示序列点对点相乘。图 7.6(c) 相当于与公式 (7.34) 对应的循环卷积操作。可以看到，由于循环卷积的关系，序列 $[x, x_l]$ 的前半部分 x 并不是正确的结果，所以需要舍弃，但其后半部分 x_l 对应 $s_l \star h_0$ 的结果。虽然公式 (7.34) 需要舍弃一半数据，但只要分块足够大，该方法耗费的计算量仍然远小于对应的时域卷积操作。以上只给出了计算一个分块的方法，其他分块可以使用相同的方法进行计算，最后将各个分块的结果叠加就能得到最终结果。从图 7.6(c) 也可以看出，每当有新分块进入时，只需计算新分块的 FFT 和新结果的 IFFT，其余分块的频域数据仍可复用。

7.3 非线性回声模拟

在公式 (7.4) 的回声模型中，回声分为线性回声和非线性回声。线性回声 $\bar{e}(t)$ 可以通过参考信号卷积上回声路径得到，本节主要介绍非线性回声 $\tilde{e}(t)$ 的模拟方法。

为了让大家对非线性回声有更直观的认识，图 7.7 给出了一个非线性回声的示例。从图 7.7(a) 中可以看出，原始参考信号 r 是一段扫频信号，能量集中在频谱图像的主对角线上。在图 7.7(b) 的模拟线性回声中，线性回声 $\bar{e} = b \star r$，b 为回声路径。对比图 7.7(a) 和图 7.7(b) 可以看出，由于回声路径的作用，虽然图 7.7(b) 中的频谱图像相对于图 7.7(a) 发生了变化，但频谱成分没有改变。图 7.7(c) 为使用图 7.7(a) 中的参考信号实录得到的回声频谱。可以看出，除了主对角线上线性回声的频谱，图中右上部分还额外出现了多条斜线，即非线性回声的频谱。从信号与系统的基础理论可知，如果一个系统是线性时不变的，则其传函只会改变输入信号中已有的频率成分，并不会凭空增加原来没有的频率成分。图 7.7(c) 的右上角多出了原先没有的频率成分，说明这些成分是非线性回声造成的。另外，从该例子中也可以看出，由于参考信号中并不包含非线性回声的频谱信息，所以非线性回声无法通过线性回声消除的方法来抵消。

非线性回声的成因非常复杂，涉及设备、环境、音量等多种因素。一些已知的产生非线性回声的因素包括：扬声器模组为了保护扬声器设备而产生的限幅、音量过大造成截幅、设备震动产生的额外声源等。由于非线性回声的复杂性，无法实现统一和精确的建模，只能通过有限的手段在一定程度上模拟非线性回声。公式 (7.35) 和公式 (7.36) 模拟了硬限幅（hard clipping）和软限幅（soft clipping）的效果[10, 11]，其中 $x(t)$ 为输入信号，$x_{\max}$ 为信号的最大幅度，ρ 一般取 2。

$$x_{\text{hard}}(t) = \begin{cases} -x_{\max} & x(t) < -x_{\max} \\ x(t) & |x(t)| \leqslant x_{\max} \\ x_{\max} & x(t) > x_{\max} \end{cases} \tag{7.35}$$

$$x_{\text{soft}}(t) = \frac{x_{\max} x(t)}{\sqrt[\rho]{|x_{\max}|^{\rho} + |x(t)|^{\rho}}} \tag{7.36}$$

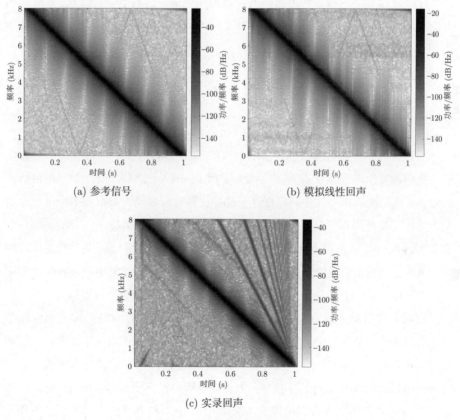

(a) 参考信号　　　　　　　　　　(b) 模拟线性回声

(c) 实录回声

图 7.7　非线性回声频谱示例

公式 (7.37) 模拟了一种非线性变换[10, 11]，其中 $\gamma = 4$，当 $\beta(t) > 0$ 时 $\alpha = 4$，否则 $\alpha = 0.5$。

179

$$x_{\mathrm{NL}}(t) = \gamma \left[\frac{2}{1 + \exp(-\alpha\beta(t))} - 1 \right] \tag{7.37}$$

$$\beta(t) = 1.5 \times x(t) - 0.3 \times x^2(t) \tag{7.38}$$

也可以使用三角函数、奇数次方来模拟非线性,如公式 (7.39)[12] 和公式 (7.40) 所示。

$$x_{\mathrm{NL}}(t) = \frac{1}{4} \tanh(4x(t)) \tag{7.39}$$

$$x_{\mathrm{NL}}(t) = x^3(t) + x^5(t) + \cdots \tag{7.40}$$

最后需要说明的是,在有的文献中,非线性回声的模拟方法是将参考信号经过某种非线性变换后再卷积上回声路径得到回声信号,而本节和公式 (7.4) 中的方法相当于将线性回声经过某种非线性变换得到总的回声信号 $e(t)$,则非线性回声 $\tilde{e}(t) = e(t) - \bar{e}(t)$,其中 $\bar{e}(t)$ 为线性回声。两种方法是等效的。

7.4 散射噪声模拟

公式 (7.1) 的数据模拟信号模型中考虑了两类噪声[1]:一类是具有明显方向性的点声源发出的噪声,在本书中称为干扰(interference)。例如非目标说话人的语音,或是洗衣机、微波炉等相对于拾音设备可以建模为点声源的家电发出的噪声等。干扰可以根据公式 (7.3) 的方式进行模拟。另一类噪声没有明显的方向性来源,也可能是来自不同方向的多个声源叠加而成的综合结果,例如环境噪声、风声、雷雨声,或处于卖场、展会场景中的人声等,这类噪声被称为散射噪声(diffuse noise)。本节介绍散射噪声的性质,以及散射噪声的模拟方法。

我们对散射噪声的研究,以及对散射噪声的模拟,针对的是多通道音频信号。因为从单通道信号中无法获得声源的方位信息,也就无法区分方向性干扰和散射噪声。参考文献 [13] 对理想散射噪声进行了建模,并对理想散射噪声场中的两通道信号的相关性进行了推导。由于散射噪声没有明显的方向性,可以认为声音均匀地来自四面八方,所以参考文献 [13] 中用来自不同方向的、互不相关的平面波的叠加对散射噪声进行建模。为了拆解问题,图 7.8 描述了单个方向上

---

1 实际场景中还存在第三类噪声,即拾音器件和电路本身的底噪,这类噪声一般用高斯噪声来建模,且各个通道的电路噪声不相关。本书认为电路噪声相比于其他几种噪声要小很多,所以省略了对该类噪声的建模。

的平面波到达两个麦克风的情形。

图 7.8 中，假设相位中心位于 x_1 上，则该路信号的延时为 0，而第二路信号为

$$x_2(t) = x_1(t - \Delta) \tag{7.41}$$

其中，$\Delta = d\cos(\phi)/c$ 为同一平面波波峰到达两个麦克风的延时差（单位为 s），d 为麦克风间距（单位为 m），c 为声速（单位为 m/s）。

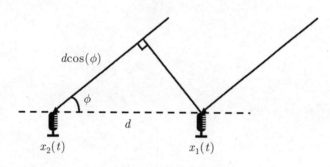

图 7.8　平面波模型

假设散射噪声场和拾音器件是各向同性（isotropic）的，即无论位于声场的何处，无论麦克风朝向如何，所接收到的信号功率都是相同的。所以两路信号在各个频段上的功率谱密度（power spectral density，PSD）相同，即

$$S_1(\omega) = S_2(\omega) \tag{7.42}$$

其中，S_1、S_2 分别为两路信号的功率谱密度，ω 为角频率。

根据公式 (7.41) 中的延时特性及其在频域上的对应关系，两路信号的互相关谱（cross-power spectral density）S_{12} 有如下关系。

$$S_{12}(\omega) = S_1(\omega)\mathrm{e}^{-\mathrm{j}\omega d\cos(\phi)/c} \tag{7.43}$$

两路信号的空间相关系数 γ_{12} 可以由从包围麦克风的曲面 A 上的各点处发射的互不相关的平面波叠加得到，即

$$\gamma_{12}(\omega) = \frac{\oint_A S_{12}(\omega)\,\mathrm{d}A}{\oint_A \sqrt{S_1(\omega)S_2(\omega)}\,\mathrm{d}A} \tag{7.44}$$

将公式 (7.42) 和公式 (7.43) 代入公式 (7.44) 可得：

$$\gamma_{12}(\omega) = \frac{1}{A} \oint_A e^{-j\omega d \cos(\phi)/c} \, dA \tag{7.45}$$

其中 A 表示积分表面的面积。

球面模型是常用的散射噪声模型，将 A 建模为一个半径为 r 的球面，麦克风位于球的中心，且 $r \gg d$。此时有 $A = 4\pi r^2$, $dA = r^2 \sin(\varphi) d\varphi d\theta$，其中，$\varphi \in [-\pi, \pi]$ 为方位角（azimuth），$\theta \in [-\pi/2, \pi/2]$ 为仰角（elevation）。将球面模型代入公式 (7.45) 有：

$$\gamma_{12}(\omega) = \frac{1}{4\pi r^2} \int_{-\pi}^{\pi} \int_{-\pi/2}^{\pi/2} e^{-j\omega d \cos(\varphi)/c} r^2 \sin(\varphi) \, d\varphi d\theta \tag{7.46}$$

$$\gamma_{12}(\omega) = \frac{1}{4\pi} \int_{-\pi}^{\pi} \int_{-\pi/2}^{\pi/2} e^{-j\omega d \cos(\varphi)/c} \sin(\varphi) \, d\varphi d\theta \tag{7.47}$$

使用变量代换 $g = \omega d \cos(\varphi)/c$ 有：

$$\gamma_{12}(\omega) = \frac{1}{2\omega d/c} \int_{-\omega d/c}^{\omega d/c} e^{-jg} \, dg \tag{7.48}$$

$$\gamma_{12}(\omega) = \frac{\sin(\omega d/c)}{\omega d/c} \tag{7.49}$$

再根据频率与角频率的关系 $\omega = 2\pi f$ 得：

$$\gamma_{12}(f) = \frac{\sin(2\pi f d/c)}{2\pi f d/c} \tag{7.50}$$

公式 (7.50) 即理想球面散射噪声的相关系数，其中 f 为频率（Hz）。

公式 (7.45) 中对理想散射噪声的建模思路给我们模拟散射噪声带来了启发：可以使用发射自包围麦克风的曲面上的多个点处的互不相关的平面波信号的叠加来逼近理想散射噪声场景。但实际操作中不可能做到像积分那样的连续操作，只能在曲面上抽取若干离散点作为发射源来模拟，抽取的点越多，模拟结果越逼近公式 (7.50) 的理论结果，但所消耗的计算量也越大。在介绍具体的算法之前，为了进一步加深对散射噪声性质的理解，我们先来看几种作者见过的错误的散射噪声模拟方法。

方法 1：为了测试某种产品在风噪或者路噪下的性能，使用单个扬声器播放环境噪声。

方法 2：将多个不同位置的扬声器接到同一音频集线器上，播放同一个噪声信号。

如果所测试的产品为单麦克风拾音，则方法 1 的模拟没有问题。因为单麦克风区分不了方向，所以采集到的来自某一方向的叠加好的声音，和来自不同方向的声音的叠加，其效果是等价的。但如果待测产品中包含麦克风阵列降噪算法，方法 1 就是错误的。因为通过单扬声器播放出的噪声相当于点声源干扰，虽然采集到的信号听起来像环境噪声，但由于其点声源特性，可以使用针对点声源干扰的降噪算法，例如第 5 章中的盲源分离算法加以处理。然而，实际环境中的散射噪声来自无穷多个方向的噪声的叠加，虽然针对点声源的降噪方法可能会起到一定效果，但是仍然无法很好地抑制散射噪声。

方法 2 中，虽然多个声源到达麦克风的传函各不相同，但是其音源是同一个。公式 (7.51) 表示某个麦克风接收到的信号。

$$x = h_0 \star s + h_1 \star s + \cdots \tag{7.51}$$

其中，s 为音源信号，$h_0, h_1, \cdots$ 为对应的传函。根据卷积操作的线性特点，有：

$$x = (h_0 + h_1 + \cdots) \star s \tag{7.52}$$

$$x = h \star s \tag{7.53}$$

相当于各个传函可以叠加合成一个新的传函 h，所以麦克风信号仍然等价于点声源。方法 2 的问题在于忽略了散射噪声中各个声源互不相关的特点。该场景可以类比于"大合唱"：虽然每个人站的位置不同，即多个声源的传函不同，但唱的内容是相同的，所以歌声听起来整齐划一。而散射噪声场景可以类比于"菜市场"：虽然单独来看，每个人的语音都是有意义的，但是各个人说话的内容互不相关，每个声源到达接收点的传函也各不相同，所以叠加起来就显得杂乱无章。

通过以上内容可以看出，散射噪声模拟有两个要点，一是多方向，二是互不相关的音源。参考文献 [13] 在频域上进行模拟，如公式 (7.54) 所示，其中，$\boldsymbol{x}$ 为 M 维的多通道频域麦克风信号，k 为频段序号，τ 为数据块的序号，$\boldsymbol{a}$ 为导向向量，s_i 为单通道的音源数据，i 为在曲面 A 上的采样点的序号，每个 i 对应一组方位坐标 (φ, θ)。

$$\boldsymbol{x}(k, \tau) = \sum_{i \in A} \boldsymbol{a}(i, k) s_i(k, \tau) \tag{7.54}$$

导向向量 $\boldsymbol{a}$ 建模的是各个麦克风接收到信号的延时差，其基础原理是图 7.8 中的平面波模型（详见 3.2 节）。$\boldsymbol{a}$ 中的元素 a_m 如公式 (7.55) 所示，其中 Δ_m

为 m 号麦克风到达阵列相位中心的延时（单位为 s），其数值可以通过 (φ, θ) 坐标算出。注意此处的延时可以为正，表示信号晚于相位中心；也可以为负，表示信号提前于相位中心。相位中心处延时为零。f 为频率（Hz）。

$$a_m(f) = \mathrm{e}^{-\mathrm{j}2\pi f \Delta_m} \tag{7.55}$$

将其转化为离散的形式：

$$a_m(k) = \mathrm{e}^{-\mathrm{j}2\pi k \Delta_m f_s / K} \tag{7.56}$$

其中，f_s 为采样率（Hz），K 为 DFT 的长度。对比 7.2.1 节中的分数延时方法可以发现，公式 (7.55) 相当于利用了 DFT 的延时性质在频域上实现了分数延时。

若要模拟出各个方向上均匀的散射场景，就需要在曲面 A 上均匀采样。需要注意的是，当 A 为球面时，将 φ 和 θ 划分为均匀的若干等分并不对应球面上的均匀采样。均匀划分的 φ 在越接近球的两极处（$\theta \approx \pm\pi/2$），对应的采样点越密集；而越接近球的赤道处（$\theta \approx 0$），对应的采样点越稀疏。参考文献 [14] 采用几何的方法，使用正多面体的顶点作为采样点，实现了球面上的均匀采样，如图 7.9 中的示例。正多面体顶点的生成方法详见参考文献 [15]。除了球面模型，选择不同的曲面 A 可以实现不同的散射噪声模型。对于其他常用的模型，例如 A 为圆柱面，对应普通办公室内墙壁反射性较强，而地板和天花板铺设了地毯和安装有吸声材料的场景。

对于互不相关的音源信号 s_i，参考文献 [13] 采用高斯噪声模拟，虽然得到的信号 x 具有散射特性，但其频谱可能和某些特定应用差别较大，所以需要根据具体应用选择音源。例如模拟"菜市场"噪声，就可以将多个语音信号叠加；模拟工厂噪声，就可以截取不同时间段的单通道工厂录音来叠加。虽然音源都是由同一设备在相同位置录制的，但只要各段音源之间的时间间隔足够长，就可以认为音源信号之间不相关。

图 7.10 给出了使用本节的方法模拟的球面散射噪声的相关系数对比。两路信号在各个频段上的相关系数可以使用 STFT 将时域信号变换到频域后利用公式 (7.57) 近似得出，其中，$\mathrm{Re}[\cdot]$ 为取实部操作，f 为频率（单位为 Hz），τ 为 STFT 帧序号，T 为总帧数。从图 7.10 的对比结果中可以看出，球面上采样的点数越多，输出信号的相关系数就越接近公式 (7.50) 中的理论值。作者认为，在实际应用中，为了节省计算量，不必过度要求模拟值接近理论值，只需达到使用要求即可。例如在测试两通道盲源分离算法（第 5 章）时，由于算法只能分离出

两个独立的点声源，所以模拟球面散射噪声时在球面上的采样点数远大于 2 即可。例如使用图 7.10 中球面上的 12 采样时，两通道盲源分离算法已无法实现各个散射音源的分离，所以 12 采样即可满足使用要求。

$$\gamma_{12}(f) = \frac{\mathrm{Re}\left[\sum_{\tau=0}^{T-1} x_1(f,\tau)x_2^*(f,\tau)\right]}{\sqrt{\left[\sum_{\tau=0}^{T-1} x_1(f,\tau)x_1^*(f,\tau)\right]\left[\sum_{\tau=0}^{T-1} x_2(f,\tau)x_2^*(f,\tau)\right]}} \tag{7.57}$$

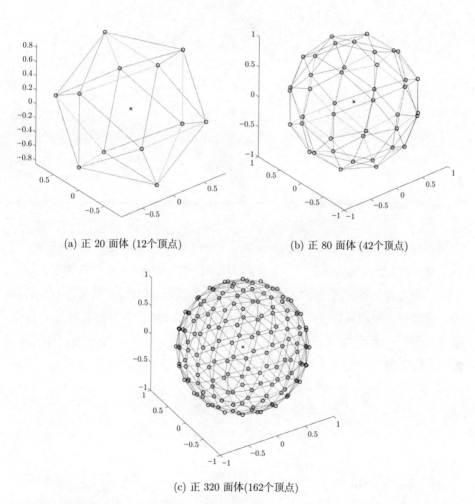

(a) 正 20 面体 (12个顶点)　　　　(b) 正 80 面体 (42个顶点)

(c) 正 320 面体(162个顶点)

图 7.9　正多面体示例。在散射噪声模拟任务中，○ 即正多面体的顶点，代表声源位置，× 表示麦克风阵列的相位中心

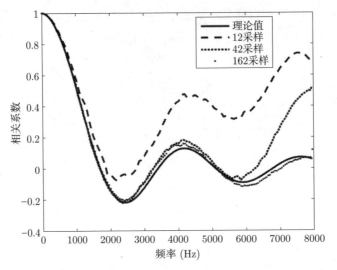

图 7.10　球面散射噪声模拟示例。音源为风噪，两个麦克风间距 10 cm

7.5　信噪比和音量

在数据模拟的最后，需要将各种信号成分按不同信噪比、信干比、信回比叠加起来，得到模拟麦克风信号，并将信号调整至需要的音量。我们首先来看信噪比的计算方法，如公式 (7.58) 所示，信干比、信回比的计算方法类似。顾名思义，信噪比反映的是有用信号和噪声功率的比值。公式 (7.58) 中 p_s 表示目标信号的功率，p_n 表示噪声信号的功率，而 $10\lg(\cdot)$ 将比值转换为了分贝值（decibel，dB）。长度为 T 的信号序列 $x(t)$ 的功率 p_x 如公式 (7.59) 所示。

$$\mathrm{SNR} = 10\lg\frac{p_s}{p_n} \tag{7.58}$$

$$p_x = \frac{1}{T}\sum_{t=0}^{T-1}x^2(t) \tag{7.59}$$

假设当前语音信号功率为 p_s，噪声信号功率为 p_n。如果固定语音信号幅度，在噪声信号上乘以一个增益 g_0，将最终的信噪比控制在 r（dB），则以上条件可以表示为

$$r = 10\lg\frac{p_s}{g_0^2 p_n} \tag{7.60}$$

所以增益 g_0 可以通过公式 (7.61) 求出,其中 $10^{r/10}$ 相当于把信噪比从 dB 转换回比值。

$$g_0 = \sqrt{\frac{p_{\mathrm{s}}}{p_{\mathrm{n}} 10^{r/10}}} \tag{7.61}$$

长度为 T 的信号序列 $x(t)$ 的音量一般由均方根(root mean square,RMS)表示,如公式 (7.62) 所示:

$$v_{\mathrm{rms}} = \sqrt{\frac{\sum_{t=0}^{T-1} x^2(t)}{T}} \tag{7.62}$$

如果将其转换为分贝值则有:

$$v = 10 \lg v_{\mathrm{rms}}^2 \tag{7.63}$$

$$v = 10 \lg p_x \tag{7.64}$$

为了做到尺度统一,本书中时域信号序列都归一化到 $[-1, 1]$ 区间上,所以音量 v 取值为非正数。

同理,我们可以通过公式 (7.65) 求得将音量缩放到指定音量 v(dB)上的增益值 g_1。

$$g_1 = \sqrt{\frac{10^{v/10}}{p_x}} \tag{7.65}$$

7.6 本章小结

为了给模型训练提供海量数据支持,本章介绍了将单通道、高信噪比、近讲、短音频的各种音源信号,模拟为远讲、不同混响、信噪比、音量条件下的多通道长音频信号的方法,其中包括传函模拟和实测、非线性回声模拟、散射噪声模拟等内容。之所以需要长音频数据模拟,是考虑到模拟数据需要经过语音增强算法处理后才能用于训练,而长音频有利于信号处理算法的收敛。

本章介绍的模拟方法并不能实现对环境的精确建模,例如 7.2.1 节中的镜像法将房间简化为一个长方体,这显然与实际场景不相符。但本章中方法的特点是计算简单、容易实现,便于进行大规模的数据模拟操作,所以在训练过程中可以通过数据的多样性在一定程度上弥补模拟不精确造成的性能损失。对于某些应用，例如语音识别和关键词检测，各个正样本都带有相应的标签，而变语速、卷积上房间传函等操作都会给原本的标签带来缩放、延时等改变。所以在实际应用中还需要考虑短音频变为长音频后的标签对齐问题。另外，因为音源信号已知，所以本章中模拟得到的长音频信号也可以用于信号处理算法的性能评测任务。

本章参考文献

[1] KIM C, MISRA A, CHIN K, et al. Generation of large-scale simulated utterances in virtual rooms to train deep-neural networks for far-field speech recognition in google home[J]. 2017.

[2] ALLEN J B, BERKLEY D A. Image method for efficiently simulating small-room acoustics[J]. The Journal of the Acoustical Society of America, 1979, 65(4): 943-950.

[3] HABETS E A. Room impulse response generator[J]. Technische Universiteit Eindhoven, Tech. Rep, 2006, 2(2.4): 1.

[4] HABETS E. Generating room impulse responses[EB/OL]. https://www.hxedu.com.cn/Resource/202301841/04.htm.

[5] PETERSON P M. Simulating the response of multiple microphones to a single acoustic source in a reverberant room[J]. The Journal of the Acoustical Society of America, 1986, 80(5): 1527-1529.

[6] TANG Z, CHEN L, WU B, et al. Improving reverberant speech training using diffuse acoustic simulation[C]//ICASSP 2020-2020 IEEE International Conference on Acoustics, Speech and Signal Processing (ICASSP). IEEE, 2020: 6969-6973.

[7] BEZZAM E, SCHEIBLER R, CADOUX C, et al. A study on more realistic room simulation for far-field keyword spotting[C]//2020 Asia-Pacific Signal and Information Processing Association Annual Summit and Conference (APSIPA ASC). IEEE, 2020: 674-680.

[8] SUZUKI Y, ASANO F, KIM H Y, et al. An optimum computer-generated pulse signal suitable for the measurement of very long impulse responses[J]. The Journal of the Acoustical Society of America, 1995, 97(2): 1119-1123.

[9] SOO J S, PANG K K. Multidelay block frequency domain adaptive filter[J]. IEEE Transactions on Acoustics, Speech, and Signal Processing, 1990, 38(2): 373-376.

[10] LEE C M, SHIN J W, KIM N S. Dnn-based residual echo suppression[C]//Sixteenth Annual Conference of the International Speech Communication Association. 2015.

[11] ZHANG H, WANG D. Deep learning for acoustic echo cancellation in noisy and double-talk scenarios[J]. Training, 2018, 161(2): 322.

[12] HALIMEH M M, HUEMMER C, KELLERMANN W. Nonlinear acoustic echo can-

cellation using elitist resampling particle filter[C]//2018 IEEE International Conference on Acoustics, Speech and Signal Processing (ICASSP). IEEE, 2018: 236-240.

[13] HABETS E A, GANNOT S. Generating sensor signals in isotropic noise fields[J]. The Journal of the Acoustical Society of America, 2007, 122(6): 3464-3470.

[14] HABETS E A, GANNOT S. Comments on "generating sensor signals in isotropic noise fields" [R]. 2010. https://www.hxedu.com.cn/Resource/202301841/05.htm.

[15] WIL. Generate unit geodesic sphere created by subdividing a regular icosahedron[EB/OL]. https://www.hxedu.com.cn/Resource/202301841/06.htm.

8

深度语音增强

本书第 2～6 章主要采用传统信号处理的方法进行语音增强，包括噪声、回声抑制、声源分离等。这类方法的特点在于对信号模型有明确的物理建模，例如子带模型、远场模型、卷积混合模型等。之后根据物理模型提出对应的目标函数和优化方法，最终实现对问题的求解。这类方法的优点在于物理意义和求解过程比较明确，当物理模型与真实环境比较匹配时往往能获得较好的效果。

但在实际应用中，由于环境复杂多变，我们也可能遇到物理模型与实际环境不匹配，或是难以用某种物理模型建模的情况。例如常用的物理模型通常属于线性模型，所以对于非线性问题，例如非线性回声，就无能为力；又例如非平稳噪声、突发噪声的统计特性变化剧烈，难以用简单的物理和统计模型建模。针对上述难点，一种思路是通过数据建模的思想，利用大数据加深度学习的方法进行求解。

数据建模的思想类似于曲线拟合，如图 8.1 所示。既然难以找到某种物理模型来对问题进行精确建模，就收集大量与问题相关的数据样本，利用深度神经网络（deep neural network，DNN）强大的非线性建模能力拟合出问题在高维空间中的分布，相当于建模出了一个数据模型。当用户输入一个之前未曾见过的数据样本时，DNN 能较好地将输入映射到模型学习到的高维分布上，从而实现对输出的预测。

深度语音增强利用深度学习的方法完成各类语音增强任务。深度语音增强方法在过去十年中快速发展并趋于成熟，极大地提升了各类语音增强任务的性能表现[1, 2]。

从深度学习的角度看，语音频谱具有以下特点。

- 有较大尺度的模式或结构，表现为不同频带间的能量分布，例如元音具有非常明显的谐波结构和频谱包络。

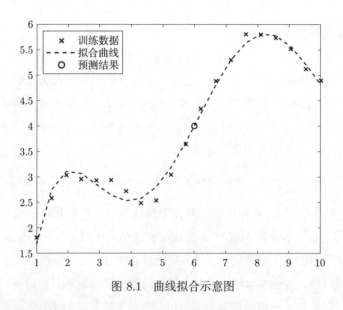

图 8.1　曲线拟合示意图

- 有较小尺度的模式或结构，例如频谱的峰值和谷值分别是局部极大值和局部极小值。
- 有长时依赖性和模式，范围通常从几百毫秒到几秒，例如同一个说话人的音高、节奏和语调等韵律特征在一定时间内是稳定不变的。
- 有短时依赖性和模式，范围通常从几毫秒到几百毫秒，例如频谱短时能量和基音频率等在一定时间内是连续变化的。

深度语音增强即通过大量的训练数据来学习语音信号的模式特点，利用 DNN 来建模输入语音信号和输出语音信号之间的映射关系。对于不同的模式，我们可以灵活地选用全连接层（fully-connected layer）、卷积层（convolutional layer）、递归层（recurrent layer），以及其他结构层进行神经网络模型的设计。

一个深度语音增强算法包括以下几个方面：准备训练数据、设定模型的输入和输出、设计模型的网络结构、选择模型训练时的损失函数。其中，模型的输入一般是观测信号的时频谱，输出一般是目标语音信号的时频谱，根据具体的任务不同会有所不同；模型的训练数据要尽可能地覆盖实际使用场景的数据分布，因为训练数据决定了模型可以处理的任务范围。同时模型的结构和算力决定了模型的性能上限，而选择不同的损失函数会影响模型输出的效果风格。

8.1～8.3 节介绍深度语音增强的信号模型、神经网络的输出形式和增强原理，以及训练时的损失函数；8.4～8.6 节介绍深度语音增强在回声残余抑制、噪声抑制，以及歌曲成分分离中的应用；8.7 节对本章内容进行总结。

8.1 信号模型

本章介绍的深度语音增强方法以公式 (8.1) 中的混合模型为基础，其中，s、x、v 分别为目标语音、麦克风信号、噪声信号，k 为频段索引，τ 为子带滤波数据块索引。显然，公式 (8.1) 很容易扩展到多通道的情形，但为了使公式表达简单，本章主要以单通道为例进行介绍。

$$x(k,\tau) = s(k,\tau) + v(k,\tau) \tag{8.1}$$

公式 (8.1) 比第 5、6 章中的信号模型简洁很多，其中并未显式建模目标信号 s 的形成过程，也未建模噪声 v 的成分。这是由于两种方法论解决问题的基本思路不同导致的：传统信号处理更偏向物理建模，需要在信号模型中明确建模信号的形成过程，再通过求解相应混合过程的逆过程实现对目标语音的增强；深度学习则可以认为是一种数据建模的方法，利用大数据加 DNN 强大的非线性建模能力对目标语音进行预测，所以只需确定好模型的输入信号 x 与目标信号 s 即可，并不关注信号的具体形成过程。或者说信号的实际形成过程非常复杂，难以用公式精确描述。

在不同的应用中，公式 (8.1) 中的各个变量可以解释为不同的内容，例如对于分离类型的任务，s 可以解释为目标语音，v 为干扰语音；对于回声残余抑制类任务，s 可以解释为近端语音，v 为回声残余及非线性回声；对于去混响类任务，s 可以解释为直达声和早期混响，v 为晚期混响。我们甚至可以把以上任务融合起来，定义好相应的输入信号与目标信号，并让网络学习两者之间的映射关系[3]。

针对公式 (8.1) 中的混合模型，一种求解思路如公式 (8.2) 所示，y 为输出信号。公式 (8.2) 相当于模型直接预测输出信号的幅度 $|y| \in [0,\infty)$，并用原始信号的相位作为输出的相位。

$$y(k,\tau) = |y(k,\tau)|\mathrm{e}^{\mathrm{j}\angle x(k,\tau)} \tag{8.2}$$

另一种求解思路是利用神经网络预测目标信号的时频掩蔽（mask），并将其作用到输入信号上，如公式 (8.3) 所示[4]，其中 g 为时频掩蔽。本章主要介绍以时频掩蔽为基础的方法。

$$y(k,\tau) = g(k,\tau)x(k,\tau) \tag{8.3}$$

对比公式 (8.3) 与第 3 ~ 6 章中传统信号处理的求解模型可以发现，g 可以看作一阶快变滤波器，而 DNN 的工作方式则类似

$$g(\tau) = \Lambda\{[x(\tau), x(\tau-1), \cdots, x(\tau-L+1)]\} \tag{8.4}$$

其中，$\Lambda\{\cdot\}$ 表示 DNN 算子，g、x 为 K 维向量，K 为频段数。相当于 DNN 利用其强大的非线性建模能力，通过 L 阶当前数据和历史数据[1] 来预测快变滤波器 g，将其作用在当前输入信号上并获得相应的输出。

8.2 时频掩蔽

基于时频掩蔽的语音增强方法，其基本思想是语音信号的稀疏性假设：语音信号在时-频域上的分布是稀疏的，在单个时频点上如果有目标语音信号存在，则有 $|s(k,\tau)|^2 \gg |v(k,\tau)|^2$。所以我们可以对目标语音能量占主导地位的时频点进行估计，形成时频掩蔽，并利用公式 (8.3) 实现语音增强。早期的研究者根据这一假设设计出了一系列基于传统信号处理的语音增强方法，参见参考文献 [5, 6] 等。基于 DNN 的方法相当于对传统方法的拓展，利用 DNN 来实现对时频掩蔽的更精确的预测。

时频掩蔽的类型有很多，例如理想二元掩蔽（ideal binary mask, IBM）、理想比率掩蔽（ideal ratio mask, IRM）[7]、相位敏感掩蔽（phase-sensitive mask, PSM）[8]、复合理想比率掩蔽（complex ideal ratio mask, CIRM）[4] 等。本章介绍两种常用的时频掩蔽：IRM 和 CIRM。

IRM 的计算方式如公式 (8.5) 所示，由于每个时频点的计算方式相同，为了使公式更加简洁，其中省略了索引 k 和 τ。容易看出，$g \in \mathbb{R}$ 为实数，且 $g \in [0, 1]$，当目标语音占主导地位时有 $g \approx 1$，将其作用到输入信号上相当于基本保留信号的内容。反之，在噪声占主导地位时有 $g \approx 0$，相当于对信号进行抑制。

$$g = \frac{|s|}{|x|} \tag{8.5}$$

IRM 的优点在于计算简单，并且取值范围受限，将其作为 DNN 输出时模型也比较容易训练。IRM 的缺点也比较明显：第一是没有体现出目标信号的相位信息，而是使用输入信号的相位来近似替代；第二是理论上无法实现无失真的

---

1 在某些实时性要求不高的应用中也可以利用未来数据，增强效果更好，但会造成一定的延时。

降噪或者分离。结合公式 (8.1) 中的混合模型与公式 (8.3) 中的分离模型可得：

$$y = gs + gv \qquad (8.6)$$

其中，$g \in \mathbb{R}$，$s, v \in \mathbb{C}$ 为复数。当 $g \in \mathbb{R}$ 时，公式 (8.6) 最后一项 gv 相当于对 v 在复平面上对应的向量进行了缩放，但当 $g, v \neq 0$ 时无法实现 $gv = 0$，如图 8.2(a) 所示。

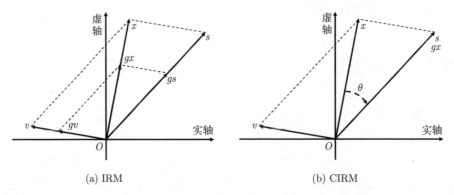

(a) IRM   (b) CIRM

图 8.2 时频掩蔽语音增强原理示意图。(b) 中 gx 相当于对 x 进行了旋转和缩放，结果与 s 重合

CIRM 相当于对 IRM 的扩展，如公式 (8.7) 所示，其中 s_r、s_i、x_r、x_i 分别表示 s 和 x 的实部与虚部。

$$g = \frac{s}{x} \qquad (8.7)$$

$$g = \frac{s_\mathrm{r} + \mathrm{j}s_\mathrm{i}}{x_\mathrm{r} + \mathrm{j}x_\mathrm{i}} \qquad (8.8)$$

$$g = \frac{(s_\mathrm{r}x_\mathrm{r} + s_\mathrm{i}x_\mathrm{i}) + \mathrm{j}(s_\mathrm{i}x_\mathrm{r} - s_\mathrm{r}x_\mathrm{i})}{x_\mathrm{r}^2 + x_\mathrm{i}^2} \qquad (8.9)$$

与实数时频掩蔽相比，复数时频掩蔽的优势在于当其作用到输入信号上时，在复平面上不仅可以对信号复向量进行缩放，还可以对其进行旋转，对应的操作为

$$y = gx \qquad (8.10)$$

$$y = |g||x|\mathrm{e}^{\mathrm{j}(\angle g + \angle x)} \qquad (8.11)$$

将公式 (8.7) 代入公式 (8.10) 有：

$$y = \frac{s}{x}x \tag{8.12}$$

$$y = s \tag{8.13}$$

如果进一步将 x 展开，则有：

$$y = \frac{s}{s+v}(s+v) \tag{8.14}$$

$$y = \frac{ss}{s+v} + \frac{sv}{s+v} \tag{8.15}$$

$$y = \frac{s(s+v)}{s+v} \tag{8.16}$$

$$y = s \tag{8.17}$$

相当于 g 将输入信号 x 旋转并缩放到了目标信号 s 的位置，如图 8.2(b) 所示。也可以解释为 s 和 v 在经过 g 的作用之后，其叠加效果正好等同于 s。所以，CIRM 理论上可以实现无失真的语音增强。

图 8.3 给出了一个时频掩蔽的示例，可以看到 CIRM 的实部具有类似语音频谱的清晰结构，虚部的取值则没有明显规律。另外，从公式 (8.7) 也可以看出，CIRM 的实部与虚部 g_r, g_i 的取值范围可以是 $(-\infty, +\infty)$，从参考文献 [4]

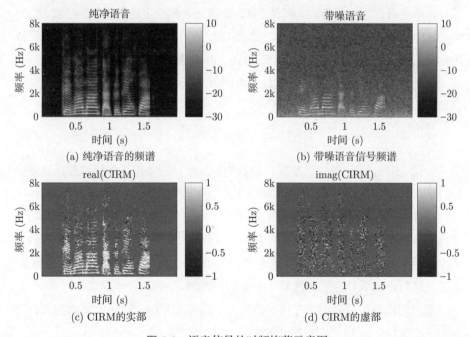

图 8.3 语音信号的时频掩蔽示意图

中的实验结果也可以看出，实际音频中约有 22% 的 CIRM 有 $|g| > 1$。在实际应用中，为了保证模型训练的稳定性，我们一般使用 $\tanh(\cdot)$ 激活函数来限制 $g_r, g_i \in [-1, 1]$，但这也会在一定程度上降低时频掩蔽的性能。

8.3 损失函数

如公式 (8.4) 所示，当神经网络以时频掩蔽作为输出时，最直接的方式便是使用网络输出和公式 (8.5)、公式 (8.7) 中的理想时频掩蔽之间的误差作为损失函数（Loss）来训练网络。例如可以使用两者之间的均方误差（mean square error，MSE）。

$$\text{Loss}_{\text{MSE}} = \mathcal{E}\{|g(k, \tau) - \hat{g}(k, \tau)|^2\} \tag{8.18}$$

其中，$\hat{g}(k, \tau)$ 表示理想时频掩蔽，$\mathcal{E}\{\cdot\}$ 表示对所有 batch 的数据求平均。

以上方法简单直接，其缺点在于损失函数只与时频掩蔽有关，其中并未直接体现出对输出信号质量的评价，例如噪声和干扰的抑制程度、目标信号的失真程度等。为弥补该缺点，后来普遍采用的方法是使用输出信号与目标信号之间的某种距离度量作为损失函数，两者之间距离越小，则输出质量越好。公式 (8.19) 中的 MAE (mean absolute error，平均绝对误差) 损失函数[9] 便是一种改进的损失函数，其中 t 为时域采样点索引。另外，其中使用了绝对值误差 $|\cdot|$，它与公式 (8.18) 中的均方误差 $|\cdot|^2$ 都可以作为距离的度量，实验表明两种距离度量对模型训练的影响不大。

$$\text{Loss}_{\text{MAE}} = \mathcal{E}\{|y(t) - s(t)|\} + \mathcal{E}\{|y(k, \tau) - s(k, \tau)|\} \tag{8.19}$$

公式 (8.19) 不但考虑了数据在频域的相似度，还考虑了将频域数据逆变换回时域后，信号在时域的相似度。由于信号的相位信息已包含在公式 (8.19) 中，所以在优化该 Loss 时便自动隐含了对输出信号相位的优化。另外，与公式 (8.18) 相比，理想时频掩蔽的计算方式并未包含在公式 (8.19) 中，所以该损失函数并不严格约束时频掩蔽的计算方式必须如公式 (8.5)、公式 (8.7) 的理想时频掩蔽，而是让网络自动学习能最大限度提升信号质量的时频掩蔽计算方式。

考虑到语音信号频谱在不同窗口尺度下的特征不同，一种常用的损失函数是多分辨率损失。

$$\text{Loss}_{\text{STFT}} = \sum_n \mathcal{E}\{\lambda(k,\tau)|\text{STFT}_n(y(t)) - \text{STFT}_n(s(t))|^2\} \tag{8.20}$$

其中 n 表示短时傅里叶变换（short-time Fourier transform，STFT）的帧长，取值在 10 至 100 ms 之间，$\lambda(k,\tau)$ 表示时频点的权重系数，例如可以将权重系数与时频点的回声能量关联，帮助模型获得更高的回声抑制能力。

为了避免信号幅度变化对信噪比类型的评价指标造成影响，参考文献 [10] 介绍了 SI-SDR（scale-invariant signal-to-distortion ratio），如公式 (8.21) 所示，其中，s、y 应看作时域信号序列，系数 α 如公式 (8.22) 所示，其中，$< \cdot, \cdot >$ 表示两个向量做内积，而 αs 则相当于 y 在 s 上的投影。

$$\text{Loss}_{\text{SISDR}} = \frac{|\alpha s|^2}{|\alpha s - y|^2} \tag{8.21}$$

$$\alpha = \frac{< s, y >}{< s, s >} \tag{8.22}$$

本节只介绍了少数几种损失函数，参考文献 [11] 对比分析了不同损失函数下语音增强模型的性能差异，感兴趣的读者可以参考原文。本章后面的内容将使用本节介绍的损失函数训练神经网络，实现不同的语音增强应用。

8.4 深度回声残余抑制

本章后面各节将介绍深度语音增强的一些应用，本节介绍深度回声残余抑制。第 6 章介绍了用于线性回声消除的自适应滤波算法，并指出了回声消除任务所面临的系统非线性（见 7.3 节）、双讲和回声路径变化等挑战。由于自适应滤波算法并不能完全消除系统中的回声，滤波后的信号中还会存在回声残余，近年来，随着深度语音降噪算法的快速发展，基于深度神经网络的回声残余抑制算法也获得了广泛的应用。

深度回声残余抑制算法和深度语音降噪算法的设计原则基本一致，可以将回声残余看作和目标语音不相关的噪声信号，通过大量的训练数据学习输入信号和目标语音之间的映射关系。深度回声残余抑制的不同点主要为回声场景下语音的信回比动态范围较宽，极端场景下可低至 −40 dB，因此深度回声残余抑制模型一般需要搭配线性回声消除算法，此时模型的输入是线性回声消除之后的残差信号。另外，模型的输入还可以包括原始麦克风信号、参考信号，以及线性滤波算法估计出的回声成分[12]。

8.4.1 数据准备

参考 6.1 节中的信号模型，给定参考信号 r 和回声路径 b，麦克风观测到的信号表示为

$$x(t) = a(t) \star s(t) + b(t) \star r(t) + v(t) \tag{8.23}$$

其中，s 和 a 分别表示近端信号和近端传递函数，$\star$ 表示线性卷积，v 包括噪声和非线性的回声成分。通过自适应回声消除算法（见 6.4 节），可以得到线性回声成分的估计 e 和残差信号 y。

$$e(t) = \hat{b}(t) \star r(t) \tag{8.24}$$

$$y(t) = x(t) - e(t) \tag{8.25}$$

其中，$(\hat{\cdot})$ 表示对应变量的估计值，残差信号 y 中包括近端目标语音、回声残余和噪声。

深度回声残余抑制模型的映射关系可以表示为

$$\hat{s}(t) = \boldsymbol{\Lambda}(x(t), r(t), e(t), y(t)) \tag{8.26}$$

模型所需的训练数据可以通过数据模拟的方式获得（参考第 7 章），这些训练数据需要覆盖近端单讲（$r = 0$）、远端单讲（$s = 0$）和双讲（double talk）三类场景，其中双讲场景数据占比一般大于 50%。与此同时，我们可以在真实场景下进行回声数据的采集和录制，这类数据有助于提升模型算法在实际场景中的性能表现。近年来，学术界组织了一系列的 AEC-Challenge[1]，组织方通过众包平台收集了不同终端设备的实录回声数据，这些数据可以作为一般模型训练的初始数据。

8.4.2 输入特征

深度语音增强模型的输入一般是观测信号复数谱，将实部和虚部进行拼接或者作为两个独立的通道。其他常用的输入特征包括信号的幅度谱、Fbank

---

1 在 GitHub 上搜索 microsoft/AEC-Challenge 了解。

（参考 10.1 节）、梅尔频率倒谱系数（mel-scale frequency cepstral coefficients, MFCC），以及等效矩形频宽（equivalent rectangular bandwidth, ERB）频谱等。在一些个性化的语音增强任务中，输入特征还可能包括声纹向量或者来自其他模态的指导信息[2]。

由于信号频谱的取值动态范围较宽，我们还可以对语音的幅度谱进行对数或者幂指数压缩，这种压缩也契合了人耳听觉和心理声学的特点。另外一种常用的特征处理方式是对数据做均值和方差规整。

8.4.3 模型结构

随着深度学习技术的发展，用于语音增强任务的深度神经网络模型结构也经历了各种演化和迭代，例如经典的 RNNoise 采用了门控循环单元（gated recurrent unit, GRU）和全连接层堆叠的结构，而最新的模型则可以选择 Transformer 结构[13]。如图 8.4(b) 所示，Transformer 采用了时序建模和特征变换交替的建模形式，自注意力（self-attention）机制通过计算输入序列不同位置的权重得到序列的输出表示，然后由全连接层进一步对序列表示进行特征变换。自注意力机制可以注意到整个输入序列，因此对信号的长时相关性具有更强的建模能力。对比来看，10.2 节介绍的前馈顺序记忆网络（feedforward sequential memory network, FSMN）模型也采用了这种交替建模的形式，其中时序建模采用了一组权重系数对固定窗长的历史信息进行加权。

考虑到语音信号频谱的多尺度模式结构特点以及终端模型部署的算力要求，目前常用的一类语音增强模型采用 UNET 结构形式[14]，包括编码器 Encoder、时序建模 RNN 和解码器 Decoder 三部分。如图 8.4(a) 所示，其中编码器通常采用二维卷积逐层提取输入信号频谱的局部特征，RNN 采用堆叠的 GRU 层或者长短期记忆（long-short term memory, LSTM）层建模时序依赖关系，解码器则通过转置卷积逐级实现信号频谱的重构和恢复。每一层的卷积和转置卷积都会级联 Batch Normalization 和 ReLU 算子。为了便于信息的传递，编码器和解码器对应的层之间还通过卷积核为 1×1 的卷积层连接。

网络最后一层采用 $\tanh(\cdot)$ 激活函数，输出各个频段的复数时频掩蔽 $g(k, \tau)$。为了提升目标信号的恢复性能，我们可以利用语音频谱的局部相关性，采用多帧滤波（multi-frame deep filtering）的输出方式：

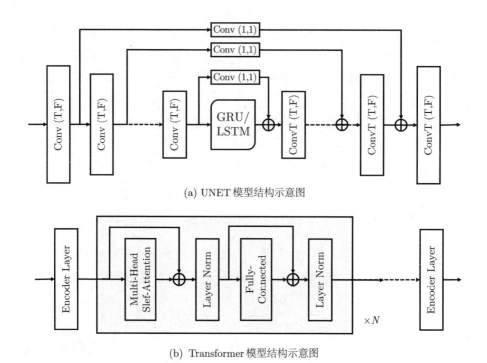

(a) UNET 模型结构示意图

(b) Transformer 模型结构示意图

图 8.4　UNET 模型结构示意图和 Transformer 模型结构示意图

$$\hat{s}(k,\tau) = \sum_{i=-I}^{I} \sum_{j=0}^{J-1} g(k-i, \tau-j) y(k,\tau) \tag{8.27}$$

即将一定时频范围内的输入信号进行加权累计作为最终输出[15]。

　　为了提高模型的泛化性，本节采用了多种损失函数的组合进行多任务学习，例如：

$$\text{Loss} = \lambda_1 \text{Loss}_{\text{STFT}} + \lambda_2 \text{Loss}_{\text{SISDR}} \tag{8.28}$$

其中，$\text{Loss}_{\text{STFT}}$、$\text{Loss}_{\text{SISDR}}$ 如公式 (8.20) 和公式 (8.21) 所示，权重值 λ_1、λ_2 根据经验值进行设置。

8.5　多通道语音增强模型

　　相比单通道语音增强，多通道语音增强可以利用多个麦克风信号包含的空间信息，因为来自不同角度和距离的声源到达不同麦克风通道时的时间和能量不同。第 4 章和第 5 章分别介绍了基于多通道阵列的自适应波束形成和盲源分离算法。一类多通道语音增强模型算法以这些阵列信号处理算法为基础框架，利用深度神经网络估计信号处理算法求解过程中需要的信号统计量，或者语音存在概率[16]；另一类多通道语音增强模型算法则直接从多通道语音的频谱特征和空间特征中预测并输出目标信号[17, 18, 19]。这两类算法的框架如图 8.5 所示。

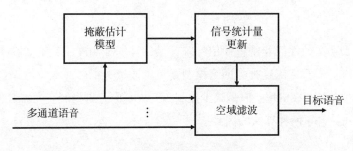

(a) 基于掩蔽的波束形成算法框架

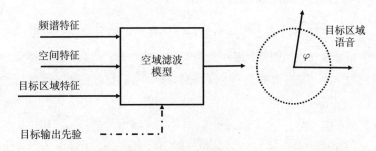

(b) 深度神经网络空域滤波算法框架

图 8.5　基于掩蔽的波束形成算法框架和深度神经网络空域滤波算法框架

8.5.1　基于掩蔽的波束形成算法

回顾 4.2 节中的多通道信号模型（minimum variance distortionless response，MVDR），其算法解的形式为

$$w = \frac{\boldsymbol{\Phi}_v^{-1} \boldsymbol{a}}{\boldsymbol{a}^{\mathrm{H}} \boldsymbol{\Phi}_v^{-1} \boldsymbol{a}} \tag{8.29}$$

其中，$\boldsymbol{a}$ 为目标传函，$\boldsymbol{\Phi}_v$ 为噪声协方差矩阵。我们可以利用深度神经网络模型得到噪声信号的时频掩蔽 $\boldsymbol{g}_v(\tau) = \boldsymbol{\Lambda}(\boldsymbol{x}(\tau))$，则 $\boldsymbol{\Phi}_v$ 可以在线更新。

$$\boldsymbol{\Phi}_v(k, \tau) = \alpha \boldsymbol{\Phi}_v(k, \tau - 1) + g_v(k, \tau) \boldsymbol{x}(k, \tau) \boldsymbol{x}^{\mathrm{H}}(k, \tau) \tag{8.30}$$

其中 α 表示遗忘因子。类似地，目标信号协方差矩阵 1 秩假设下的 MVDR 解为

$$w = \frac{\boldsymbol{\Phi}_v^{-1}\boldsymbol{\Phi}_s}{\mathrm{tr}(\boldsymbol{\Phi}_v^{-1}\boldsymbol{\Phi}_s)} e_1 \tag{8.31}$$

同时，利用深度神经网络模型得到目标信号的时频掩蔽 $g_s(\tau) = \boldsymbol{\Lambda}(\boldsymbol{x}(\tau))$，则有：

$$\boldsymbol{\Phi}_s(k,\tau) = \alpha\boldsymbol{\Phi}_s(k,\tau-1) + g_s(k,\tau)\boldsymbol{x}(k,\tau)\boldsymbol{x}^{\mathrm{H}}(k,\tau) \tag{8.32}$$

波束形成算法的性能非常依赖信号统计量估计的准确度，其优势在于可以较好地避免语音失真；深度神经网络模型则可以通过数据较好地学习语音信号和噪声信号的先验存在概率，但是缺少控制语音失真的合理机制。可以看到，上述方法有效地结合了两种算法的优势。

8.5.2 深度神经网络空域滤波算法

通过充分利用多通道语音信号的特征，我们可以直接利用深度神经网络模型模拟空域滤波过程。例如，通过适当设计训练数据，我们可以提取任意指定目标区域内的声源，并有效抑制非目标区域的声源，这已经突破了传统阵列信号处理算法的应用范围。

以图 8.5(b) 为例，为了提取角度范围 φ 内的声源信号，我们可以随机采样生成不同空间位置的声源信号并进行混合，将混合后的多通道信号作为模型的输入，模型的输出是落在目标范围内的所有声源信号之和。在这个任务中，可以利用的语音特征包括每个通道的语音频谱，通道之间的相位差（inter-channel phase difference，IPD）和能量差（inter-channel level difference，ILD），以及目标区域相关的特征。其中目标区域特征包括观测信号的 IPD、目标方向传递函数之间的余弦距离，以及多通道信号在目标方向的固定波束能量响应等。参考文献 [19] 对目标区域特征做了进一步抽象，将空间等分为 D 个拾音区域，并利用 multi-hot 向量 $\boldsymbol{z} \in \{0,1\}^D$ 表示目标输出的先验，其中第 d 个元素：

$$\boldsymbol{z}_d = \begin{cases} 1, & \varphi_d \in \varphi \\ 0, & \text{其他} \end{cases} \tag{8.33}$$

在模型推理阶段，通过控制 $\boldsymbol{z}$ 值为 1 的位置，可以调整拾音的目标区域。

值得注意的是，尽管深度神经网络空域滤波算法取得了突出的效果，但是模

型的性能严重依赖和训练数据相匹配的阵列拓扑结构，同时模型的性能并不能突破阵列拓扑结构的物理约束，例如基于线性阵列数据训练的模型无法区分来自阵列镜像方向的两个声源信号。

8.6 歌曲成分分离

歌曲和音乐是人们日常娱乐中的重要元素，一种专门针对歌曲的分离任务是将歌曲中的各种音乐成分，例如原唱，以及钢琴、吉他、鼓声等各种乐器音分离成独立的音轨。歌曲分离可以支持许多后续的应用，例如自动生成歌词、歌唱打分、重混音、卡拉 OK 等[4, 20]。

第 5 章介绍了盲源分离问题，并介绍了以独立性假设为基础的 ICA/IVA 类型的算法。歌曲分离从大分类上来看同样属于声源分离任务，但与第 5 章的内容有很大不同，主要表现在以下几个方面。

- 歌曲数据通常被保存为单通道或立体声的格式，但有多种音乐成分混合，按照第 5 章中的分类方法属于麦克风数目小于声源数目的欠定问题，之前的方法无法求解。

- 歌曲中的各种音乐成分通常是按同样的节奏演奏的，相当于各种声音成分强相关，不符合第 5 章中的独立性假设。

- 与 ICA/IVA 主要处理 16 kHz 语音数据不同，歌曲分离需要处理 44.1 kHz 或 48 kHz 高采样率数据，增加了算法的难度。

- 第 5 章对信号没有特别的限制，各种点声源的人声或非人声都可以进行分离，主要针对远讲信号，由于混响的影响使得信号频谱比较模糊。本节将信号限定为歌曲数据，包含各种人声和乐器声，由于歌曲的录音质量通常比较高，所以频谱比较清晰。

从以上分析来看，本节的问题更适合使用基于数据建模的方法进行求解：第一是问题的限定领域比较明确，针对的只是歌曲数据，所以我们可以使用海量歌曲数据进行训练，让模型熟知各种歌曲成分的特点，以便进行分离；第二是问题的目标也可以被明确定义，将歌声，或某种特定的乐器作为目标，其余成分作为噪声对模型进行训练，即可实现对该种音乐成分的提取。针对每种需要的成分都如此训练一个对应的模型，即可实现各种音乐成分的分离。模型训练和分离的原理与本章介绍的基于时频掩蔽的深度语音增强原理相同，此处不再赘述。

与之前应用的不同在于，歌曲成分分离需要各种音轨同步的歌曲数据参与训练，相关的开源数据集包括 MUSDB18-HQ [21] 等。但单凭有限的开源数据还不足以训练出质量较高的模型，一种常用的做法是利用 "teacher-student" 模式，使用质量较好的 teacher 模型[22]，对大量的未分音轨的原始音乐进行处理，分离出各种乐器成分，再用其训练 student 模型[23]。

针对卡拉 OK 类的应用，一种特殊的需求是重混音，此时不但要从歌曲中分别提取出原唱和伴奏，还要将原唱和伴奏按新的信噪比混合起来，以实现原声小声领唱等目的。假设模型提取的是原唱成分，对应的时频掩蔽为 g_s，根据公式 (8.1) 中的信号模型，以及公式 (8.7) 中的 CIRM 可知：

$$g_v = 1 - g_s \tag{8.34}$$

$$g_v = 1 - \frac{s}{x} \tag{8.35}$$

$$g_v = 1 - \frac{s}{s+v} \tag{8.36}$$

$$g_v = \frac{v}{x} \tag{8.37}$$

其中，s 和 v 分别表示原唱和伴奏，g_v 为伴奏的时频掩蔽。所以不需要专门为伴奏再训练一个模型，只需使用原唱模型的输出 g_s 就可以实现对伴奏的提取。

根据上述结论，原唱成分为 $y_s = g_s x$，伴奏成分为 $y_v = (1 - g_s)x$。假设重混音以后的信号需要对原唱进行衰减：

$$z = dy_s + y_v \tag{8.38}$$

其中，z 为重混音输出，$d \in [0,1]$ 为衰减增益。则代入时频掩蔽后有：

$$z = dg_s x + (1 - g_s)x \tag{8.39}$$

$$z = [1 - (1 - d)g_s]x \tag{8.40}$$

相当于对应的时频掩蔽为 $1 - (1 - d)g_s$。同理，当重混音中需要对伴奏进行衰减时：

$$z = y_s + dy_v \tag{8.41}$$

$$z = g_s x + d(1 - g_s)x \tag{8.42}$$

$$z = [d + (1 - d)g_s]x \tag{8.43}$$

相当于对应的时频掩蔽为 $d + (1 - d)g_s$。

8.7　本章小结

本章介绍了大数据加深度学习的思想在语音增强任务中的应用。首先，介绍基本的信号模型、时频掩蔽、损失函数的概念。然后，以回声残余抑制任务为例，介绍深度语音增强算法设计的一般过程，包括准备训练数据、确定输入特征和输出目标、设计模型的网络结构，以及选择模型训练时的损失函数。接下来，在多通道场景，介绍典型的基于掩蔽的波束形成算法和深度神经网络空域滤波算法。最后，介绍基于深度学习方法的歌曲成分分离。深度语音增强算法的各个环节可选项众多，设计非常灵活，在实践中要根据具体的功能需求和算力需求进行定制化开发。由于深度语音增强算法仍在快速地发展和变化，本章只覆盖了算法开发的一些通用理论和框架，更新的知识点和具体的实现细节有待读者从相关论文中获取。

从本章的内容中读者可以了解到，深度语音增强可以很容易被统一到同一套算法框架中，即针对不同的应用，算法的模型架构、损失函数、目标信号的选择可以各不相同，但模型输入/输出的形式可以是相同的，例如都以 FBank 特征作为输入，都以复数时频掩蔽作为输出。根据这个特点，我们甚至可以训练出多任务的复合模型，例如将回声消除之后的语音直达声作为目标信号，就可以训练出回声残余抑制、环境噪声抑制、混响抑制的三合一模型，极大地提升深度语音增强的易用性和灵活性。

虽然深度语音增强具有许多传统信号处理所不具备的优点，但作者认为深度学习方法与传统信号处理之间并不是替代的关系。相反，两种方法论都具有各自的优点和缺点，所以两者应该是互补的关系。在实际应用中，应充分发挥两种方法论的优势，取长补短，才能达到更好的效果。

本章参考文献

[1] WANG D, CHEN J. Supervised speech separation based on deep learning: an overview[J]. IEEE/ACM Transactions on Audio, Speech, and Language Processing, 2018, 26(10): 1702-1726.

[2] ZMOLIKOVA K, DELCROIX M, OCHIAI T, et al. Neural target speech extraction: an overview[J]. IEEE Signal Processing Magazine, 2023, 40(3): 8-29.

[3] WANG Z, NA Y, TIAN B, et al. Nn3a: Neural network supported acoustic echo

cancellation, noise suppression and automatic gain control for real-time communications[C]//ICASSP 2022-2022 IEEE International Conference on Acoustics, Speech and Signal Processing (ICASSP). IEEE, 2022: 661-665.

[4] KONG Q, CAO Y, LIU H, et al. Decoupling magnitude and phase estimation with deep resunet for music source separation[J]. arXiv preprint arXiv:2109.05418, 2021.

[5] COHEN I, BERDUGO B. Speech enhancement for non-stationary noise environments[J]. Signal processing, 2001, 81(11): 2403-2418.

[6] RICKARD S. The duet blind source separation algorithm[M]//Blind speech separation. Switzerland: Springer, 2007: 217-241.

[7] VALIN J M. A hybrid dsp/deep learning approach to real-time full-band speech enhancement[C]//2018 IEEE 20th international workshop on multimedia signal processing (MMSP). IEEE, 2018: 1-5.

[8] ERDOGAN H, HERSHEY J R, WATANABE S, et al. Phase-sensitive and recognition-boosted speech separation using deep recurrent neural networks[C]//2015 IEEE International Conference on Acoustics, Speech and Signal Processing (ICASSP). IEEE, 2015: 708-712.

[9] LU W T, WANG J C, KONG Q, et al. Music source separation with band-split rope transformer[C]//ICASSP 2024-2024 IEEE International Conference on Acoustics, Speech and Signal Processing (ICASSP). IEEE, 2024: 481-485.

[10] LE ROUX J, WISDOM S, ERDOGAN H, et al. Sdr–half-baked or well done?[C]//ICASSP 2019-2019 IEEE International Conference on Acoustics, Speech and Signal Processing (ICASSP). IEEE, 2019: 626-630.

[11] BRAUN S, TASHEV I. A consolidated view of loss functions for supervised deep learning-based speech enhancement[C]//2021 44th International Conference on Telecommunications and Signal Processing (TSP). 2021: 72-76.

[12] FRANZEN J, FINGSCHEIDT T. Deep residual echo suppression and noise reduction: a multi-input fcrn approach in a hybrid speech enhancement system[C]//IEEE International Conference on Acoustics, Speech and Signal Processing (ICASSP). IEEE, 2022: 666-670.

[13] VASWANI A, SHAZEER N, PARMAR N, et al. Attention is all you need[J]. Advances in neural information processing systems, 2017, 30.

[14] TAN K, WANG D. A convolutional recurrent neural network for real-time speech enhancement[C]//Interspeech. 2018: 3229-3233.

[15] MACK W, HABETS E A. Deep filtering: Signal extraction and reconstruction using complex time-frequency filters[J]. IEEE Signal Processing Letters, 2019, 27: 61-65.

[16] HAEB-UMBACH R, HEYMANN J, DRUDE L, et al. Far-field automatic speech recognition[J]. Proceedings of the IEEE, 2021, 109(2): 124-148.

[17] ZHANG Z, XU Y, YU M, et al. Adl-mvdr: All deep learning MVDR beamformer for

target speech separation[C]//IEEE International Conference on Acoustics, Speech and Signal Processing (ICASSP). 2021: 6089-6093.

[18] GU R, ZHANG S X, XU Y, et al. Multi-modal multi-channel target speech separation[J]. IEEE Journal of Selected Topics in Signal Processing, 2020, 14(3): 530-541.

[19] BOHLENDER A, SPRIET A, TIRRY W, et al. Spatially selective speaker separation using a DNN with a location dependent feature extraction[J]. IEEE/ACM Transactions on Audio, Speech, and Language Processing, 2024, 32: 930-945.

[20] RAFII Z, LIUTKUS A, STÖTER F R, et al. An overview of lead and accompaniment separation in music[J]. IEEE/ACM Transactions on Audio, Speech, and Language Processing, 2018, 26(8): 1307-1335.

[21] RAFII Z, LIUTKUS A, STÖTER F R, et al. Musdb18-hq - an uncompressed version of musdb18[EB/OL]. 2019. https://www.hxedu.com.cn/Resource/202301841/07.htm.

[22] ROUARD S, MASSA F, DÉFOSSEZ A. Hybrid transformers for music source separation[C]//ICASSP 23. 2023.

[23] LUO Y, YU J. Music source separation with band-split rnn[J]. IEEE/ACM Transactions on Audio, Speech, and Language Processing, 2023.

9

语音活动性检测

语音活动性检测（voice activity detection，VAD）又被称为端点检测（end-point detection），用于从带噪音频流中检测出包含语音段的部分[1]。传统 VAD 模块以单通道带噪音频为输入，以非语音段和语音段的标签，如 0/1 标签，或是能代表语音段开始和结束的起、尾点标记为输出。VAD 主要服务于语音识别、说话人识别、机器翻译等应用，首先从长音频中检测出语音段，后续的传输和处理过程只需要针对语音部分进行即可。VAD 算法大多基于特征提取加判别式模型的架构[2]，从原始音频信号中提取声学特征，通过某种统计模型或是基于规则的判决方法来实现对语音和非语音的分类。所使用的特征包括基于能量的特征、基于相关性的特征、梅尔频率倒谱系数、过零率（zero-crossing rate）、信号的包络、周期性等[3]。所使用的统计模型包括高斯混合模型[1]、隐马尔可夫模型[4] 等。

随着麦克风阵列信号处理、机器学习，以及图像和视频处理算法的发展，VAD 已不限于处理单通道音频信号，其作用也早已不只是非语音段和语音段的划分。VAD 模块的输入可以是多通道音频信号，配合麦克风阵列处理和声源定位算法，甚至可以融合视频输入和相应的行人定位、人脸识别、唇动检测算法[5]，用于从多人说话的场景中检测出目标说话人所对应的语音部分，或是同时进行多人的语音活动性检测。例如，在自动语音点餐机或售卖机场景中，可能存在多人围着售卖机讨论的情况，即多人语音重叠的情况。设备需要检测并拾取的是真正用户的音频，如果站在设备正前方的用户为目标用户，则此时 VAD 的作用就是配合麦克风阵列处理算法检测位于阵列正前方的说话人的语音活动性。又比如多人会议的场景，智能会议终端的挑战之一是自动生成会议纪要，即检测并识别谁、在什么时候、说了什么，也就是所谓的说话人日志（speaker diarization）[6]。对于"说了什么"的任务可以通过语音识别来完成，但在此之前，对于"谁""什么时候"的任务就需要能区分说话人的多路 VAD 的支持。另外，VAD 的输出不限于目标语音是否出现的标签，例如，可以利用 VAD 的思想分频段预测并输出目标语音的存在概率，并生成时频掩蔽，甚至复数掩蔽，并用于指导波束形成算法的统计量更新，从而实现对目标语音的增强[7]。对于以上列举的新型 VAD 应用，或是传统 VAD 场景中更具挑战性的情形，例如更低的信噪比、瞬时、冲激噪声、语音和背景音乐 [1] 的判决等，传统 VAD 方法已不能胜任。近年来，随着深度学习的发展，出现了许多基于深度神经网络的 VAD 方法，如参考文献 [8]提到的方法等。

本章主要介绍 VAD 的基本思想和一些常见方法。9.1 节介绍 HMM 的基本概念，并介绍一种使用音频能量加 HMM 架构实现的 VAD 方法；9.2 节介绍基于深度神经网络的方法，以及 HMM 和深度神经网络相结合的方法；9.3 节介绍 VAD 的性能评价方法；9.4 节对本章内容进行总结。

9.1 HMMVAD

为了便于描述问题，令 $\boldsymbol{X} = \{\boldsymbol{x}(0), \boldsymbol{x}(1), \cdots, \boldsymbol{x}(T-1)\}$ 为从音频信号中提取的特征序列，其中，T 为序列的数目，$\boldsymbol{x}(\tau) \in \boldsymbol{X}$ 为 K 维的向量，τ 为时间序列索引。针对不同的 VAD，可以有多种提取特征的方法，例如第 2 章中的子带分解方法将音频信号变换到频域后提取 FBank 特征[9]（见 10.1 节）等。关于各种特征的介绍详见参考文献 [3]。VAD 算法以 $\boldsymbol{X}$ 为输入，以各帧输入特征所代表的音频段内是否包含目标语音的分类结果序列 $\boldsymbol{Y} = \{y(0), y(1), \cdots, y(T-1)\}$ 为输出，其中，$y(\tau) \in \{0,1\}$，分别代表第 τ 帧中不包含（$y(\tau) = 0$）和包含（$y(\tau) = 1$）目标语音。

根据对实时性要求的不同，又可以将 VAD 算法分为离线算法和在线算法。离线 VAD 可以表示为 $\boldsymbol{Y} = \boldsymbol{\Lambda}\{\boldsymbol{X}\}$，在线 VAD 则表示为 $y(\tau) = \boldsymbol{\Lambda}\{\boldsymbol{x}(\tau)\}$，其中，$\boldsymbol{\Lambda}\{\cdot\}$ 表示 VAD 算子，$\boldsymbol{\Lambda}$ 为对应的 VAD 模型或参数。通过上述表示可以看出离线与在线 VAD 的区别：离线 VAD 采用批处理的方式，以整段音频信号为输入，一次性输出相应的分类结果。由于可以使用所有时间段内的信息，离线 VAD 的分类结果往往比在线 VAD 更加准确，但也由于该原因无法实现实时处理，所以离线 VAD 主要用于离线识别、离线转写等实时性要求不高的任务。在

---

1 语音和音乐具有非常相似的统计性质，例如都具有周期性，都具有谐波结构等。所以传统 VAD 方法难以区分语音和音乐。

线 VAD 采用流式处理的方式，以代表当前 τ 时刻的特征为输入，输出当前帧的分类结果。为了保证实时性，在特征设计上，$x(\tau)$ 用到的也只是当前时刻 τ 及历史时刻 $\tau-1,\tau-2,\cdots$ 对应的音频数据，若加入了未来信息 $\tau+1,\tau+2,\cdots$，那么虽然分类性能会提高，但输出的延时也会增加，导致实时性降低。在线 VAD 主要用在语音通话、语音增强、流式语音识别等实时性要求较高的任务中。

HMM [10] 被广泛用于语音识别、动作识别、机器人路径规划等与时间序列有关的建模任务中。语音信号属于时间序列的一种，而目标语音出现/消失的状态转移同样可以使用 HMM 建模，并实现 VAD 的功能。本节介绍一种将音频的对数能量作为特征，并使用 HMM 作为模型的简单 VAD。虽然相对于其他更先进的 VAD，本节中的方法在复杂场景下的性能有所不足，但是本节的重点在于以 VAD 这个实际应用为例讲解 HMM 的基本概念，达到更容易理解的目的。另外，本节中的 VAD 的优点是计算量小、可以实现无监督训练（无须预先训练出模型，而是在处理数据的同时完成训练），适用于计算资源有限的嵌入式应用。

9.1.1　HMM 基础

参考文献 [1] 介绍了一种基于子带能量加 GMM 模型的 VAD 方法，而在参考文献 [4] 中，作者又把 GMM 模型扩展为 HMM，并应用于噪声估计中。本节沿用这两篇文章的思路，将短时对数能量作为输入特征，即公式 (9.1)，其中，t 为时域信号采样点的序号，L 为每次移动的数据块的长度。特征提取的过程采用了重叠累加的操作，相邻帧之间重叠的部分为 L，每次用于累加能量的数据块长度为 $2L$。由于能量特征为标量，所以使用 $x(\tau)$ 代替一般向量特征 $\boldsymbol{x}(\tau)$ 的表示。

$$x(\tau) = 10 \lg \left[\sum_{t=\tau L}^{(\tau+2)L-1} |x(t)|^2 \right] \tag{9.1}$$

如图 9.1 所示，背景噪声，以及背景噪声加语音的短时对数能量分布可以分别由两个高斯函数建模，即公式 (9.4)，其中 μ 和 v 分别为高斯函数的均值和方差。两个高斯函数统一记为

$$\boldsymbol{B}(x) = \left[\begin{array}{cc} b_0(x) & 0 \\ 0 & b_1(x) \end{array} \right] \tag{9.2}$$

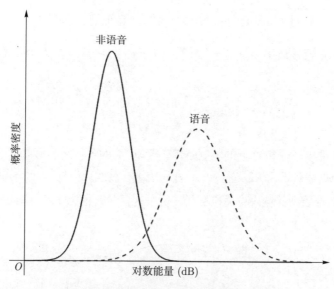

图 9.1　背景噪声和语音的能量分布示意图

之所以写为 2×2 矩阵的形式, 是为了和下面的状态转移矩阵 $\boldsymbol{A}$, 以及公式 (9.35) 中的矩阵操作对应。由于 VAD 主要关心语音的启停, 而背景噪声可以被认为一直存在, 所以通常把背景噪声和语音叠加的状态简称为语音态, 其他状态则统一归为非语音态。从图 9.1 中也可以看出, 该模型假设噪声比较平稳, 能量分布比较集中, 而语音能量波动较为剧烈, 能量分布也比较广, 并且语音的平均能量比噪声的平均能量高。

$$b_i(x) = P(x|y(\tau) = i) \tag{9.3}$$

$$= \frac{1}{\sqrt{2\pi v_i}} \exp\left[\frac{-(x - \mu_i)^2}{2v_i}\right] \quad i \in \{0, 1\} \tag{9.4}$$

语音的启停可以由非语音态和语音态之间的状态转移来建模。实践经验告诉我们, 这两个状态间的转移并不是随机的, 而是遵从一定规律。一个直观的规律即一句话是有一定时间长度的, 所以当时间序列从非语音态跳转到语音态后会在语音态维持一段时间, 并不会发生两个状态之间的频繁或随机跳转。此类状态转移可以由 Markov 过程来建模, 如图 9.2 所示。有向图中的两个节点分别代表非语音和语音态, 边上的权重则代表状态转移的概率。为了简化建模, 我们通常假设此类状态转移过程具有 Markov 性质, 系统当前所处的状态只和其前一个状态有关, 和之前的状态无关, 即

$$P(y(\tau)|y(0), y(1), \cdots, y(\tau-1)) = P(y(\tau)|y(\tau-1)) \tag{9.5}$$

将系统的状态转移概率 $a_{ij} = P(y(\tau) = j|y(\tau-1) = i)$ 写为矩阵的形式可以得到:

$$\boldsymbol{A} = \left[\begin{array}{cc} a_{00} & a_{01} \\ a_{10} & a_{11} \end{array} \right] \tag{9.6}$$

由于需要满足概率之和为 1 的限制条件, 所以 $\boldsymbol{A}$ 的各行之和为 1。另外, 本节中的模型为离线版本, 所以 μ、v、$\boldsymbol{A}$ 与 τ 无关。在 9.1.2 节的在线 HMM 中, 由于 HMM 随着数据的输入自适应更新, 所以这些参数也会随着时间变化而变化。

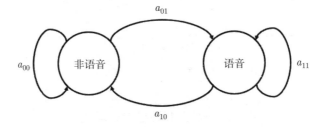

图 9.2 非语音态和语音态跳转的 Markov 过程

图 9.1 中的数据生成模型、图 9.2 中的状态转移模型, 以及决定系统初始状态的概率 $\boldsymbol{q} = [q_0, q_1]^{\mathrm{T}}$, 一起构成了 HMM 模型 $\boldsymbol{\Lambda} = \{\boldsymbol{q}, \boldsymbol{A}, \boldsymbol{B}\}$。假设此时的能量序列为 $\boldsymbol{X} = \{x(0), x(1), \cdots, x(T-1)\}$, 非语音和语音的状态序列为 $\boldsymbol{Y} = \{y(0), y(1), \cdots, y(T-1)\}$, 则 HMM 模型位于状态 $\boldsymbol{Y}$ 下, 并观测到序列 $\boldsymbol{X}$ 的概率可以表示为公式 $(9.7)^1$ 的形式。

$$P(\boldsymbol{X}, \boldsymbol{Y}; \boldsymbol{\Lambda}) = q_{y(0)} b_{y(0)}[x(0)] \prod_{\tau=1}^{T-1} a_{y(\tau-1)y(\tau)} b_{y(\tau)}[x(\tau)] \tag{9.7}$$

图 9.3 更加形象地描述了公式 (9.7) 的建模过程。先根据 $\boldsymbol{q}$ 决定系统初始状态, 或根据 $\boldsymbol{A}$ 从之前的状态 i 跳转到当前状态 j; 再根据当前状态 j 对应的高斯模型 b_j 对观测数据 x 进行建模。之所以称之为 "隐" Markov 模型, 是因为在实际应用中只有能量序列 $\boldsymbol{X}$ 是已知的, 而状态序列 $\boldsymbol{Y}$ 是未知的, 相当于系统的状态转移过程被隐藏在了图 9.3 中的虚线之下。

---

1 公式 (9.7) 中的 ";$\boldsymbol{\Lambda}$" 表示模型参数, 不参与条件概率的推导。

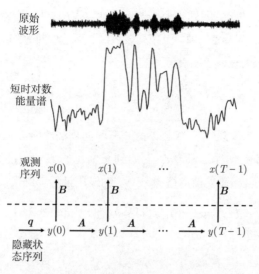

图 9.3 使用 HMM 建模音频能量序列

要使用 HMM 对时间序列进行建模，还有三个基本问题需要解决。此处先列出这三个基本问题，之后的内容再对这三个问题分别进行讲解。本节中的 HMM 相关算法主要参考参考文献 [10]，读者可以查阅原文以获得更详细的算法推导。

- 问题 1：给定模型 $\boldsymbol{\Lambda} = \{\boldsymbol{q}, \boldsymbol{A}, \boldsymbol{B}\}$ 和观测序列 $\boldsymbol{X} = \{x(0), x(1), \cdots, x(T-1)\}$，求模型产生该序列的概率，即 $P(\boldsymbol{X}; \boldsymbol{\Lambda})$。

- 问题 2：给定模型 $\boldsymbol{\Lambda}$ 和观测序列 $\boldsymbol{X}$，求最优的，即最有可能出现的状态转移序列 $\boldsymbol{Y} = \{y(0), y(1), \cdots, y(T-1)\}$。最优 $\boldsymbol{Y}$ 也是 VAD 需要求解的内容。

- 问题 3：给定观测序列 $\boldsymbol{X}$，最优化模型 $\boldsymbol{\Lambda}$ 的参数，使其生成 $\boldsymbol{X}$ 的可能性最大化，即如何对 HMM 进行训练。

9.1.2 前向算法与后向算法

为了求解 VAD 问题，即 9.1.1 节的问题 2，问题 1 和问题 3 是基础。我们先看问题 1。对比公式 (9.7) 和问题 1 可以发现，公式 (9.7) 中的概率是针对某个特定的状态序列 $\boldsymbol{Y}$ 的，而问题 1 要求总的观测概率。系统在不同的状态序列下都可能产生 $\boldsymbol{X}$，所以，针对问题 1 的一个简单的求解思路就是罗列出所有可能的状态序列，并将该序列下对 $\boldsymbol{X}$ 的观测概率累加起来，即公式 (9.8)，其中 $\mathbb{Y}$

表示所有可能出现的状态序列集合。然而，针对 VAD 的两状态转移问题，长度为 T 的状态序列一共有 2^T 种，当序列较长时，可能的排列组合非常多，所以在实际应用中使用该方法求解并不可取。

$$P(\boldsymbol{X};\boldsymbol{\Lambda}) = \sum_{\boldsymbol{Y} \in \mathbb{Y}} P(\boldsymbol{X},\boldsymbol{Y};\boldsymbol{\Lambda}) \tag{9.8}$$

针对问题 1，有更巧妙的求解方法——前向算法（forward algorithm）。定义公式 (9.9) 中的表示形式，即从一开始到 τ 时刻的 HMM 过程，τ 时刻的隐藏状态为 i。图 9.4 也描述了前向概率 $\alpha_i(\tau)$ 的作用过程。

$$\alpha_i(\tau) = P(x(0), x(1), \cdots, x(\tau), y(\tau) = i; \boldsymbol{\Lambda}) \tag{9.9}$$

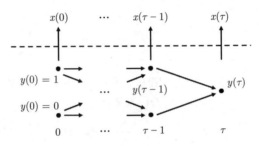

图 9.4　前向概率示意图

公式 (9.9) 可以由算法 14 进行计算，计算过程是递推的，其巧妙之处在于利用了 Markov 性质，计算当前时刻的前向概率并不用从头开始，由上一时刻的结果进行递推即可。该算法最终可以求出整个序列的观测概率 $P(\boldsymbol{X};\boldsymbol{\Lambda})$。在本节的 VAD 应用中并不需要计算观测概率，所以这里举一个观测概率在语音识别中应用的例子。HMM 最早的应用之一便是语音识别，假设要识别命令词"打开"和"关闭"，则可以针对每个命令词分别训练一个 HMM。若要判断一段输入语音是"打开"还是"关闭"，则可以分别计算这段语音在两个 HMM 上的观测概率，并输出概率较大的模型对应的命令词。

对于离线算法来说，整批数据都是可访问的。所以要计算 $P(\boldsymbol{X};\boldsymbol{\Lambda})$，除了从前向后递推，还可以从后向前递推，即所谓的后向算法（backward algorithm）。定义 $\beta_i(\tau)$，如公式 (9.13) 所示。与 $\alpha_i(\tau)$ 对比，$\beta_i(\tau)$ 相当于数据生成过程的后半部分：从 τ 时刻的状态 i 出发，运行 HMM 过程，直到生成后半部分的序列。该过程如图 9.5 所示。

算法 14: 前向算法

输入：模型参数 $\boldsymbol{\Lambda} = \{\boldsymbol{q}, \boldsymbol{A}, \boldsymbol{B}\}$，观测序列
$\boldsymbol{X} = \{x(0), x(1), \cdots, x(T-1)\}$

输出：序列的观测概率 $P(\boldsymbol{X}; \boldsymbol{\Lambda})$

1. 初始化。

$$\alpha_i(0) = q_i b_i[x(0)] \quad i = 0, 1, \cdots, N-1 \tag{9.10}$$

其中，$N = 2$ 为状态数。

2. 根据公式 (9.11)，利用 $\alpha(\tau-1)$ 递推 $\alpha(\tau)$。

$$\alpha_i(\tau) = \left[\sum_{j=0}^{N-1} \alpha_j(\tau-1) a_{ji}\right] b_i[x(\tau)] \tag{9.11}$$

3. 计算观测概率。

$$P(\boldsymbol{X}; \boldsymbol{\Lambda}) = \sum_{i=0}^{N-1} \alpha_i(T-1) \tag{9.12}$$

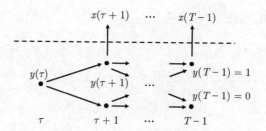

图 9.5 后向概率示意图

$$\beta_i(\tau) = P(x(\tau+1), x(\tau+2), \cdots, x(T-1) | y(\tau) = i; \boldsymbol{\Lambda}) \tag{9.13}$$

后向算法如算法 15 所示。由算法 14 和 15 可以发现：

$$P(\boldsymbol{X}; \boldsymbol{\Lambda}) = \sum_{i=0}^{N-1} \alpha_i(T-1) \tag{9.14}$$

$$P(\boldsymbol{X}; \boldsymbol{\Lambda}) = \sum_{i=0}^{N-1} q_i b_i[x(0)] \beta_i(0) \tag{9.15}$$

算法 15: 后向算法

输入： 模型参数 $\boldsymbol{\Lambda} = \{\boldsymbol{q}, \boldsymbol{A}, \boldsymbol{B}\}$，观测序列
$\boldsymbol{X} = \{x(0), x(1), \cdots, x(T-1)\}$
输出： 序列的观测概率 $P(\boldsymbol{X}; \boldsymbol{\Lambda})$

1. 初始化。

$$\beta_i(T-1) = 1 \quad i = 0, 1, \cdots, N-1 \tag{9.16}$$

其中，$N = 2$ 为状态数。

2. 根据公式 (9.17)，利用 $\beta(\tau+1)$ 递推 $\beta(\tau)$。

$$\beta_i(\tau) = \sum_{j=0}^{N-1} a_{ij} b_j[x(\tau+1)] \beta_j(\tau+1) \tag{9.17}$$

3. 计算观测概率。

$$P(\boldsymbol{X}; \boldsymbol{\Lambda}) = \sum_{i=0}^{N-1} q_i b_i[x(0)] \beta_i(0) \tag{9.18}$$

9.1.3 Viterbi 算法

定义 $\gamma_i(\tau)$ 如公式 (9.19) 的形式，其作用过程如图 9.6 所示。不难看出，γ 和 α、β 之间的关系如公式 (9.20) 所示。

$$\gamma_i(\tau) = P(y(\tau) = i | \boldsymbol{X}; \boldsymbol{\Lambda}) \tag{9.19}$$

$$\gamma_i(\tau) = \frac{\alpha_i(\tau)\beta_i(\tau)}{P(\boldsymbol{X}; \boldsymbol{\Lambda})} = \frac{\alpha_i(\tau)\beta_i(\tau)}{\sum_{j=0}^{N-1} \alpha_j(\tau)\beta_j(\tau)} \tag{9.20}$$

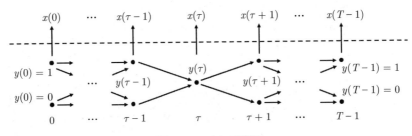

图 9.6 $\gamma_i(\tau)$ 示意图

证明过程如下。

根据公式 (9.9) 中 α 的定义可得：

$$\alpha_i(\tau) = P(x(0), x(1), \cdots, x(\tau)|y(\tau) = i)P(y(\tau) = i) \tag{9.21}$$

注意，$\boldsymbol{\Lambda}$ 只是表示模型的参数，并不参与条件概率的推导。公式 (9.21)× 公式 (9.13) 有：

$$\alpha_i(\tau)\beta_i(\tau) = P(x(0), x(1), \cdots, x(\tau)|y(\tau) = i) \times$$
$$P(x(\tau+1), x(\tau+2), \cdots, x(T-1)|y(\tau) = i) \times$$
$$P(y(\tau) = i) \tag{9.22}$$

$$\alpha_i(\tau)\beta_i(\tau) = P(\boldsymbol{X}|y(\tau) = i)P(y(\tau) = i) \tag{9.23}$$

$$\alpha_i(\tau)\beta_i(\tau) = P(\boldsymbol{X}, y(\tau) = i) \tag{9.24}$$

所以，公式 (9.24) 两边同时除以 $P(\boldsymbol{X})$ 即得到公式 (9.20) 的结果。

至此，本章一共出现了四种和语音特征 x 有关的概率表示，即公式 (9.4) 中的 $b_i(x)$，公式 (9.9) 中的 $\alpha_i(\tau)$，公式 (9.13) 中的 $\beta_i(\tau)$ 和公式 (9.19) 中的 $\gamma_i(\tau)$。为了避免混淆，下面将对这几种概率表示做进一步对比。

- $b_i(x) = P(x|y(\tau) = i)$：模型 i 对特征 x 的观测概率。由于采用简单的高斯模型进行建模，所以各个时刻的观测概率是相互独立的。并且由于模型过于简单，无法只通过观测概率判断语音是否存在，例如图 9.1 中两条曲线重叠的部分。

- $\alpha_i(\tau) = P(x(0), x(1), \cdots, x(\tau), y(\tau) = i; \boldsymbol{\Lambda})$：前向概率。在前者的基础上加上了对历史信息的利用，所以对有无语音的判断也更加准确。

- $\beta_i(\tau) = P(x(\tau+1), x(\tau+2), \cdots, x(T-1)|y(\tau) = i; \boldsymbol{\Lambda})$：后向概率。与前向概率类似，表示的是 HMM 从最后回顾到 τ 时刻的过程。

- $\gamma_i(\tau) = P(y(\tau) = i|\boldsymbol{X}; \boldsymbol{\Lambda})$：语音信号处理中常说的语音存在概率（speech presence probability）（$i = 1$）或语音缺失概率（speech absence probability）（$i = 0$）。在 HMM 框架中，表示模型参数为 $\boldsymbol{\Lambda}$，在观测到序列 $\boldsymbol{X}$ 的条件下，隐藏状态落到语音态（$i = 1$）的概率。和 α 相比，γ 还用到了 τ 时刻之后的信息，所以其对语音是否存在的判别能力进一步提高。

根据 $\gamma_i(\tau)$ 的定义可以看出，$\arg\max\limits_i \gamma_i(\tau)$ 即 τ 时刻最有可能的隐藏状态序号。但是，对应观测序列 $\boldsymbol{X}$ 的最优状态转移序列并不是 $y(\tau) = \arg\max\limits_i \gamma_i(\tau)$。这是因为 $\arg\max\limits_i \gamma_i(\tau)$ 是针对各个时刻分别求解的，虽然在每个时刻单独来看

是最优状态，但有可能出现两个相邻最优状态间的转移概率很低的情况。求解最优状态序列可以使用动态规划的方法，即 Viterbi 算法。该算法类似于前向算法，只不过把求和的操作改为求最大值，该过程如算法 16 所示。

算法 16: Viterbi 算法

输入：模型参数 $\Lambda = \{q, A, B\}$，观测序列
$X = \{x(0), x(1), \cdots, x(T-1)\}$
输出：最优状态转移序列（最优路径）
1. 初始化。

$$\alpha_i(0) = q_i b_i[x(0)], i = 0, 1, \cdots, N-1 \tag{9.25}$$

其中，$N = 2$ 为状态数。
2. 根据公式 (9.26)，利用 $\delta(\tau-1)$ 递推 $\delta(\tau)$，并记录相应的路径来源。若 $\underset{j \in \{0,1,\cdots,N-1\}}{\arg\max} \delta_j(\tau-1)a_{ji} = k$，则将当前节点的来源指向 k。

$$\delta_i(\tau) = \left[\max_{j \in \{0,1,\cdots,N-1\}} \delta_j(\tau-1)a_{ji} \right] b_i[x(\tau)] \tag{9.26}$$

3. 最优状态转移序列的概率。

$$\max_{j \in \{0,1,\cdots,N-1\}} \delta_j(T-1) \tag{9.27}$$

利用之前记录的路径回溯输出最优路径。

相比于前向算法，Viterbi 算法增加了路径回溯的步骤。图 9.7 给出了一个路径回溯的示例。在每次按照公式 (9.26) 进行递推时，记录下最优路径的来源，相当于形成了一个链表结构。在递推结束后，根据链表指针进行回溯，从而找出最优状态路径，即图 9.7 中的粗箭头。

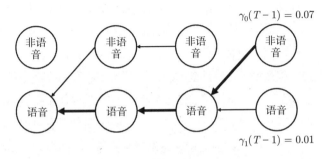

图 9.7 路径回溯示例

图 9.8 给出了一个 α、γ、y 的对比示例，其中的 HMM 已经使用 9.1.4 节的方法训练好。在图 9.8 中，$\alpha, \gamma \in [0,1]$，两条曲线稍有不同：由于 γ 用到了更多的信息，所以 γ 比 α 对于语音能量波动的影响要更稳健一些，例如图中 $12 \sim 12.5$ s 的部分。$y \in \{0,1\}$ 即 Viterbi 算法的结果，也是离线 VAD 的结果。在 14 s 附近的语音存在概率非 0，但是通过 Viterbi 算法回溯仍然将该部分判断为非语音。

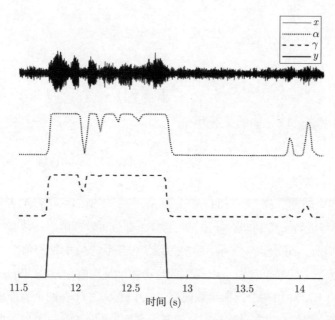

图 9.8 α、γ、y 的对比示例。为了便于显示，各条曲线的纵坐标轴经过了缩放和移动

9.1.4 Baum-Welch 算法

9.1.2 节和 9.1.3 节针对 HMM 问题 1 和问题 2 的求解都是使用训练完毕的模型进行推理。在实际应用中，使用模型之前需要对模型进行训练，即调整模型参数，使其能对观测数据进行较好的拟合。我们可以使用 Baum-Welch 算法实现对 HMM 的训练。

定义公式 (9.28) 的表示形式，即 HMM 在 τ 时刻位于状态 i，并在 $\tau + 1$ 时刻转移至状态 j 的概率，如图 9.9 所示。

$$\gamma_{ij}(\tau) = P(y(\tau) = i, y(\tau + 1) = j | \boldsymbol{X}; \boldsymbol{\Lambda}) \tag{9.28}$$

显然，$\gamma_{ij}(\tau)$ 和 α、β 之间的关系有：

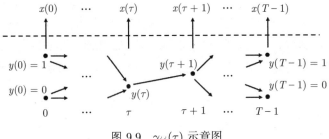

图 9.9　$\gamma_{ij}(\tau)$ 示意图

$$\gamma_{ij}(\tau) = \frac{\alpha_i(\tau)a_{ij}b_j[x(\tau+1)]\beta_j(\tau+1)}{P(\boldsymbol{X};\boldsymbol{\Lambda})} \tag{9.29}$$

并且 $\gamma_i(\tau)$ 和 $\gamma_{ij}(\tau)$ 之间的关系为

$$\gamma_i(\tau) = \sum_{j=0}^{N-1} \gamma_{ij}(\tau) \tag{9.30}$$

给定各个时刻、各个状态的 $\gamma_i(\tau)$ 和 $\gamma_{ij}(\tau)$，模型 $\boldsymbol{\Lambda} = \{\boldsymbol{q}, \boldsymbol{A}, \boldsymbol{B}\}$ 可以根据算法 17 进行更新。其中，公式 (9.32) 的分子部分可以理解为从状态 i 转移至状态 j 的期望值，而分母部分可以理解为系统位于状态 i 的期望值。所以二者的比例即从状态 i 转移至状态 j 的概率。与通常计算均值和方差的方法稍有不同，由于本节的 HMM 由两个高斯函数建模，某个样本 $x(\tau)$ 在两个高斯模型下都可以被观测到，即某个样本并不只专属于某个高斯模型，而是以不同的概率同时属于两个高斯模型，所以公式 (9.33) 和公式 (9.34) 可以认为计算的是加权的均值和方差，权重由当前系统所处状态的概率决定。

9.1.5　下溢问题

在 HMM 相关算法中存在若干概率连乘的操作。从理论上说，这类操作没有任何问题，因为理想实数的精度是无限的，其表示范围是连续的。然而，实际应用中当我们用计算机做概率连乘时会出现问题：计算机中浮点数的精度是有限的，对实数的表示范围也是离散的。在做概率连乘时，每次要乘的数值都小于 1，所以当连乘操作逐渐增多时，结果就会趋近 0。当结果精度接近或超过浮点数的最小精度表示时，计算误差就会增大，甚至结果直接变为 0，即出现了下溢

（underflow）问题。

算法 17: Baum-Welch 算法

输入：观测序列 $\boldsymbol{X} = \{x(0), x(1), \cdots, x(T-1)\}$
输出：训练好的模型 $\boldsymbol{\Lambda} = \{\boldsymbol{q}, \boldsymbol{A}, \boldsymbol{B}\}$
1. 随机初始化或根据具体经验初始化模型 $\boldsymbol{\Lambda}$。
2. 根据算法 14 和算法 15 计算各个时刻、各个状态的 $\alpha_i(\tau)$ 和 $\beta_i(\tau)$。
3. 根据公式 (9.20)、公式 (9.29)、公式 (9.30) 计算各个时刻、各个状态的 $\gamma_i(\tau)$ 和 $\gamma_{ij}(\tau)$。
4. 更新初始概率。

$$q_i = \gamma_i(0) \tag{9.31}$$

更新状态转移概率。

$$a_{ij} = \frac{\sum_{\tau=0}^{T-2} \gamma_{ij}(\tau)}{\sum_{\tau=0}^{T-2} \gamma_i(\tau)} \tag{9.32}$$

更新高斯函数的均值和方差。

$$\mu_i = \frac{\sum_{\tau=0}^{T-1} x(\tau)\gamma_i(\tau)}{\sum_{\tau=0}^{T-1} \gamma_i(\tau)} \tag{9.33}$$

$$v_i = \frac{\sum_{\tau=0}^{T-1} [x(\tau) - \mu_i]^2 \gamma_i(\tau)}{\sum_{\tau=0}^{T-1} \gamma_i(\tau)} \tag{9.34}$$

5. 若 $P(\boldsymbol{X}; \boldsymbol{\Lambda})$ 的变化小于预定阈值，或迭代次数超过最大迭代次数限制，则输出模型 $\boldsymbol{\Lambda}$，否则回到第 2 步。

为了更好地理解下溢问题并寻找解决方法，我们以算法 14 中的前向算法为例进行分析。首先将公式 (9.11) 中的递推过程写为公式 (9.35) 中的形式，其中，$\boldsymbol{\alpha}(\tau) = [\alpha_0(\tau), \alpha_1(\tau)]^{\mathrm{T}}$，$\boldsymbol{q} = [q_0, q_1]^{\mathrm{T}}$，$\boldsymbol{B}(\tau) = [b_0(\tau), 0; 0, b_1(\tau)]$ 为对角矩阵。公式 (9.35) 将前向概率的递推计算改为了矩阵向量连乘的形式，连乘操作可能引起下溢问题。

$$\boldsymbol{\alpha}(\tau) = \boldsymbol{B}(\tau)\boldsymbol{A}^{\mathrm{T}}, \boldsymbol{B}(\tau-1)\boldsymbol{A}^{\mathrm{T}}, \cdots, \boldsymbol{B}(1)\boldsymbol{A}^{\mathrm{T}}\boldsymbol{B}(0)\boldsymbol{q} \tag{9.35}$$

解决下溢问题的方法即在每次递推完毕后对结果进行归一化，并且需要保证归一化后的算法仍然有效。如公式 (9.36) 所示，由于每次递推 c_τ 和 $1/c_\tau$ 相互抵消，所以公式 (9.36) 和公式 (9.35) 是等价的。

$$\boldsymbol{\alpha}(\tau) = \left[c_\tau \frac{1}{c_\tau} \boldsymbol{B}(\tau) \boldsymbol{A}^{\mathrm{T}} \right], \left[c_{\tau-1} \frac{1}{c_{\tau-1}} \boldsymbol{B}(\tau-1) \boldsymbol{A}^{\mathrm{T}} \right], \cdots,$$

$$\left[c_1 \frac{1}{c_1} \boldsymbol{B}(1) \boldsymbol{A}^{\mathrm{T}} \right] \left[c_0 \frac{1}{c_0} \boldsymbol{B}(0) \boldsymbol{q} \right] \tag{9.36}$$

$$\boldsymbol{\alpha}(\tau) = [c_\tau, c_{\tau-1}, \cdots, c_0] \left[\frac{1}{c_\tau} \boldsymbol{B}(\tau) \boldsymbol{A}^{\mathrm{T}} \right], \left[\frac{1}{c_{\tau-1}} \boldsymbol{B}(\tau-1) \boldsymbol{A}^{\mathrm{T}} \right], \cdots,$$

$$\left[\frac{1}{c_1} \boldsymbol{B}(1) \boldsymbol{A}^{\mathrm{T}} \right] \left[\frac{1}{c_0} \boldsymbol{B}(0) \boldsymbol{q} \right] \tag{9.37}$$

将公式 (9.36) 变形为公式 (9.37)，则可以将每次递推过程中的 $1/c_\tau$ 认为归一化操作，归一化后的前向概率如公式 (9.38) 所示。可以验证，除了本节例子中的 α，类似的归一化操作同样适用于 β、γ，并且在 Viterbi 和 Baum-Welch 算法中使用归一化后的概率同样有效。

$$\hat{\boldsymbol{\alpha}}(\tau) = \boldsymbol{B}(\tau) \boldsymbol{A}^{\mathrm{T}} \hat{\boldsymbol{\alpha}}(\tau-1)/c_\tau \tag{9.38}$$

$$c_\tau = [1,1] \boldsymbol{B}(\tau) \boldsymbol{A}^{\mathrm{T}} \hat{\boldsymbol{\alpha}}(\tau-1) \tag{9.39}$$

由公式 (9.37) 可以看出，观测概率可以改由公式 (9.40) 计算。取对数的目的是将小数连乘转换为加法，从而避免下溢问题。

$$\lg P(\boldsymbol{X}; \boldsymbol{\Lambda}) = \sum_{\tau=0}^{T-1} \lg c_\tau \tag{9.40}$$

9.1.6 在线 HMMVAD

与之前介绍的离线 HMMVAD 的 $\boldsymbol{Y} = \boldsymbol{\Lambda}\{\boldsymbol{X}\}$ 的批处理工作方式不同，在线 HMMVAD 为了保证实时性，其工作方式为 $y(\tau) = \boldsymbol{\Lambda}\{x(\tau)\}$，即拿到一帧观测数据后需要同时完成当前帧的推理、VAD 决策、模型迭代更新的操作。所以在线 HMMVAD 相当于把 HMM 的三个问题的求解过程融合到一个算法中，并且将离线算法改进为相应的在线版本。由于是在线迭代更新，所以在线 HMMVAD 与离线 HMMVAD 相比存在如下不同。

- 在线 HMMVAD 不考虑初始概率 $\boldsymbol{q}$。因为在线算法需要在一个很长的时间序列上迭代，所以算法更关注如何利用前一状态的模型参数递推当前状态的模型参数，而并不在意距离当前状态较久远的初始状态。
- 为了保证实时性，$\boldsymbol{\beta}(\tau) = \boldsymbol{1}$，所以 $\boldsymbol{\gamma}(\tau) = \boldsymbol{\alpha}(\tau)$，即前向概率代表非语音/语音存在概率。
- 求平均的方式改为使用遗忘因子控制的递推平均。

下面，我们先在算法 18 中给出在线 HMMVAD 算法，再对其中的重点步骤进行解释。

算法 18: 在线 HMMVAD 算法

输入：历史模型 $\boldsymbol{\Lambda}(\tau-1)$、当前观测数据 $x(\tau)$、遗忘因子 η
输出：当前模型 $\boldsymbol{\Lambda}(\tau)$、非语音/语音存在概率 $\boldsymbol{\alpha}(\tau)$、VAD 判决 $y(\tau)$

1. 更新 $\boldsymbol{\Gamma}(\tau)$ 和 $\boldsymbol{\alpha}(\tau)$，其中，$\boldsymbol{\Gamma}(\tau)$ 为 $N \times N$ 矩阵，其各个元素为 $\gamma_{ij}(\tau)$。

$$\gamma_{ij}(\tau) = \alpha_i(\tau-1)a_{ij}(\tau-1)b_j[\tau, x(\tau)] \tag{9.41}$$

$$\alpha_j(\tau) = \sum_{i=0}^{N-1} \gamma_{ij}(\tau) \tag{9.42}$$

归一化。

$$\boldsymbol{\Gamma}(\tau) = \frac{\boldsymbol{\Gamma}(\tau)}{\sum_{i=0}^{N-1}\sum_{j=0}^{N-1}\gamma_{ij}(\tau)} \tag{9.43}$$

$$\boldsymbol{\alpha}(\tau) = \frac{\boldsymbol{\alpha}(\tau)}{\sum_{i=0}^{N-1}\alpha_i(\tau)} \tag{9.44}$$

2. 更新模型：for $i = 0$ to $N-1$ do:
   根据非语音/语音存在概率更新遗忘因子。

$$\eta_i = \eta + (1 - \alpha_i(\tau))(1 - \eta) \tag{9.45}$$

更新转移概率。

$$a_{ij}(\tau) = \eta_i a_{ij}(\tau-1) + (1 - \eta_i)\gamma_{ij}(\tau)/\alpha_i(\tau) \tag{9.46}$$

更新高斯函数。

$$\mu_i(\tau) = \eta_i \mu_i(\tau-1) + (1 - \eta_i)x(\tau) \tag{9.47}$$

$$v_i(\tau) = \eta_i v_i(\tau-1) + (1 - \eta_i)[x(\tau) - \mu_i(\tau)]^2 \tag{9.48}$$

3. VAD 判决及最优路径：for $i = 0$ to $N-1$ do:

$$\delta_i(\tau) = \left[\max_{j\in\{0,1,\cdots,N-1\}} \delta_j(\tau-1)a_{ji}(\tau)\right]b_i(\tau, x(\tau)) \tag{9.49}$$

$$y(\tau) = \arg\max_i \delta_i(\tau) \tag{9.50}$$

根据需要进行部分最优路径的回溯。

在算法 18 的步骤 1 中，与离线算法不同，在线算法的状态转移概率和高斯函数都会随时间迭代更新，所以公式 (9.41) 中的 a 和 b 都加入了时间索引。$b_j[\tau, x(\tau)]$ 表示 b_j 为一个二元函数，第一维为时间维度，时间索引为 τ，第二维的输入为当前观测序列 $x(\tau)$。在线算法中 $\gamma_{ij}(\tau)$ 的意义也较离线算法发生了一些改变：离线算法中的 $\gamma_{ij}(\tau)$ 是从 τ 时刻递推 $\tau + 1$ 时刻，而在线算法为了保证实时性，不会使用未来时刻的信息，其意义变为从 $\tau - 1$ 时刻递推 τ 时刻。所以公式 (9.42) 中的求和顺序较公式 (9.30) 的离线版本发生了变化。

在算法 18 的步骤 2 中，遗忘因子并不是固定不变的，而是受非语音及语音存在概率控制的。以 $i = 1$ 为例，从公式 (9.45) 可以看出，当语音存在概率 $\alpha_1(\tau) = 1$ 时，$\eta_1 = \eta$，说明语音态时以满速率 η 更新语音态相关的参数；当 $\alpha_1(\tau) = 0$ 时，$\eta_1 = 1$，说明非语音态时暂停更新语音态的相关参数。所以，公式 (9.45) 能根据语音存在概率自适应调整更新速率。

在算法 18 的步骤 3 中，由于存储空间有限，所以只能进行从当前时刻到有限长度的历史时刻的最优路径回溯。为了提高 VAD 判决的鲁棒性，可以在最优路径的基础上加入一些基于规则的约束。例如，只有当 $y = 1$ 持续某个时间长度 T_1 后才报语音起点，防止由于某些冲激性噪声造成语音误报；当 $y = 0$ 持续某个时间长度 T_0 后才报语音尾点，防止语音被误截断。

对于离线算法来说，由于已知的数据量较多，所以数据的统计性质比较稳定，模型迭代也比较稳定。但是对于在线算法来说，由于每次可获得的数据量有限，而数据在局部范围内的统计性质是不稳定的，所以有可能导致算法迭代出现问题。所以在线 HMM 迭代还需要加入若干限制条件，例如：

- $\mu_0 < \mu < \mu_1$，μ 为观测数据的均值。
- $v_0 \geqslant \epsilon$，$v_1 \geqslant \epsilon$，ϵ 为一个小的正数阈值。该限制条件防止高斯函数收敛到一个较小的方差上，从而失去泛化能力。
- $a_{ij} \geqslant p_0$，p_0 为一个概率阈值。该限制条件防止对应的 ij 状态转移失效。

图 9.10 给出了离线、在线 HMMVAD 的对比示例。从该图中可以看出：离线语音存在概率比在线版本更稳定，更不容易随信号波动，例如图 9.10 中第 14 s 的部分；在线 VAD 较离线结果稍有滞后，这是由于在线算法无法得到全局数据，只能推理和训练同时进行。但是该滞后并不影响 VAD 的主要功能，9.3 节将详细讨论该问题。

9.2 NNVAD

从英文字面上理解，"voice"泛指"声音"，而"speech"特指"语音"，只是声音的一种。VAD 算法的主要目的是检测语音的活动性，而早期 VAD 算法基于一些信号的底层特征和简单的分类模型，检测的是平稳背景噪声假设下信号统计规律的变化，并将不符合平稳背景噪声统计规律的部分分类为"voice"。由于模型较为简单，传统方法并不容易区分"voice"是否为"speech"。

随着机器学习理论和方法的发展，尤其是深度神经网络出现以后，基于深度神经网络的 VAD（NNVAD）真正实现了"非语音"和"语音"的划分。此外，对于 VAD 问题的一些新需求，例如多说话人 VAD、语音和类语音信号（如音乐）的 VAD，以及更低的信噪比、突发噪声、冲激噪声等传统问题中更具挑战性的场景，NNVAD 都有着较好的表现。本节介绍一种 NNVAD 方法，以及基于 NN 模型的方法和 9.1 节 HMM 方法融合的思路。本节中的 NNVAD 参考自 RNNoise 中的 VAD 模块，感兴趣的读者可以参考原文[11, 12] 和开源程序[13] 了解 RNNoise 的全部内容。

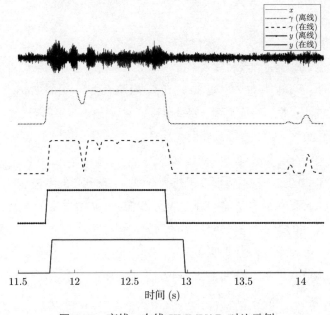

图 9.10 离线、在线 HMMVAD 对比示例

9.2.1 一种 NNVAD 模型

针对不同的应用需求，NNVAD 的模型架构、输入输出类型、训练方法各不相同。本节中的 NNVAD 参考自 RNNoise[12]，该方法具有模型规模小、易于训练、计算量小、实时性高等优点。该 NNVAD 的网络结构如图 9.11 所示。

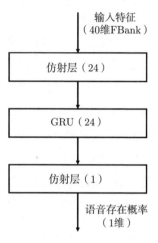

图 9.11 NNVAD 的网络结构

在图 9.11 中，每个方块表示神经网络的每层节点，括号中的数字为该层节点的输出维度，而该层节点的输入维度则匹配为上一层节点的输出维度。这里采用了 40 维的 FBank 特征[9]（见 10.1 节），而非原文[12] 中的 Bark 特征。对于基于模型的方法来说，特征类型、特征维度、网络结构、网络规模等参数往往没有唯一的最优答案，需要根据具体问题反复尝试不同的组合，所以实际应用中不必局限于某种特征类型或网络结构、规模。

当前学术界的另一种主流研究思想为全模型、端到端的思想，即模型的输入和输出分别为原始信号和所需的分类或预测结果，其中省略了人工从原始信号到模型输入特征的提取过程。端到端的思想期望模型能自己学到比人工特征更好的建模方法，某些实验已表明端到端的方法比人工设计的特征具有更好的性能。但是，本节并未使用端到端的建模方法，而仍然采用人工设计的 FBank 特征。这是由于本节中的 VAD 需要满足小资源、实时性的需求，而当前的端到端方法往往需要较大的模型规模和开销。所以本节仍然秉承 RNNoise 的设计思想：保持基本的、确定的信号处理模块，而将技巧性较高的任务，例如参数学习交给模型[11]。

在图 9.11 中，仿射（affine）层也叫作前馈层（feedforward layer 或 dense layer），主要基于仿射变换，其操作如公式 (9.51) 所示，其中，x、y 分别为 M 和 N 维的实数向量，分别表示该层网络的输入和输出，W 为 $N \times M$ 维的实数权值（weight）矩阵，b 为 N 维实数偏置（bias）向量，$f(\cdot)$ 为该层网络的激活函数（activation function），W 和 b 相当于该层网络的参数，是需要学习算法来调整优化的部分。

$$y = f(Wx + b) \tag{9.51}$$

图 9.11 中的 GRU 层是该模型能对时间序列进行建模的关键。GRU 属于递推神经网络（recurrent neural network，RNN）的一种，与不带记忆单元的仿射层相比，RNN 除了包含前馈结构，还带有记忆单元，可以保存网络的历史输出信息，而当前 RNN 的输出由前馈输出和历史信息共同决定，即输出结果是递推得到的。RNN 可以类比于信号处理中的无限脉冲响应（infinite impulse response，IIR）滤波器，与之相比，RNN 中除了递推操作，还存在由激活函数带来的非线性操作。GRU 在普通 RNN 的基础上又加入了"门"（即"gated"一词的由来）结构来对网络输出和记忆单元的更新进行控制。前馈结构、RNN 和 GRU 的对比如图 9.12 所示。

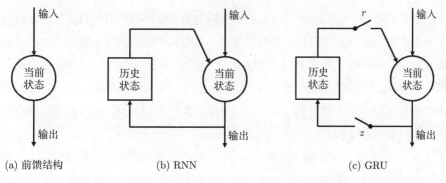

(a) 前馈结构　　　　　(b) RNN　　　　　(c) GRU

图 9.12　前馈结构、RNN 和 GRU 的对比[11]

GRU 的计算过程如公式 (9.52) ～ 公式 (9.55) 所示[14]。公式 (9.52) 和公式 (9.53) 利用前馈神经网络结构，并使用当前输入 $x(\tau)$ 和历史信息 $h(\tau-1)$ 分别计算两个"门"结构的权值 r 和 z，其中，$\sigma(\cdot)$ 表示 sigmoid 激活函数。r 和 z 的取值范围为 $[0,1]$，其作用类似"软"开关，用于控制当前状态和历史状态的更新。在公式 (9.54) 中，GRU 的当前状态由输入和历史状态共同决定，并通过 r 进行加权，其中，$\circ$ 表示矩阵和向量点对点相乘（Hadamard product）的操作。公式 (9.55) 用于更新 GRU 的历史信息，而 z 的作用类似遗忘因子。公式 (9.55) 中的 $h(\tau)$ 为 GRU 的最终输出。

$$r(\tau) = \sigma(W_{ir}x(\tau) + b_{ir} + W_{hr}h(\tau-1) + b_{hr}) \tag{9.52}$$

$$z(\tau) = \sigma(W_{iz}x(\tau) + b_{iz} + W_{hz}h(\tau-1) + b_{hz}) \tag{9.53}$$

$$n(\tau) = \tanh(W_{in}x(\tau) + b_{in} + r(\tau) \circ (W_{hn}h(\tau-1) + b_{hn})) \tag{9.54}$$

$$h(\tau) = z(\tau) \circ h(\tau-1) + (1-\tau) \circ n(\tau) \tag{9.55}$$

其中，$\mathbf{1}$ 是一个与 $h(\tau)$ 和 $z(\tau)$ 同维度的全 1 矩阵。

在 GRU 之后，模型中的最后一层前馈层将数据映射到 1 维，并在 sigmoid 激活函数的作用下将输出范围控制在 $[0,1]$，便于对语音存在概率进行建模。

可以使用公式 (9.56) 中的均方误差（mean square error, MSE）损失函数 Loss 来对本节中的模型进行训练，其中，γ 为网络输出的预测结果，而 $\tilde{y}$ 表示真实的 VAD 结果。可以看出，网络输出越接近理想结果，其 Loss 越小，而训练的过程就是不断迭代模型参数试图降低 Loss 的过程。

$$\text{Loss} = \frac{1}{T}\sum_{\tau=0}^{T-1}[\gamma(\tau) - \tilde{y}(\tau)]^2 \tag{9.56}$$

为了获取 $\tilde{y}$，我们还需要一个数据模拟过程，将干净语音进行拼接，并混合上不同类型的噪声，再调整出各种信噪比，生成模拟数据用于模型训练。由于模拟过程中已知干净语音，所以利用之前介绍的离线 HMMVAD 方法就很容易获得较为准确的 VAD 结果作为训练目标 $\tilde{y}$ 使用。关于数据模拟的过程详见第 7 章。读者可以使用开源工具，如 PyTorch [15] 实现模型训练，具体原理和操作可查阅工具对应的文档。

本节中的 NNVAD 输出结果 $\gamma \in [0,1]$ 可以类比于语音存在概率的形式。然而，在通常的 VAD 应用中，只有 $[0,1]$ 的输出是不够的，我们所需的是一个准确的 $y \in \{0,1\}$ 的判断来对语音段进行截取。可以使用阈值 θ 对结果进行划分：当 $\gamma \geqslant \theta$ 时输出 $y = 1$，反之输出 $y = 0$。但是，如何选择阈值 θ 又成了问题。在参考文献 [1] 中，作者使用 ROC（receiver operating characteristics）曲线来确定 VAD 相关阈值参数，ROC 曲线也是阈值选择的常用方法。9.2.2 节将介绍一种 NN 和 HMM 结合的方法来避免阈值选择带来的麻烦。

9.2.2 一种 NN 和 HMM 结合的 VAD

9.2.1 节提到的使用固定阈值将 $[0,1]$ 区间上的语音存在概率转换为有无语音存在的 $\{0,1\}$ 判决的方法中，阈值的选择对结果影响非常显著：如果阈值过大，则 VAD 更容易将数据判断为非语音，这样对于语音存在概率较低的语音段（例如信噪比较低的语音段）就容易造成漏检（false negative）；而如果阈值选择过小，则 VAD 更容易将数据判断为语音，造成误检（false positive）增多。通常的做法是在一个测试集上测试不同阈值下的漏检率和误检率，并绘制出 ROC 曲线，在曲线上找到一个性能平衡点从而确定阈值。

使用 ROC 曲线确定阈值的方法仍然存在一些不足：该阈值可以被认为是在某个固定测试集上平均表现最优的阈值，但是测试集的数据量毕竟是有限的，而我们期望 VAD 可以覆盖各种各样的场景类型。所以当我们遇到的场景类型没有被测试集覆盖时，阈值选择就不能保证最优。这就是模型训练中经常遇到的训练集和实际数据失配的问题。即便不存在数据失配，单个固定阈值也只能做到在整个测试集上平均最优，而不能保证在测试集的每个场景中都最优。

回忆之前介绍过的 HMMVAD，其优点在于能够自适应迭代，从而面对不同场景、不同信噪比的数据都能逐渐使得模型生成观测数据的概率最大化，即达到最优化参数的目的，并且可以利用 Viterbi 算法将语音存在概率转换为 VAD 判决。其缺点在于对语音的建模过于简单，所以在复杂场景中的表现不理想。NNVAD 与 HMMVAD 相反：其优点在于强大的建模能力，所以可以应对更复杂的挑战，缺点则在于模型和单个固定阈值在训练完毕后无法更改，从而无法做到自适应。一个自然的想法是将这两种技术结合起来，实现一种既有强大的建模能力，又能自适应做出 VAD 判决的方法。

有了前几节的知识储备，该方法就非常容易理解：其基本思想是使用 NN 代替 HMMVAD 中高斯建模的部分，保留自适应状态转移的部分。即算法 18 中的公式 (9.41)，原本的生成概率 $b_j[\tau, x(\tau)]$ 由高斯模型获得，x 为语音的短时对数能量特征，为标量。现在需要将生成概率替换为 NN 模型的结果，将 x 替换为 FBank 特征，为向量。

要实现该方法还需要将图 9.11 中的网络结构稍作改进：将最后一层的输出由 1 维改为 2 维，激活函数使用 Softmax，训练时损失函数使用交叉熵（cross entropy，CELoss）。之前模型的 1 维输出相当于对语音存在概率的建模，交叉熵相当于使用模型的输出拟合理想 VAD 的结果。2 维输出相当于对非语音态和语音态的生成概率同时建模，交叉熵相当于最优化一个分类问题，将数据分为非语音、语音两类。

图 9.13 给出了本节介绍的 NN-HMMVAD 与纯信号的 HMMVAD 的对比示例，其中第一行为时域波形，第二行为对应的频谱图，第三行中分别给出了 HMMVAD 和 NN-HMMVAD 的结果。图 9.13 中的场景存在非常大的机械噪声干扰，虽然机械噪声比较平稳，但是信噪比很低，语音的谐波结构比较难被发现。从图中的第一行可以看出，在极低信噪比场景下，语音态和非语音态的能量差距变得不明显，单凭能量特征难于做出 VAD 判断，所以图中第三行 HMMVAD 的结果将所有信号判断为语音。而由于 NN 强大的建模能力，使得在该场景下 NN-HMMVAD 也能够正常工作，并且由于 HMM 的自适应机制和 Viterbi 解码算法，不需要设置固定阈值即可给出 VAD 结果。

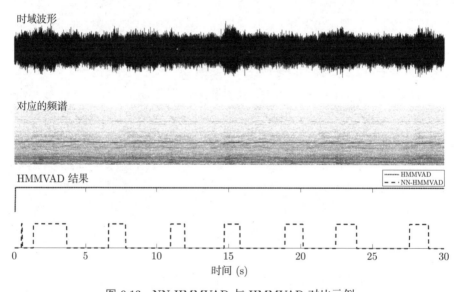

图 9.13 NN-HMMVAD 与 HMMVAD 对比示例

9.3 VAD 性能评价

若要判断某个 VAD 算法的好坏，还需要客观、定量的指标对其性能进行评价。由于 VAD 的作用类似于一个非语音和语音的分类器，所以可以借鉴对分类问题的评价方法来计算客观性能指标，例如分类错误率等。但是，VAD 问题也具有特殊性：将语音误判为非语音的代价要比将非语音误判为语音的代价大很多。因为前者破坏了语音的完整性，会造成后续应用出现丢字、语义理解错误等问题；后者则会在语音段的首尾增加若干无意义的信号段，但不会破坏信息的完整性。

综合考虑以上因素，参考文献 [16] 介绍了一种 VAD 的评价方法，其基本思想如图 9.14 所示。其中，第一行表示我们期望得到的 VAD 结果，该结果可以由人工对待测语音标注得到，第二行表示 VAD 算法的输出结果，第三行表示打分方法。为了尽量避免将语音误判为非语音，VAD 算法一般会在其检测到的语音段首尾保留一些余量：算法报告的语音起点比其检测到的起点提前一段时间，以防止语音段的首字丢音；而算法报告的语音尾点比其检测到的尾点晚一段时间，以防止语音被误截断。这种方法也叫作 VAD 的 hangbefore 和 hangover 机制[17]，而加入 hangbefore 也可以有效解决图 9.10 中在线 VAD 算法起点滞后的问题。考虑到 VAD 算法引入的放松余量，图 9.14 中在语音段的首尾也加入了 collar（图中为 2 s），在 collar 范围内的 VAD 结果不计分，即适当进行余量放松并不影响 VAD 的性能。

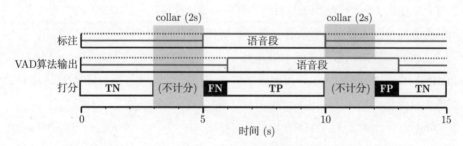

图 9.14　VAD 评价方法示意图[16]

图 9.14 中还出现了四种计分项目，分别如下。

- TN（True Negative）：正确被检测为非语音的部分。
- TP（True Positive）：正确被检测为语音的部分。
- FN（False Negative）：未被检出的语音，即漏检的部分。
- FP（False Positive）：将非语音段误检测为语音的部分，也被称为虚警（false alarm）。

VAD 的评价指标可以从这些计分项目中计算得出，包括漏检率（P_{Miss}）、虚警率（P_{FA}），以及检测代价函数（detection cost function，DCF），分别如公式 (9.57)、公式 (9.58) 和公式 (9.59) 所示。不难发现，总语音时长由标注得出，

并且有总语音时长 = TP + FN，collar 对总语音时长不会造成影响。另外，排除 collar 后的总非语音时长 = FP + TN，由于需要排除 collar，所以 collar 的长短会对打分结果造成影响。DCF 相当于综合考虑了漏检和虚警后打出的总分，从其加权系数可以看出，漏检比虚警对 VAD 造成的影响大。

$$P_{\text{Miss}} = \frac{\text{总 FN 时长}}{\text{总语音时长}} \tag{9.57}$$

$$P_{\text{FA}} = \frac{\text{总 FP 时长}}{\text{排除 collar 后的总非语音时长}} \tag{9.58}$$

$$\text{DCF} = 0.75 \times P_{\text{Miss}} + 0.25 \times P_{\text{FA}} \tag{9.59}$$

9.4 本章小结

首先，本章主要基于参考文献 [1, 4, 10] 介绍一种音频短时能量特征加 HMM 的 VAD 方法。这种方法比较简单，其重点在于对 HMM 的应用。HMM 是一种强有力的建模工具，广泛用于与时间序列相关的建模应用中。HMM 的在线版本使得算法能随着输入数据自适应迭代更新，增强了算法对不同环境的适应能力。

其次，本章根据参考文献 [12] 介绍了一种基于 NN 的 VAD 方法，以及 NN 和 HMM 结合的思想。由于 NN 强大的语音建模能力加上 HMM 的自适应性，即便在极低信噪比场景下，NN 加 HMM 的 VAD 算法也能正常工作。

最后，本章介绍的 VAD 方法只针对单输入、单输出的情况，可以对本章的思想进行扩展，以实现更复杂的 VAD 应用。例如，配合麦克风阵列算法，根据输入数据 x 的协方差矩阵 $\boldsymbol{\Phi}_x = E\{\boldsymbol{x}\boldsymbol{x}^{\text{H}}\}$，以及某个方向的导向向量 $\boldsymbol{w}$，计算该方向的输出能量 $y = \boldsymbol{w}^{\text{H}}\boldsymbol{\Phi}_x\boldsymbol{w}$，并结合本章中的方法，根据输出能量波动实现一种基于方位的 VAD；或者利用麦克风阵列的多路语音输出，结合说话人声纹特征，实现一种多路的基于说话人的 VAD。

本章参考文献

[1] YING D, YAN Y, DANG J, et al. Voice activity detection based on an unsupervised learning framework[J]. IEEE Transactions on Audio, Speech, and Language Processing, 2011, 19(8): 2624-2633.

[2] DRUGMAN T, STYLIANOU Y, KIDA Y, et al. Voice activity detection: merging source and filter-based information[J]. IEEE Signal Processing Letters, 2015, 23(2): 252-256.

[3] GRAF S, HERBIG T, BUCK M, et al. Features for voice activity detection: a comparative analysis[J]. EURASIP Journal on Advances in Signal Processing, 2015, 2015(1): 1-15.

[4] YING D, YAN Y. Noise estimation using a constrained sequential hidden Markov model in the log-spectral domain[J]. IEEE transactions on audio, speech, and language processing, 2013, 21(6): 1145-1157.

[5] ARIAV I, COHEN I. An end-to-end multimodal voice activity detection using wavenet encoder and residual networks[J]. IEEE Journal of Selected Topics in Signal Processing, 2019, 13(2): 265-274.

[6] PARK T J, KANDA N, DIMITRIADIS D, et al. A review of speaker diarization: recent advances with deep learning[J]. Computer Speech & Language, 2022, 72: 101317.

[7] XU Y, YU M, ZHANG S X, et al. Neural spatio-temporal beamformer for target speech separation[J]. arXiv preprint arXiv:2005.03889, 2020.

[8] HUGHES T, MIERLE K. Recurrent neural networks for voice activity detection[C]// 2013 IEEE International Conference on Acoustics, Speech and Signal Processing. IEEE, 2013: 7378-7382.

[9] FAYEK H. Speech processing for machine learning: filter banks, mel-frequency cepstral coefficients (mfccs) and what's in-between[J]. 2016.

[10] STAMP M. A revealing introduction to hidden Markov models[J]. Department of Computer Science San Jose State University, 2004: 26-56.

[11] VALIN J M. Rnnoise: learning noise suppression[EB/OL]. https://www.hxedu.com. cn/Resource/202301841/08.htm.

[12] VALIN J M. A hybrid dsp/deep learning approach to real-time full-band speech enhancement[C]//2018 IEEE 20th international workshop on multimedia signal processing (MMSP). IEEE, 2018: 1-5.

[13] VALIN J M. Recurrent neural network for audio noise reduction[EB/OL]. https:// www.hxedu.com.cn/Resource/202301841/09.htm.

[14] Gru[EB/OL]. https://www.hxedu.com.cn/Resource/202301841/10.htm.

[15] PyTorch[EB/OL]. https://www.hxedu.com.cn/Resource/202301841/11.htm.

[16] Nist open speech-activity-detection evaluation[EB/OL]. https://www.hxedu.com. cn/Resource/202301841/12.htm.

[17] VLAJ D, KOS M, GRASIC M, et al. Influence of hangover and hangbefore criteria on automatic speech recognition[C]//2009 16th International Conference on Systems, Signals and Image Processing. IEEE, 2009: 1-4.

10

关键词检测

关键词检测（keyword spotting，KWS）即我们通常所说的语音唤醒，指一系列从实时音频流中检测出若干预定义关键词的技术。随着远讲免提语音交互（distant-talking hands free speech interaction）技术的发展，关键词检测及其配套技术变得越来越重要。人和人交互时会先喊对方的名字，关键词就好比智能设备的"名字"，相当于人机交互流程的触发开关。

由于需要在硬件条件有限的设备端对音频流进行实时监听，所以关键词检测模块必须做到"低资源、高性能"。所谓低资源，指全套算法所需的算力、功耗、存储、网络带宽等资源应当做到尽量节省，以满足实际设备硬件条件的限制。例如，通用领域的语音识别（automatic speech recognition[1]，ASR）技术同样可以实现关键词检测的功能，但是通用 ASR 的模型通常较大，需要的计算资源通常较多，无法直接部署到设备端运行。为了实现低资源，一种更直接的想法是设备端只采集数据，将所有数据发送到云端后再进行后续处理。这种方案虽然节约了设备端的运算和存储资源，却显著增加了网络占用[2]和交互延时。另外，所有数据上云的方案都面临更严重的用户隐私泄露风险。而所谓高性能，要求智能设备在包含各种设备回声、人声干扰、环境噪声、房间混响的实际应用场景中也能具有较高的唤醒率和较低的虚警率，同时具有较小的唤醒事件响应延时。针对实际场景中各种不利声学因素的影响，只靠关键词检测是无法应对的，所以关键词检测还需要配合本书前面章节介绍的各种语音增强技术使用，并且语音增强和关键词检测需要实现匹配训练和联合优化（第 11 章）才能发挥出更好的性能。

本章将介绍设备端关键词检测的相关知识。目前主流的关键词检测算法框架主要由三部分组成：特征提取、声学模型（acoustic model，AM）、解码器

---

1 这里的英文释义为"自动语音识别"，本书根据行业习惯，统一叫作"语音识别"。

2 在端侧关键词检测方案中，一般只有在触发关键词后才进行网络传输，以实现后续的交互流程，交互会话结束后网络连接随即中断，所以占用的网络资源较少。

（decoder）[1]。特征提取用于从增强过后的语音信号中提取声学特征；声学模型一般由深度神经网络构成，以特征为输入，预测各个关键词建模单元的观测概率；解码器则用于对建模单元观测概率进行平滑处理，并从概率曲线随时间的变化逻辑中找出发音单元的变化序列，以此作为某个关键词出现的标志。10.1、10.2、10.3 节将分别对这三部分进行介绍。虚警是关键词检测技术在实际应用中必须要重点关注的问题，10.4 节将专门讨论抑制虚警的一些方法。由于关键词检测之前的语音增强模块通常会输出多通道的音频信号，每路信号代表一个被分离出来的声源，而目标语音则包含在其中的某一路信号中。所以关键词检测算法需要能对多路信号进行处理，10.5 节专门讨论了多通道关键词检测的问题。10.6 节对本章内容进行总结。

10.1 特征提取

特征提取是根据客观物理规律或统计规律针对原始数据做出的人为提炼和精简过程，其目的在于突出对后续机器学习算法有用的信息，压缩、删除一些无用或冗余的信息，以便后续算法能更好地完成分类、预测、聚类等机器学习任务。同时，特征提取一般伴随着数据降维的过程，也有利于降低算法的计算量并提高模型训练的稳定性。

从信息论的观点分析可知，原始数据中所包含的有用信息量是固定的，而特征提取相当于对数据的若干线性和非线性变换，并不能增加有用信息量的总规模，反之，某些设计不合理的特征还会起到减少有用信息量的作用。随着深度神经网络技术的发展，该观点也逐渐被实验所证实。有的研究者认为，深度神经网络相当于一种特征提取的过程：将原始数据作为输入，随着网络的叠加，最后只需一个简单的线性层就能实现较好的分类、预测等功能。而在相同的网络规模下，使用人为提取的特征作为输入，在某些任务中的性能反而会降低。

虽然人为设计的特征可能带来信息损失的风险，但本章中的关键词检测仍然保留了特征提取的过程，其目的在于对数据进行压缩和降维，节约计算和存储资源，从而满足在低资源、嵌入式系统中应用的要求。针对语音信息处理而设计的特征类型有多种，本章使用的是 40 维的 FBank 特征[2]。提取 FBank 特征首先需要将时域信号通过子带分解转换到频域，然后将频域功率谱按照 Mel 尺度加三角窗合并，最后转换为对数功率谱。关于子带分解的知识第 2 章已经介绍过了，所以这里只介绍后续对频域信号的操作。

FBank 特征的设计重点在于频域上线性尺度和 Mel 尺度间的相互转换。Mel 尺度模拟人耳听觉的非线性特性设计：人耳对低频成分的分辨率较高，而随着频率的升高，感知分辨率逐渐降低。我们可以通过公式 (10.1) 和公式 (10.2) 将频率在线性尺度 h (Hz) 和 Mel 尺度 m (Mel) 之间相互转换。

$$m = 2595 \times \lg\left(1 + \frac{h}{700}\right) \tag{10.1}$$

$$h = 700 \times (10^{m/2595} - 1) \tag{10.2}$$

假设输入信号的采样率为 16 kHz，则根据公式 (10.1) 和公式 (10.2) 可以设计出覆盖整个 $0 \sim 8$ kHz 频率段的 Mel 三角窗，如图 10.1 所示。图 10.1 中 40 维 FBank 特征设计的起始和截止频率分别为 $h_1 = 100$ Hz 和 $h_2 = 7800$ Hz，根据公式 (10.1) 可得 Mel 尺度上的起止点 $m_1 = 150.49$，$m_2 = 2813.81$。40 维的 FBank 特征相当于三角窗的尖峰一共有 40 个，而相邻三角窗之间有一半重叠，说明需要将 $[m_1, m_2]$ 区间均匀划分为 41 份，一共需要 42 个分界点，每份对应半个三角窗，覆盖范围为 $\Delta m = (m_2 - m_1)/(40 + 1) = 64.96$。从第一个分界点开始，相邻的三个分界点分别对应一个三角窗的起始、中心、截止频率，然后根据公式 (10.2) 将分界点转换回线性尺度，就得到了非均匀的区间，再根据三个分界点一组设计三角窗就可以得到图 10.1 中的窗结构。

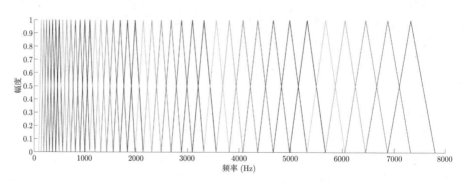

图 10.1　40 维 FBank 三角窗与频率的对应关系示例

有了图 10.1 中的窗结构，就可以按照公式 (10.3) 将频域数据 $y(k)$，$k = 1, 2, \cdots, K$ 转换为 FBank 特征。其中，$f(i), i = 1, 2, \cdots, 40$ 为第 i 维的 FBank 特征，$\mathcal{W}(i)$ 表示第 i 个三角窗，其中的加窗系数为 $w(k)$。公式 (10.3) 之所以将

数据转换为对数谱，是结合了语音信号低频能量显著强于高频能量的特点，对各个维度的特征数值进行了平衡，防止出现某些维度数值过大，而某些维度数值过小，从而影响模型训练的问题[3]。

$$f(i) = 10 \lg \sum_{y(k) \in \mathcal{W}(i)} w(k) |y(k)|^2 \tag{10.3}$$

本章中使用的 FBank 特征到公式 (10.3) 即算提取完成，但在不同的文献中，可能还会在公式 (10.3) 之后做一些变化。例如，参考文献 [2] 中的 FBank 特征还会包含数据归一化的操作，而 MFCC 特征还会包含离散余弦变换（discrete cosine transform，DCT），求一、二阶导数等操作。由于本书中的算法大多针对在线处理的实时应用，而数据归一化操作便于以批处理的形式离线执行，所以本节省略了归一化的步骤。另外，作者认为 MFCC 中加入一、二阶导数是因为早期的机器学习方法对时间相关性的建模能力不强，所以通过差分的方式试图引入前后帧的相关性到特征中。现代的深度神经网络方法具有很强的时间序列建模能力，所以无须在特征中加入一、二阶导数。

10.2　声学模型

声学模型（acoustic model，AM）的概念源自语音识别任务，其作用是根据从音频流中提取的特征数据预测语音的各个发音建模单元的观测概率。本节首先介绍建模单元的概念，再介绍建模单元观测概率的预测方法，最后对声学模型的建模原理进行讨论。

10.2.1　建模单元

由于关键词检测任务只需区分关键词与非关键词，所以本章中的声学模型只需要着重对关键词发音单元进行建模，而其他非关键词发音和非语音成分则统一建模为一个或多个 Filler 单元，即 keyword/filler 建模方式[4, 5]，相当于语音识别声学模型的简化版。

借鉴语音识别任务的建模思路，我们有多种方式对发音单元进行建模。根据建模单元的粒度从细到粗的方式来排列，可以将建模方式分为按音素（phone）建模、有上下文依赖的音素（context-dependent phone，CD-phone）建模、声韵母建模、音节（syllable）建模、汉字建模等，甚至在有的关键词检测方法中还采用了端到端的建模方式，即对整个关键词统一进行建模[6]。其中，针对汉语的特殊性，可以认为一个汉字是一个音节，其发音由声母和韵母构成，而汉字的音节加上对应的声调构成了汉字的发音。不同的发音建模方式有各自的优缺点：由于细粒度的基本发音单元的不同排列组合构成了更丰富的发音，所以细粒度建模方式的优点在于可复用性高，只需建模少量基本单元即可覆盖整个字典；而粗粒度建模方式的优点在于鲁棒性强，可以容忍少量次级发音单元的错误。

分析关键词检测任务的特殊性可知，关键词检测主要针对远讲免提语音交互任务，所以音频信号通常会受到实际环境中各种不利声学因素的影响，导致语音可能出现发音不清晰、丢音，甚至丢字的现象。另外，作为触发语音交互会话的开关，关键词检测模型通常需要支持 1 ~ 10 个关键词的检出；命令词检测模型则通常需要支持数百量级的命令词检出[1]。综合以上关键词检测任务的特点，并考虑到模型训练工具链的通用性，本章中的关键词检测模型采用了基于音节建模的方式，即按汉字建模，但不区分汉字的声调，并且不区分前后鼻音。使用这种建模方式可以有效提升模型针对带噪语音的鲁棒性，并且可以有效兼容关键词和命令词检测任务。

选定建模单元后，我们需要借助语音识别任务中配套的强制对齐（force align）工具，或是初版关键词检测模型得到的解码路径将未标注的关键词音源中的各个建模单元打上对应的标签，为后续的模型训练做准备，如图 10.2 所示。图 10.2 中的关键词由四个不同的汉字组成，分别记为 A、B、C、D，则按照音节建模的方式需要将每个汉字对应一个标签，记为 "1,2,3,4"，每个汉字的发音持续长度和对应的标签长度一致，加上 Filler 对应的标签 0，在模型训练阶段就可以将交叉熵作为损失函数对关键词检测模型进行训练。在数据打标过程中并不要求相同发音的汉字必须使用相同的标签，例如 $ABAB$、$AAAA$ 形式的关键词同样可以采用 "1,2,3,4" 的标签。

---

1 在本章中，关键词检测和命令词检测指两种不同的应用，采用相同的模型和解码器架构来实现。离线命令词检测包含使用语音控制空调的命令：二十度、二十一度、关闭左右扫风等。由于命令词的数目显著多于关键词，所以命令词模型的虚警也较高，系统中通常需要采用 "关键词 + 命令词" 的级联方式。

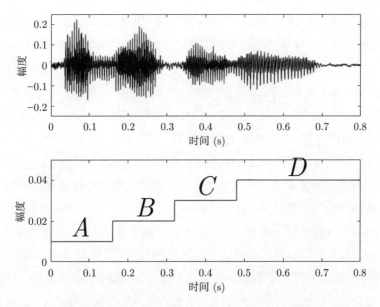

图 10.2　关键词建模单元标签示例，其中第一通道为四个汉字关键词（计为 *ABCD*）音源，第二通道为对应的标签。为了将标签也转换为音频格式从而支持和音源的共同存储，数据打标工具将原本的"1, 2, 3, 4"标签压缩为"0.01, 0.02, 0.03, 0.04"。该标签在训练阶段将被还原为原始尺度参与模型训练

10.2.2　声学模型

　　早期的声学模型一般采用 GMM—HMM 的建模方式[4, 5]，每个发音单元采用一个单独的 GMM—HMM 结构进行建模。随着 DNN 技术的发展，传统的 GMM—HMM 结构逐渐被 DNN 结构替代。由于 DNN 强大的对时间序列和高维数据建模的能力，基于 DNN 的声学模型也不再将每个发音单元建模为一个独立的结构，而是采用统一的网络对所有发音单元进行建模。

　　研究者们尝试过使用不同的网络结构来建立关键词声学模型，例如 DNN [7]、RNN [8]、卷积神经网络 (convolutional neural network，CNN) [9]、注意机制 (attention mechanism) [10]、前馈顺序记忆网络 (feedforward sequential memory network，FSMN) [11] 等。针对不同的应用场景，各种模型架构的优缺点也各不相同。对于本章中的关键词检测任务来说，需要处理从音频信号中提取的特征序列，该序列具有明显的时间相关性和因果性，所以要求声学模型对时间序列具有较强的建模能力。本章针对的是低资源嵌入式实时应用，所以要求声学模型能进行流式实时处理，并且具有较低的算力和存储消耗。

根据上述两个特点再来回看各种模型架构，由于 DNN 不具有记忆特性，所以参考文献 [7] 为了实现对时间序列的建模采用了较长的特征拼接操作来增强模型前后帧之间的相关性，而较长的特征拼接会导致较高的实时因素（real time factor，RTF）峰值（见 5.3.3 节），不利于实时算法的处理。而参考文献 [10] 基于注意机制的思想需要计算全局的相关性和加权信息，比较适合离线关键词检测，即得到整段关键词短音频后再进行检测，但并不适合流式处理，即要求输入一帧信号便同时输出一帧对应的预测结果。RNN、CNN、FSMN 这几种模型架构带有诸如卷积核之类的记忆单元，所以对时间序列具有较强的建模能力，适合作为关键词检测模型使用。其中，RNN 可以类比于信号处理中的无限脉冲响应（infinite impulse response，IIR）滤波器，即当前帧的输出结果 $y(\tau)$ 会反馈回输入端，和下一帧的输入数据 $x(\tau+1)$ 共同预测下一帧的输出结果 $y(\tau+1)$。IIR 滤波器的优点在于阶数较低，缺点在于可能导致输出结果不稳定，因为输出误差会通过反馈结构一直累积到输入中。根据信号处理基本理论可知，IIR 滤波器可以使用阶数较高的有限冲激响应（finite impulse response，FIR）滤波器近似。FIR 滤波器虽然增加了阶数，但取消了反馈结构，避免了误差累积问题，从而提升了稳定性。FSMN 网络正是借鉴了 FIR 滤波器的思想设计[12]，通过取消反馈结构，增强了模型在训练过程中的稳定性和收敛性，同时通过取消 RNN 中的逻辑门网络，让模型参数量得到进一步压缩，所以本节选择使用 FSMN 网络结构作为关键词声学模型进行讲解。

一种基于 FSMN 的关键词检测模型架构如图 10.3 所示。该网络的输入 $\bar{f}(\bar{\tau})$ 由 10.1 节的 FBank 特征 $f(\tau)$ 经过若干跳帧、拼帧操作得到，本章采用的是跳一帧、拼三帧的方式，即

$$\bar{f}(\bar{\tau}) = [f^{\mathrm{T}}(2\bar{\tau}-1), f^{\mathrm{T}}(2\bar{\tau}), f^{\mathrm{T}}(2\bar{\tau}+1)]^{\mathrm{T}} \tag{10.4}$$

其中，$\bar{\tau} = \tau \downarrow 2$，$\downarrow D$ 表示 D 重下采样操作。拼帧的意义在于增强前后帧之间的相关性，由于 FSMN 本身具有较强的时间序列建模能力，所以本节只采用了较小规模的拼帧。而跳帧相当于一种下采样操作，利用有限的信息损失换取模型在时间维度上双倍的感知范围，有利于各个关键词发音单元上下文信息的建模。

图 10.3 中的网络结构由三部分组成：最前面的 ReLU（Affine） 结构用于将输入特征的维度映射到 FSMN 单元的输入/输出维度上（见公式 (10.5)）；第二部分由 L 层 FSMN 单元级联而成，相当于网络的记忆单元，是建模关键词时

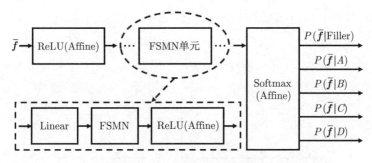

图 10.3　单通道 FSMN 关键词检测模型网络架构

间序列特性的主要结构（见公式 (10.6)）；第三部分将 FSMN 单元的输出映射到与关键词建模单元数目相同的维度上，并通过 Softmax 计算各个发音单元的观测概率（见公式 (10.7)）。

$$h_0(\bar{\tau}) = \mathrm{ReLU}(\mathrm{Affine}(\bar{\boldsymbol{f}}(\bar{\tau}))) \tag{10.5}$$

$$h_l(\bar{\tau}) = \mathrm{FSMNUnit}(\boldsymbol{h}_{l-1}(\bar{\tau})), l = 1, 2, \cdots, L \tag{10.6}$$

$$\boldsymbol{p}(\bar{\tau}) = \mathrm{Softmax}(\mathrm{Affine}(\boldsymbol{h}_L(\bar{\tau}))) \tag{10.7}$$

每个 FSMN 单元的结构如图 10.3 左下方的网络所示，令 I 和 J 分别表示一层网络的输入和输出维度，则 FSMN 单元的第一个 Liner 层有 $I > J$，中间的 FSMN 层有 $I = J$，最后的 Affine 层有 $I < J$。采用这种"胖——瘦——胖"的结构是出于信息压缩的目的：将数据维度降低后经过记忆网络恢复到原始维度（可以类比于将一个矩阵近似分解为一个"瘦高"矩阵和一个"矮胖"矩阵的乘积），有利于用较少的参数量表示较多的信息。

与 CNN 类似，FSMN 同样由卷积结构组成，两者的区别在于 CNN 一般采用二维卷积操作，FSMN 则更类似于频域信号处理算法分频段滤波的操作，在每个特征维度上分别做一维卷积。FSMN 的工作原理如公式 (10.8) 所示，其中，w、v 表示网络学习到的滤波器系数，x、y 分别为输入、输出数据，i、$\bar{\tau}$ 分别为数据维度和帧索引。在公式 (10.8) 中，网络参数在模型训练完毕后便固定不动，所以 w、v 的索引用下标表示，而 x 则是随时间变化并且是逐帧输入网络的，所以帧索引用 $(\bar{\tau})$ 表示。

$$y(i, \bar{\tau}) = x(i, \bar{\tau}) + \sum_{t=0}^{T_{\mathrm{L}}-1} x(i, \bar{\tau} - t) w_t(i) + \sum_{t=0}^{T_{\mathrm{R}}-1} x(i, \bar{\tau} + T_{\mathrm{R}} - t) v_t(i) \tag{10.8}$$

公式 (10.8) 中 FSMN 的输出由三部分组成，第一部分相当于直接将当前的输入叠加到了输出上，其目的在于防止多层网络叠加后在训练过程中出现梯度下溢问题[12]。而第二和第三部分分别为两卷积结构，如图 10.4 所示，由于在每个特征维度上的操作都相同，所以以图 10.4 中省略了特征维度索引 i。

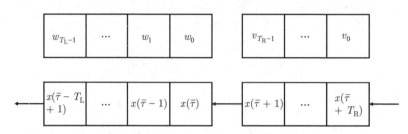

图 10.4　FSMN 卷积结构示意图。其中第二行的数据缓存相当于一个滑动窗口，在输入序列上从左到右滑动。该结构也等效于一个队列，新数据从队列最右端滑进，而历史数据从队列最左端滑出

从图 10.4 中可以看出，FSMN 的卷积结构分为两部分，其中第一个卷积利用了当前帧 $\bar{\tau}$ 和历史帧的数据信息，而第二个卷积利用了未来 T_R 帧的信息。使用未来信息有利于提升模型的输出性能，但由于在线系统中不可能出现提前预知未来的情况，所以实际的做法是等待 T_R 帧后再计算 $\bar{\tau}$ 帧的结果，相当于造成了 T_R 帧的延时。从公式 (10.8) 中也可以看出，单纯的 FSMN 是每维特征分别做卷积的，相当于只建模了时间相关性。考虑到语音频谱除了具有时间相关性，还具有明显的谐波结构，所以 FSMN 还要和图 10.3 中的其他网络结构配合才能对语音的时频特性进行较好的建模。

声学模型的输出为各个建模单元的观测概率，以本节中的关键词 $ABCD$ 为例，输出 $\boldsymbol{p}$ 为一个 5 维向量，如公式 (10.9) 所示。

$$\boldsymbol{p} = [P(\bar{\boldsymbol{f}}|\text{Filler}), P(\bar{\boldsymbol{f}}|A), P(\bar{\boldsymbol{f}}|B), P(\bar{\boldsymbol{f}}|C), P(\bar{\boldsymbol{f}}|D)]^{\mathrm{T}} \tag{10.9}$$

10.2.3　关于声学模型工作原理的讨论

声学模型训练的一般流程如下：首先，准备如图 10.2 所示的若干关键词语音及其标签作为正样本音源，若干非关键词语音作为负样本音源，以及若干噪声音源；然后，根据第 7 章中的数据模拟方法将音源数据进行加噪和扩充；最后，将模拟数据经过相应的语音增强算法进行处理，并提取特征后送给模型训练

工具进行训练。训练完成后，声学模型根据输入特征预测各个发音单元的观测概率，如图 10.5 所示。从图 10.5 的示例中也可以看出，声学模型的输出结果相对于输入波形有一定的延时，这是由于在该模型中公式 (10.8) 的 $T_R \neq 0$，并且公式 (10.4) 中的跳帧、拼帧操作也会引入延时。延时会影响关键词检测事件的响应速度，但适当引入延时有利于提升模型的预测性能。

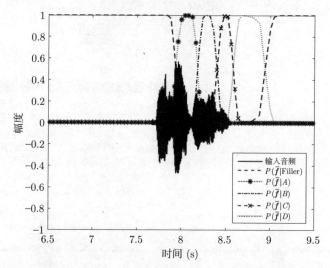

图 10.5 声学模型正常输出示例，其中输入关键词音频为 $ABCD$

基于深度神经网络的方法具有建模原理难以解释的缺点，即我们虽然可以实现 $p = \mathrm{AM}(\bar{f})$，但只能在非常有限的程度上解释声学模型映射 $\mathrm{AM}(\cdot)$ 的工作原理。一个声学模型网络输出可视化的示例如图 10.6 所示，从该例子中可以看出，输入特征 $\bar{f}$ 反映的是音频的频谱结构，而输出 p 反映的是各个建模单元的观测概率。模型的最后一层网络 $p = \mathrm{Affine}(x)$ 相当于一个线性分类器，将上一层的输出 x 分类到各个建模单元上。但从该例子中也可以看出，网络其他部分的输出看似杂乱无章，所以其工作原理也难以分析。虽然神经网络的行为基本上相当于一个"黑盒"，但是我们仍然可以通过一些实验手段对其进行有限程度的分析。需要注意的是，下面介绍的实验现象依赖于训练数据和训练方法，数据和方法不同，则相同输入音频对应的输出结果也可能有所不同。

首先，图 10.7 中给出了将关键词 $ABCD$ 拆分成单个汉字并分别送入声学模型后的输出结果。我们可以发现，模型除了对组成关键词的第一个汉字有一定响应，对关键词中的其他单个汉字几乎没有响应。

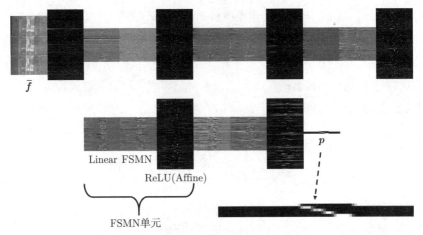

图 10.6 声学模型输出可视化示例，其中每幅图像代表了每层网络的输入或输出，图像的宽度对应时间维度，而高度对应特征维度，图像亮度越强代表对应的数值越大。图中的模型由 5 个 FSMN 单元级联而成，为了便于显示，图中将第 3 个 FSMN 单元之后的结果绘制到了第二行图像中，而本图的右下角则给出了放大后的网络输出可视化结果

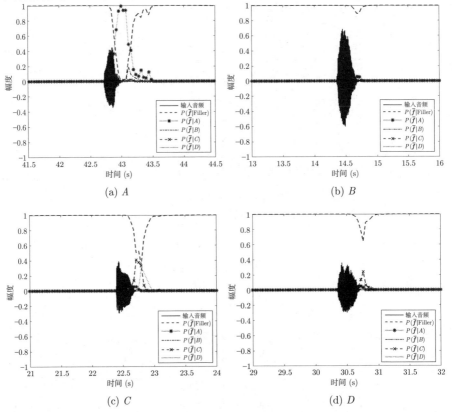

图 10.7 将关键词 $ABCD$ 拆分成单个汉字并分别送入声学模型后的输出结果

　　在图 10.8 和图 10.9 中的实验中分别将组成关键词的汉字拆分成二元组和三元组后送入声学模型。从这两个实验中可以发现，声学模型出现了响应。两个实验也暴露了该声学模型的一些不足之处，例如图 10.8(b) 中的音频并没有汉字 A，而输出中 $P(\bar{f}|A)$ 却较为显著。

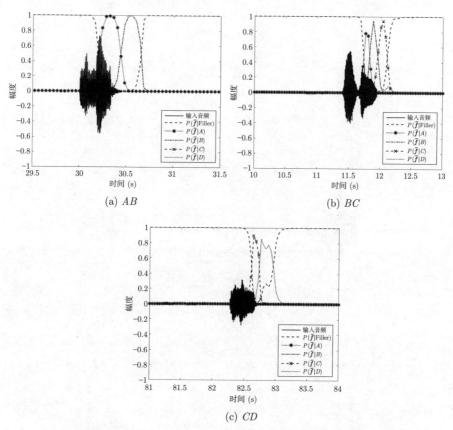

图 10.8　将关键词 $ABCD$ 拆分成二元组并分别送入声学模型后的输出结果

　　图 10.10 中的实验分别将关键词 $ABCD$ 中的各个汉字替换为 $EFGH$，每次只替换一个汉字。从该实验中可以看出，图 10.10(a) 和图 10.10(d) 都被检测为 $ABCD$，而图 10.10(b) 中并未出现 B，但模型却表现为观测到了 B。除了图 10.10 中的情况，$ABAB$、$DCBA$ 等不同排列组合的例子也容易出现误观测到未出现的发音单元的现象。

　　从以上实验现象中可以总结出一些声学模型实现关键词检测的原理：声学模型并不是靠单个汉字的发音进行检测的，而是利用了各个汉字及其上下文信

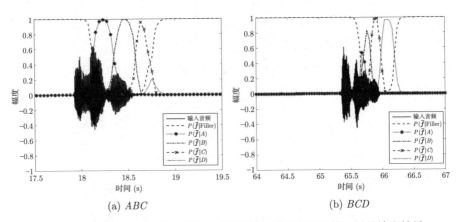

图 10.9 将关键词 $ABCD$ 拆分成三元组并分别送入声学模型后的输出结果

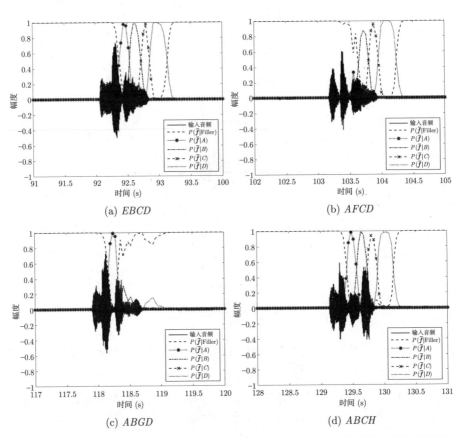

图 10.10 将关键词 $ABCD$ 的各个单元分别替换为 $EFGH$ 后声学模型的输出结果

息；在训练过程中没有加入相应对抗样例（adversarial example）的情况下，声学模型在看到大部分发音单元时也容易错误地联想出其余未出现的单元。

10.3 解码器

解码器相当于声学模型的后处理模块，用于对声学模型输出的关键词建模单元观测概率做进一步处理，并以此作为关键词是否检出的判断依据。解码器的主要作用可以总结为以下几点。

- 对声学模型输出的原始概率曲线进行平滑处理，消除其中不规律的跳变或毛刺等现象[7]。

- 判断当前最有可能被激活的建模单元，并根据建模单元的出现顺序检测相应的关键词。

- 计算关键词的置信度（confidence），只有当置信度超过预定义的阈值（threshold）时才算关键词被检出。阈值的选择见 10.3.1 节。

参考文献 [13] 介绍了一种自适应 HMM 解码器，可以在 HMM 的理论框架下完成以上任务，如算法 19 所示。其中，$\boldsymbol{\alpha} = [P(X_0|\bar{\boldsymbol{f}}), P(X_1|\bar{\boldsymbol{f}}), \cdots, P(X_I|\bar{\boldsymbol{f}})]^{\mathrm{T}}$ 为前向概率[1]；$X_0, X_1, \cdots, X_I$ 表示 $I+1$ 个建模单元，而 X_0 一般对应 Filler，在本章的例子中，$I = 4$；$\boldsymbol{T}$ 为 $(I+1) \times (I+1)$ 的概率转移矩阵。

与 9.1.6 节中的算法稍有不同，本节中 HMM 的生成模型由声学模型代替，声学模型在完成训练后便固定不动；而 HMM 的概率转移矩阵随着声学模型的输出自适应更新，公式 (10.14) 相当于根据前向概率动态控制更新 $\boldsymbol{T}$ 时所使用的遗忘因子。算法 19 的优点就在于它的自适应性，在不同的使用环境中都能使得各个关键词建模单元的存在概率最大化。另外，由于关键词检测模型中并不是所有建模单元之间都可以相互转移，所以 $\boldsymbol{T}$ 可以采用稀疏矩阵的数据结构实现。

对比声学模型的某维输出 $p_i = P(\bar{\boldsymbol{f}}|X_i)$，与经过算法 19 处理过的输出 $\alpha_i = P(X_i|\bar{\boldsymbol{f}})$，前者可以解释为建模单元模型 X_i 观测到特征 $\bar{\boldsymbol{f}}$ 的概率，所以我们将其称之为观测概率；而后者可以解释为在出现特征 $\bar{\boldsymbol{f}}$ 的条件下模型状态位于 X_i 的概率，所以我们将其称之为 X_i 的存在概率。$P(X_i|\bar{\boldsymbol{f}})$ 相当于在 $P(\bar{\boldsymbol{f}}|X_i)$ 的基础上又加入了状态转移信息后的结果，相当于对 $P(\bar{\boldsymbol{f}}|X_i)$ 起到了平滑作用。

---

1 为了保证低延时，在线 HMM 算法不考虑后向概率，即后向概率 $\boldsymbol{\beta} = \mathbf{1}$。所以对 $I+1$ 维存在概率向量归一化后有 $P(X_i|\bar{\boldsymbol{f}}) = \alpha_i \beta_i / P(\bar{\boldsymbol{f}}) = \alpha_i$，即前向概率相当于建模单元存在概率[14]。

算法 19: 自适应 HMM 概率转移矩阵更新算法

初始化: $I+1$ 维前向概率 $\boldsymbol{\alpha}(0)$, $(I+1) \times (I+1)$ 维状态转移矩阵 $\boldsymbol{T}(0)$。

输入: $\boldsymbol{\alpha}(\bar{\tau}-1)$, $\boldsymbol{T}(\bar{\tau}-1)$, 声学模型输出 $\boldsymbol{p}(\bar{\tau})$

输出: $\boldsymbol{\alpha}(\bar{\tau})$, $\boldsymbol{T}(\bar{\tau})$

1. 更新 $\boldsymbol{\Gamma}$ 中的元素 γ_{ij} 和 $\boldsymbol{\alpha}$ 中的元素 α_j。

$$\gamma_{ij}(\bar{\tau}) = \alpha_i(\bar{\tau}-1)t_{ij}(\bar{\tau}-1)p_j(\bar{\tau}) \tag{10.10}$$

$$\alpha_j(\bar{\tau}) = \sum_{i=0}^{I} \gamma_{ij}(\bar{\tau}) \tag{10.11}$$

进行归一化。

$$\boldsymbol{\Gamma}(\bar{\tau}) = \frac{\boldsymbol{\Gamma}(\bar{\tau})}{\sum_{i=0}^{I} \sum_{j=0}^{I} \gamma_{ij}(\bar{\tau})} \tag{10.12}$$

$$\boldsymbol{\alpha}(\tau) = \frac{\boldsymbol{\alpha}(\bar{\tau})}{\sum_{i=0}^{I} \alpha_i(\bar{\tau})} \tag{10.13}$$

2. 更新 $\boldsymbol{T}$ 中的元素 t_{ij}, 其中 $\eta^{(2)}$ 为固定的遗忘因子。

$$\eta_i = \eta^{(2)} + (1 - \alpha_i(\bar{\tau}))(1 - \eta^{(2)}) \tag{10.14}$$

$$t_{ij}(\bar{\tau}) = \eta_i t_{ij}(\bar{\tau}-1) + (1 - \eta_i)\gamma_{ij}(\bar{\tau})/\alpha_i(\bar{\tau}) \tag{10.15}$$

将 $\boldsymbol{T}$ 中的各行归一化为和为 1 的形式, 以满足概率的定义。

在经过算法 19 处理后, 最优建模单元转移序列 $[X(\bar{\tau}_0 - Z + 1), X(\bar{\tau}_0 - Z), \cdots, X(\bar{\tau}_0)]^{\mathrm{T}}$ 可以通过 Viterbi 算法得到 (见 9.1.3 节), 其中, $\bar{\tau}_0$ 为当前帧索引, Z 为回溯窗口大小。我们使用在 Z 窗口内第 i 个建模单元存在概率的最大值代表该建模单元在整个关键词中的存在概率, 记作 q_i, 如公式 (10.16) 所示。

$$q_i = \max_{\bar{\tau} = \bar{\tau}_0 - Z + 1, \bar{\tau}_0 - Z, \cdots, \bar{\tau}_0} P(X(\bar{\tau}) = X_i | \bar{\boldsymbol{f}}(\bar{\tau})) \tag{10.16}$$

第 w 个关键词置信度 λ_w 由公式 (10.17) 和公式 (10.18) 得出, 其中, $\mathcal{I}_w$ 表示组成该关键词的建模单元索引集合。公式 (10.17) 和公式 (10.18) 相当于排除该关键词中存在概率最小的一个建模单元, 并计算其余单元存在概率的乘积作为该关键词的置信度。远讲关键词检测任务在各种不利声学因素的影响下, 经常会发生关键词丢音、甚至丢字的现象, 所以上述置信度计算方法有利于提升关键词检测的鲁棒性。

$$\lambda_w = \max_{i \in \mathcal{I}_w} \bar{q}_i \tag{10.17}$$

$$\bar{q}_i = \begin{cases} \prod_{j \in \mathcal{I}_w} q_j/q_i & q_i \neq 0 \\ 0 & \text{其他} \end{cases} \tag{10.18}$$

公式 (10.17) 和公式 (10.18) 在计算置信度时并未考虑建模单元出现的顺序，所以该方法在某些多关键词检测任务中是不适用的，例如该方法无法区分"十二层"与"二十层"。对于对建模单元顺序有严格要求的应用，可以采用有限状态机的思想进行状态序列的检测，如图 10.11 和算法 20 所示。

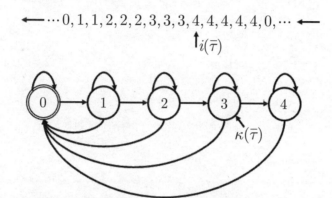

图 10.11 有限状态机 token 更新示意图。每个关键词状态用一个单环圆形表示，索引 1、2、3、4 对应的关键词状态分别为 A、B、C、D，索引 0 对应 Filler，而双环表示起始态（也是最终态），$\kappa(\bar{\tau})$ 为 $\bar{\tau}$ 时刻的 token。在该示例中，当前输入索引 $i(\bar{\tau}) = 4$，匹配 $\kappa(\bar{\tau})$ 指示的下一个状态，所以有 $\kappa(\bar{\tau}+1) \leftarrow \kappa(\bar{\tau})+1$

在图 10.11 的示例中，关键词 $ABCD$ 对应的建模单元索引序列为 $[1,2,3,4]$，输入索引 $i(\bar{\tau})$ 为解码器输出的当前最优状态索引，而 κ (token) 实现从关键词的最后一个状态跳转回起始态时说明检测到完整的关键词序列。算法 20 的基本思想是，当 $i(\bar{\tau})$ 与 $\kappa(\bar{\tau})$ 指示的关键词的下一个状态匹配时，κ 向后移动，与关键词当前状态匹配时 κ 保持不动，否则相当于出现了与关键词序列不匹配的状态，此时重置 κ，重新开始检测。

10.3.1 阈值与动态阈值

在关键词检测任务中，令 $\lambda \in [0,1]$ 表示当前关键词的置信度，$\theta \in [0,1]$ 表示对应的阈值，尽管解码器已检测到出现关键词序列，但只有满足 $\lambda \geqslant \theta$ 时才算该关键词被检出。在实际应用中，我们可以在真实的正、负样本测试集上分别测出对应的唤醒和虚警次数，以及每个唤醒事件的置信度。从 0 到 1 遍历所有的阈值（例如选取 $\Delta\theta = 0.01$），并根据 $\lambda \geqslant \theta$ 的条件统计各档阈值下的唤醒和虚警次数后就可以绘制出相应的 ROC 曲线。

算法 20: 有限状态机 token 更新算法

输入: 待检测关键词建模单元索引序列 $[j_1, j_2, \cdots, j_{J_w}]$，其中，$J_w$ 为该关键词的建模单元数目；输入索引 $i(\bar{\tau})$；当前 token $\kappa(\bar{\tau})$

输出: 下一个 token $\kappa(\bar{\tau}+1)$

$\kappa(\bar{\tau}+1) \leftarrow \kappa(\bar{\tau})$
if $1 \leqslant \kappa(\bar{\tau}) < I_w$ **then**
　if $i(\bar{\tau}) = j_{\kappa(\bar{\tau})+1}$ **then**
　　$\kappa(\bar{\tau}+1) \leftarrow \kappa(\bar{\tau})+1$
　else if $i(\bar{\tau}) \neq j_{\kappa(\bar{\tau})}$ **then**
　　$\kappa(\bar{\tau}+1) \leftarrow 0$
　end
else if $i(\bar{\tau}) \neq j_{\kappa(\bar{\tau})}$ **then**
　$\kappa(\bar{\tau}+1) \leftarrow 0$　　// κ 遍历完整的关键词序列回到初始态
end
if $\kappa(\bar{\tau}) = 0$ *and* $i(\bar{\tau}) = j_1$ **then**
　$\kappa(\bar{\tau}+1) \leftarrow 1$
end

一组 ROC 曲线的例子如表 10.1 和图 10.12 所示，其中曲线的纵坐标为误拒绝率（false rejection rate，FRR），即 1 − 唤醒率，横坐标为虚警率（false alarm rate，FAR）。FRR 和 FAR 的计算方式分别如公式 (10.19) 和公式 (10.20) 所示。

$$\text{FRR} = 1 - \frac{\text{正样本测试集上成功唤醒的关键词个数}}{\text{正样本测试集中的关键词总数}} \tag{10.19}$$

$$\text{FAR} = \frac{\text{负样本测试集上唤醒的次数}}{\text{负样本测试集的时长（h）}} \tag{10.20}$$

在最大 FAR 相同的条件下，ROC 曲线下方围成的面积越小，说明模型的性能越好，所以在图 10.12 的例子中，模型 1 的整体性能优于模型 2 的。

在绘制好 ROC 曲线后我们便可以在曲线上选取合适的模型阈值。例如在图 10.12 中，模型 1 在满足虚警约为 1 次/天（FAR ≈ 0.04）的条件下，FRR 小于 0.1，即平均唤醒率可以达到 90%，如图中的圆圈位置。此时对应的阈值为 0.76，我们在使用模型时便可以设置 $\theta = 0.76$。

表 10.1 ROC 曲线数据示例。其中粗体的一行对应图 10.12 中选取的工作点位置

FAR（次/h）	FRR	θ
0	1.0000	1.0000
0	0.5345	0.9900
0	0.4204	0.9800
0	0.3448	0.9700
0	0.2939	0.9600
0	0.2559	0.9500
0	0.2348	0.9400
0	0.2207	0.9300
0	0.2067	0.9200
0	0.1938	0.9100
0	0.1780	0.9000
0	0.1692	0.8900
0	0.1598	0.8800
0.0080	0.1511	0.8700
0.0080	0.1411	0.8600
⋮	⋮	⋮
0.0321	0.0931	0.7700
0.0402	**0.0902**	**0.7600**
0.0562	0.0878	0.7500
⋮	⋮	⋮
0.4580	0.0562	0.0500
0.4660	0.0562	0.0400
0.4660	0.0562	0.0300
0.4660	0.0562	0.0200
0.4660	0.0562	0.0100
0.4660	0.0562	0

从上面的介绍可以看出，阈值的作用是平衡唤醒率与虚警：阈值越低，关键词越容易被检出，但虚警也越高；反之，关键词越不容易被检出，虚警越低。为了使得关键词在某些较为困难的场景中也容易被检出，同时保持虚警性能基本不变，参考文献 [15] 给出了一种动态阈值的解决方案。

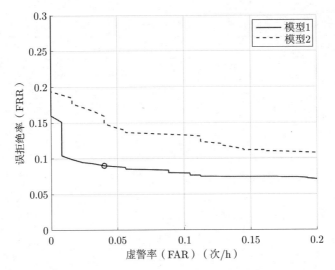

图 10.12　ROC 曲线示例，其中模型 1 对应表 10.1 中的数据，○表示所选取的工作阈值对应的模型性能，此时对应的阈值为 0.76

动态阈值的基本原理如图 10.13 所示，其基本思想是并不只使用单个固定不变的阈值，而是在得到 ROC 曲线后选定较高（计为 θ_1）和较低（计为 θ_2）的两个阈值，而实际使用的阈值可以在这两个阈值之间动态切换。切换规则是当 $\lambda \geqslant \theta_2$ 时将实际使用的阈值设置为 θ_2 并持续一小段时间 Δt（例如 20 s），在 Δt 期间若未再出现 $\lambda \geqslant \theta_2$ 的情况则将阈值重置回 θ_1。

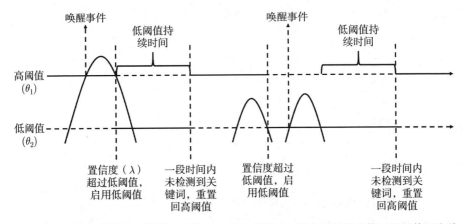

图 10.13　动态阈值原理示意图。水平方向表示时间，在某个时间段内使用的阈值用实线表示，若未使用该阈值则用虚线表示。关键词的置信度变化则用抛物线表示

在图 10.13 的示例中，系统初始运行于 θ_1 条件下。由于第一个关键词直接

有 $\lambda \geqslant \theta_1$，所以直接抛出了唤醒事件，并且设置当前使用的阈值 $\theta \leftarrow \theta_2$。之后的 Δt 时间内未检测到关键词，则 $\theta \leftarrow \theta_1$；当第二个关键词出现时系统运行于 θ_1 条件下，此时虽有 $\lambda \geqslant \theta_2$，但仍不满足 $\lambda \geqslant \theta_1$，所以并不抛出唤醒事件。然而，第二个关键词满足启动低阈值的要求，所以设置 $\theta \leftarrow \theta_2$；当出现第三个关键词时，由于此时采用的是低阈值，所以该关键词满足唤醒要求，于是抛出唤醒事件。

从动态阈值的原理描述中可以看出，动态阈值主要解决的是困难场景中用户一直不能唤醒智能设备的问题。假设困难场景中有 $\theta_2 \leqslant \lambda \leqslant \theta_1$，则用户说的第一个关键词也不能实现唤醒。但该关键词表明了交互意图，于是启用 θ_2。人们的使用习惯是当未成功唤醒时再次说关键词，此时正好处于 θ_2 的作用时间内，所以第二次交互便成功实现了唤醒。另一方面，虽然 θ_2 比 θ_1 更容易出现虚警，但单次的 $\theta_2 \leqslant \lambda \leqslant \theta_1$ 并不会触发虚警，而只有当在 θ_2 起作用的 Δt 时间段内再次出现 $\lambda \geqslant \theta_2$ 的情况时，才会由于动态阈值触发额外的虚警。由于 Δt 只持续相对较短的一段时间，所以使用动态阈值的虚警几乎和使用固定阈值 θ_1 时的虚警程度相当。

10.3.2 关于 ROC 曲线与阈值选择的讨论

我们在实际应用中还可能碰到这样的问题：关键词检测模型在离线测试集上是合格的，但到真机测试时可能达不到合格的标准，或在真实用户体验中实现不了使用离线测试集得到的效果。之所以会出现这样的情况，是因为我们的离线测试集规模是有限的，而真机测试或实际用户体验相当于在一个无限的，或更加庞大的数据集上进行测试。有限规模数据集的统计性质不可能做到与无限或超大规模的数据集相同，所以必然会导致离线测试结果与实际结果存在偏差。

为了尽可能减小测试偏差造成的影响，我们首先分析测试偏差会带来何种影响。如图 10.14 所示，假定我们考察的阈值为 C_1 曲线上的 θ_1 和 θ_2，以及 C_2 曲线上的 θ_3。另外，假定我们的离线测试集能在一定程度上反映真实环境下的模型性能，但由于数据量的差异，可以认为真实的测试结果会在选出的阈值附近波动，这种波动可以用高斯分布来建模。图 10.14 中各个阈值周围的虚线椭圆相当于以 "3σ" 原则标定出的模型性能的波动范围。

众所周知，ROC 曲线大致呈现颠倒的对数曲线的形状，FAR 越小则 FRR 波动越剧烈，FAR 越大则 FRR 波动越平缓。所以，图 10.14 各阈值附近的性能波动有以下特点。

- θ_1 位于阈值较高的区域，少量阈值波动就会引起 FRR 剧烈波动。置信度较高的虚警往往较少，所以 FAR 波动较小。θ_1 的性能波动分布大致呈现"瘦高"椭圆的形状。

- θ_2 和 θ_3 位于阈值较低的区域，FRR 随阈值波动变化不明显。置信度较低的虚警往往较多，所以 FAR 可能波动较大。这两处的性能波动分布大致呈现"矮胖"椭圆的形状。

- 离线测试集规模越大，越接近真实场景，则用于建模性能波动的高斯分布的方差越小；反之，方差越大。

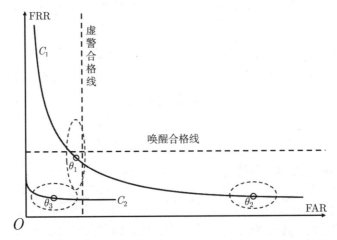

图 10.14 ROC 曲线与阈值选择示意图，其中 ○ 标出了工作点的位置。模型性能需满足在虚警合格线以左，唤醒合格线以下才算合格

在图 10.14 中，单看 θ_1 一点，模型性能已经合格，但若考虑性能波动，则很可能出现真实测试结果与离线结果存在较大偏差的情况。θ_2 位于 C_1 的 FRR 变化较为平缓的区域，所以即便性能在 θ_2 附近出现少量波动，对唤醒率的影响也不大，但显然 θ_2 的虚警是不合格的。

所以，为了保证离线测试性能尽量与真实场景对齐，需要在工作阈值附近留有一定余量。为了保证余量稳定且充分，除了将阈值尽量选在 ROC 曲线变化较为平缓的区域，还需要尽量提升模型的性能，进而提升对应 ROC 曲线的质量，如图 10.14 中的曲线 C_2 所示。该曲线相当于前面很大一部分 FAR = 0，后续曲线变化平缓后选择阈值为 θ_3，而 θ_3 附近的区域也满足合格标准。10.4 节将进一步讨论如何通过降低虚警来提升模型质量。

10.4 虚警问题

深度神经网络是当前用于实现关键词检测声学模型的主流方法[1]。虽然这类方法可以获得较高的唤醒率，但深度神经网络模型仍然会受到虚警（false alarm）问题（也被称为误唤醒）的影响，即关键词检测模型可能被非关键词的语音，甚至是非语音类型的噪声所误触发。对于实际应用来说，虚警问题可能造成用户隐私泄露、用户安全问题等非常严重的影响，例如在用户不知情时上传用户隐私音频到云端，或造成语音助手误执行用户所不期望的指令等[16, 17]。本节将专门讨论虚警问题，首先给出对虚警现象的直观解释，之后介绍减少虚警的一些方法，最后对比这些方法在实际数据上的效果。

10.4.1 对虚警现象的直观解释

通过对大量虚警样本进行分析，我们可以将虚警现象归为两类：第一类虚警由和关键词发音相似的音频触发，这类音频中包含或多或少的关键词发音片段成分。例如，假设预定义的关键词为"你好小明"，则"你好小宁""你好小王""你好你好""姚明"等音频或多或少地存在触发虚警的风险。相比于第一类虚警，第二类虚警则显得毫无规律可循。触发第二类虚警的音频可能听起来和关键词相差很大，或是根本不相似，甚至不包含语音的噪声片段也可能触发这类虚警。

关键词检测属于分类问题的一种，所以我们可以从误分类的角度对以上两类虚警现象进行直观解释。在图 10.15 所示的例子中，曲线表示由分类器给出的分类超平面，超平面以上的样本被分为正类，超平面以下的样本被分为负类。

由于靠近分类边界的样本具有或多或少的相似程度，或是分类问题本身的边界就比较模糊[1]，所以靠近分类边界的样本容易被误分类。例如图 10.15 中的样本 A 和 B，A 可以类比为信噪比较低的未被唤醒的关键词，B 则相当于第一类虚警。

由于深度神经网络具有很强的非线性特性，以及在训练过程中会产生过拟合（overfitting）等原因，分类器所产生的分类超平面在高维空间中可能出现曲率较大的不稳定点或异常点[18]。这类异常点出现得比较随机，并且难以完全避

---

1 例如对"少年""青年""老年"的分类。

免，所以在大样本测试的条件下，可能会出现和人类认知差异较大的异常分类结果。例如图 10.15 中样本 C 和 D 的问题：这两个样本远离分类边界，说明在人类认知中非常容易对它们进行分类。但对于分类器来说，C 可以类比于一段发音清晰但是未被唤醒的语音，D 则相当于第二类虚警。

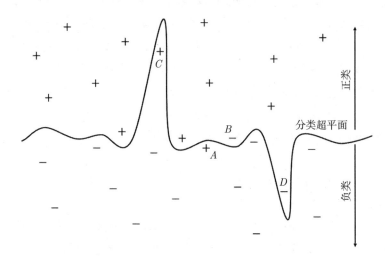

图 10.15　对误分类问题的直观解释。其中 + 表示正样本，− 表示负样本

10.4.2　减少虚警的方法

根据上述对两种虚警现象的分析和直观解释，我们可以采取一些针对性措施减少虚警的发生。针对第一类虚警，可以借助对抗训练（adversarial training）[18] 的思想，生成或挖掘对抗样本加入训练集中，从而提升分类超平面的鲁棒性。例如，参考文献 [16] 通过遗传算法（genetic algorithm）生成对抗样本，参考文献 [19] 通过语音合成（text-to-speech，TTS）技术生成对抗样本，参考文献 [20] 则将对抗训练融合到关键词检测模型训练的过程中。除此之外，还可以利用关键词检测模型从海量垃圾数据中挖掘虚警数据，或者从云端回流的关键词音频中过滤出虚警数据加入模型迭代中，从而减少第一类虚警的发生。由于从云端回流的正负样本数据覆盖了广泛的实际应用环境，并且可以覆盖方言、口音等常规训练集中难以涉及的因素，所以大量云端回流数据对模型质量的提升具有较大帮助。但云端数据回流需要等模型上线一段时间后逐渐开展，启动速度较慢，所以在模型训练初期可以配合其他对抗训练的方法缓解虚警问题。

虽然挖掘对抗样本的方法可以有效减少第一类虚警，但由于分类超平面上异常点的出现具有一定的随机性，所以对抗样本对减少第二类虚警帮助并不显著。也就是说，即使不加入任何新数据，之前出现的第二类虚警也可能在下一个版本的模型迭代中变为正常分类。针对第二类虚警随机性的特点，本节使用了一种基于集成学习（ensemble learning）的方法，利用图 10.16 中的双模型关键词检测架构减少第二类虚警的发生。

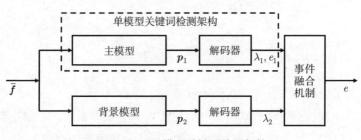

图 10.16　双模型关键词检测架构

在图 10.16 中，虚线框的部分为 10.2 节和 10.3 节介绍的关键词检测架构。为了减少第二类虚警，图 10.16 在主模型的基础上又增加了一个背景模型，两个模型分别输出建模单元观测概率 p_1 和 p_2，并由解码器进一步处理得到关键词置信度 λ_1 和 λ_2，再通过事件融合机制得到最终的关键词事件 $e \in \{0,1\}$。

在该方法中，主模型和背景模型都采用了 FSMN[12] 的基本网络架构，主模型采用按音节建模的方式，背景模型则采用了端到端的建模方式[6]。从 10.4.3 节的对比实验中可以看出，端到端建模可以获得较低的 FRR，有利于保证整体系统的唤醒率。两种建模方式对应的正样本标签示例如图 10.17 所示，与参考文献 [6] 中采用较"尖"的标签不同，图 10.17 中的标签覆盖了关键词的最后两个字，这样能使得主模型与背景模型的唤醒事件具有较大的重叠区间，有利于后续对两个事件的融合操作。

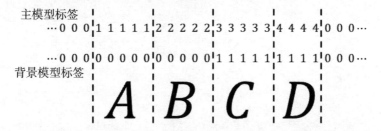

图 10.17　双模型标签示例。其中关键词用 $ABCD$ 表示，而各个数字代表各帧语音特征对应的标签

图 10.16 的双模型架构只有当两个模型同时触发关键词事件时才对事件进行上报，对应的事件融合机制如公式 (10.21) 所示，其中，θ_1 和 θ_2 分别表示两个模型的阈值，$\bar{\tau}$ 为帧序号。由于分类超平面的异常点具有随机性，不容易同时出现在两个模型中，所以该方法可以有效减少第二类虚警。

$$e(\bar{\tau}) = \begin{cases} 1 & \lambda_1(\bar{\tau}) \geqslant \theta_1 \text{ 且 } \lambda_2(\bar{\tau}) \geqslant \theta_2 \\ 0 & \text{其他} \end{cases} \tag{10.21}$$

10.4.3 对比实验

10.4.2 节介绍的部分方法在实际数据集上的 ROC 曲线对比结果如图 10.18 所示。其中，对比的方法包括单主模型（M）、单背景模型（S）、增加参数量的主模型（1.5M），以及图 10.16 中的方法（MS）。主模型的参数量固定为 1 M，背景模型的参数量固定为 500 k 。所有模型均来自训练过程中产生的最优和次优模型。在 1.5 M 方法中，主模型的参数量增加至 1.5 M，即主模型加背景模型的量级。在双模型架构中，背景模型阈值 $\theta_2 = 0.01$。为了降低虚警对用户造成损害的概率，我们假设虚警的合格标准为 1 次/周。

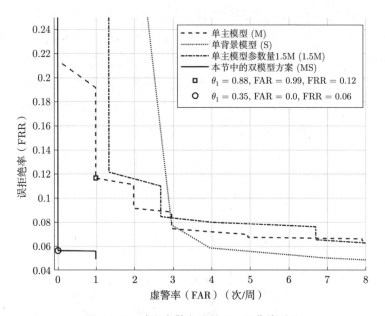

图 10.18 减少虚警方法的 ROC 曲线对比

除了模型在正常工作点上的 FRR 和 FAR 指标，若要使用 10.3.1 节的动态阈值技术，还需要关注模型对应 ROC 曲线上取最小阈值 $\theta = 0.01$ 的极限 FAR 和 FRR 指标，分别用 A^*_{label} 和 R^*_{label} 表示，其中 label $\in \{\text{M}, \text{S}, 1.5\text{M}, \text{MS}\}$。各个对比方法的 A^* 和 R^* 值列在表 10.2 中。

表 10.2 极限 FAR 和 FRR 指标

方法	A^*（次/周）	R^*
M	33.56	0.04
S	73.05	0.02
1.5M	30.80	0.03
MS	0.99	0.05

从以上对比实验中可以观察到若干现象。第一，为了达到虚警合格标准，M 方法选取的工作点 $\theta_1 = 0.88$，如图 10.18 中的 □ 标记所示。显然，该工作点为了保证虚警率而损失了唤醒率，并且 θ_1 数值较大，处于 ROC 曲线变化较为剧烈的区域，容易造成实际测试结果与实验结果出现较大偏差（见 10.3.2 节）。

第二，1.5M 方法和 M 方法的 ROC 曲线相差不大，说明单纯增加模型大小并不能有效控制第二类虚警。这也说明实验中所使用的训练方法并不能有效避免分类超平面上异常点的产生。

第三，S 方法比 M 方法具有更高的 FAR 和更低的 FRR。该现象可以用两种建模方式对关键词事件的检测原理差异进行解释：在不考虑阈值限制的情况下，在 M 方法中，只有检测到若干标签共同出现，甚至按特定的顺序出现时才会触发唤醒事件；而在 S 方法中，标签一旦出现即可判断为检测到关键词，所以 S 方法的关键词事件更容易被触发。从 ROC 曲线上也可以看出，S 方法在达到虚警合格线时也不能实现较好的唤醒效果。

第四，如果对比表 10.2 中的极限性能，则 R^*_{MS} 差于对应的单模型结果。这是由于两个模型取交集的事件触发机制必然导致最终的 R^* 有所损失。但是，对比 R^*_{MS} 和 R^*_{M} 可以看出，R^*_{MS} 性能损失并不明显（$0.04 \rightarrow 0.05$），这得益于端到端模型架构的低 FRR 特点。该现象也可以推测出正样本大多分布于主模型和背景模型的稳定区域，这也是双模型架构得以正常工作的前提。

第五，根据虚警合格标准，图 10.2 中对于 MS 方法选取的工作点用 ○ 符号表示，其对应的 FRR 为 0.06，显著优于其他对比方法。另外，该工作点处

$\theta_1 = 0.35$，位于 ROC 曲线上相对较为平坦的区域，所以该工作点也相对较为稳定。

10.5　多通道关键词检测与通道选择

本节将之前介绍的单通道关键词检测方法扩展为多通道关键词检测，以适配多通道语音增强算法的输出。在检测关键词的同时，模型还能给出关键词信号质量最好的通道序号，用于后续的语音识别等交互流程。本节首先介绍多通道关键词检测的问题背景，随后介绍模型架构和训练方法，最后进行对比实验，并对实验结果进行分析。

10.5.1　问题背景

为了应对远讲免提语音交互过程中出现的设备回声、人声干扰、环境噪声、房间混响等诸多不利声学因素的影响，关键词检测通常需要配合语音增强使用。语音增强以单通道或多通道麦克风/参考信号为输入，针对各种不利声学因素进行去混响、回声消除、源信号分离、噪声与残余抑制、增益控制等处理，输出语音信噪比较高的信号给关键词检测模块，使得关键词更容易被检出。

语音增强大多采用基于物理建模的信号处理方法，其增强过程只能利用某些底层的物理假设，例如源信号的独立性、声源方位、理想噪声模型等，做到对几个源信号的分离，或是针对某些特定方位的信号的增强（见第 3~5 章）。所以，语音增强一般会输出多路信号，而在缺乏关于目标声源先验信息指导的情况下，单凭信号处理算法无法判断出哪路输出是目标声源，即包含关键词信噪比最高的输出通道[1]。

语音增强算法的多路输出决定了后续的关键词检测算法也需要具备处理多通道数据的能力。另外，我们可以将对预定义关键词的检测能力理解为一定意义上的语义或交互意图辨别能力，或是通过海量数据训练得到的某种先验指导信息。使用该信息有利于对目标通道进行选择，以便开展后续的数据传输、语音识别等交互流程[2]。同时，为了适配不同麦克风阵列和语音增强算法造成的输出

---

1 假设环境是短时稳定的，所以可以认为关键词之后的交互命令在目标通道中的信噪比也最高。

2 虽然有研究表明使用多通道信息可以提升语音识别的性能[21]，但多通道数据传输仍然会占用额外的网络带宽，所以现阶段大多商用语音助手系统的云端处理部分仍然采用单通道音频。

通道数的不同，我们也希望关键词检测模型具有可扩展性（scalability），即在不同输入通道数目的条件下都具有良好的性能。以上描述中的整体算法框架如图 10.19 所示。

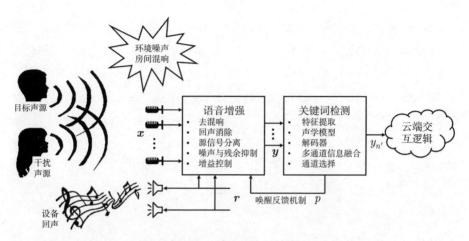

图 10.19 多通道语音增强加关键词检测算法框架。其中 x 表示麦克风信号，r 为参考信号，y 为增强后的多路信号，而 $y_{n'}$ 为目标信号，n' 为目标声源通道序号。在某些应用中，还可能从关键词检测到语音增强的反馈信息 p，用于指导信号处理算法的迭代，从而实现两个模块的联合优化

为了实现多通道关键词检测，最直接的方法就是利用"或"的逻辑将多路单通道关键词检测算法并联起来，其中任何一路信号中检测到关键词即算检出。除了上述直接方案，研究者们还提出许多多通道关键词检测方法。例如，参考文献 [13, 21] 利用注意机制（attention mechanism）实现了多通道信息融合；参考文献 [22] 利用了主动降噪（adaptive noise cancellation，ANC）的思路；参考文献 [23] 则直接使用特征拼接的方式实现了双通道关键词检测；在参考文献 [24] 中，作者提出了一种名为 ConvMixer 的网络架构，并实现了六通道的关键词检测。但由于网络结构已固定，参考文献 [23, 24] 中的方法并不支持直接输入其他通道数目。

相比多通道关键词检测，通道选择问题并未受到学术界的太多关注。参考文献[25] 提到了一种基于深度神经网络的通道选择方法，但并未透露具体的实现细节。

本节将把图 10.3 中的单通道关键词检测网络进一步扩展为多通道关键词检测的网络结构。本节中的方法具有良好的检测性能和可扩展性，并且通道选择结

果可以从网络的推理过程中直接获得。

10.5.2　模型与训练方法

为了实现多通道关键词检测, 我们在图 10.3 中的某一层 FSMN 单元之后插入 max pooling 操作, 如图 10.20 所示。在 max pooling 之前, 多通道信息仍然按各自的通道独立处理, 多通道之间共享网络参数, 但各自处理的数据不同。在 max pooling 之后, 多通道信息被融合为单通道, 接着按单通道的方式继续处理余下的网络部分。之所以选择在某个 FSMN 单元之后再做 max pooling 操作, 是考虑到只有 FSMN 单元带有记忆结构, 可以利用上下文信息进行更好的信息同步和信息选择。容易看出, 图 10.3 中的方法无须增加额外的参数量来实现信息融合, 并且可以兼容不同的输入通道数目, 当输入通道数 $N = 1$ 时, 图 10.20 中的网络结构退化为图 10.3 的结构。

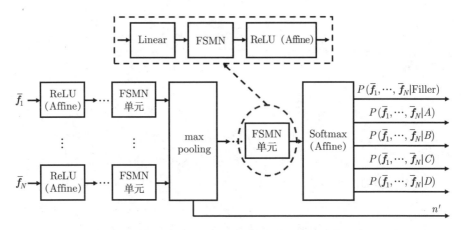

图 10.20　多通道 FSMN 关键词检测模型网络结构示意图

在图 10.20 的网络结构中, 最佳通道索引 n' 也能从 max pooling 的数据选择结果中得到, 如公式 (10.22) 和公式 (10.23) 所示。其中 y 表示 max pooling 之前的网络输出, $n = 1, 2, \cdots, N$、$k = 1, 2, \cdots, K$、τ 分别表示: 通道序号、y 的维度、帧序号。δ 相当于一个指示变量, 当最大值来源于本通道时为 1, 其余情况下为 0, 公式 (10.23) 选择关键词区间 $[T_1, T_2]$ 内最大值出现最多的通道作为最佳通道。

$$\delta_n(k,\bar{\tau}) = \begin{cases} 1 & y_n(k,\bar{\tau}) > 0 \quad \text{且} \quad y_n(k,\bar{\tau}) = \max\limits_{i=1,2,\cdots,N} y_i(k,\bar{\tau}) \\ 0 & \text{其他} \end{cases} \tag{10.22}$$

$$n' = \underset{n=1,2,\cdots,N}{\arg\max} \sum_{k=1}^{K} \sum_{\bar{\tau}=T_1}^{T_2} \delta_n(k,\bar{\tau}) \tag{10.23}$$

图 10.20 中的模型按照数据模拟 → 语音增强 → 特征提取 → 训练平台[26] 的工具链进行训练。在模型训练和实际使用中使用相同的语音增强算法有利于实现模型与数据的匹配。容易看出，训练图 10.20 中的模型需要使用多通道数据，并且为了保证语音增强算法的收敛性，需要使用分钟级别的长音频，而非大多数关键词检测模型训练所使用的单通道句子级别的数据。由于真实的多通道数据较难获得，所以需要采用数据模拟的方式生成海量多通道、长音频数据用于模型训练。相关的数据模拟方法在第 7 章中有详细介绍，这里不再赘述。

10.5.3 实验与分析

1. 数据集描述

本节利用表 10.3 中的开源数据训练"你好米雅"关键词检测模型并进行实验对比。其示例模型、模型训练和测试工具链也可以参阅参考文献 [27]。

表 10.3 训练集描述

类型	数据集
正样本	HI-MIA [28]
负样本	AISHELL2 [29]
噪声	MUSAN [30]、DNS Challenge [31]

作者利用和训练数据相同的数据模拟方法，以及表 10.3 中的音源数据生成了本节实验所使用的测试集，模拟了一个直径 10 cm，包含 4 个麦克风和一路参考信号的圆环阵用于测试模型在不同通道数目下的性能。正样本测试集中包含随机生成的单声源干扰、回声、散射噪声场景下的测试数据，其信干比、信回比、信噪比分别位于 $[-15,5]$、$[-25,5]$、$[-8,15]$ 区间。正样本测试集一共包含 6 小时的长音频，其中包含 2090 个关键词。负样本测试集也按照与正样本测试集相同的配置生成，共 100 小时，但其中不包含任何关键词，并且训练集与测试

集的正负样本音源不包含重叠的部分。在下面的对比实验中，数据在给到关键词检测算法之前统一经过参考文献 [32] 中的语音增强算法（$M = N$，M 和 N 分别为输入、输出通道数）进行处理。

2.max pooling 的最佳位置

在图 10.20 的网络结构中，max pooling 可以被放置于任何一个 FSMN 单元之后。显然，max pooling 操作越早，能节约的计算量就越多，但是，max pooling 的位置同样会影响模型性能。我们对比了分别在 $l = 1, 2, \cdots, L$，$L = 5$ 之后进行 max pooling 的模型性能，其中 l 为公式 (10.6) 中 FSMN 单元的序号。该实验的对比结果如图 10.21 中的 ROC 曲线所示，其中所有结果都在 $N = 2$ 的条件下进行对比。

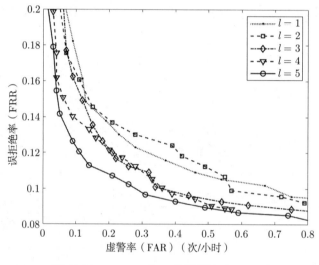

图 10.21　max pooling 位置对比（$N = 2$）

从图 10.21 中可以看到，模型性能随 l 的增加而提升。该现象可以做如下解释：max pooling 相当于一种信息融合操作，将语音增强后具有不同信噪比的多通道信号融合为单通道。如果 max pooling 在较浅的层进行，那么来自最佳通道的底层特征将被信噪比较低的其他通道的特征影响，从而导致关键词检测性能降低；此外，更高层次、更稀疏的特征能被更深层次的网络提取到，这类特征不但对多通道信息融合具有鲁棒性，而且能进一步提升模型性能，如图 10.22(f) 所示。

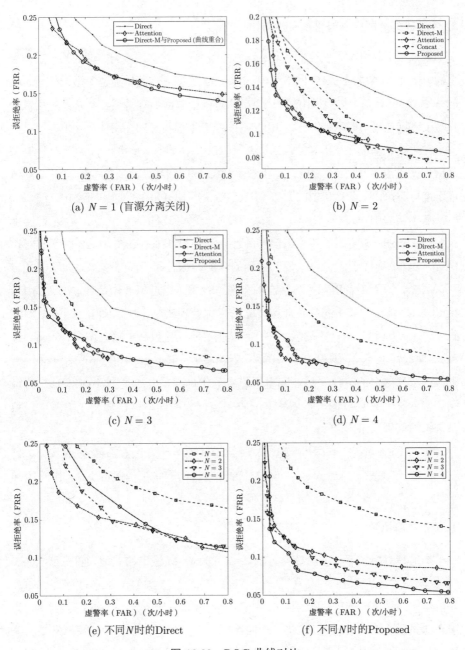

图 10.22　ROC 曲线对比

根据本节的实验结论，后续实验将统一在 $l = 5$ 之后对多通道模型进行信息融合。

3. 多通道关键词检测与可扩展性对比

第二个实验对比了五种多通道关键词检测方法，关键词检测模型的基本架构都采用了图 10.3 中的 FSMN 网络结构，这些方法包括：多路单通道关键词检测并联的方法（Direct），该方法中的模型由单通道模拟数据训练得到，并未经过语音增强与关键词检测的匹配训练；图 10.20 中的方法，但将其同样用作多路单通道模型（Direct-M）；基于注意机制的多通道融合方法[21]，其中注意机制的维度 $D = 128$；两路数据拼接的方法（Concat），由于不具备可扩展性，该方法只在 $N = 2$ 的条件下进行对比；图 10.20 中的方法（Proposed）。ROC 曲线对比如图 10.22 所示。

从本实验中可以总结出若干现象和规律：第一，Direct 和 Direct-M 的区别仅在于 Direct-M 使用了匹配的信号处理数据参与训练。在图 10.22 的所有对比中 Direct-M 均优于 Direct，说明数据的匹配训练有利于模型整体性能的提升。

第二，由于语音增强算法输出的多通道音频可以近似看作是独立的，而 Direct 和 Direct-M 采用的是各通道独立的事件处理机制，所以随着 N 从 2 增加到 4，Direct 和 Direct-M 的唤醒率逐渐提升，但虚警数目也随之增多，从而导致 ROC 曲线性能不增反降（见图 10.22(e)）。另外，Attention 和 Proposed 采用了多通道信息融合的方法，性能随着通道数的增加而提升（见图 10.22(f)）。这说明这些方法具有良好的可扩展性，使得关键词检测模型可以受益于更多通道数目带来的信号质量提升。

第三，Proposed 在 $N \in \{1, 2\}$ 时优于其他对比方法。虽然在 $N \in \{3, 4\}$ 时，Proposed 差于 Attention，但额外的注意机制网络结构使得 Attention 增加了 37k，相当于 Proposed 的 123 k 模型 30% 的参数量。

4. 通道选择对比

本实验对比了五种通道选择方法。一是 Direct-M 输出的关键词置信度（Confidence）。二是从 Direct-M 获得的已唤醒（置信度 ≥ 阈值）通道的能量（Eng）和信噪比估计（ESNR），分别如公式 (10.24) 和公式 (10.25) 所示，其中，$\boldsymbol{y}_n$ 为语音增强算法输出的通道 n 的时-频域数据。三是由于真实信号和噪声未知，公式 (10.25) 假设关键词时间段内语音信号占主导，而关键词之前噪声信号占主导。

$$n' = \mathop{\arg\max}_{n \in \{\text{spotted}\}} \sum_{\tau = T_1}^{T_2} |\boldsymbol{y}_n(\tau)|^2 \tag{10.24}$$

$$n' = \underset{n \in \{\text{spotted}\}}{\arg\max} \frac{\sum_{\tau=T_1}^{T_2} |\boldsymbol{y}_n(\tau)|^2}{\sum_{\tau=T_1-(T_2-T_1)}^{T_1} |\boldsymbol{y}_n(\tau)|^2} \tag{10.25}$$

四是根据 Attention 方法获得的注意机制加权最大的通道（Attw），如公式 (10.26)
所示，其中，w 为注意机制网络输出的权重[21]。

$$n' = \underset{n=1,2,\cdots,N}{\arg\max} \sum_{\bar{\tau}=T_1}^{T_2} w_n(\bar{\tau}) \tag{10.26}$$

五是公式 (10.22) 和公式 (10.23) 中基于 max pooling 的选择结果来确定最佳通
道的方法（Proposed）。通道选择的性能根据公式 (10.27) 中的 accuracy 来衡量，
其中正确的选择结果，即 ground truth，由人工标注给出。

$$\text{accuracy} = \frac{\text{通道选择正确次数}}{\text{唤醒次数}} \times 100\% \tag{10.27}$$

表 10.4 给出了最佳通道选择的对比实验结果。从该实验中可以看出，关键
词置信度并不是一种好的通道选择指标。该实验现象看似违背常理：我们通常认
为置信度应该能反映出信号质量，语音听起来越像关键词，并且关键词发音越清
晰，噪声干扰成分越少，置信度应该越高，所以关键词置信度应该是通道选择的
最佳指标。但仔细回顾关键词检测模型训练的过程可以发现，为了增加模型的泛
化性和抗噪性，数据都是被叠加不同信噪比的噪声后参与训练的。无论信噪比如
何，正样本数据都被标定为相应的正例标签，所以标签及其置信度与信号质量的
高低无关。

表 10.4　最佳通道选择对比结果

方法	accuracy (%)			
	$N=2$	$N=3$	$N=4$	Average
Confidence	85.1	82.5	84.3	84.0
Eng	85.5	85.6	88.3	86.5
ESNR	82.7	79.0	80.0	80.6
Attw	92.1	93.3	92.9	92.6
Proposed	94.6	95.4	94.9	95.0

如图 10.23 所示，可以将模型训练理解为一种数据拟合的过程：给定一组高维
空间中经过标定的正负样本，我们期望通过训练过程学习到一种数据拟合的能力，

每当输入未标定的数据时, 模型就能够拟合出与已标定数据相似的结果。在图 10.23 的例子中, 样本 A 靠近理想分类边界, 说明 A 虽然是正样本, 但容易与负样本发生混淆, 例如在关键词的信噪比较低时。而新输入的样本 B 与 A 较为相似, 所以模型也倾向于输出与 A 较为接近的预测结果, 反映到置信度上表现为 B 的置信度也较高。然而, 对于样本 C 来说, 由于远离理想分类边界, 说明 C 在人类认知中更容易与非关键词区分开, 例如信噪比较高的数据。但是在模型训练过程中, 由于训练数据无法做到覆盖所有可能出现的输入, 即训练数据中没有与 C 较为接近的样例, 所以可能出现 C 的置信度反而较低的情况。

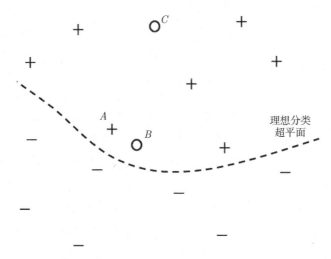

图 10.23　数据拟合示意图。其中, + 表示正样本, − 表示负样本, ∘ 表示未标定的数据

Eng 和 ESNR 方法相当于引入了额外的信号层的特征来辅助通道选择。然而, 由于实际环境的复杂性和多样性, 我们难以仅依靠底层特征就做出正确率较高的高层 (关键词语音质量最好的通道) 决策, 所以这两种方法的通道选择性能仍然不够理想。

Attw 和 Proposed 方法的通道选择依据来源于模型的多通道信息融合的结构, 这说明通道选择的能力可以和关键词检测能力一同得到良好的训练, 所以这两种方法的通道选择性能较好。Attw 方法相当于给每个通道一个全局的权重, 而 Proposed 方法在每个通道的每一维数据上都可以进行独立选择。更为精细的选择机制使得 Proposed 方法的通道选择性能得到了进一步提升。

10.6　本章小结

关键词检测算法通常持续运行在各种低资源的终端设备上，相当于远讲免提语音交互流程的触发开关。除非在端侧设备上检测到预定义的关键词，否则交互流程将不会运行会话中的后续操作，例如网络传输、语音识别、语义理解、语音合成等，从而达到节约资源的目的。

现代关键词检测模块通常由三部分组成：特征提取、基于深度神经网络的声学模型、解码器。本章按顺序分别介绍了这三部分的基本原理，并重点介绍了基于 FSMN 的关键词检测模型结构。

由于各种智能设备通常会涉及用户隐私，所以虚警一直是关键词检测在实际应用中需要重点关注的问题。在介绍完基本的关键词检测原理之后，本章专门用了一节内容来讨论虚警问题，包括虚警现象的直观解释，以及两种通过降低虚警提升模型质量的方法。

除了目标语音，真实环境中还存在设备回声、干扰说话人、环境噪声、房间混响等各种不利声学因素，所以关键词检测通常要和语音增强技术配合使用。本章后续内容重点介绍了语音增强与关键词检测的配合，其中的多通道关键词检测模型可以适配多通道的语音增强输出，在模型推理过程中选择出关键词语音质量最好的通道供后续的交互流程使用。

为了让内容统一，本章只介绍了按音节建模和端到端的标签形式，以及基于 FSMN 的声学模型架构。可以用于关键词检测任务的建模方式和模型架构还有很多，每种方式都有各自的特点，读者可以根据具体的任务需求选择合适的建模方式、标签形式、模型架构、损失函数。

本章参考文献

[1] LÓPEZ-ESPEJO I, TAN Z H, HANSEN J, et al. Deep spoken keyword spotting: an overview[J]. IEEE Access, 2021.

[2] FAYEK H. Speech processing for machine learning: Filter banks, Mel-frequency cepstral coefficients (mfccs) and what's in-between[J]. 2016. https://www.hxedu.com.cn/Resource/202301841/13.htm.

[3] STEVENS E, ANTIGA L, VIEHMANN T. Deep learning with PyTorch[M]. Manning Publications Company, 2020.

[4] ROHLICEK J R, RUSSELL W, ROUKOS S, et al. Continuous hidden Markov modeling for speaker-independent word spotting[C]//International Conference on Acoustics, Speech, and Signal Processing. IEEE, 1989: 627-630.

[5] ROSE R C, PAUL D B. A hidden Markov model based keyword recognition system[C]//International Conference on Acoustics, Speech, and Signal Processing. IEEE, 1990: 129-132.

[6] ALVAREZ R, PARK H J. End-to-end streaming keyword spotting[C]//ICASSP 2019-2019 IEEE International Conference on Acoustics, Speech and Signal Processing (ICASSP). IEEE, 2019: 6336-6340.

[7] CHEN G, PARADA C, HEIGOLD G. Small-footprint keyword spotting using deep neural networks[C]//2014 IEEE International Conference on Acoustics, Speech and Signal Processing (ICASSP). IEEE, 2014: 4087-4091.

[8] FRINKEN V, FISCHER A, MANMATHA R, et al. A novel word spotting method based on recurrent neural networks[J]. IEEE transactions on pattern analysis and machine intelligence, 2011, 34(2): 211-224.

[9] SAINATH T, PARADA C. Convolutional neural networks for small-footprint keyword spotting[J]. 2015.

[10] SHAN C, ZHANG J, WANG Y, et al. Attention-based end-to-end models for small-footprint keyword spotting[J]. arXiv preprint arXiv:1803.10916, 2018.

[11] CHEN M, ZHANG S, LEI M, et al. Compact feedforward sequential memory networks for small-footprint keyword spotting.[C]//Interspeech. 2018: 2663-2667.

[12] ZHANG S, LIU C, JIANG H, et al. Feedforward sequential memory networks: a new structure to learn long-term dependency[J]. arXiv preprint arXiv:1512.08301, 2015.

[13] NA Y, WANG Z, WANG L, et al. Joint ego-noise suppression and keyword spotting on sweeping robots[C]//ICASSP 2022-2022 IEEE International Conference on Acoustics, Speech and Signal Processing (ICASSP). IEEE, 2022: 7547-7551.

[14] YING D, YAN Y. Noise estimation using a constrained sequential hidden Markov model in the log-spectral domain[J]. IEEE transactions on audio, speech, and language processing, 2013, 21(6): 1145-1157.

[15] TEAM S. Hey siri: An on-device DNN-powered voice trigger for Apple's personal assistant[EB/OL]. 2017.https://www.hxedu.com.cn/Resource/202301841/14.htm.

[16] CHEN Y, BAI Y, MITEV R, et al. Fakewake: understanding and mitigating fake wake-up words of voice assistants[C]//Proceedings of the 2021 ACM SIGSAC Conference on Computer and Communications Security. 2021: 1861-1883.

[17] AHMED S, SHUMAILOV I, PAPERNOT N, et al. Towards more robust keyword spotting for voice assistants[C]//31st USENIX Security Symposium (USENIX Security 22). 2022: 2655-2672.

[18] BAI T, LUO J, ZHAO J, et al. Recent advances in adversarial training for adversarial robustness[J]. arXiv preprint arXiv:2102.01356, 2021.

[19] WANG H, JIA Y, ZHAO Z, et al. Generating TTS based adversarial samples for training wake-up word detection systems against confusing words[C]//Proc. The Speaker and Language Recognition Workshop (Odyssey 2022). 2022: 402-406.

[20] WANG X, SUN S, SHAN C, et al. Adversarial examples for improving end-to-end attention-based small-footprint keyword spotting[C]//ICASSP 2019-2019 IEEE International Conference on Acoustics, Speech and Signal Processing (ICASSP). IEEE, 2019: 6366-6370.

[21] GONG R, QUILLEN C, SHARMA D, et al. Self-attention channel combinator frontend for end-to-end multichannel far-field speech recognition[J]. arXiv preprint arXiv:2109.04783, 2021.

[22] HUANG Y, HUGHES T, SHABESTARY T Z, et al. Supervised noise reduction for multichannel keyword spotting[C]//2018 IEEE International Conference on Acoustics, Speech and Signal Processing (ICASSP). IEEE, 2018: 5474-5478.

[23] WU J, HUANG Y, PARK H J, et al. Small footprint multi-channel keyword spotting[J]. 2020.

[24] NG D, PANG J H, XIAO Y, et al. Small footprint multi-channel convmixer for keyword spotting with centroid based awareness[C]//ICASSP 2022-2022 IEEE International Conference on Acoustics, Speech and Signal Processing (ICASSP). IEEE, 2022.

[25] ENGINEERING A S, TEAM S S. Optimizing Siri on homepod in far-field settings[EB/OL]. 2018. https://www.hxedu.com.cn/Resource/202301841/15.htm.

[26] PASZKE A, GROSS S, MASSA F, et al. PyTorch: an imperative style, high-performance deep learning library[J]. Advances in neural information processing systems, 2019, 32.

[27] NA Y, WANG Z, XUE B, et al. Damo far-field keyword spotting model: ni hao mi ya[EB/OL]. 2022. https://www.hxedu.com.cn/Resource/202301841/16.htm.

[28] QIN X, BU H, LI M. Hi-mia : A far-field text-dependent speaker verification database and the baselines[Z]. Cornel University-arXiv, 2019.

[29] DU J, NA X, LIU X, et al. Aishell-2: Transforming mandarin ASR research into industrial scale[J]. arXiv preprint arXiv:1808.10583, 2018.

[30] SNYDER D, CHEN G, POVEY D. MUSAN: A music, speech, and noise Corpus[J]. arXiv:Sound, 2015.

[31] REDDY C K, GOPAL V, CUTLER R, et al. The interspeech 2020 deep noise suppression challenge: datasets, subjective testing framework, and challenge results[C]//INTERSPEECH. 2020.

[32] NA Y, WANG Z, LIU Z, et al. Joint online multichannel acoustic echo cancellation, speech dereverberation and source separation[C]//Interspeech. 2021.

11

联合优化方法

在之前的章节中，我们介绍的大多是单个算法模块，用于进行某种特定功能的信号和信息处理。但在实际应用中，我们往往需要同时应对诸如设备回声、噪声干扰、房间混响等多种不利声学因素的影响，并且输出诸如经过降噪处理的单通道或多通道音频、声源方位、语音活动性判断、关键词触发事件等信号和关键信息。所以，一套完善的智能语音处理系统需要由多个算法子模块组合而成，每个算法子模块负责相应的原子能力，再由统一的调度流程来组织数据流并衔接各个算法子模块的调用逻辑。

常用的算法子模块调用逻辑是各个算法子模块之间相互串联，前级子模块的输出作为后级子模块的输入，例如"算法 1 → 算法 2 → 算法 3 → …"这类级联架构。级联架构的优点在于使用了"分而治之"的思想，将原始的复杂问题拆解为若干较为简单的子问题，并采用相应的算法进行处理。各个算法子模块独立运作，每个子模块只需处理好自己的任务，无须关心其他子模块的工作原理，子模块之间除了输入输出数据，不存在其他的信息传递。所以采用级联架构能降低整个系统的设计难度，增加模块替换的灵活性。

但是，级联架构的系统也存在一些缺点：由于不同算法的信号模型、目标函数、优化方法各不相同，并且每个算法子模块都是独立运作的，所以系统中的算法子模块各自收敛到其目标函数的最优解后，并不能代表整体系统性能也达到了最优。针对上述问题，研究者提出了将若干算法子模块进行联合优化的思想。例如：为了抑制噪声和非线性回声的影响，参考文献 [1] 提出了一种回声消除和波束形成的联合方法；参考文献 [2] 基于独立成分分析（independent component analysis，ICA）的框架提出了联合混响抑制和回声消除的方法；参考文献 [3, 4] 提出了混响抑制和波束形成的联合优化方法。与级联架构不同，联合优化方法中的若干算法子模块不再独立迭代，它们之间或具有统一的目标函数和优化方法，或存在除输入输出数据外的其他信息传递，后级模块也可以向前级模块进行信息反馈。由于实现了若干算法子模块之间的联调联动，所以联合优化方法有望比级联的方法获得更好的整体系统性能。

本章将介绍两种联合优化方法。11.1 节介绍基于盲源分离（第 5 章）技术的去混响、回声消除、盲源分离统一框架。11.2 节介绍语音增强与关键词检测（见第 10 章）联合优化技术，及其在扫地机器人中的应用。11.3 节对本章内容进行总结。

11.1 盲源分离统一框架

去混响（dereverberation，DR）、回声消除（acoustic echo cancellation，AEC）、盲源分离（blind source separation，BSS）是语音信号处理中三种典型的自适应滤波任务。在之前的内容中，第 5 章介绍了以基于依赖分量/向量分析的辅助函数（auxiliary-function based in-dependent component/vector analysis，Aux-ICA/IVA）算法为代表的盲源分离技术，第 6 章介绍了自适应回声消除和去混响技术，同时，回声消除和去混响同样可以使用 Aux-ICA 的算法框架进行求解，所以一种自然的思路就是将上述三种任务统一到 Aux-ICA/IVA 的算法框架中，以实现目标函数和优化方法的统一，从而达到联合优化的目的。参考文献 [5] 就介绍了这样的盲源分离统一框架。

11.1.1 信号模型

盲源分离统一框架的信号模型如公式 (11.1) 所示，其中，$\boldsymbol{s}$、$\boldsymbol{r}$、$\boldsymbol{x}$ 分别为经过子带分解后的点声源、参考信号、麦克风信号，如公式 (11.2) ～ 公式 (11.4) 所示。系统中一共有 N 个点声源、R 路参考、M 个麦克风。$\boldsymbol{A}_l$、$\boldsymbol{B}_l$ 分别为各阶声源传函及回声路径，在信号模型中，我们假设混合环境是时不变的，所以传函的索引用下标表示，而随时间变化的信号索引则用小括号表示。k 和 τ 分别为频段序号和数据帧序号，由于算法在各个频段上的操作是相同的，所以后续的内容中将省略 k 以简化公式。

$$\boldsymbol{x}(k,\tau) = \sum_{l=0}^{\infty} \boldsymbol{A}_l(k)\boldsymbol{s}(k,\tau-l) + \sum_{l=0}^{\infty} \boldsymbol{B}_l(k)\boldsymbol{r}(k,\tau-l) \tag{11.1}$$

$$s(k,\tau) = [s_1(k,\tau), s_2(k,\tau), \cdots, s_N(k,\tau)]^\mathrm{T} \tag{11.2}$$

$$r(k,\tau) = [r_1(k,\tau), r_2(k,\tau), \cdots, r_R(k,\tau)]^\mathrm{T} \tag{11.3}$$

$$x(k,\tau) = [x_1(k,\tau), x_2(k,\tau), \cdots, x_M(k,\tau)]^\mathrm{T} \tag{11.4}$$

从第 2 章和第 5 章中我们了解到，频域盲源分离算法将时域卷积近似转换为各个频段点积的前提是 DFT 窗口大于传函长度，DFT 窗口越大则近似效果越好，分离结果也就越好。但大窗口会造成较大的信号输出延时和计算峰值，不利于嵌入式实时算法的应用。所以在公式 (11.1) 的信号模型中，我们使用的仍然是小窗口的子带分解，此时单个窗口无法覆盖整个传函，所以信号在频域上仍然是卷积的形式。

公式 (11.1) 中的信号模型可以近似表示为公式 (11.5) ～ 公式 (11.9) 的形式，其中，L_1 和 L_2 为近似后的传函阶数。虽然仍然是卷积混合，但在子带域上的卷积阶数要显著低于对应的时域模型中的滤波器阶数，这将有利于算法的收敛。$A_0 s(\tau)$ 表示点声源的直达声和早期混响部分，$\varDelta$ 为晚期混响与直达声之间的延时。

$$x(\tau) = A_0 s(\tau) + \bar{B}\bar{r}(\tau) + \bar{C}\bar{x}(\tau - \varDelta) \tag{11.5}$$

$$\bar{B} = [B_0, B_1, \cdots, B_{L_1-1}] \tag{11.6}$$

$$\bar{r}(\tau) = [r(\tau); r(\tau-1); ...; r(\tau - L_1 + 1)] \tag{11.7}$$

$$\bar{C} = [C_0, C_1, \cdots, C_{L_2-1}] \tag{11.8}$$

$$\bar{x}(\tau) = [x(\tau - \varDelta); x(\tau - \varDelta - 1); ...; x(\tau - \varDelta - L_2 + 1)] \tag{11.9}$$

公式 (11.5) 可以进一步表示为矩阵运算的形式，如公式 (11.10) 所示，其中，I_1 和 I_2 为对应维度的单位矩阵。

$$\begin{bmatrix} x(\tau) \\ \bar{r}(\tau) \\ \bar{x}(\tau - \varDelta) \end{bmatrix} = \begin{bmatrix} A_0 & \bar{B} & \bar{C} \\ 0 & I_1 & 0 \\ 0 & 0 & I_2 \end{bmatrix} \begin{bmatrix} s(\tau) \\ \bar{r}(\tau) \\ \bar{x}(\tau - \varDelta) \end{bmatrix} \tag{11.10}$$

从公式 (11.10) 可以看出，信号模型中的混合矩阵为分块上三角矩阵的形式，并且当 A_0 可逆时混合矩阵也可逆。在 $M = N$ 并且声源和麦克风位置非奇异的条件下，A_0 的可逆性通常能够得以保证，说明公式 (11.10) 中的混合模型可以对应公式 (11.11) 中的分离模型，其中，W 表示全局的分离矩阵，D、E、F 分别为负责信号分离、回声消除、去混响的滤波器，$\boldsymbol{y}(\tau)$ 为经过回声消除、去混响、分离后的信号。

$$
\begin{bmatrix} \boldsymbol{y}(\tau) \\ \bar{\boldsymbol{r}}(\tau) \\ \bar{\boldsymbol{x}}(\tau-\Delta) \end{bmatrix} = \underbrace{\begin{bmatrix} \boldsymbol{D} & \boldsymbol{E} & \boldsymbol{F} \\ \boldsymbol{0} & \boldsymbol{I}_1 & \boldsymbol{0} \\ \boldsymbol{0} & \boldsymbol{0} & \boldsymbol{I}_2 \end{bmatrix}}_{\boldsymbol{W}} \begin{bmatrix} \boldsymbol{x}(\tau) \\ \bar{\boldsymbol{r}}(\tau) \\ \bar{\boldsymbol{x}}(\tau-\Delta) \end{bmatrix} \tag{11.11}
$$

公式 (11.10) 中的混合模型和公式 (11.11) 中的分离模型符合盲源分离算法中的信号模型，我们可以认为 $\boldsymbol{s}$、$\bar{\boldsymbol{r}}$、$\bar{\boldsymbol{x}}$ 之间相互独立，所以可以采用盲源分离的算法框架对去混响、回声消除、盲源分离这三个任务同时进行求解。

11.1.2 问题拆解

我们可以利用盲源分离算法直接对公式 (11.11) 进行求解，但求解过程中包含计算复杂度为 $O(L^3)$，$L = M + L_1 R + L_2 M$ 的矩阵求逆操作，直接对大矩阵进行求逆复杂度较高，并且算法的收敛性难以保证。所以，更好的思路是利用矩阵 $\boldsymbol{W}$ 的特殊结构，将其分解为若干小矩阵，再分别进行求解。

矩阵 $\boldsymbol{W}$ 有多种分解形式，其中一种分解为

$$
\boldsymbol{W} = \underbrace{\begin{bmatrix} \boldsymbol{D} & \boldsymbol{0} & \boldsymbol{0} \\ \boldsymbol{0} & \boldsymbol{I}_1 & \boldsymbol{0} \\ \boldsymbol{0} & \boldsymbol{0} & \boldsymbol{I}_2 \end{bmatrix}}_{\boldsymbol{W}_{\mathrm{BSS}}} \underbrace{\begin{bmatrix} \boldsymbol{I}_3 & \bar{\boldsymbol{E}} & \bar{\boldsymbol{F}} \\ \boldsymbol{0} & \boldsymbol{I}_1 & \boldsymbol{0} \\ \boldsymbol{0} & \boldsymbol{0} & \boldsymbol{I}_2 \end{bmatrix}}_{\boldsymbol{W}_{\mathrm{DRAEC}}} \tag{11.12}
$$

其中，$\boldsymbol{E} = \boldsymbol{D}\bar{\boldsymbol{E}}$，$\boldsymbol{F} = \boldsymbol{D}\bar{\boldsymbol{F}}$。公式 (11.12) 可以解释为同时进行 DR 和 AEC 操作，再进行 BSS，我们将对应的算法记作 DRAEC-BSS。

公式 (11.12) 还可以进一步被分解为

$$
\boldsymbol{W} = \underbrace{\begin{bmatrix} \boldsymbol{D} & \boldsymbol{0} & \boldsymbol{0} \\ \boldsymbol{0} & \boldsymbol{I}_1 & \boldsymbol{0} \\ \boldsymbol{0} & \boldsymbol{0} & \boldsymbol{I}_2 \end{bmatrix}}_{\boldsymbol{W}_{\mathrm{BSS}}} \underbrace{\begin{bmatrix} \boldsymbol{I}_3 & \bar{\boldsymbol{E}} & \boldsymbol{0} \\ \boldsymbol{0} & \boldsymbol{I}_1 & \boldsymbol{0} \\ \boldsymbol{0} & \boldsymbol{0} & \boldsymbol{I}_2 \end{bmatrix}}_{\boldsymbol{W}_{\mathrm{AEC}}} \underbrace{\begin{bmatrix} \boldsymbol{I}_3 & \boldsymbol{0} & \bar{\boldsymbol{F}} \\ \boldsymbol{0} & \boldsymbol{I}_1 & \boldsymbol{0} \\ \boldsymbol{0} & \boldsymbol{0} & \boldsymbol{I}_2 \end{bmatrix}}_{\boldsymbol{W}_{\mathrm{DR}}} \tag{11.13}
$$

我们将其记为 DR-AEC-BSS，并将

$$
W = \underbrace{\begin{bmatrix} D & 0 & 0 \\ 0 & I_1 & 0 \\ 0 & 0 & I_2 \end{bmatrix}}_{W_{\text{BSS}}} \underbrace{\begin{bmatrix} I_3 & 0 & \bar{F} \\ 0 & I_1 & 0 \\ 0 & 0 & I_2 \end{bmatrix}}_{W_{\text{DR}}} \underbrace{\begin{bmatrix} I_3 & \bar{E} & 0 \\ 0 & I_1 & 0 \\ 0 & 0 & I_2 \end{bmatrix}}_{W_{\text{AEC}}} \tag{11.14}
$$

记为 AEC-DR-BSS。可见，由于矩阵结构的特殊性，W_{AEC} 和 W_{DR} 是可交换的。

　　上述分解过程将矩阵 W 的作用过程自然对应到了 AEC、DR，以及 BSS 的作用过程，求解过程可以顺序进行，而不是统一求解。在经过分解后，矩阵中的 0、I_1、I_2 等平凡项可以省略，从而达到缩减矩阵规模，降低计算复杂度的目的。显然，矩阵分解的顺序对应子问题的求解顺序，而求解顺序会影响算法的最终性能。我们甚至可以将 W 分解为

$$
W = \begin{bmatrix} I_3 & E & F \\ 0 & I_1 & 0 \\ 0 & 0 & I_2 \end{bmatrix} \begin{bmatrix} D & 0 & 0 \\ 0 & I_1 & 0 \\ 0 & 0 & I_2 \end{bmatrix} \tag{11.15}
$$

但由于一阶 BSS 滤波器无法建模房间传函，所以该分解策略必然效果较差。

　　下面通过实验的方法对比各种分解策略的性能差异，从而选择出最优的策略。盲源分离算法的求解过程在第 5 章和第 6 章已有详细介绍，此处不再赘述。

11.1.3　对比实验

1. 环境配置

　　为了对比各种算法的性能，我们以智能音箱场景为基础建立了模拟环境。其中，虚拟房间的长、宽、高分别在 $[4.0, 8.0]$、$[3.0, 6.0]$、$[2.5, 4.0]$ 区间上随机选择。拾音设备为孔径 10 cm 的双麦克风（$M = 2$），设备在虚拟房间中随机放置，距离墙壁的最小距离为 50 cm。虚拟设备的扬声器位于麦克风下方 15 cm 处，参考数目 $R = 1$。在虚拟房间中同时存在一个目标和一个干扰声源（$N = 2$），房间传函由镜像法（见 7.2.1 节）模拟生成，混响时间（RT_{60}）分别为 0.3、0.5、0.8 s。

　　测试语料按照参考文献 [6] 中的方式生成。其中，每组测试音频包含四段长度为 5 s 的分段，其中包含了目标语音、干扰语音、回声，各种成分的持续时间和叠加方式如图 11.1 所示。测试音频的 SIR 固定为 0 dB，SER 为 $\{0, -10\}$ dB。

图 11.1 测试语料叠加方式示意图

分离语音的性能指标使用第 III 段信号的 SDR[7] 衡量。为了进一步衡量算法对非目标语音的抑制性能，实验中又引入了信号加干扰加回波与干扰加回波之比（signal-plus-interference-plus-echo to interference-plus-echo ratio，SIER）和信号加干扰与干扰比（signal-plus-interference to interference ratio，SIIR）两种指标。SIER 由输出信号第 III 与第 IV 段的能量比值计算，SIIR 则由输出信号第 II 与第 I 段的能量比值计算。

在本实验中还使用了 NLMS [8] 和加权预测误差（weighted prediction error，WPE）[9] 分别作为回声消除和去混响模块，并串联上分离算法进行了实验对比，分别记为 NLMS-WPE-BSS 和 WPE-NLMS-BSS。实验中使用的音频采样率为 16 kHz，STFT 长度为 1024 个采样点，帧移为 512 个采样点，AEC 和 DR 滤波器长度 $L_1 = L_2 = 5$ 帧，去混响的数据延时 $\Delta = 2$。

2. 实验结果与分析

SDR、SIER、SIIR 三种指标相对于输入信号的提升量分别由表 11.1、表 11.2、表 11.3 给出，其结果为 20 次独立实验的平均值。

表 11.1 不同混响条件下的 SDR 相对于输入信号的提升量（dB）

算法	SER = 0 dB			SER = −10 dB		
	$RT_{60} = 0.3$	$RT_{60} = 0.6$	$RT_{60} = 0.8$	$RT_{60} = 0.3$	$RT_{60} = 0.6$	$RT_{60} = 0.8$
WPE-NLMS-BSS	8.56	6.75	5.45	13.74	11.62	10.29
NLMS-WPE-BSS	8.76	6.63	5.51	14.73	12.24	10.79
Joint-SS	8.76	6.84	5.64	11.86	9.66	8.13
DRAEC-BSS	9.69	7.50	6.05	16.82	13.54	12.41
DR-AEC-BSS	9.51	7.32	5.87	16.05	12.74	11.73
AEC-DR-BSS	9.63	7.43	5.97	16.76	13.40	12.32

表 11.2　不同混响条件下的 SIER 相对于输入信号的提升量（dB）

算法	SER = 0 dB			SER = −10 dB		
	$RT_{60} = 0.3$	$RT_{60} = 0.6$	$RT_{60} = 0.8$	$RT_{60} = 0.3$	$RT_{60} = 0.6$	$RT_{60} = 0.8$
WPE-NLMS-BSS	9.34	7.25	5.50	7.29	5.42	5.04
NLMS-WPE-BSS	9.94	7.64	5.82	8.57	6.62	5.24
Joint-SS	10.35	8.16	6.58	7.29	5.55	4.56
DRAEC-BSS	11.12	9.25	7.15	12.09	8.93	7.82
DR-AEC-BSS	10.71	8.71	6.67	10.40	6.87	6.07
AEC-DR-BSS	10.95	9.04	6.82	11.90	8.35	7.21

表 11.3　不同混响条件下的 SIIR 相对于输入信号的提升量（dB）

算法	SER−0 dB			SER = −10 dB		
	$RT_{60} = 0.3$	$RT_{60} = 0.6$	$RT_{60} = 0.8$	$RT_{60} = 0.3$	$RT_{60} = 0.6$	$RT_{60} = 0.8$
WPE-NLMS-BSS	8.80	6.35	5.43	8.08	5.72	4.67
NLMS-WPE-BSS	8.94	6.56	5.70	8.25	6.00	4.97
Joint-SS	8.27	6.52	5.78	7.49	5.75	4.66
DRAEC-BS	9.58	7.89	6.58	9.27	6.97	6.35
DR-AEC-BSS	9.33	7.47	6.14	8.62	6.19	5.50
AEC-DR-BSS	9.36	7.62	6.24	9.08	6.64	6.05

　　从以上实验中可以看出：第一，随着 RT_{60} 的增大，算法性能明显降低，说明算法需要更长的滤波器以应对更强的混响；第二，算法在 SER = −10 dB 条件下的提升效果比 SER = 0 dB 时明显，这是因为在低信回比时输入信号的各项指标更低。例如在 RT_{60} = 0.3 时，SER = −10 dB 条件下的平均输入 SDR 为 −12.15 dB，而 SER = 0 dB 条件下的平均输入 SDR 为 −4.61 dB；第三，Joint-SS 算法（见公式 (11.11)）差于其余配置，说明虽然求解理论成立，但矩阵规模较大并不利于自适应算法的迭代和收敛，更好的方式是将其拆解为多个小矩阵再联合求解。

　　在以上实验中，DRAEC-BSS 算法要优于其余配置，这可能有两方面的原因：第一，在 DR 中所使用的麦克风信号的延时可能有利于 AEC 操作。例如在麦克风信号中可以观测到非线性回声，以及回声残余，这类成分难以通过参考信号卷积上回声路径建模，所以引入麦克风信号后有利于对非线性和残余回声进行抑制；第二，在 AuxICA 算法框架中，非线性加权对算法性能具有较大的影响。在 DRAEC 配置中，算法使用消除回声和混响后的数据进行非线性加权，可能比使用只消除回声，或只消除混响后的非线性加权更有优势。

11.2　语音增强与关键词检测联合优化

在物联网人工智能技术（artificial intelligence of things，AIoT）蓬勃发展的今天，语音交互接口在可穿戴设备、智能家居/家电、智能车机/座舱、机器人、无人机等终端设备上的渗透率越来越高。语音增强（speech enhancement）与关键词检测（key word spotting，KWS）作为设备端语音交互的前级模块，其性能直接关系到最终产品的用户体验和人机交互效率。

参考文献 [10, 11] 介绍了一种语音增强与关键词检测联合优化技术，以及该技术在扫地机器人中的应用。文章中的联合优化思想也并不只限用于扫地机器人，在类似的场景中也可以灵活使用。扫地机器人作为一种特殊品类的家用电器，对于来自机器人自噪声（ego-noise）的影响不可忽视。自噪声给语音增强和关键词检测任务带来了更加严峻的挑战，主要难点有以下几方面：第一，由于噪声源距离拾音设备较近，所以采集到的原始语音信噪比极低（−10 至 −15 dB），如图 11.2(a) 所示；第二，扫地机器人自噪声属于复合噪声，其成分复杂多样，

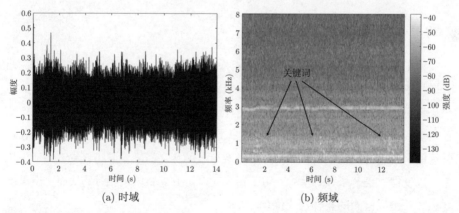

(a) 时域　　　　　　　　　　　　(b) 频域

图 11.2　扫地机器人自噪声信号示例。由于低信噪比、非稀疏性的影响，从原始音频信号中很难看出关键词语音成分

例如来自机器人上的多个电机、扫地和/或拖地刷、机器人的轮子、吸尘器等部件的噪声。该复合噪声中既包含方向性较为明显的点声源干扰成分，例如电机噪声，又包含方向性较为模糊的散射噪声成分，例如吸尘器风噪。相对于语音信号具有稀疏谐波结构的性质，扫地机器人的自噪声是非稀疏的，不具有明显的谐波性质，如图 11.2(b) 所示；第三，在扫地机器人工作过程中，其位置是相对于用户实时变化的，如图 11.3 所示。实时变化的语音信道将导致信号的统计信息（例如声源方位、协方差矩阵、传函等）也是时变的，从而增加了自适应信号处理算法的收敛难度。

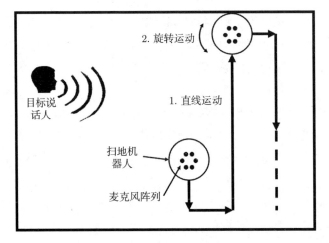

图 11.3　扫地机器人运动状态示意图

11.2.1　系统框架

为了应对以上困难，参考文献 [10] 采用了如图 11.4 所示的框架。其中的语音增强子模块采用了多指向的 MVDR 波束形成算法（见第 4 章）。多波束的方法假设目标声源一定能被某个波束范围覆盖，通过在 360 度的圆周上均匀定义 N 个波束指向，避免对目标信号统计量的依赖。后续的关键词检测模块接收增强后的多通道音频特征，并预测各个发音单元的存在概率。同时，关键词缺失概率可以反馈回语音增强算法中，用于指导噪声协方差矩阵的估计，从而实现语音增强和关键词检测的联合迭代优化。

在参考文献 [12] 中，作者将语音增强加关键词检测的系统和人类听觉认知系统进行了对比，如图 11.5 所示：基于信号处理的语音增强模块就像人的耳朵、耳蜗等感知器官，用于接收外界声音，并对音频信号进行加工，从中提取底层特征；关键词检测模块就像人的大脑，对底层特征进行深度处理，从而对环境做出理解认知，并将决策信息反馈回感知器官，以实现对外界信息更好的感知。从人类听觉认知系统的工作循环中可以看出，除了从感知器官向大脑的自下而上的信息传递，还存在从大脑向感知器官自上而下的控制反馈。图 11.4 中的框架也借鉴了这种反馈机制，使得两个模块之间能够更紧密地配合，实现更高效的联合语音增强和关键词检测。

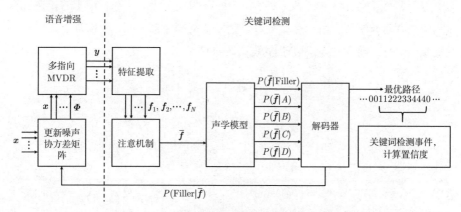

图 11.4　语音增强与关键词检测联合优化框架

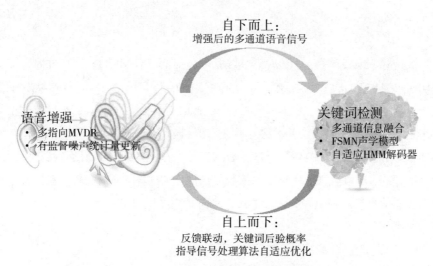

图 11.5　联合优化框架与人类听觉认知系统的对比[12]

11.2.2 语音增强模块

图 11.4 中的语音增强模块根据公式 (11.16) 生成了 N 路 MVDR 波束 $\boldsymbol{w}_n, n = 1, 2, \cdots, N$，而对应的输出信号由公式 (11.17) 得到，其中，$\boldsymbol{d}(\varphi_n, \theta)$ 为导向向量，φ 和 θ 分别为方位角（azimuth）和仰角（elevation）。φ 可以由 360 度圆周 N 等分得到，而考虑到用户通常会俯视扫地机器人，所以可以按照经验值设置一个正数 θ。公式 (11.16) 中的参数 δ 借鉴了 PMWF 算法[13] 的思想，用于平衡降噪程度和语音失真程度，而 ϵ 为一个小的正数，用于防止在运算过程中出现奇异矩阵。由于算法在各个频段上的操作都相同，所以其中只用到了数据块序号 τ，而并未给出频段序号。

$$\boldsymbol{w}_n(\tau) = \frac{[\boldsymbol{\Phi}(\tau) + \epsilon \boldsymbol{I}]^{-1} \boldsymbol{d}(\varphi_n, \theta)}{\boldsymbol{d}^{\mathrm{H}}(\varphi_n, \theta) [\boldsymbol{\Phi}(\tau) + \epsilon \boldsymbol{I}]^{-1} \boldsymbol{d}(\varphi_n, \theta) + \delta} \tag{11.16}$$

$$y_n(\tau) = \boldsymbol{w}_n^{\mathrm{H}}(\tau) \boldsymbol{x}(\tau) \tag{11.17}$$

公式 (11.16) 中的 MVDR 算法需要用到噪声协方差矩阵 $\boldsymbol{\Phi}$。由于噪声信号未知，所以 $\boldsymbol{\Phi}$ 只能从麦克风信号中估计得到，具体的方法如公式 (11.18) 所示，其中 $\boldsymbol{x}$ 为麦克风信号，η 为动态遗忘因子，用于控制 $\boldsymbol{\Phi}$ 的更新速度，而 η 由固定的遗忘因子 $\eta^{(1)}$ 和从关键词检测模块中反馈回来的关键词缺失概率 $P(\mathrm{Filler}|\bar{\boldsymbol{f}})$ 控制，如公式 (11.19) 所示。

$$\boldsymbol{\Phi}(\tau) = \eta \boldsymbol{\Phi}(\tau - 1) + (1 - \eta) \boldsymbol{x}(\tau) \boldsymbol{x}^{\mathrm{H}}(\tau) \tag{11.18}$$

$$\eta = \eta^{(1)} + (1 - \eta^{(1)})(1 - P(\mathrm{Filler}|\bar{\boldsymbol{f}})) \tag{11.19}$$

从公式 (11.19) 可以看出，当关键词出现时，有 $P(\mathrm{Filler}|\bar{\boldsymbol{f}}) \approx 0$，此时 $\eta \approx 1$，说明对 $\boldsymbol{\Phi}$ 的更新将放缓或暂停，以防止 $\boldsymbol{\Phi}$ 中包含语音成分，从而造成语音失真；而当没有关键词出现时，$P(\mathrm{Filler}|\bar{\boldsymbol{f}}) \approx 1$，此时有 $\eta \approx \eta^{(1)}$，说明 $\boldsymbol{\Phi}$ 可以按正常速率更新。图 11.4 中系统的关键之处在于控制信息 $P(\mathrm{Filler}|\bar{\boldsymbol{f}})$ 由后续的模块反馈回来。由于后级模块的输入是增强后的信号，语音信噪比与原始音相比有一定程度的提高，所以后级模块输出的控制信息也更加准确。而前级模块利用质量更高的控制信息能实现更好的语音增强，从而联合优化两个模块。

11.2.3 关键词检测模块

在关键词检测模块中，首先通过参考文献 [14] 的方法从公式 (11.17) 中的输出信号中提取 N 路 FBank 特征 $\boldsymbol{f}_1, \boldsymbol{f}_2, \cdots, \boldsymbol{f}_N$，为了实现多路信息融合并节约计算量，系统中使用了注意机制的方法对 N 路特征进行了加权平均，并最终得到一路融合后的特征 $\bar{\boldsymbol{f}}$，如公式 (11.20) 所示，而权重 $\bar{g}_n$ 则由公式 (11.21) 和公式 (11.22) 得到[15]。

$$\bar{\boldsymbol{f}}(\tau) = \sum_{n=1}^{N} \bar{g}_n(\tau) \boldsymbol{f}_n(\tau) \tag{11.20}$$

$$g_n(\tau) = \boldsymbol{u}^{\mathrm{T}} \tanh(\text{Affine}(\boldsymbol{f}_n(\tau))) \tag{11.21}$$

$$\bar{g}_n(\tau) = \frac{\exp(g_n(\tau))}{\sum_{i=1}^{N} \exp(g_i(\tau))} \tag{11.22}$$

在公式 (11.21) 中，Affine($\cdot$) 表示仿射变换（affine transform），而 $\boldsymbol{u}^{\mathrm{T}}$ 表示单个行向量的线性层，公式 (11.22) 则为 Softmax($\cdot$) 算子的实现形式。

任何单路的关键词检测模型都可以用于从特征 $\bar{\boldsymbol{f}}$ 到关键词建模单元观测概率的预测，即所谓的声学模型（acoustic model，AM）。本系统使用了 FSMN[16] 类型的网络结构，如公式 (11.23) ~ 公式 (11.25) 所示，其中，FSMN($\cdot$) 表示 FSMN 网络算子，ReLU($\cdot$) 和 Softmax($\cdot$) 为相应的激活函数，L 表示 FSMN 单元堆叠的层数，$\boldsymbol{h}$ 为隐含层的输出向量。

$$\boldsymbol{h}_0(\tau) = \text{ReLU}(\text{Affine}(\bar{\boldsymbol{f}}(\tau))) \tag{11.23}$$

$$\boldsymbol{h}_l(\tau) = \text{FSMN}(\boldsymbol{h}_{l-1}(\tau)), l = 1, 2, \cdots, L \tag{11.24}$$

$$\boldsymbol{p}(\tau) = \text{Softmax}(\text{Affine}(\boldsymbol{h}_L(\tau))) \tag{11.25}$$

本系统使用了基于汉字的建模方法。假设关键词由四个汉字组成，记为 $ABCD$，则声学模型输出五个类别的观测概率。将公式 (11.25) 中的输出向量 $\boldsymbol{p}$ 展开后可得：

$$\boldsymbol{p} = [P(\bar{\boldsymbol{f}}|\text{Filler}), P(\bar{\boldsymbol{f}}|A), P(\bar{\boldsymbol{f}}|B), P(\bar{\boldsymbol{f}}|C), P(\bar{\boldsymbol{f}}|D)]^{\mathrm{T}} \tag{11.26}$$

其中，Filler 表示非关键词语音。

声学模型输出的原始观测概率通常抖动较为剧烈，并且概率曲线上会存在较多毛刺，不利于关键词检出，所以还需要某种后处理机制来对观测概率进行平滑[17]。本系统采用了自适应 HMM[18] 的方法，在极大似然估计的理论框架下，将建模单元的观测概率平滑为更稳定的建模单元存在概率 $\boldsymbol{\alpha}$。

$$\boldsymbol{\alpha} = [P(\text{Filler}|\bar{\boldsymbol{f}}), P(A|\bar{\boldsymbol{f}}), P(B|\bar{\boldsymbol{f}}), P(C|\bar{\boldsymbol{f}}), P(D|\bar{\boldsymbol{f}})]^{\mathrm{T}} \tag{11.27}$$

$\alpha_1 = P(\text{Filler}|\bar{\boldsymbol{f}})$，将反馈前级模块中噪声协方差矩阵的更新。使用 HMM 的另一个好处在于可以通过 Viterbi 算法将 $[0,1]$ 区间上的连续概率转换为 $\{0,1\}$ 集合上的离散的最优状态转移路径，每当出现类似"$\cdots A \to B \to C \to D \cdots$"的模式变化时即可认为有关键词 $ABCD$ 出现，从而启动后续的置信度打分和事件上报流程。

关于 FSMN 声学模型和 HMM 解码过程的更详细的介绍可以参考第 10 章。

11.2.4　实验现象

参考文献 [10] 利用真实的扫地机器人工作场景测试集对几种语音增强模块和关键词检测模块的组合方式进行了对比实验，实验结果如图 11.6 所示。实验将 ROC 曲线作为性能评价方法，相同 FAR 条件下曲线下方围成的面积越小则性能越好。

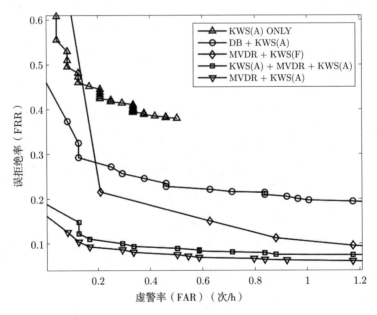

图 11.6　在真实测试集上的 ROC 曲线对比

在图 11.6 的实验中，MVDR + KWS(A) 标签表示图 11.4 中带信息反馈的方法；DB + KWS(A) 标签对比了参考文献 [15] 中的方法，表示先做差分波束形成（differential beamforming）再做关键词检测；KWS(A) + MVDR + KWS(A) 标

签对比了参考文献 [12] 中的方法。在 DB + KWS(A) 方法中，由于采用的是固定波束形成，所以两个模块除数据传递外并没有控制信息的传递。而参考文献 [12] 虽然提出了图 11.5 中的结构，其中包含自上而下的控制信息的反馈，但在系统实现时却采用了类似 KWS(A) + MVDR + KWS(A) 的顺序级联架构，第一个 KWS 只提供控制信息，第二个 KWS 以增强过的信号为输入，并上报唤醒事件。

从实验结果中可以看出，联合优化方法要好于其他对比方法。其中，MVDR + KWS(A) 方法优于 DB + KWS(A) 方法的原因可以解释为固定波束形成采用理想噪声模型，而扫地机器人自噪声是一种复合噪声，其组成成分较为复杂，所以当实际噪声模型与理想模型不匹配时，固定波束形成并不能发挥出最好的语音增强效果。而 KWS(A) + MVDR + KWS(A) 方法采用了自适应波束形成，同时采用了顺序级联的实现方式。由于控制信息从原始带噪的信号中得到，所以其准确性要差于 MVDR + KWS(A) 方法，二者的最终性能差异也反映在了 ROC 曲线上。

11.3　本章小结

一套完整的智能语音处理系统往往包含多个算法子模块，每个子模块负责某项特定的任务，而整个系统需要在所有子模块的共同配合下才能实现更为复杂的功能。传统的语音处理系统大多采用多个子模块级联的架构，将前级子模块的输出作为后级子模块的输入。这种架构的优点在于实现简单且灵活，可以利用分而治之的思想，将一个复杂的问题拆分为若干子问题加以应对，并且可以针对不同的应用场景替换相应的算法子模块。级联架构的缺点是绝大多数算法子模块的运行是独立的，每个子模块独立迭代到最优并不能保证整体系统性能达到最优。

针对上述问题，人们提出了联合优化的思想：将若干子模块的信号模型、目标函数、优化方法进行联合，使得若干任务能在统一的指导目标和方法下进行优化，这样有望实现比级联架构更好的整体性能。本章介绍两种联合优化思想，11.1 节将回声消除、去混响、信号源分离统一到盲源分离的理论框架下；11.2 节的联合主要体现在两个方面，一是关键词检测到语音增强的信息反馈，二是语音增强与关键词检测匹配训练。

本章介绍的联合优化方法比较有限，诸如最近流行的基于深度学习的联合优化思想在本章中未涉及，包括端到端（end-to-end）的语音识别、关键词检测等技术。由于深度学习方法中不同任务的算法子模块都由神经网络实现，所以相比于传统方法，基于深度学习的方法具有天然的数据结构和优化方法统一的优势。加上使用统一的损失函数进行训练，基于深度学习的方法很方便就能实现多个网络的联合优化。

　　基于物理建模的传统信号处理和基于数据建模的深度学习方法有各自的优缺点，两种方法结合互补是进一步提升智能语音处理系统整体性能的一种思路。但是，两种方法论的差异也给联合优化带来了困难。首先，二者的目标函数难以统一：传统信号处理往往以信号的均方误差、独立性等底层指标作为目标函数，但这些指标难以和系统的最终性能指标，例如唤醒率、虚警率、识别字错误率，以及深度神经网络的损失函数，例如发音单元的分类正确率直接对应。其次，二者的优化策略有所不同：传统信号处理大多通过实时迭代实现自适应处理，而深度学习采用离线批处理的训练方式，模型一旦训练完成便固定不动。在本章中，传统信号处理与深度神经网络只实现了匹配训练和信息反馈两种简单的联合，如何更好地实现两种方法论的联合优化也是实现二者互补需要解决的关键问题。

本章参考文献

[1] COHEN A, BARNOV A, MARKOVICH-GOLAN S, et al. Joint beamforming and echo cancellation combining QRD based multichannel aec and MVDR for reducing noise and non-linear echo[C]//2018 26th European Signal Processing Conference (EUSIPCO). IEEE, 2018: 6-10.

[2] TAKEDA R, NAKADAI K, TAKAHASHI T, et al. Ica-based efficient blind dereverberation and echo cancellation method for barge-in-able robot audition[C]//2009 IEEE International Conference on Acoustics, Speech and Signal Processing. IEEE, 2009: 3677-3680.

[3] NAKATANI T, KINOSHITA K. Simultaneous denoising and dereverberation for low-latency applications using frame-by-frame online unified convolutional beamformer.[C]//Interspeech. 2019: 111-115.

[4] BOEDDEKER C, NAKATANI T, KINOSHITA K, et al. Jointly optimal dereverberation and beamforming[C]//ICASSP 2020-2020 IEEE International Conference on Acoustics, Speech and Signal Processing (ICASSP). IEEE, 2020: 216-220.

[5] NA Y, WANG Z, LIU Z, et al. Joint online multichannel acoustic echo cancellation, speech dereverberation and source separation[C]//Interspeech. 2021.

[6] CARBAJAL G, SERIZEL R, VINCENT E, et al. Joint nn-supported multichannel reduction of acoustic echo, reverberation and noise[J]. IEEE/ACM Transactions on

Audio, Speech, and Language Processing, 2020, 28: 2158-2173.

[7] VINCENT E, GRIBONVAL R, FÉVOTTE C. Performance measurement in blind audio source separation[J]. IEEE transactions on audio, speech, and language processing, 2006, 14(4): 1462-1469.

[8] VALIN J M. On adjusting the learning rate in frequency domain echo cancellation with double-talk[J]. IEEE Transactions on Audio, Speech, and Language Processing, 2007, 15(3): 1030-1034.

[9] NAKATANI T, YOSHIOKA T, KINOSHITA K, et al. Speech dereverberation based on variance-normalized delayed linear prediction[J]. IEEE Transactions on Audio, Speech, and Language Processing, 2010, 18(7): 1717-1731.

[10] NA Y, WANG Z, WANG L, et al. Joint ego-noise suppression and keyword spotting on sweeping robots[C]//ICASSP 2022-2022 IEEE International Conference on Acoustics, Speech and Signal Processing (ICASSP). IEEE, 2022: 7547-7551.

[11] 纳跃跃, 王子腾, 王亮, 付强. ICASSP 2022 论文分享：语音增强与关键词检测联合优化技术在扫地机器人中的应用 [EB/OL]. https://www.hxedu.com.cn/Resource/202301841/17.htm.

[12] HUANG Y, HUGHES T, SHABESTARY T Z, et al. Supervised noise reduction for multichannel keyword spotting[C]//2018 IEEE International Conference on Acoustics, Speech and Signal Processing (ICASSP). IEEE, 2018: 5474-5478.

[13] SOUDEN M, BENESTY J, AFFES S. On optimal frequency-domain multichannel linear filtering for noise reduction[J]. IEEE Transactions on audio, speech, and language processing, 2009, 18(2): 260-276.

[14] FAYEK H M. Speech processing for machine learning: filter banks, Mel-frequency cepstral coefficients (mfccs) and what's in-between[EB/OL]. 2016. https://www.hxedu.com.cn/Resource/202301841/18.htm.

[15] JI X, YU M, CHEN J, et al. Integration of multi-look beamformers for multichannel keyword spotting[C]//ICASSP 2020-2020 IEEE International Conference on Acoustics, Speech and Signal Processing (ICASSP). IEEE, 2020: 7464-7468.

[16] ZHANG S, LIU C, JIANG H, et al. Feedforward sequential memory networks: a new structure to learn long-term dependency[J]. arXiv preprint arXiv:1512.08301, 2015.

[17] CHEN G, PARADA C, HEIGOLD G. Small-footprint keyword spotting using deep neural networks[C]//2014 IEEE International Conference on Acoustics, Speech and Signal Processing (ICASSP). IEEE, 2014: 4087-4091.

[18] YING D, YAN Y. Noise estimation using a constrained sequential hidden Markov model in the log-spectral domain[J]. IEEE transactions on audio, speech, and language processing, 2013, 21(6): 1145-1157.

12

模型量化

模型量化是一种减少深度学习模型大小并加快其推理速度的技术[1]。深度学习模型通常使用 32 位浮点型或 16 位浮点型（FP32 或 FP16）存储权重和计算激活[1]，而量化可以将模型参数和激活转换成更低位宽（bit-width）的数值，如 8 位整数（INT8）甚至更低。量化不仅可以降低模型的存储要求，而且能减少计算能耗，甚至还可以借助特定硬件加速器实现更高效的计算。因此，模型量化对端侧智能语音处理的发展具有重要意义，使得复杂模型在资源受限设备上的应用成为可能。

12.1 节介绍模型量化的基本原理和基本方法；12.2 节以关键词检测模型为例，重点介绍模型的无数据量化方法，及其在低精度量化时的性能表现；12.3 节进行本章小结。

12.1 模型量化方法

模型量化根据实现方式可以划分为三类，训练后量化（Post-training Quantization，PTQ）、训练时量化（Quantization-aware Training，QAT）和无数据量化（Data-free Quantization，DFQ），本节将依次介绍各个方法。

12.1.1 训练后量化

训练后量化是在模型训练完成后执行的量化技术。原始模型在不考虑量化的情况下已经完成训练。一般情况下，在执行训练后量化时，首先需要在一个数据量较小的校准数据集上评估模型的权重和激活值，以确定它们的取值范围，进

---

1 在本章中，预训练模型均指预训练 32 位浮点型模型。

而利用取值范围计算出量化参数，接着通过量化函数将浮点型的权重和激活值量化为整数精度，最终获得一个低位宽模型[2]。训练后量化流程如图 12.1 所示。

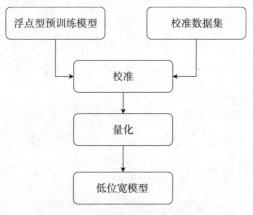

图 12.1 训练后量化流程

量化函数将连续值映射到离散值，常见 n 位量化函数如下所示。

$$\boldsymbol{X}_{\mathrm{q}} = \mathrm{clip}\left(\mathrm{round}\left(\frac{\boldsymbol{X}}{S} + Z\right), -2^{n-1}, 2^{n-1} - 1\right) \tag{12.1}$$

$$S = \frac{u - l}{2^n - 1} \tag{12.2}$$

其中，$\boldsymbol{X}$ 表示激活或权重；$l = \boldsymbol{X}_{\min}$、$u = \boldsymbol{X}_{\max}$ 分别表示 $\boldsymbol{X}$ 可取范围的最小值和最大值；$\mathrm{clip}(\cdot)$ 表示截断函数，剪切超过边界的数值；$\mathrm{round}(\cdot)$ 表示四舍五入函数；Z 代表零点，表示量化后零会被映射的位置；S 代表缩放因子，表示每个量化区间的宽度；$\boldsymbol{X}_{\mathrm{q}}$ 代表量化后的低位宽数值。对应的反量化函数可以表示为

$$\boldsymbol{X}_{\mathrm{f}} = (\boldsymbol{X}_{\mathrm{q}} - Z) \cdot S \tag{12.3}$$

其中，$\boldsymbol{X}_{\mathrm{f}}$ 代表反量化后的全精度数值。

训练后量化的优势在于不需要重新训练模型，因此计算更为高效。此外，训练后量化对训练数据集的依赖性较小，仅使用少部分数据集调整模型参数。但是，量化会引入扰动，从而导致模型偏离其原先的收敛点。由于模型没有机会适应量化带来的扰动，在较低位宽的情况下（如 4 位以下），训练后量化通常会导致较大的性能损失。

12.1.2　训练时量化

训练时量化允许模型在考虑量化误差的情况下进行优化，旨在使用训练数据对低位宽模型重新训练或微调，以便模型可以学习和纠正量化过程中的扰动。训练时量化通常包括以下步骤。训练时量化的流程如图 12.2 所示。

（1）依靠量化函数将预训练模型量化成低位宽模型。

（2）利用训练数据集进行前向训练。

（3）计算训练损失并执行梯度的反向传播。

（4）使用梯度更新权重并返回步骤（2），直到神经模型收敛。

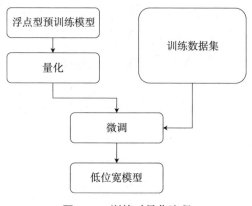

图 12.2　训练时量化流程

训练时量化会将不可微分的量化函数引入前向传播的过程，这给传统的梯度下降方法带来了问题。如何处理量化函数成为一个重大挑战。Bengio[3] 等人提出的直通估计器（Straight Through Estimator，STE）作为一种梯度近似方法被广泛应用，其核心思想是忽略量化过程中的舍入运算，使用单位函数进行梯度的近似。尽管 STE 的梯度近似是粗糙的，但这些近似的梯度与总体梯度有相关性，足以指导有效的模型训练。

训练时量化在考虑量化误差的情况下微调低位宽模型，这种适应性训练可以显著提高模型对量化操作的鲁棒性。模型参数能够更好地适应量化带来的约束，从而减少性能损失。虽然训练时量化的性能往往要高于训练后量化，但是其执行过程更复杂，计算成本更高，且需要访问原始训练数据集。

12.1.3　无数据量化

训练后量化和训练时量化依赖部分或全部原始数据集量化模型，但在某些情况下，出于隐私或安全方面的考虑，训练数据可能无法获取。近几年，研究人员提出一种不访问原始数据即可量化模型的方法——无数据量化[4, 5, 6]。无数据量化通常利用预训练模型 F 和生成器 G 生成与原始数据集分布接近的合成数据。在获得一个合成数据集后，执行训练时量化算法，量化浮点型预训练模型至低位宽。无数据量化流程如图 12.3 所示。

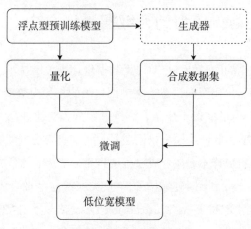

图 12.3　无数据量化流程

假设原始数据集中存在 N 个类别，首先分别从高斯分布 $\mathcal{N}(0,1)$ 和离散均匀分布 $\mathcal{U}(0, N-1)$ 中采样出噪声 z 和标签 y 作为生成器 G 的输入，然后对齐批归一化层的统计数据（the batch normalization statistics，BNS），让合成样本 $\boldsymbol{I}_{y,i} = G\left(z \mid y\right)$ 的分布拟合真实数据的分布。BNS Loss 被表示为

$$\mathcal{L}_{\mathrm{BNS}}^{G} = \sum_{l=1}^{L} ||\mu_l^F - \mu_l'(\boldsymbol{I})||_2 + ||\sigma_l^F - \sigma_l'(\boldsymbol{I})||_2 \tag{12.4}$$

其中，μ_l^F 和 σ_l^F 分别表示预训练全精度模型 F 的第 l 个 BN 层存储的均值和标准差，$\mu_l'(\boldsymbol{I})$ 和 $\sigma_l'(\boldsymbol{I})$ 分别表示合成样本 $\boldsymbol{I}$ 在 F 第 l 层特征图的均值和标准差。此外，利用 Inception Loss 赋予合成数据类别信息。

$$\mathcal{L}_{\mathrm{CE}}^{G} = \mathrm{CE}\left(F\left(\boldsymbol{I}\right), y\right) \tag{12.5}$$

其中 CE(·) 表示交叉熵损失。利用上述两个损失优化生成器 G，使其生成与原始数据集分布接近的合成数据。从这时起，无数据量化问题被转换为一个有监督的量化问题，低位宽模型将在合成数据上进行微调以恢复性能。

对于那些无法访问原始训练数据的场景，无数据量化提供了一种可行的解决方案。此外，由于无须处理和存储大量的原始训练数据，无数据量化可以减少计算和存储成本。这一优势在需要迭代优化模型或频繁更新模型的场景中将会被显著放大。

12.2　关键词检测模型的无数据量化方法

考虑到语音数据的隐私性，本节以无数据量化为关键技术，以关键词检测模型为例，将预训练型量化至低位宽。关键词检测的相关内容请参考第 10 章。

完整的训练框架如图 12.4 所示。训练过程分为交替进行的两个阶段。在第一阶段，预训练模型和低位宽模型是固定的，而生成器是可训练的，并且通过高斯噪声和采样标签生成样本。在合成过程中将生成器 G_1 的合成数据保存到内存中用于计算类中心，并利用中心距离约束损失 $\mathcal{L}_{\text{CDC}}$ 增加合成数据的类内异质性。预训练模型利用 BNS Loss 和 Inception Loss 对齐合成数据与真实数据的分布，以反向优化生成器。在第二阶段，预训练模型和生成器是固定的，而低位宽模型是可训练的。预训练模型作为选择器筛选出高质量的合成样本，进而用于微调低位宽模型。此外，引入了时间掩码量化蒸馏损失 $\mathcal{L}_{\text{TMQD}}$，以增强低位宽模型对数据分布的理解。图中的梅尔频谱特征是语音数据的可视化。

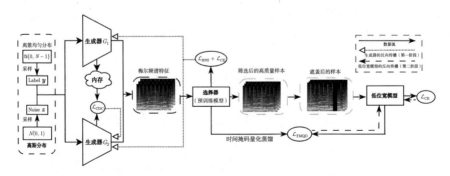

图 12.4　关键词检测模型的无数据量化训练框架

下面将依次介绍时序数据生成器、中心距离约束损失 $\mathcal{L}_{\mathrm{CDC}}$、高质量筛选，以及时间掩码量化蒸馏损失 $\mathcal{L}_{\mathrm{TMQD}}$，给出完整的无数据量化流程。

12.2.1 时序数据生成器

语音数据属于时序数据的一种，而时序数据的值往往在时间上具有依赖性，即一个时间点的值可能受到前后时间点的影响。这就要求生成器能够捕捉和生成这种时序依赖性。而 FSMN [7] 恰好具有较强的时间序列建模能力，可以编码每个隐藏状态的前后关系，整合过去和未来的时序信息，以此构建序列关系。

基于此，本节利用 FSMN 模块构建时序数据生成器直接生成梅尔频谱特征[1]。假设生成器尝试生成具有 τ 个时间步的特征样本，则 FSMN 模块的公式可以表示为

$$\widetilde{\boldsymbol{h}_\tau^l} = \sum_{i=0}^{N_1} a_i^l \cdot \boldsymbol{h}_{\tau-i}^l + \sum_{j=0}^{N_2} c_j^l \cdot \boldsymbol{h}_{\tau+j}^l \tag{12.6}$$

其中，$\boldsymbol{h}_{\tau-i}^l$ 为 $\tau-i$ 时刻第 l 层的特征，a_i^l 为对应的权重；$\boldsymbol{h}_{\tau+j}^l$ 为 $\tau+j$ 时刻第 l 层的特征，c_j^l 为对应的权重。FSMN 模块中存储 N_1 个过去时序信息，并通过引入部分延时存储 N_2 个未来时序信息，最终构建出前后时序之间的关系。

此外，时序数据通常包含由不规则事件或测量误差引起的异常值或噪声，这就要求生成器具有一定的随机性。因此，在生成器中引入 Dropout 模拟随机性。

假设原始的关键词唤醒数据集中具有 C 个不同类别，输入噪声的潜在维数为 M，最终得到的时序数据生成器的网络结构如图 12.5 所示。令采样出的高斯噪声和标签分别表示为 $z \sim \mathcal{N}(0,1)$ 和 y，则生成器采用公式 (12.7) 生成数据。

$$\boldsymbol{I}_{y,i} = G(\boldsymbol{z} \mid y), \boldsymbol{z} \sim \mathcal{N}(0,1) \tag{12.7}$$

其中，下标 i 表示当前生成的第 i 个数据。

12.2.2 中心距离约束与双生成器

尽管现有的无数据量化方法受益于 $\mathcal{L}_{\mathrm{BNS}}^G$ 和 $\mathcal{L}_{\mathrm{CE}}^G$，能够生成同真实数据分布接近的合成数据，但是与在真实训练数据上执行的训练时量化相比，仍然存在

---

1 在语音处理领域，音频信号通常会先转换成梅尔频谱特征，再输入模型中，因此生成器直接生成梅尔频谱特征是合理的。此外，在当前任务设置下，直接生成梅尔频谱特征能够避免音频转换导致的信息丢失。

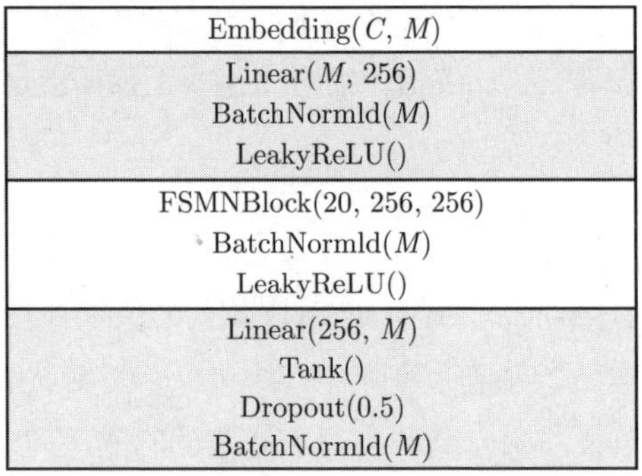

Embedding(C, M)
Linear(M, 256)
BatchNormld(M)
LeakyReLU()
FSMNBlock(20, 256, 256)
BatchNormld(M)
LeakyReLU()
Linear(256, M)
Tank()
Dropout(0.5)
BatchNormld(M)

图 12.5　时序数据生成器网络结构图

显著的性能差距。首先，$\mathcal{L}^G_{\mathrm{BNS}}$ 对齐批归一化层中的统计数据，让合成数据与真实数据的分布接近，但合成数据的均值与标准差完全受限于批归一化层中的历史信息，因此合成的数据往往缺乏多样性。如果在这些同质化的数据上进行微调，会降低低位宽模型对真实测试数据的泛化能力。其次，虽然 $\mathcal{L}^G_{\mathrm{CE}}$ 给合成样本注入类别信息，确保了类间差异性，但同样无法增加生成数据的类内异质。如图 12.6 所示，合成数据的特征过于聚拢，存在严重的同质化问题和潜在的模式塌缩问题。低位宽模型难以使用这些同质化的样本微调出强泛化能力。

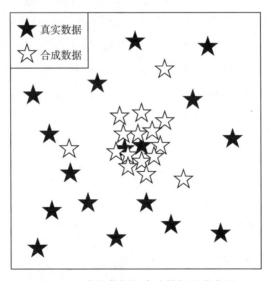

图 12.6　真实数据与合成数据的分布图

为了解决上述问题，本节提出基于中心距离约束的双生成器模块。该模块包含两个时序数据生成器 G_1 和 G_2，以及一块内存 $\mathcal{M}$。其中，在内存 $\mathcal{M}$ 中存储的 G_1 为每个类别最新生成的 512 个样本。假设将增强标签为 y 的合成数据的类内异质性，则首先需要计算出内存 $\mathcal{M}$ 中同类别合成数据的类中心 $\mathcal{C}^{G_1}(y)$。

$$\mathcal{C}^{G_1}(y) = \frac{1}{|\mathcal{M}_y|} \sum_{i=1}^{|\mathcal{M}_y|} \boldsymbol{I}_{y,i}^{G_1} \tag{12.8}$$

其中，$\mathcal{M}_y$ 表示被存储的标签为 y 的合成数据的集合，$\boldsymbol{I}_{y,i}^{G_1}$ 表示被存储的来自生成器 G_1 的第 i 个类别为 y 的样本。

然后引入生成器 G_2 和中心距离约束，让生成器 G_2 生成一些远离生成器 G_1 类中心的样本。中心距离约束的公式如下。

$$\mathcal{L}_{\mathrm{CDC}}^{G_2} = \sum_{i=1}^{\mathrm{BS}} \max\left(\lambda_{\mathrm{l}} - \cos\left(\boldsymbol{I}_{y,i}^{G_2}, \mathcal{C}^{G_1}(y)\right), 0\right) + \max\left(\cos\left(\boldsymbol{I}_{y,i}^{G_2}, \mathcal{C}^{G_1}(y)\right) - \lambda_{\mathrm{u}}, 0\right) \tag{12.9}$$

其中，$\cos(\cdot, \cdot)$ 计算两个输入之间的余弦距离，BS 代表训练批量大小，λ_{l} 和 λ_{u} 则是用来控制余弦距离下界和上界的超参数。下界 λ_{l} 增加了生成器 G_1 和 G_2 生成的数据之间的差异，有效确保了合成数据的类内异质性。上界 λ_{u} 则鼓励同一类别的合成数据特征相似，使得低位宽模型能够实现准确的分类。

12.2.3　高质量筛选

当前，绝大多数无数据量化方法采用交替训练，即在第一个阶段训练生成器，在第二个阶段用生成器生成的数据微调低位宽模型。然而，生成器在训练初期未经过充分训练，会在第二个阶段生成质量参差不齐的样本。如图 12.7 所示，将 Google Speech Command V1 [8] 数据集上的预训练模型用于无数据量化时，发现合成样本在训练初期的质量较差。如果让所有合成样本都作为第二个阶段中的训练数据，那么混杂其中的低质量样本不仅会让低位宽模型向错误方向优化，而且会减弱模型的泛化能力。因此，无数据量化的性能受到极大的限制。

考虑到预训练模型 F 曾直接在原始训练数据上训练，因此能够理解真实数据的分布和分类边界。如果一个合成样本能够欺骗预训练模型，让其输出较高的置信度，则说明该合成样本已经接近真实数据。基于此，本节将预训练模型 F 作为选择器，筛选出更加接近原始数据分布的高质量合成数据以帮助微调量化模型。

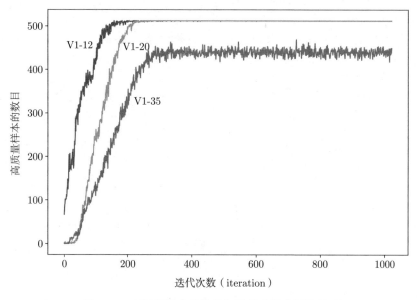

图 12.7 高质量样本的数目与迭代次数之间的关系

具体而言，将预训练模型 F 设置为选择器 $\mathcal{S}$，如果生成样本 $\boldsymbol{I}^1$ 的置信度超过阈值 α，则认为该样本是具有确定类别信息的高质量样本。置信度和高质量筛选的公式可以表示为

$$\text{Confidence}(\boldsymbol{I}) = \max\left(\text{Softmax}\left(\mathcal{S}\left(\boldsymbol{I}\right)\right)\right) \tag{12.10}$$

$$\mathcal{H}\mathcal{S}(\boldsymbol{I}) = \begin{cases} \boldsymbol{I}, & \text{Confidence}\left(\boldsymbol{I}\right) > \alpha \\ 0, & \text{Confidence}\left(\boldsymbol{I}\right) < \alpha \end{cases} \tag{12.11}$$

高质量筛选通过控制阈值筛选出更加接近真实数据分布的样本。但是在无数据量化过程中，困难样本的存在是十分必要的，有助于帮助低位宽模型认知分类边界。因此，阈值 α 不应过高，以免剔除所有具有挑战性的样本。实验结果表明，α 值为 0.2 时可获得较高的性能。

12.2.4 时间掩码量化蒸馏

为了帮助恢复低位宽模型的性能，无数据量化算法会引入知识蒸馏辅助模型训练。常见的做法是将预训练模型作为老师模型，然后基于 logits 蒸馏或 feature

---

1 由于两个生成器的合成样本均会进行筛选并计算损失，为了表示简洁，在本节和 12.2.4 节中省略上下标。

map 蒸馏指导低位宽模型的训练, 但是这种蒸馏方法通常只关注整体数据的浅层知识传递, 忽略了对数据的局部范围的深入理解。

本节采用时间掩码量化蒸馏, 让低位宽模型从随机局部遮盖的数据中推演完整数据, 以具备更深层次的数据理解能力。此外, 考虑到低位宽模型的表示范围极为有限, 老师模型的中间特征图难以直接被低位宽模型对齐, 故量化老师模型的特征, 以降低蒸馏难度。

假设筛选后的高质量合成样本 (即梅尔频谱特征) $\mathcal{HS}(\boldsymbol{I})$ 有 τ 个时间步, 首先, 随机遮盖 t 个连续时间步 $[t_0, t_0 + t)$ 得到 $\mathcal{TM}(\mathcal{HS}(\boldsymbol{I}))$, 其中, t 从 0 到时间掩码参数 T 的均匀分布中采样, t_0 从 $[0, \tau - t)$ 中采样。然后, 被遮盖样本 $\mathcal{TM}(\mathcal{HS}(\boldsymbol{I}))$ 和未遮盖样本 $\mathcal{HS}(\boldsymbol{I})$ 将分别作为低位宽模型 Q 和预训练模型 F 的输入, 分别从模型的最后一层中提取出特征图 $Q_{\text{last}}(\mathcal{TM}(\mathcal{HS}(\boldsymbol{I})))$ 和 $F_{\text{last}}(\mathcal{HS}(\boldsymbol{I}))$。最后, 基于特征图蒸馏实现知识的传递, 帮助低位宽模型深入理解局部数据。

$$\mathcal{L}_{\text{TMQD}}^{Q} = \text{KL}\left(F_{\text{last}}\left(\mathcal{HS}\left(\boldsymbol{I}\right)\right), Q_{\text{last}}\left(\mathcal{TM}\left(\mathcal{HS}\left(\boldsymbol{I}\right)\right)\right)\right) \tag{12.12}$$

考虑到 Q 和 F 在特征表示能力上的显著差距[9], 需要先将 $F_{\text{last}}(\mathcal{HS}(\boldsymbol{I}))$ 量化到较低的比特位宽, 再进行知识蒸馏。因此, 最终的时间掩码量化蒸馏模块可以用如下公式表示。

$$\mathcal{L}_{\text{TMQD}}^{Q} = \text{KL}\left(\text{Quantizer}\left(F_{\text{last}}\left(\mathcal{HS}\left(\boldsymbol{I}\right)\right)\right), Q_{\text{last}}\left(\mathcal{TM}\left(\mathcal{HS}\left(\boldsymbol{I}\right)\right)\right)\right) \tag{12.13}$$

其中, $\text{Quantizer}(\cdot)$ 表示一个量化函数, 它将浮点型特征量化至较低位宽; $\text{KL}(\cdot)$ 代表 KL 散度。为了减少计算量和内存消耗, 在时间掩码量化蒸馏中复用 12.2.3 节高质量筛选的预训练模型 F, 因此只需要单次端到端的前向传播即可同时实现样本筛选与蒸馏。

12.2.5 无数据量化流程

本章的无数据量化训练流程分为交替执行的两个阶段, 包括双生成器的训练阶段和合成数据下低位宽模型的微调阶段。下面先介绍两个阶段所采用的损失函数, 然后通过伪代码介绍训练流程。

1. 双生成器的训练阶段

在这一阶段，预训练模型 F 和低位宽模型 Q 是固定的，只训练生成器 G_1 和 G_2，让其生成同真实数据分布接近的数据。生成器 G_1 需要给合成数据注入类别信息，并且保证合成数据的分布与真实数据的分布接近，因此采用的损失可以表示为

$$\mathcal{L}^{G_1} = \mathcal{L}^{G_1}_{\text{CE}} + \beta_1 \cdot \mathcal{L}^{G_1}_{\text{BNS}} \tag{12.14}$$

生成器 G_2 需要在完成生成器 G_1 任务的基础上，进一步利用中心距离约束 $\mathcal{L}^{G_2}_{\text{CDC}}$ 增加生成数据的类内异质性，因此，采用的损失可以表示为

$$\mathcal{L}^{G_2} = \mathcal{L}^{G_2}_{\text{CE}} + \beta_2 \cdot \mathcal{L}^{G_2}_{\text{BNS}} + \beta_3 \cdot \mathcal{L}^{G_2}_{\text{CDC}} \tag{12.15}$$

2. 低位宽模型的微调阶段

在这一阶段，将全精度模型和双生成器固定，只微调低位宽模型。在双生成器合成出样本 $\boldsymbol{I}^{G_1}$ 和 $\boldsymbol{I}^{G_2}$ 后，将合成样本送入高质量筛选模块以筛选出高质量样本 $\mathcal{HS}\left(\boldsymbol{I}^{G_1}\right)$ 和 $\mathcal{HS}\left(\boldsymbol{I}^{G_2}\right)$。之后，利用筛选后的样本微调低位宽模型 Q。

$$\mathcal{L}^Q_{\text{CE}} = \mathcal{L}^Q_{\text{CE}}\left(Q\left(\mathcal{HS}\left(\boldsymbol{I}^{G_1}\right)\right), y^{\mathcal{HS}_{G_1}}\right) + \mathcal{L}^Q_{\text{CE}}\left(Q\left(\mathcal{HS}\left(\boldsymbol{I}^{G_2}\right)\right), y^{\mathcal{HS}_{G_2}}\right) \tag{12.16}$$

其中，$y^{\mathcal{HS}_{G_1}}$ 和 $y^{\mathcal{HS}_{G_2}}$ 表示被选择样本的真实标签。为了进一步加深低位宽网络对样本局部区域的深入，又引入了时间掩码量化蒸馏。因此，低位宽网络 Q 的总损失可以总结为

$$\mathcal{L}^Q = \mathcal{L}^Q_{\text{CE}} + \beta_4 \cdot \mathcal{L}^Q_{\text{TMQD}} \tag{12.17}$$

其中，β 是一个超参数，用于平衡不同损失之间的关系。

结合上述损失，关键词检测模型的无数据量化算法如算法 21 所示。

算法 21: 关键词检测模型的无数据量化算法

　　输入：预训练模型 F、迭代次数 $T_{\text{fine-tune}}$、随机初始化的生成器 G_1 和
　　　　　G_2
　　输出：低位宽模型 Q
1. 使用量化函数量化预训练模型 F，初步得到低位宽模型 Q
2. 固定低位宽网络 Q 中所有批归一化层的参数
3. 固定预训练模型 F 中所有参数
4. for iteration $= 1,2,\cdots,T_{\text{fine-tune}}$ do
5. 　　生成器的训练阶段：
6. 　　　固定低位宽网络 Q 的参数
7. 　　　随机采样一批高斯噪声 $z \sim \mathcal{N}(0,1)$ 和标签 y
8. 　　　生成器 G_1 和 G_2 利用公式 (12.7) 生成样本
9. 　　　根据公式 (12.8) 计算生成器 G_1 的类中心
10. 　　　将合成样本输入预训练模型 F
11. 　　　分别根据公式 (12.14) 和公式 (12.15) 中的损失函数更新生成器
　　　　　G_1 和 G_2
12. 　　低位宽网络的微调阶段：
13. 　　　固定生成器 G_1 和 G_2 的参数。
14. 　　　从第 8 步的合成样本中筛选出高质量样本，并输入低位宽模型 Q
15. 　　　最小化公式 (12.17) 中的损失函数更新低位宽模型 Q
16. end for
17. return 低位宽模型 Q

12.2.6　无数据量化实验

本节将在 Google Speech Command V1 数据集上测试关键词检测模型 DF-SMN [10] 的无数据量化效果。

1. 实验环境

本节在一台具有英特尔 XeonSilver 4216 CPU @ 2.10 GHz 芯片、376 GB 内存和 8 个英伟达 GeForce RTX 3090 GPU 的服务器上，基于 PyTorch 深度学习框架完成所有实验。实验环境为 Python 3.8.17、torch 2.0.1、torchaudio 2.0.2。

2. 实验数据集

Google Speech Command V1 是谷歌于 2017 年发布的一个用于训练和评估关键词唤醒系统的口语单词音频数据集。这个数据集被广泛应用于开发和测试语音识别系统。数据集包含约 65 000 个音频文件，这些文件是由成千上万位参与者录制的，反映了各种各样的口音、语调和发音方式，从而增加了数据集的多

样性。每个音频文件都是以 WAV 格式提供的，大约持续 1 s，这使得它们非常适合用于训练需要快速反应的关键词检测系统。数据集中包含了 35 个不同的简单命令，例如 Yes、No、Up、Down 等，这些命令覆盖了大多数常用的基本指令，为开发各种应用提供了基础。

3. 实验设置细节

在预处理阶段，利用预训练 DFSMN 模型初始化两个模型，一个用于量化并初始化低位宽模型，另一个作为高质量筛选与时间掩码量化蒸馏中的预训练模型。之后，分别使用 Adam 优化器和 SGD 优化器更新生成器和低位宽模型。生成器和低位宽模型的学习速率分别为 10^{-3} 和 10^{-5}，每 100 个 epoch 会衰减 0.1。生成器和低位宽模型一共进行了 400 个 epoch 的训练，每个 epoch 包含 200 次迭代。将前 5 个 epoch 作为生成器的热身阶段，只训练生成器。自第 6 个 epoch 起，训练过程将根据算法 21 分为两个阶段交替执行。其中，batch 为 256，超参数 α 被设置为 0.2，β_1、β_2、β_3 和 β_4 分别被设置为 0.1、0.1、1 和 1。

4. 对比实验

本节将本章方法与其他典型的无数据量化算法进行性能对比，采用的评价指标为关键词检测任务常用的准确率。参与对比的算法有：

- ZeroQ [11]——早期的无数据量化方法，依靠批归一化层的统计数据生成样本，进而用于模型量化。
- GDFQ [4]——引入标签信息作为先验知识生成样本，以增强合成样本的分类边界。
- Qimera [5]——生成决策边界附近的样本，以减少合成数据和真实数据之间的差距。
- ARC+AIT [12]——仅使用 KL 散度损失训练低位宽模型，从而避免多个损失项的联合优化问题；此外，缩放梯度以确保网络权重的正常更新。
- AdaSG [13]——首次提出一种基于零和博弈的无数据量化训练框架，进一步提升了无数据量化的极限。
- AdaDFQ [6]——在 AdaSG 的基础上做出改进，提出一种更加通用的无数据量化训练框架。

实验结果如表 12.1 所示，其中，xWyA 表示将权重量化至 x 位数值，激活量化至 y 位数值。

表 12.1　在 Google Speech Commands V1 数据集上不同算法的准确率

算法	位宽			
	3W3A	4W4A	4W8A	6W6A
ZeroQ[11]	79.64%	82.33%	86.50%	88.05%
GDFQ[4]	81.06%	84.06%	85.88%	89.46%
Qimera[5]	81.67%	87.89%	89.56%	90.16%
ARC+AIT[12]	73.77%	75.99%	79.49%	87.28%
AdaSG[13]	80.35%	84.39%	88.50%	89.69%
AdaDFQ[6]	83.58%	87.73%	89.56%	90.78%
本章方法	**83.60%**	**90.66%**	**91.33%**	**92.93%**

从以上实验可以看出：第一，本章无数据量化方法在 3W3A、4W4A、4W8A 和 6W6A 的实验上分别取得了 83.60%、90.66%、91.33% 和 92.93% 的准确率，在各个量化设置上均远胜于其他对比方法；第二，随着量化位宽的提升，模型性能会逐步提升，这是因为量化位宽决定了模型的表示能力；第三，在 6W6A 的量化位宽下，本章方法对比其他方法有显著提升，这是因为模型的表示能力越强，越容易过拟合在分布单一的数据集上。本章方法则通过中心距离约束与双生成器生成更具多样性，且更接近真实分布的合成数据，有效缓解了该问题。

5. 消融实验

本节在 Google Speech Commands V1 数据集上针对中心距离约束与双生成器、高质量筛选及时间掩码量化蒸馏组织消融实验，采用的评价指标为关键词检测任务常用的准确率。实验结果如表 12.2 所示，表中 HS、CDC 和 TMQD 分别表示高质量筛选、中心距离约束与双生成器，以及时间掩码量化蒸馏。与绝大多数的无数据量化方法一致，本节同样将 GDFQ [4] 作为 baseline。

当前的无数据量化方法没有考虑到训练初期生成器未经充分训练，生成质量参差不齐的样本会妨碍低位宽网络的微调，本章采用的高质量筛选将预训练模型作为选择器，利用输出的置信度判断合成样本的质量，从而能够筛选出更加真实的样本，帮助低位宽关键词检测模型进行有效训练。在 4W4A 实验设置上，高质量筛选帮助 baseline 提升了 4.19 个百分点的准确率。

表 12.2 消融实验的准确率

算法	位宽			
	3W3A	4W4A	4W8A	6W6A
baseline	81.06%	84.06%	85.88%	89.46%
+ HS	81.93%	88.25%	89.81%	92.00%
+ CDC	82.21%	89.82%	90.23%	91.34%
+ TMQD	82.08%	90.24%	90.72%	92.22%
+ HS, CDC	82.05%	90.43%	91.12%	92.59%
+ HS, TMQD	82.12%	90.64%	91.16%	92.47%
+ HS, CDC, TMQD	**83.60%**	**90.66%**	**91.33%**	**92.93%**

之后，继续增加中心距离约束与双生成器以合成样本，增加合成数据的类内异质性。低位宽模型在 4W4A 实验设置上达到了 90.43% 的准确率，相比前一阶段提升 2.18 个百分点，对比 baseline 提升了 6.37 个百分点的准确率。

随后，进一步添加了时间掩码量化蒸馏，在 4W4A 实验设置上达到了 90.66% 的准确率，对比上一阶段的模型提升了 0.23 个百分点，证明了时间掩码量化蒸馏的有效性。低位宽模型从推演被局部遮盖数据的过程中，加深了对数据分布的理解，从而提高了网络的性能。

6. 无数据量化效果

本节统计量化前后模型的参数量、计算量和存储占用，以说明无数据量化的效果。计算量将以 Bit-FLOPs 为度量标准。Bit-FLOPs 等于量化后网络权重的位宽、激活的位宽，以及浮点运算次数的乘积。表 12.3 是 4W4A 低位宽 DFSMN 量化效果，可以观察到：首先，量化并不会显著改变参数量的数目；其次，在 4W4A 量化下，低位宽模型的计算量约为浮点型模型的 $\frac{1}{70}$，且存储占用约为原本的 $\frac{1}{8}$。

表 12.3 DFSMN 低位宽量化效果

指标	32 位浮点型模型	4W4A 低位宽模型
参数量 (M)	5.10	5.10
计算量 (B)	727.19	11.36
存储占用 (MB)	4.69	0.60

12.3　本章小结

　　本章主要介绍了关键词检测模型的模型量化。首先概述模型量化方法的分类，包括训练后量化、训练时量化和无数据量化。由于语音数据存在隐私性，所以本章采用无数据量化压缩模型。然而，无数据量化存在的一些问题会重创模型的准确性，包括无法合成时序数据、合成数据的同质化问题、训练初期的低质量样本问题，以及低位宽网络的欠理解问题。针对这些问题，本章分别提出了时序数据生成器、中心距离约束与双生成器、高质量筛选，以及时间掩码量化蒸馏。时序数据生成器通过 FSMN 模块构建序列关系，以生成熟悉数据；双生成器利用中心距离增强合成样本的类内异质性；高质量筛选利用预训练模型筛选出高质量且具有确定类别信息的合成数据；时间掩码量化蒸馏让低位宽模型推演随机遮盖的中间特征，进而增强对数据分布的理解。在实验部分，本章以关键词检测模型 DFSMN 为对象，在关键词检测任务上进行性能对比。此外，通过消融实验证明了框架中每个模块的有效性。

本章参考文献

[1] GUO Y. A survey on methods and theories of quantized neural networks[J]. arXiv preprint arXiv:1808.04752, 2018.

[2] GHOLAMI A, KIM S, DONG Z, et al. A survey of quantization methods for efficient neural network inference[M]//Low-Power Computer Vision. 2022: 291-326.

[3] BENGIO Y, LÉONARD N, COURVILLE A. Estimating or propagating gradients through stochastic neurons for conditional computation[J]. arXiv preprint arXiv:1308.3432, 2013.

[4] XU S, LI H, ZHUANG B, et al. Generative low-bitwidth data free quantization[C]//Proceedings of the European Conference on Computer Vision. Switzerland: Springer, 2020: 1-17.

[5] CHOI K, HONG D, PARK N, et al. Qimera: data-free quantization with synthetic boundary supporting samples[J]. Advances in Neural Information Processing Systems, 2021, 34: 14835-14847.

[6] QIAN B, WANG Y, HONG R, et al. Adaptive data-free quantization[C]//Proceedings of the IEEE/CVF Conference on Computer Vision and Pattern Recognition. 2023: 7960-7968.

[7] ZHANG S, LIU C, JIANG H, et al. Feedforward sequential memory networks: a

new structure to learn long-term dependency[J]. arXiv preprint arXiv:1512.08301, 2015.

[8] WARDEN P. Speech commands: a dataset for limited-vocabulary speech recognition[J]. arXiv preprint arXiv:1804.03209, 2018.

[9] ZHU K, HE Y Y, WU J. Quantized feature distillation for network quantization[C]// Proceedings of the Thirty-Seventh AAAI Conference on Artificial Intelligence and Thirty-Fifth Conference on Innovative Applications of Artificial Intelligence and Thirteenth Symposium on Educational Advances in Artificial Intelligence. 2023: 11452-11460.

[10] ZHANG S, LEI M, YAN Z, et al. Deep-fsmn for large vocabulary continuous speech recognition[C]//IEEE International Conference on Acoustics, Speech and Signal Processing. IEEE, 2018: 5869-5873.

[11] CAI Y, YAO Z, DONG Z, et al. ZeroQ: a novel zero shot quantization framework[C]//Proceedings of the IEEE/CVF Conference on Computer Vision and Pattern Recognition. 2020: 13169-13178.

[12] CHOI K, LEE H Y, HONG D, et al. It's all in the teacher: zero-shot quantization brought closer to the teacher[C]//Proceedings of the IEEE/CVF Conference on Computer Vision and Pattern Recognition. 2022: 8311-8321.

[13] QIAN B, WANG Y, HONG R, et al. Rethinking data-free quantization as a zero-sum game[J]. arXiv:2302.09572, 2023.

工程篇

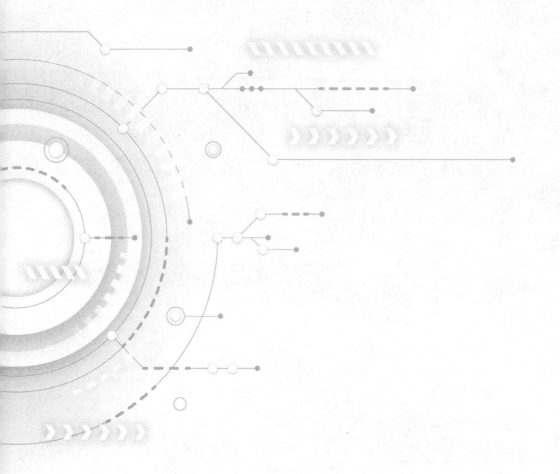

13

终端智能语音处理工具包

在远讲免提语音交互和语音通话任务中会面临多种难题和挑战：第一，真实应用场景中存在多种不利声学因素的影响，例如设备回声、噪声干扰、房间混响等，各种不利声学因素会降低目标语音的信噪比和可懂度，从而影响后续的交互和通信效果。第二，各种端侧设备的应用场景碎片化。例如智能音箱、会议终端、可穿戴设备、机器人、智能座舱类场景，每种场景都有各自的特点和需求，往往需要使用不同的处理算法。第三，由于各种端侧设备硬件条件有限，并且针对的大多是实时音频处理任务，所以还要求智能语音处理算法具有低资源、实时处理的能力。

在长期的研究和实践过程中，我们逐渐摸索并沉淀出一套终端智能语音处理工具包——SoundConnect [1]。该工具包主要包含语音增强、声源定位、语音活性检测、关键词检测等与设备端相关的智能语音处理功能，用于应对远讲免提语音交互和语音通信任务中的各种挑战，并满足端侧语音处理的各种需求。该工具包的主要特色如下。

- 基于物理建模的传统信号处理技术与基于数据建模的深度神经网络技术结合，实现了强大的语音增强、语音活动性检测、关键词检测的功能。
- 语音信号处理与深度神经网络实现完全匹配训练，进一步提升了"信号 + 模型"的整体性能。有的应用还可以实现模型到前级信号处理算法的信息反馈，从而更好地指导前级算法的迭代过程。

本章主要对该工具包进行介绍，13.1 节介绍整体系统框架；13.2 节对相应的配置参数进行详细介绍；13.3 节介绍常用离线工具的使用方法；13.4 节给出一段调用程序示例；13.5 节对本章内容进行总结。

---

1 可以在 GitHub 上搜索 alibaba-damo-academy/kws-training-suite/blob/main/bin/SoundConnect 得到。

13.1 系统框架

SoundConnect 工具包主要包括主体和辅助工具两部分，其中主体结构包含了所有在设备端运行的程序，由 C/C++ 实现；辅助工具主要包含配套的多并发离线工具、算法评测工具、模型训练脚本等，由 Java 和 Python 开发实现。

SoundConnect 的主体结构如图 13.1 所示，其中包含四层主要结构，从下到上分别为底层、算法层、逻辑层、接口层。

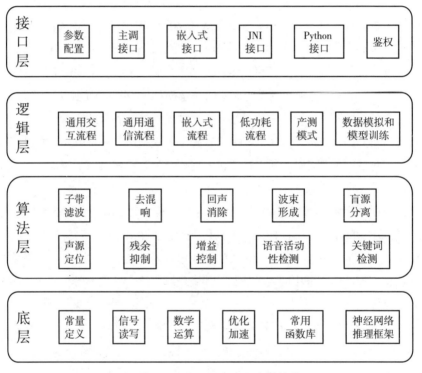

图 13.1 SoundConnect 的主体结构

底层包含上层结构所需的各种基础能力，例如信号读写、数学运算，以及各种运算在不同硬件平台上的优化和加速，同时提供了神经网络推理框架供上层模块调用。

底层之上是算法层。算法层提供了各种原子算法能力，例如回声消除、去混响、波束形成、关键词检测等。之所以将底层和算法层分开，是因为某些基础运算能力会同时被多个算法使用，例如矩阵求逆、神经网络推理等。将这些基础能力总结抽象出来由底层实现，才能实现最大程度的基础能力的复用，同时提升系统的整体可维护性。

不同场景、不同设备所需要的原子算法能力往往不同，所以各种算法的组合、调用顺序，以及系统的整体数据流向统一由逻辑层进行管理。用户可以针对特定的需求选择所需要的原子算法，并配置相应的调用逻辑。

最后，工具包的所有功能由接口层提供的配置参数和接口进行统一配置和调用。

SoundConnect 主体工具的一种常用的调用逻辑如图 13.2 所示。其中多通道信号首先经过子带分解，由时域信号变为时-频域信号，之后由各个算法子模块分别进行处理，最后通过子带综合将结果变为时域信号并输出。系统同时会输出声源方位、唤醒事件、VAD 判决结果等信息。

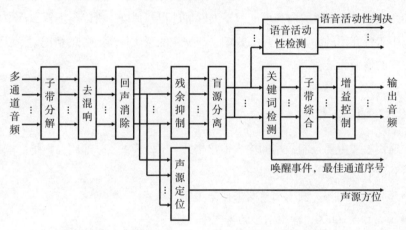

图 13.2 SoundConnect 主体工具的常用调用逻辑

图 13.2 中的数据流向，以及各个算法模块的组合逻辑、调用顺序并不是唯一的，用户可以根据具体需求开启或关闭某一算法模块，或是针对某一类型的算法选择不同的算法实现，并选择最适合当前需求的算法调用逻辑。另外，SoundConnect 也支持多实例运行，例如其中一个实例负责主流程，另一个实例只开启单通道 VAD 算法，处理检测到的关键词后，将其用于识别的音频。不同的实例采用不同的配置初始化即可。

13.2　配置参数详解

SoundConnect 工具包的所有可配置参数位于"Params.h"头文件的"Params"结构体中，对工具包进行配置的方法主要有以下几种。

- 对于存在文件系统，并且支持 C++ 的应用，例如 Android 应用，可以通过配置文件进行配置。
- 对于没有文件系统的嵌入式应用，可以使用离线工具将配置文件导出到"Params.c"文件中，并将配置直接编译到程序中。
- 在进行程序初始化之前可以直接修改"Params"结构体中的参数进行配置。

系统默认的配置文件位于 conf/default.conf 路径下，其中包含了所有可配置参数的说明和默认值[1]。下面采用"参数名 = 默认值"的格式对各个参数进行详细介绍。由于本章的内容可能跟不上软件的更新速度，所以当配置文件中出现本章中未曾介绍的参数，或是参数定义与默认配置文件不一致的情况时，以配置文件中的说明为准。

13.2.1　通用参数

通用参数主要控制数据的输入输出格式、工作模式等。通用参数将影响后续所有算法。

- fsin = 16000：输入信号的采样率（Hz）。
- fsout = 16000：输出信号的采样率（Hz）。
- nbitsin = 16：输入信号每个采样点所占的 bit 数，支持 16、24 和 32 bit。在 32 bit 时相当于 int 型的数据，而不是 float 类型。
- nbitsout = 16：输出信号每个采样点所占的 bit 数，支持 16、24 和 32 bit。
- block_type = 0：子带滤波操作中的数据块类型和数据块长度。该参数的取值如表 13.1 所示。表格中的参数一般为枚举类型，在通过程序进行配置时，最好使用相应的枚举变量名，而不是直接使用数值。枚举类型的定义见"Params.h"。本节后续表格中的参数取值同理。
- nummics = 7：麦克风通道数。
- numrefs = 1：参考通道数。

1配置文件示例可通过在 GitHub 上搜索 alibaba-damo-academy/kws-training-suite/blob/main/evaluate/conf/sc.conf 得到。

表 13.1　block_type 参数取值

取值	说明
0	默认数据块，相当于 "block_type = 201" 时的效果
100	10ms 数据块
101	10ms 数据块，子带性能更好但延时更大
160	16ms 数据块
161	16ms 数据块，子带性能更好但延时更大
200	20ms 数据块
201	20ms 数据块，子带性能更好但延时更大

- numpilots = 0：外部多模态信息通道数。该信息相当于外部（例如视频信息）获得的目标存在概率（取值范围 [0, 1]），用于辅助对感兴趣的目标信号进行增强。

  在关键词检测模型训练任务中，标签通道也会作为多模态信息，通过设置 "numpilots = 1" 进行传递。

- pilots_as_audio = 1：当该参数为 1 时，多模态信息作为音频输入，调用 process() 函数的音频数据应包含麦克风、参考和多模态信息。当该参数为 0 时，不从音频中解析多模态信息，而多模态信息需要在 process() 函数之前通过 setPilots() 函数传入，调用 process() 函数的音频数据只包含麦克风和参考。

- numins = ：输入通道数。当不设置该参数，或该参数值小于

$$M = \text{nummics} + \text{numrefs} + \text{numpilots(pilots\_as\_audio} = 1)$$

时，所使用的输入通道总数为 M。

- chorder = ：用于处理的通道序号，通道之间用英文逗号（,）隔开，通道序号从 0 开始。需要将输入调整为麦克风通道、参考通道、多模态通道（pilots_as_audio = 1）的顺序。如果不设置该参数，则默认按顺序选择 nummics+numrefs+numpilots（pilots_as_audio = 1）个通道用于处理。

  除了多模态通道，其余通道之间支持通道合并，以应对高低音参考分频的问题，需要合并的通道之间用加号（＋）隔开。例如，现有 8 通道的音频文件，音频中 4～7 通道为麦克风通道，分别对应 mic2、mic3、mic0、mic1；音频中 0～3 通道为参考通道，分别对应左低音、右低音、左高音、

右高音参考。现在需要选择 4 个麦克风，按照 mic0 ~ mic3 排序，再将左声道高、低音参考和右声道高、低音参考分别合并，做 4 麦克风和 2 参考的处理，则相应的参数为

$$\text{nummics} = 4$$
$$\text{numrefs} = 2$$
$$\text{numpilots} = 0$$
$$\text{numins} = 8$$
$$\text{chorder} = 6, 7, 4, 5, 2 + 0, 3 + 1$$

- numouts = 1：输出通道数。

- fe_in_path = ：保存输入给 SoundConnect 的音频（pcm，wav）路径，用于 debug。参数值为空表示不保存 debug 音频。

- fe_out_path = ：保存 SoundConnect 输出音频（pcm，wav）的路径，用于 debug。参数值为空表示不保存 debug 音频。

- log_level = 3：日志级别。0 表示关闭日志；1 表示 error；2 表示 warning；3 表示 info。

- mic_coor = ：各个麦克风的坐标，每行为一个 (x, y, z) 坐标，单位为 m，每个坐标用一个逗号隔开。麦克风阵列坐标系定义见 3.2 节。麦克风坐标的个数和 nummics 须保持一致。

- mode = 4：工作模式，即图 13.1 中的逻辑层。所支持的模式如表 13.2 所示。其中，数值范围在 $[600, 699]$ 和 $[700, 799]$ 的分别为残余抑制模型与关键词检测模型训练和测试相关的模式。数值为 5654x 的模式一般对应嵌入式应用中的模式，在这类模式中，用户只能控制各个算法子模块的开/关，并不能切换不同的算法类型。

表 13.2　工作模式列表

取值	说明
3	产线测试模式，用于检测信号质量。具体参数见产线测试部分
4	通用模式，包含最全面的处理流程。若无特殊说明则推荐使用该模式
9	多流模式，采用多种手段进行语音增强

- submode = 4：在某些工作模式中需要设置嵌套的子模式，取值列表与

mode 参数相同。

- init_time = 3.0：用于初始化的音频长度，单位为 s。在初始化期间，音量将从最小值逐渐增至正常，以防止某些算法冷启动时带来的破音。
- hpf_power = 4: 在大多数情况下，信号中存在 100 Hz 以下的电路噪声，而语音的有效成分往往大于 100 Hz，所以可以使用高通滤波去除低频的噪声成分。该参数控制高通滤波的程度，参数取值为 0 ∼ 10，0 表示关闭高通滤波，而在 1 ∼ 10 中，值越大表示高通滤波的截止频率越高。各个挡位的截止频率分别为 $\{50, 75, 100, 125, 150, 175, 200, 225, 250, 275\}$（单位：Hz）。
- saturation_level = 0.0：截幅检测阈值（单位：dB），0 表示关闭截幅检测。截幅音频会对某些算法造成影响，开启截幅检测使得算法能够对截幅数据做出应对措施。

13.2.2 回声消除

回声消除（acoustic echo cancellation，AEC）算法相关参数如下。

- aec_algorithm = 0：回声消除算法。当前支持的算法类型如表 13.3 所示。

表 13.3 回声消除算法列表

取值	说明
0	算法关闭
301	基础回声消除算法

从表 13.3 中可以看出，针对同一类型的算法可以有多个版本的实现。对于不同的应用，各种算法可能表现不同，需要根据实际场景进行算法选择和调试。后面的"xxx_algorithm"参数都是类似的规律。

- aec_power = 0：该参数控制 AEC 算法中滤波器的长度，0 为使用默认值，推荐取值范围为 1 ∼ 10。回声路径越长，则需要的滤波器越长，计算量越大，收敛速度越慢。
- aec_power2 = −1：二级滤波器长度，−1 表示使用默认值。二级滤波器例如 DRAEC 算法中的 DR 滤波器。
- aec_level=0.0：该参数 $(\geqslant 0)$ 用于控制语音失真程序，参数值越大对回声的抑制能力越强，对语音造成的失真也越大。

- aec_forget = 0.0：遗忘因子，取值范围为 $[0,1]$，0 为使用默认值。遗忘因子越大，迭代越稳定，但对外界变化的跟踪速度越慢。

- aec_gain = 0.0：AEC 内部增益（单位为 dB），用于在 AEC 之后调整信号增益防止下溢。

- aec_tde_refoffset = 0.0：当该参数非 0 时表示使用固定的参考延时（单位为 s）。例如，当该参数为 0.1 时表示把参考提前 0.1 s，当该参数为 −0.1 时表示把参考推迟 0.1 s。

- aec_tde_maxoffset = −1.0：当麦克风通道和参考通道不同步时（通常发生在软取参考[1]的方案，或是语音通信的应用中），需要开启延时估计，以保证数据的同步性。

该参数控制自动延时估计所支持的最大偏移量（单位为 s），负数表示自动延时估计关闭，0 表示使用默认值。最大偏移量越大，延时估计所能修正的偏移范围就越大，但内存开销也越大，延时估计的更新频率也越慢。

13.2.3　去混响

去混响算法相关参数如下。

- dr_algorithm = 0：去混响算法。当前支持的算法类型如表 13.4 所示。

表 13.4　去混响算法列表

取值	说明
0	算法关闭
1	基础去混响算法

- dr_power = 0：去混响滤波器长度，0 表示使用默认值。
- dr_level = 0.0：进一步去混响配置模式，0 表示使用默认值。

13.2.4　多通道语音增强

多通道语音增强算法相关参数，包括波束形成（beamforming，BF）、盲源分离等算法。

---

1 相当于参考信号不是通过硬件回采链路获得的，而是直接通过 CPU 或其他软件回路获得的。

- bf_algorithm = 0：波束形成和盲源分离算法。当前支持的算法类型如表 13.5 所示。

表 13.5　波束形成和盲源分离算法列表

取值	说明
0	算法关闭
1	固定波束形成
301	基于外部监督信息的波束形成算法
403	两通道盲源分离
500	多通道盲源分离

- bf_power = 0：该参数控制 BF 算法中滤波器的长度，0 为使用默认值。环境混响越大，需要的滤波器越长，计算量越大，收敛速度越慢。
- bf_level = 0.0：该参数用于平衡噪声抑制和语音失真。该参数越大，则噪声抑制效果越明显，但同时语音失真也越大。
- bf_lookaz = 0.0：初始波束方位角（$-180 \sim 180°$）。各个数值用英文逗号（,）隔开，最多可以有 numouts 个数值。
- bf_lookel = 0.0：初始波束仰角（$-90 \sim 90°$）。各个数值用英文逗号（,）隔开，最多可以有 numouts 个数值。
- bf_islocked = 0：是否在初始化时将波束设置为锁定状态。波束锁定的方位角为初始波束指向。
- bf_model_base = ：波束形成模型文件路径。

13.2.5　深度语音增强

包括基于深度神经网络的噪声抑制（noise suppression，NS）、残余抑制（residual suppression，RES）、目标说话人提取等算法。

- ns_algorithm = 0：噪声和残余抑制算法。当前支持的算法类型如表 13.6 所示。
- ns_power = 0：滤波器的长度，0 为使用默认值。
- ns_level = 0.0：该参数用于控制语音失真程度，0.0 表示使用默认值。
- ns_model_base = ：残余抑制模型路径。

表 13.6　噪声与残余抑制算法列表

取值	说明
0	算法关闭
1	基于信号处理的 AEC 后滤波方法
100	NNMask 直接用于 AEC 后滤波
101	NNMask 与信号相结合的 AEC 后滤波

13.2.6　后滤波

后滤波（postfiltering，PF）用于对输出信号的残余做进一步抑制，以防止后端 VAD 或识别器被误触发。之所以被称为"后"滤波，是因为这类算法往往包含非线性操作，例如将信号乘以某个增益等。所以这类算法一般放在自适应滤波之后。

- pf_algorithm = 0：后滤波算法。当前支持的算法类型如表 13.7 所示。

表 13.7　后滤波算法列表

取值	说明
0	算法关闭
1	基于 VAD 信息进行残余抑制

- pf_level = 0.3：对非目标语音做后滤波的抑制系数。

13.2.7　自动增益控制

自动增益控制（automatic gain control，AGC）用于自动调整输出信号的增益到某个合适的区间，防止信号幅度过小或过大。

- agc_algorithm = 0：自动增益控制算法。当前支持的算法类型如表 13.8 所示。本节的算法均来自 WebRTC [1] 中的开源代码。

表 13.8　自动增益控制算法列表

取值	说明
0	算法关闭
1	WebRTC 中的 AGC 及 NS 算法[1]

- agc_power = 3：AGC 增益自适应更新的速度，值越大更新速度越快。
- agc_level = 4：增益调整之后的幅度，0 dB（满幅）以下的 dB 值。参数值为 0 ~ 31。

13.2.8　音量计算

该部分参数控制音量的计算标准，以及计算音量的位置。实时音量大小可以通过 volume() 函数获得。

- volume_algorithm = 0：音量类型，取值如表 13.9 所示。

表 13.9　音量类型列表

取值	说明
0	音量计算关闭
1	average RMS (Root Mean Square)
2	peak RMS
3	normalized average RMS，取值范围为 0 ~ 100
4	normalized peak RMS，取值范围为 0 ~ 100

- volume_position = 0：计算音量的位置。0 表示原始音的音量；1 表示在 AGC 之前的音量；2 表示在 AGC 之后的音量。

13.2.9　声源定位

声源定位（sound source localization，SSL）算法相关参数如下。

- ssl_algorithm = 0：声源定位算法，当前支持的算法类型如表 13.10 所示。

表 13.10　声源定位算法列表

取值	说明
0	算法关闭
1	基本声源定位算法
100	配合 BF 进行多声源定位

- ssl_log_level = 0：声源定位日志类型。该参数只影响离线处理工具，不影响正常通过函数库调用的流程。0 表示声源定位日志关闭；1 表示实时

声源定位结果，各个通道的方位角和仰角；2 表示分段定位结果，即一个文件（短音频）处理完成后再输出一个最终的结果。

- ssl_numscans = 36：扫描方向，按 360° 算。扫描方向越多定位精度越高，但计算量也越大。

- ssl_halfscan = 0：当阵列为线性时，开启此项将定位角度限定在 $[-90, 90]$ 内，否则输出角度范围为 $[-180, 180]$。

- ssl_el = 0.0：声源的仰角，角度限定在 $[-90, 90]$，默认为 0。在通常情况下，声源和阵列基本位于同一平面上，所以可以使用默认参数。但是对于某些特殊应用，例如扫地机器人，声源显然和阵列平面差距较大，此时为了提高定位精度，可以设置此参数为和应用相关的某个经验值，例如 45。

- ssl_forget = 1.0：遗忘因子，取值范围为 $[0, 1]$。遗忘因子越小跟踪速度越快，但定位越不稳定。可以根据具体应用中声源移动的快慢来调节该参数。在分段定位中，遗忘因子必须等于 1；在跟踪定位中，遗忘因子必须小于 1。跟踪定位中遗忘因子的默认值为 0.99。

- ssl_freq_range = 0.0,0.0：定位所使用的频率比例范围为 $[0, 1]$，使用英文逗号（,）隔开，0 为使用默认值。

13.2.10　语音活动性检测

语音活动性检测算法相关参数如下。

- vad_algorithm = 0：语音活动性检测算法。当前支持的算法类型如表 13.11 所示。

表 13.11　语音活动性检测算法列表

取值	说明
0	算法关闭
1	基于声源方位的 VAD
2	基于信号能量的 VAD
3	直接使用外部 pilot 信息作为 VAD
100	NNVAD

- vad_log_level = 0：VAD 日志类型。该参数只影响离线处理工具，不影响正常通过函数库调用的流程。0 表示 VAD 日志关闭；1 表示实时目标存在概率；2 表示 VAD 判决结果。

- vad_level = 0.0：用于目标/非目标判断的阈值，0 表示使用默认阈值。

- vad_forget = 0.0：VAD 的遗忘因子，取值范围为 [0,1]，0 表示使用默认值。遗忘因子越小跟踪速度越快，但结果越不稳定。

- vad_target_radius = 20.0：基于方位角的目标半径（单位为度），认为当前声源方向及该半径内的声源为目标声源，否则为干扰声源。

- vad_min_snr = 0.0：用于目标/干扰判断的 VAD 中的信噪比阈值，0 为使用默认值。

- vad_min_tvar = 0.0：目标的最小方差，0 为使用默认值。

- vad_min_nvar = 0.0：噪声和干扰的最小方差，0 为使用默认值。

- vad_min_tsize = 0.1：语音起点的最小时间序列长度（单位为 s）。当检测到的语音起点小于该长度时，将其视为非语音。由于出现了等待，所以会增加算法检测到语音起点的延时。

- vad_hangbefore = 0.5：对语音起点的放松时间序列长度（单位为 s）。由于 VAD 算法不缓存数据，真正的语音起点比算法返回的语音起点提前 "vadHangbefore()" 秒，需要用户自己在调用逻辑中实现缓存，并根据 vadIsActive() 和 vadHangbefore() 函数寻找真正的语音起点。

- vad_hangover = 0.5：当检测到语音结束后触发 vadIsActive() 函数置 0 的等待时间（单位为 s），以防止语音被误截断。

- vad_model_base = ：VAD 模型的路径。

13.2.11　关键词检测

关键词检测（keyword spotting，KWS）算法相关参数如下。

- kws_algorithm = 0：关键词检测算法，当前支持的算法类型如表 13.12 所示。

- kws_log_level = 0：唤醒日志类型。0 表示关闭日志；1 表示在检测到关键词和关键词结束时都会打印日志；2 表示关键词结束日志；3 表示关键词结束日志加运行时状态；4 表示实时关键词存在概率。

- kws_block_selfwake = 0：是否开启防止语音播报关键词时发生自唤醒的功能。0 表示关闭；1 表示开启。

表 13.12　关键词检测算法列表

取值	说明
0	算法关闭
1	多个通道独立的关键词检测算法
5	多通道关键词检测（见 10.5 节）

- kws_out_path =：关键词短音频输出目录，用于 debug。参数值为空表示不保存 debug 音频。音频格式为 pcm，通道数为 numouts+(numrefs > 0)。
- kws_decode_sparsity = 0：解码器稀疏化策略，取值 0、1、2，数值越大稀疏程度越高，但也越容易产生虚警。
- kws_decode_desc =：解码规则描述。例如关键词为你好小明、打开电视、关闭电视，则解码描述可写为如下格式。

$$kws\_decode\_desc =$$

$$0\_ni\_hao\_xiao\_ming, 1, 2, 3, 4$$

$$1\_da\_kai\_dian\_shi, 5, 6, 7, 8$$

$$2\_guan\_bi\_dian\_shi, 9, 10, 7, 8$$

分隔符为逗号。其中第一个字符串为对应的关键词，可以自由定义。后面的数字为该关键词对应的解码器状态序列，与唤醒模型对应建模单元的输出顺序一致。该参数同时决定关键词的数目。

- kws_detection_policy = 1：关键词检测策略。可以为每个关键词分别配置检测策略，各个策略用逗号隔开。取值如下。
  - 0：十个建模单元以内的通用检测策略，检测到所有建模单元出现才算检测到关键词。不区分建模单元的顺序，例如该策略不能区分"十四楼"与"四十楼"。
  - 1：检测格式为 $ABCD$ 的序列，检测到四个建模单元中的三个即算检测到关键词，不区分顺序。
  - 2：检测格式为 $ABCD$ 的序列，检测到四个建模单元中的两个即算检测到关键词，不区分顺序。

- – 3：检测格式为 $ABAB$ 的叠字序列，所有建模单元出现才算检测到关键词，不区分顺序。

- – 4：检测格式为 $ABAB$ 的叠字序列，检测到三个建模单元出现即算检测到关键词，不区分顺序。

- – 10：考虑了序列顺序的检测策略，所有建模单元按顺序出现才算检测到关键词，支持十个建模单元以内的检测。

- kws_level = 0.0：唤醒阈值。可以为每个关键词分别设置阈值，各个阈值用逗号隔开。

- kws_level2 = 0.0：动态唤醒阈值。

- kws_night_level = 0.0：夜间模式唤醒阈值。允许设置一组更严格的阈值来进一步减少夜间虚警。

- kws_model_base = ：唤醒模型路径。

13.2.12 命令词检测

离线命令词（command，CMD）相关参数，与唤醒词参数格式相同。这部分参数主要用于主唤醒词和命令词同时存在的嵌入式应用，而通常的应用可以采取双配置文件加双实例的方式同时支持主唤醒词和命令词。

- cmd_algorithm = 0：命令词检测算法。支持的算法类型同表 13.12。

- cmd_feat_type = 0：特征类型。

- cmd_decode_sparsity = 2：解码器稀疏化策略。

- cmd_decode_desc = ：解码规则描述，配置方式同 kws_decode_desc 参数。

- cmd_detection_policy = 10：关键词检测策略。

- cmd_level = 0.0：唤醒阈值。

- cmd_model_base = ：唤醒模型路径。

13.2.13 产线测试，模型训练

产线测试相关参数以"test_"前缀开头，模型训练相关参数以"train_"前缀开头，详细参数介绍见 14.2 节。

13.3 主要离线工具示例

SoundConnect 工具包所提供的工具和脚本较多，常用的离线工具有两种：
SoundConnect 离线工具和批处理工具。其余各种脚本可以查看工具包主目录下
的 script` 和 scr_py 子目录。

13.3.1 SoundConnect 离线工具

SoundConnect 离线工具[1] 主要用于处理音频、输出语音增强结果，以及各
种事件日志，其使用方法主要有以下几种。

- 打印帮助和版本信息。

SoundConnect

- 查看算法延时。信号处理算法会对输出信号造成少量延时，不同算法组合
  的延时各不相同。使用该命令可以查看对应配置文件的延时信息。

SoundConnect   配置文件.conf

- 将配置导出到 Params.c 文件中。有的嵌入式应用中没有文件系统，不能
  通过配置文件的方式对 SoundConnect 进行配置。此时需要将配置参数和
  模型导出到 Params.c 文件中，并编译到程序库中来实现配置功能。

SoundConnect   配置文件.conf   Params.c

- 处理单个音频文件。处理单个音频文件用于检查信号处理结果和各种检测
  事件是否正确。其中，输入和输出支持多种格式，可以通过后缀名指定需
  要的格式。另外，当输入音频参数为 0 时表示不使用输入数据，用于在数
  据模拟功能中生成数据；当输出音频参数为 0 时表示不保存输出音频，从
  而只关注日志信息。

SoundConnect   配置文件.conf   输入音频   输出音频

13.3.2 批处理工具

SoundConnect 离线工具只支持单进程、一次处理单个音频文件，而在测试
流程中通常需要处理大量的测试音频，此时就需要使用批处理工具来并发处理

---

1 可以在 GitHub 上搜索 alibaba-damo-academy/kws-training-suite/blob/main/bin/SoundConnect 得到。

某个目录或文件列表中的所有音频。批处理工具的使用方式如下所示。

- 打印帮助信息。

SCBatch.sh

- 处理多个音频。

SCBatch.sh　　配置文件.conf　　输入目录或音频列表　　输出目录　　\

--numths　　线程数

13.4　示例程序

本节将使用参考文献 [2] 中的例子来展示 SoundConnect 的基本调用方法。

13.4.1　从配置文件初始化

如果智能设备支持文件系统，例如 PC 端、安卓应用、Linux 模组等，则推荐使用配置文件进行初始化，示例代码如下所示。

```cpp
1  #include <stdio.h>
2  #include <stdlib.h>
3  #include <string.h>
4
5  #include "SoundConnect.h"    // 工具包头文件
6  #include "sio/WavSink.h"     // 用于读取.wav文件
7  #include "sio/WavSource.h"   // 用于写入.wav文件
8
9  using soundconnect::sio::WavSink;
10 using soundconnect::sio::WavSource;
11
12 int main() {
13   // 根据配置文件初始化SoundConnect
14   SoundConnect *sc = NULL;
15   try {
16     sc = new SoundConnect("HI-MIA.conf");
17   } catch (const char *msg) {
18     fprintf(stderr, "%s", msg);
19     return -1;
20   }
21
22   // 分配输入输出缓存
23   float *bufin = new float[sc->samplesPerBlockIn()]();
24   float *bufout = new float[sc->samplesPerBlockOut()]();
25
26   // 打开输入输出文件
27   WavSource source("3ch_nihaomiya10.wav");
28   WavSink sink(source.sampleRate(), source.bitsPerSample(), sc->numOuts(),
29           "output.wav");
30
31   // 处理音频数据
32   int blocksize = sc->blockSizeIn();
33   for (; (source.read(bufin, blocksize)) == blocksize;) {
34     sc->process(bufin, bufout);                        // 处理数据
35     if (sc->kwsIsSpotted() == 1) printf("spotted!\n");  // 打印唤醒事件
36     sink.write(bufout, blocksize);                      // 输出语音增强后的音频
```

```
37        }
38
39        // 释放资源
40        source.close();
41        sink.flush();
42        sink.close();
43        delete[] bufin;
44        delete[] bufout;
45        delete sc;
46        return 0;
47    }
```

在包含了所需的头文件后，示例程序首先在第 16 行用配置文件初始化了一个 SoundConnect 实例，各种算法的配置和模型路径都保存在 HI-MIA.conf 配置文件中，各种参数说明详见 13.2 节。初始化的过程包含在了 try-catch 中，如果配置参数出错则可以打印错误信息。

第 23、24 行分别为输入和输出数据分配了一个数据块的缓存，缓存大小通过相应的函数可以获得。再配合 WavSource 和 WavSink 就可以实现使用浮点数读写 .wav 格式的音频文件。在本示例中，输入文件为两麦克风、单参考的音频，输出为双通道音频。

第 32 ~ 37 行从输入信号源中逐个读取数据块并对音频进行处理。根据配置文件，本示例对输入数据进行去混响、回声消除、盲源分离、增益控制后，送给关键词检测算法检测"你好米雅"关键词。之后打印唤醒事件并输出处理后的音频。

音频文件处理完毕后在 40 ~ 45 行释放相关资源。

13.4.2　从 Params.c 文件初始化

相比于普通应用，针对某些嵌入式或者芯片级的应用存在更多的限制，例如：
- 系统一般只提供 C 编译器，不支持 C++ 代码，不支持面向对象编程。
- 存储空间较小，不足以把工具包中的所有功能都编译到库文件中。
- 没有文件系统，无法通过配置文件实现初始化。

针对这些限制，SoundConnect 工具包提供了相应的解决方案。第一，工具包提供了与 C++ 接口完全对应的一套 C 接口，所有程序均由 C 实现，不涉及 C++ 编译。第二，在进行嵌入式程序编译之前，可以使用 ExtractCode.sh 脚本，根据 #include 的引用逻辑从完整的代码库中抽取出可以支持当前算法逻辑的最小代码库，从而节约静态存储空间。由于不包含完整功能，所以嵌入式配置只支持控制某个算法的开关，但无法切换算法实现。第三，可以使用离线工具将配置文件导出为 Params.c 文件（见 13.3.1 节），将该文件编译到代码中即可实现相应的配置。

以下程序展示了嵌入式接口的基本使用方法。

```
1   #include <stdio.h>
2   #include <stdlib.h>
3   #include <string.h>
4
5   #include "core/mode/SoundConnectEmbedded.h"   // 嵌入式工具包头文件
6   #include "core/mode/StereoBSSMode.h"          // 对应的算法逻辑
7
8   int main() {
9     // 获取配置参数
10    Params params;
11    Params_getParams(&params);
12
13    // 初始化 SoundConnect
14    SoundConnectEmbedded *sc = NULL;
15    RET_CODE retcode =
16        SoundConnectEmbedded_init(&params, StereoBSSMode_mount, &sc);
17    assert(retcode == RET_OK);
18
19    // 分配输入输出缓存
20    int bps = 2;   // 每个采样点的字节数
21    int blocksize = SoundConnectEmbedded_blockSizeOut(sc);
22    int spbin = (params.nummics + params.numrefs) * blocksize;
23    int spbout = params.numouts * blocksize;
24
25    char *bufraw = (char *)malloc(spbin * sizeof(char) * bps);
26    assert(bufraw != NULL);
27
28    FILE *fdin = fopen("3ch_nihaomiya10.wav", "rb");
29    FILE *fdout = fopen("output.pcm", "wb");
30
31    fseek(fdin, 44, SEEK_SET);   // 跳过音频文件头
32    while (!feof(fdin)) {
33      // 读取音频数据
34      int count = fread(bufraw, sizeof(char) * bps, spbin, fdin);
35      if (count < spbin) break;
36
37      SoundConnectEmbedded_processPCM(sc, bufraw, bufraw);   // 处理数据
38      if (SoundConnectEmbedded_kwsIsSpotted(sc) == 1)
39        printf("spotted!\n");                               // 打印唤醒事件
40      fwrite(bufraw, sizeof(char) * bps, spbout, fdout);    // 输出语音增强后的音频
41    }
42
43    // 释放资源
44    fclose(fdin);
45    fclose(fdout);
46    free(bufraw);
47    SoundConnectEmbedded_free(sc);
48    return 0;
49  }
```

除了引用嵌入式工具包头文件（第 5 行），还需要引用对应的算法逻辑（第 6 行）。第 11 行获取了相应的配置参数，第 14 ~ 17 行对 SoundConnect 实例进行了初始化。C 语言是通过函数指针来实现多态的，将算法逻辑的 StereoBSSMode mount 函数挂载到通用接口上便可以实现通过通用接口对各个算法模块进行操作。

之后的操作和 C++ 版的示例程序基本相同，分配数据缓存并打开音频文件。虽然本示例程序中通过音频文件进行展示，但实际系统中往往没有文件系

统，所以一般从硬件设备中读取数据，并输出到网络接口上。另外，本示例中分配的是 char * 类型的缓存，用于读写 16 bit 的 PCM 数据，输入和输出音频可以放到同一块缓存中。

由于输入音频为 .wav 格式，所以在第 31 行跳过了 44 字节的 wav 头，以读取纯 PCM 数据。之后循环处理各个数据块，查看唤醒事件，并输出处理后的音频。数据处理完毕后释放所有资源。

13.5 本章小结

终端智能语音应用开发面临着声学环境复杂恶劣、软硬件资源受限、应用场景多样化和碎片化、算法需满足低延时和实时性要求等诸多挑战。为了应对以上问题，降低开发难度和成本，本章介绍了终端智能语音处理工具包——SoundConnect。该工具包采用基于物理建模的传统信号处理技术与基于数据建模的深度神经网络技术结合的设计思想，实现了强大的语音增强、语音活动性检测、关键词检测的能力。并且实现了语音信号处理与深度神经网络匹配训练，进一步提升了"信号 + 模型"的整体性能。

本章介绍了 SoundConnect 工具包的基本框架、参数配置等内容，并给出了最基本的程序调用示例。从该工具包的整体设计框架可以看出，由于应用场景的复杂性，工具包提供了多种原子算法和调用逻辑。这也说明没有一种算法或者调用逻辑是可以适用于所有场景的，用户需要根据具体的应用需求选择相应的算法。

目前，SoundConnect 工具包还在进一步发展和完善中，我们将在基本框架中添加更多类型的原子功能，以满足更多的应用场景需求。由于程序迭代更新较快，当默认配置文件和程序接口头文件中的描述与本章中的描述不符时，应该以最新版的默认配置文件和头文件为准。

本章参考文献

[1] Real-time communication for the web[EB/ OL]. https://www.hxedu.com.cn/Resource/202301841/19.htm.

[2] NA Y, WANG Z, XUE B, et al. Far-field keyword spotting model: ni hao mi ya[EB/OL]. 2022. https://www.hxedu.com.cn/Resource/202301841/20.htm.

14 模型训练

随着大数据、深度神经网络、机器学习等技术的发展，以及配套的软硬件和加速措施的进步，基于数据建模的深度学习方法已经成为现代信号及信息处理系统中不可或缺的部分。与传统的基于物理建模的信号处理方法相比，基于数据建模的方法不但在回声残余抑制[1]、环境噪声抑制（noise suppression，NS）[2]、语音及歌声分离[3] 等信号处理任务中取得了比传统方法更加优异的性能表现，而且在语音活动性检测（voice activity detection，VAD）[4]、关键词检测（key word spotting，KWS）[5, 6] 等模式识别任务中发挥了重要的作用。

由于深度神经网络方法的不可或缺性，我们在 SoundConnect 工具包中提供了配套的深度神经网络推理框架，以及完善的模型训练和测试工具链。该工具链主要分为数据模拟、模型训练、模型测试三部分。数据模拟部分由 C/C++ 实现，主要负责数据模拟、语音信号处理，以及特征提取功能，为后续模块提供了从音源到特征的大批量数据增广的能力。另外，其中的语音信号处理部分采用的是和实际项目中相同的算法，从而实现了模型训练和推理阶段的数据匹配。在统一的设计框架下，网络推理的结果可以反馈回信号处理算法中，从而实现信号处理和模型推理的联合优化。模型训练和模型测试部分由 Python 实现，提供了深度神经网络模型训练、测试，以及发布的若干脚本。其中的训练脚本可以非常容易地和目前主流模型训练框架，例如 PyTorch [7, 8] 结合使用，从前级模块中批量获取特征和标签，实现神经网络模型训练的功能。

由于针对 NS、VAD，以及 KWS 任务的模型训练思想比较相似，采用了"数据模拟 → 模型训练/测试"的框架，所以本章将以 KWS 模型训练为主讲解使用 SoundConnect 工具包进行模型训练的基本流程。如图 14.1 所示，深度神经网络模型训练流程大体上可以分为四个阶段：在数据准备阶段，需要准备模型训练所需的各种音源数据，例如关键词音频、非关键词音频、噪声数据等；环境配置阶段用于对数据模拟环境和信号处理算法进行配置；模型训练与测试阶段用于对模型进行训练，并通过同步实际数据进行测试，从而挑选出性能最佳的模型；模型发布阶段用于将最优模型发布为实际项目中所使用的格式。另外，整个训练过程并不是一次完成的，而是迭代优化的。在完成一个版本的模型训练之后，需要根据模型在实际项目中的不足之处更改数据配比、调整配置参数、调整模型架构，并对新模型架构和/或当前版本的模型初始化，进行下一个版本的模型迭代优化。

根据图 14.1 中的流程，14.1节 ～ 14.5 节将分别讲解这四个阶段的相关内容，14.6 节对本章内容进行总结。

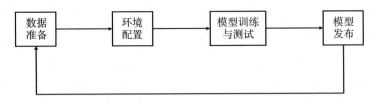

图 14.1　深度神经网络模型训练流程

14.1　数据准备

深度神经网络模型的优越性能表现离不开海量数据的支持。SoundConnect 工具包中提供了从音源到特征的数据模拟功能，所以在数据准备阶段我们需要准备的是各种音源数据，而用于模型训练的更加海量的特征和标签数据则由相应的数据模拟算法动态生成。动态数据模拟的优点在于：在有限音源数据的限制条件下，通过随机选择并拼接正负样本短音频、动态模拟房间传函、信干比、信回比、信噪比、音量等环境参数，生成海量的覆盖范围更广的训练数据，从而提升模型的泛化性能。另外，由于训练数据的生成和使用过程都是在内存中进行的，所以不会带来额外的磁盘空间消耗。动态数据模拟的缺点在于计算量较大，因为每批（batch）训练数据都需要根据随机环境参数重新生成。但是由于不同批次的模拟数据可以认为是独立同分布的，所以可以通过并行计算的方法克服该缺点。

以 KWS 模型训练为例，我们需要准备的音源数据有：正样本数据，即预定义的若干关键词短语音，以及对应的标签；负样本数据，即非关键词短语音；干扰和噪声数据，包括电视节目、音乐、回声残余等不包含关键词的音频，以及各种环境噪声、风噪、路噪等与实际应用相关的噪声。下面将分别介绍这几类音源数据的准备工作。

14.1.1 正样本数据

正样本数据为包含预定义关键词和对应分类标签的音频，其中，这些音源的采样率为 16 kHz，格式为单通道的短音频，而打标后的数据是双通道格式的，第一通道为关键词音频，第二通道为对应的标签。正样本数据准备大体上可以分为选择关键词、音源采集、数据筛选、数据打标四个阶段。

1. 关键词的选择

关键词的选择并不是随意的，需要遵循一定的原则，目的是使得模型更容易区分关键词与非关键词，从而达到更好的性能。首先，关键词应具有合适的长度，太短则区分性较低，太长则所需的神经网络记忆单元（例如卷积核的大小）也会随之增加，从而增加模型的复杂度。如果按照音节（syllable）[1] 计算关键词长度，则关键词的长度一般以 $4 \sim 10$ 个音节为宜。所以，非必要情况下应尽量避免选择两个或三个音节的关键词。其次，关键词应尽量选择发音较为丰富，且读音较为洪亮、区分度较高的词组。如果用一个大写字母指代关键词中的一个发音单元，则可以选择 $ABCD$ 这类不同发音单元的组合，或者 $ABAB$ 这类叠词组合作为关键词。

2. 音源采集

在项目启动初期没有任何数据积累的情况下，正样本音源只能通过人工采集得到，例如通过数据众包的方式，使用手机或近讲麦克风录制关键词音频。在项目上线后，由于关键词音频一般会被传到云端，所以可以通过数据回流的方式分批次扩充数据源。值得指出的是，有的 KWS 模型训练工具要求使用实际项目所匹配的麦克风阵列采集安静、回声、噪声等不同场景下的关键词长音频数据，经过语音增强算法处理后提取特征用于训练，从而实现语音增强算法与关键词检测模型的匹配。但通过这种方法实现的匹配训练有以下缺点：首先，由于工作量的限制，采音所覆盖的场景范围有限，并且数据一旦被录制后信噪比等客观条

---

1 一个汉字（不包含声调）可以认为是一个音节，英语音节需要根据具体单词中的元音数目计算，例如 hello 的音节为 hel lo，可以类比于中文的"哈喽"，算作两个音节。

件便已固定，无法更改；其次，存储多通道长音频数据所耗费的磁盘空间显著高于存储单通道短音频的关键词数据。与上述方法相比，使用 SoundConnect 工具包进行模型训练只需准备单通道正样本音源及其对应的标签，以及相应的噪声数据。不同场景、不同信噪比的数据则由数据模拟算法动态生成，极大地提升了数据的覆盖范围，并且降低了数据的存储和处理成本。

通过人工采集的正样本音源要求吐字清晰、一气呵成，同时需要注意以下问题。

假设关键词为 $ABCD$，则以下发音方式都是正确的。

- 使用正常语速说 $ABCD$。
- 使用稍快或稍慢的语速说 $ABCD$。
- 使用听感正常的不同语调或语气说 $ABCD$。

而以下发音方式是错误的。

- 特别快的语速，导致吐字不清晰，或出现连音、丢音等现象。
- A——B——C——D 这类特别慢的语速或故意拖音，以及一个关键词内忽快忽慢。
- A、B、C、D，或 AB、CD 这类发音单元之间有停顿。关键词中特意设计的停顿除外，例如 "Hi, Google" 等。

一个通用的发音原则是将关键词类比为人名，如果从人的角度出发，感觉叫自己名字时发音正常，则说明音源数据正常；而如果由于语调、语气、语速、读法等不自然使得名字听起来感觉比较奇怪，则说明音源数据可能存在异常。

另外需要说明的是，地域、方言也会导致不同人说关键词的发音存在一些区别，所以如果只使用标准普通话发音的关键词音源进行训练，则可能导致模型对于某些地域、方言的发音表现较差。所以，如果想要关键词检测模型能覆盖不同地域、方言的用户，还需要在训练数据中加入一定比例的方言数据。

3. 数据筛选

原始音源数据中可能存在各种各样的瑕疵数据。假设预定义的关键词为 $ABCD$，则瑕疵数据包括 ABC、BCD 等不完整的数据，$AECD$ 等中间有错误的数据，或 $EFGH$ 等非关键词数据。数据筛选的目的是筛除瑕疵数据，防止其对模型训练造成负面影响。在音源数据中还可能存在 "$\cdots EFGABCDHI \cdots$" 这类包含关键词以外语音的数据，但由于其中的关键词是完整的，所以这类数据不能算作瑕疵数据，我们只需要将其中的关键词部分提取出来即可，而该操作可以在数据打标阶段完成。

粗略的数据筛选可以通过语音识别的方式实现，即将所有音源数据经过 ASR 处理后，挑出其中包含关键词的音频。使用通用 ASR 模型进行数据筛选存在对生僻关键词识别性能不好的问题：如果关键词为识别模型中不常见的词组，则识别器未必能将其识别为正确的文本，从而可能造成许多数据被误筛除的问题。

更好的数据筛选方法是通过 KWS 模型同时完成数据的筛选和打标：在初版 KWS 模型训练完成后，便可以使用其对正样本音源数据重新进行处理。由于关键词检测模型是专门针对关键词 $ABCD$ 训练的，所以不存在生僻词组的问题。数据经过 KWS 算法处理后还可以通过解码器返回的最优状态转移路径实现数据打标，并根据唤醒置信度对数据质量进行筛选。

除了上述两种自动数据筛选方法，还可以使用人工标注的方式筛选数据。虽然人工标注的精准程度更高，但作者并不推荐大规模使用这种方法，原因有二：第一，人工数据筛选的时间和人力成本相比自动筛选的方法多很多。人工标注可以应对条数在万级甚至十万级别的短音频数据，但要处理上百万条短音频数据则性价比较低；第二，使用人工数据筛选的另一个出发点在于通过人工能发现唤醒较为困难的边界关键词样例，例如低信噪比、快慢语速、方言等，并尝试通过加入这些边界样例来提升模型性能。但在完善的数据模拟框架下，低信噪比、快慢语速等边界样例可以通过数据模拟的方式实现，而方言和口音问题则可以通过添加专门的方言数据解决。在实际应用中，可以采用少量人工筛选加大量自动筛选的方法平衡精度和成本的矛盾。

4. 数据打标

我们可以将关键词检测问题看作一个分类问题，如果采取按音节建模的方法，则每个发音对应一个类别，并由相应的分类标签表示。神经网络输出各个类别的观测概率，解码器根据观测概率寻找最优状态转移路径，并根据最优路径判断音频中是否有关键词出现。更详细的关键词检测原理介绍请参考第 10 章。

根据上述关键词检测的基本原理，我们在进行模型训练之前需要将正样本打上对应的标签。数据打标的示例如图 14.2 所示。图 14.2(a) 给出了一段由四个汉字 A、B、C、D 组成的正样本音源示例，图 14.2(b) 是对应的音源打标后的结果。从该示例可以看出：原始音源为单通道，而打标后的数据变为了双通道，其中第一个通道为关键词音频，第二个通道为对应的标签。每个汉字对应一个标签，则可以将关键词 $ABCD$ 的标签定义为 1234[1]。为了能将标签存成音频格式，以便于语音和标签的对应，以及打标效果的检查，我们对标签数值进行了缩放，转换成 $0.01, 0.02, 0.03, 0.04$ 的波形格式，经过数值压缩的标签将在模型训练阶段被还原为原始标签参与训练。通过检查图 14.2(b) 的音频可以发现，每个汉字的发音持续长度和对应的标签长度基本一致。另外，从图 14.2 中可以看出，打标后的数据截去了语音首尾的噪声部分，这样做既可以节省存储空间，又可以减少噪声部分对数据模拟算法中信噪比估算的影响。

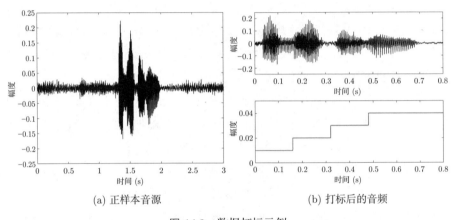

(a) 正样本音源   (b) 打标后的音频

图 14.2 数据打标示例

可以使用 ASR 提供的强制对齐（force align）工具，或是之前提到的根据关键词检测模型返回的解码路径实现数据打标的功能。

14.1.2 负样本和噪声数据

这里的负样本数据指非关键词短语音，数据为 16 kHz 采样率，单通道的 .wav 音频格式。在数据模拟过程中，正、负样本将被随机拼接成长音频，用于模拟目标说话人的语音，而干扰说话人的语音则全部由负样本拼接而成。负样本数据无须进行筛选和打标，所以比较容易获得。

噪声数据涵盖的范围较广，可以包含非关键词长语音，例如电视、新闻、广播等节目类音频，或是非语音成分，例如音乐、经过 AEC 算法处理的回声残余、

---

1 假设一共有 N 个建模单元，则标签应定义为 $1, 2, \cdots, N$。标签 0 用于建模非关键词音频，即 Filler。

环境噪声等内容。针对不同的项目需求，还可以采集特定场景类型的噪声参与训练，例如风噪、车噪、路噪、机器人自噪声等。噪声音源可以存储为 16 kHz 采样率，多通道长音频的.wav 格式，长度为每个文件一分钟即可。之所以支持多通道的文件格式，是因为特定麦克风阵列设备录制的数据比较不容易获得，而且多通道数据才能体现出环境噪声的散射特性，所以数据模拟过程中支持直接将多通道噪声叠加到模拟数据上。在只需要单通道噪声的场景中，数据模拟工具支持把多通道数据拆分成多个单通道数据使用。

14.2 环境配置

模型训练工具中的 C/C++ 部分负责数据模拟、信号处理、特征提取功能，其中特征提取部分的参数相对比较固定，所以对 C/C++ 训练环境的配置过程包含对数据模拟环境和信号处理算法的配置。我们可以采用与实际项目中所使用的信号处理算法完全相同的参数配置训练环境中的信号处理算法，以达到匹配训练的目的。关于信号处理算法的配置参数可以参考 13.2 节，本节主要介绍数据模拟功能的配置参数，而关于数据模拟的原理和系统框架在第 7 章中有详细介绍。

读者可以参考 conf/default.conf 路径下的默认配置文件来查看各个参数的功能，对于大部分参数，只需保持其默认值即可。数据模拟环境的参数大多以"train_"为前缀，下面我们将以"参数名 = 默认值"的格式分别介绍这些参数。需要说明的是，由于软件更新迭代速度较快，本章内容可能和最新版本的配置文件不一致，此时应以默认配置文件中的参数说明为准。

- numpilots = 1：外部多模态信息通道数。该信息相当于外部（例如视频信息）获得的目标存在概率（取值范围为 [0,1]），用于辅助对感兴趣的目标信号进行增强。对于 KWS 模型训练，发音单元的标签通过多模态通道引入，所以需要将该参数设为 1，作为单独的一路标签通道。

- mode = 702：工作模式。不同类型的模型训练任务需要设置为相应的工作模式，以正确生成模拟数据和对应的标签。目前支持的数据模拟模式有用于 NS 模型训练的 601 和用于 KWS 和 VAD 模型训练的 702。

- log_level = 2：日志级别。0 表示关闭日志；1 表示 error；2 表示 warning；3 表示 info。模拟数据时使用 info 级别将会打印出更加详细的环境模拟、音源选择、信噪比和场景的相关信息，可以用于环境调试。而正常训练过程中则可以将级别设置为 warning，只打印有潜在问题的信息。

- mic_coor = ：麦克风阵列坐标（坐标值的单位为 m），格式如下。

$$mic\_coor =$$

$$x_1, y_1, z_1$$

$$x_2, y_2, z_2$$

$$\vdots$$

$$x_M, y_M, z_M$$

如果使用单麦克风数据模拟则不需要设置麦克风阵列坐标。

- train_repeat = 1：对于短音频来说，需要离线工具处理多次（例如 5 次），信号处理算法收敛后才能得到相对稳定的结果。该参数用于设置音频文件重复经过离线工具的次数，而输出文件只会保留最后一次的结果。该参数只对离线工具起作用，数据模拟过程不会用到该参数。

- train_input_offset = 0.0：输入音频的时间偏移量（单位为 s）。该参数只对离线工具起作用。

- train_input_len = 0.0：输入音频的持续时间（单位为 s），0 表示整个音频文件的持续时间。该参数只对离线工具起作用。可以使用离线工具配合该参数生成一定长度的模拟音频文件，用以检查数据模拟和语音增强后的数据是否正常，详见 14.2.7 节。

- train_batch_size = 60.0：模拟数据每个 batch（批次）[1] 的持续时间（单位为 s），需要保证信号处理算法有足够的时间收敛，例如可以设置为 60 或 120。从同一配置中生成的各个 batch 的数据可以认为是独立同分布的，所以数据模拟过程可以并行处理。

- train_rand_seed = 0：数据模拟时的随机数种子，0 表示使用系统的随机数种子。可以将其设置成一个固定的值用于每次都生成同样的随机数，以便于环境调试。在正式训练中，该参数应该设置为 0，以防止多个线程生成重复的数据。

---

1 确切地说，该参数在完整的训练环境中应该被称为 mini-batch，因为在 Python 的训练脚本中，每个 batch 的数据由多个 mini-batch 组成。但数据模拟过程不涉及训练脚本中 batch 的概念，所以在数据模拟环境配置中仍然使用 batch 一词。

14.2.1　传函模拟

这部分参数以 7.2.1 节中的镜像法为基础，随机生成虚拟房间、声源和麦克风阵列的位置、朝向，从而生成模拟传函。

- train_sound_speed_range = 339.0,343.0：声速波动范围（单位为 m/s）。
- train_roomx_range = 3.0,10.0：虚拟房间长度（x 方向）范围（单位为 m）。
- train_roomy_range = 3.0,8.0：虚拟房间宽度（y 方向）范围（单位为 m）。
- train_roomz_range = 2.5,6.0：虚拟房间高度（z 方向）范围（单位为 m）。
  虚拟房间示例如图 14.3 所示。

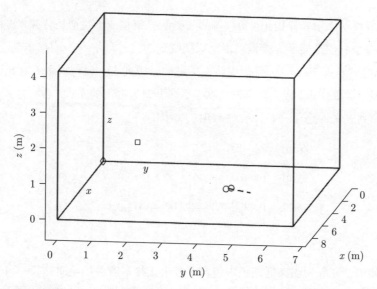

图 14.3　虚拟房间示例。虚拟房间使用三维右手直角坐标系，所有坐标值都为非负数。其中，◇ 表示坐标原点，□ 表示声源位置，○ 表示双麦克风的阵列，双麦克风之间的虚线箭头指向为阵列朝向

- train_sourcez_range = 1.0,2.0：虚拟声源高度范围（单位为 m）。
- train_receiverz_range = 0.5,1.5：虚拟接收设备高度范围（单位为 m）。
- train_distance_range = 0.5,8.0：声源到接收设备的水平距离范围（单位为 m）。生成的随机距离不会超过虚拟房间的边界。
- train_min_spacing = 0.3：声源和接收设备距离水平墙面的最小间距（单位为 m）。

- train_rt60_range = 0.0,1.2：传函模拟中的 RT_{60} 范围（单位为 s）。当随机 RT_{60} 过小（通常为 $RT_{60} < 0.1$），导致反射系数不符合赛宾公式（见 7.2.1 节）的物理规律时，使用直达声代替，直达声相当于无混响的环境。

- train_coor_stddev = 0.05：传函模拟中对麦克风阵列坐标随机扰动的标准差（单位为 m），用于从某个基本阵型中生成形状随机的阵列。

- train_rir_out_path = ：传函保存路径。当该参数非空时，程序会将数据模拟过程中所使用的传函保存到该参数指定的目录下，便于以后重复使用。该参数为空则不保存传函。

14.2.2　目标语音模拟

目标说话人语音先由正、负样本短音频随机拼接成单通道长音频，再根据虚拟房间参数卷积上传函，模拟成麦克风接收到的信号。

- train_pos_list = ：目标说话人关键词音源列表。模型训练工具允许添加多个音源列表，以支持不同批次、不同类型数据集的需求。参数格式为"音源列表文件路径, 权重; 标签映射"，例如：

$$train\_pos\_list =$$
$$/your\_path/keyword\_list1.txt, w_1, l_1\_l_2\_l_3\_l_4$$
$$/your\_path/keyword\_list2.txt, w_2, l_5\_l_6\_l_7\_l_8$$
$$\vdots$$

其中，音源列表文件路径中包含了各个正样本音源的绝对路径，可以将属于同一数据集的音源文件组织到一个列表文件中；权重表示随机选中该列表的概率，权重为 0 则表示使用列表中的音频数目作为权重比例。在随机选择音源时，采用随机抽样的方式选取列表，按照洗牌的方式随机选取列表中的音源。每个数据集都维护一个随机音源列表，只有当列表中的数据被访问完毕后才会再次生成随机列表。这样能保证数据集中的所有音频都有机会被使用。

由于正样本的标签是和语音数据共同存储的，所以数据打标以后原始标签无法再更改。而有的 KWS 模型中需要支持多个关键词，根据发音字典的不同，标签定义也会有所不同。所以，标签映射参数用于将正样本文件中的原始标签映射为新的标签。标签映射格式为 "$l_1\_l_2\_\cdots\_l_K$"，其中，l_k 为新标签值，为正整数，各个标签用 "_" 隔开。K 为该列表中关键词的标签数目。原始标签与新标签的数目必须相同。

除了正样本音源列表，其他音源列表参数（train_xxx_list）无须设置标签映射，采用 "音源列表文件路径, 权重" 的格式。

- train_isposfeat = 0：该参数为 1 表示正样本短语句为特征文件，为 0 表示正样本短语句为音频文件。由于正样本数据非常宝贵，并且涉及用户隐私，所以有的客户不愿意提供音源数据，只愿意提供特征数据进行训练。特征文件只支持单通道数据模拟。特征提取请参考 14.4.4 节。

- train_speed_range = 0.8,1.2：正样本随机语速调整范围（倍速），支持 $[0.8, 1.2]$ 区间，0.0,0.0 表示语速不变。

- train_neg_list = ：负样本音源列表，包含非关键词短语音。

- train_pos_ratio_range = 0.6,0.8：关键词在目标语音中出现的比例范围。假设当前 batch 中该参数随机值为 p，则正样本出现概率为 p，负样本出现概率为 $1 - p$。

- train_target_blank_range = 0.0,5.0：在音源短句之间插入的随机空白持续时间范围（单位为 s）。

- train_label_offset_range = 0.0,0.1：关键词标签的随机扰动持续时间范围（单位为 s），负数表示标签提前，正数表示标签延后。该参数同步影响关键词标签和 VAD 标签。由于标签不可能和各个建模单元严格对应，所以加入少量标签扰动有利于增强模型的鲁棒性。实验表明，将标签稍微延时能提高 KWS 模型性能，但也会延后 KWS 事件的触发时间。

- train_2gram_ratio = 0.0：将关键词 $ABCD...$ 等概率变异为 $AB, BC, CD...$ 这类不足以触发唤醒事件的二元组，并作为正样本加入训练数据中的比例，用于防止模型过拟合到原始关键词上。

- train_confuse_ratio = 0.06：将关键词建模单元顺序重新组合，变异为混淆词并作为负样本的比例。例如当前 batch 中正样本比例为 0.7，混淆词汇比例为 0.06，则混淆词汇在 batch 中出现的比例为 $(1 - 0.7) \times 0.06 = 0.018$。

注意该参数与 train_2gram_ratio 参数的区别在于分别将变异后的词组加到负样本和正样本中。这两个参数的作用是矛盾的，开启其中一个就不应该再开启另一个。具体何种配置最优则需要在实践中逐步摸索。

- train_confuse_desc = ：该参数配合 train_confuse_ratio 参数使用，用于
  描述混淆词生成规则，采用建模单元索引加逗号分隔符的格式。例如关键
  词为 $ABCD$，设置该参数为

$$train\_confuse\_desc =$$

$$0, 1, 0, 1$$

$$1, 2, 1, 2$$

$$2, 3, 2, 3$$

  则在生成混淆词时会等概率生成 $ABAB$、$BCBC$、$CDCD$。

- train_target_rir_list = ：目标传函列表。若该参数非空则优先使用该列表
  中的传函，以节省传函模拟的计算量，否则使用动态模拟生成的传函。可以
  使用 train_rir_out_path 参数保存模拟传函供该列表使用，或采用 7.2.2
  节的方法来获取实际传函。

14.2.3 干扰信号模拟

这里的干扰信号指点声源干扰，用于模拟干扰说话人，或者具有点声源性质
的干扰源等。数据模拟算法通过将单通道音源进行拼接，并卷积上多通道传函来
模拟麦克风阵列接收到的多通道长音频干扰信号。

- train_interf_list = ：干扰音源列表。干扰信号可以为非关键词语音和非
  语音。

- train_numinterfs_range = 0,0：每个 batch 中的干扰声源数目范围。该参
  数在多通道数据模拟中才有意义，因为对于单通道数据模拟来说，叠加单
  通道干扰和噪声基本上是等效的。

- train_interf_blank_range = 0.0,0.0：在干扰语音短句之间插入的随机空
  白持续时间范围（单位为 s）。

- train_sir_range = -5.0,5.0：随机信干比区间（单位为 dB）。

- train_interf_rir_list = ：干扰传函列表。若该参数非空则优先使用该列表
  中的传函，以节省传函模拟的计算量，否则使用动态模拟生成的传函。

14.2.4 回声模拟

这部分参数用于控制模拟回声的生成。

- train_ref_list = : 参考音源列表。

- train_loudspeaker_coor = : 模拟扬声器坐标。格式和 mic_coor 参数相同，每行为一个 (x, y, z) 坐标（坐标值的单位为 m），每个坐标用一个逗号隔开。坐标的个数和 numrefs 参数须保持一致。

- train_ref_blank_range = 0.0,0.0: 在参考信号之间插入的随机空白持续时间范围（单位为 s）。

- train_ser_range = -10.0,5.0：随机信回比区间（单位为 dB）。

- train_echo_path_list = : 回声路径列表。若该参数非空则优先使用该列表中的传函，以节省传函模拟的计算量，否则使用动态模拟生成的传函。

14.2.5 噪声模拟

与点声源干扰不同，噪声模拟主要生成具有散射性质的噪声，例如环境噪声、风噪等。但在单通道数据模拟中，由于单通道体现不出散射特性，所以采用的是直接叠加噪声音频的方法。

- train_noise1_list = : 1 号噪声音源列表。

- train_noise2_list = : 2 号噪声音源列表，与 1 号列表配合使用，用于生成不同类型的噪声。例如，我们可以将 1 号列表配置为单通道音源，用算法生成模拟噪声，而 2 号列表配置为实录多通道音源，用于叠加实际噪声。

- train_noise1_type = 0: 1 号噪声类型。取值为 0 表示直接使用单通道噪声数据；取值为 1 表示直接使用多通道噪声数据，通道数由 nummics 参数控制；取值为 2 表示随机使用多通道噪声数据，需满足音源通道数 ≥nummics；取值为 41、42、43 表示理想球面散射模型[9]。档位越高模拟越精确，计算量越大。

- train_noise2_type = 0: 2 号噪声类型，取值与 1 号噪声类型相同。

- train_noise1_ratio = 1.0: 1 号噪声类型在噪声模拟中所占的比例。

- train_snr_range = 5.0,15.0：随机信噪比区间（单位为 dB）。

- train_noise_floor = -55.0：底噪阈值（单位为 dB），音频能量小于该阈值时认为是底噪，不计入信噪比。

14.2.6 音量和增益

这部分参数用于控制随机音量和麦克风增益。

- train_volume_range = −45.0,−15.0：随机音量区间（表示为 average RMS，单位为 dB）。

- train_bgvolume_range = −75.0,−70.0：背景噪声音量区间（表示为 average RMS，单位为 dB）。只有在非散射噪声场景中才加入背景噪声，相当于底噪。−100 以下表示不加背景噪声。

- train_micgain_range = −1.0,1.0：麦克风增益波动范围（单位为 dB）。该参数用于模拟麦克风阵列中各个麦克风器件的增益差异。

- train_agc_bypass_ratio = 0.5：关闭自动增益控制（AGC）的概率，以使得模型适应不同的音量。

- train_scene_desc = ：数据模拟场景描述。格式为"目标语音, 点声源干扰, 回声, 散射噪声, 场景权重"。例如，需要配置的场景为静音场景占 0.02、纯噪声场景占 0.03、安静场景占 0.05、语音加点声源干扰占 0.4、语音加回声占 0.4、语音加点声源干扰加回声占 0.1，则参数配置为

$$train\_scene\_desc =$$
$$0,0,0,0,0.02$$
$$0,0,0,1,0.03$$
$$1,0,0,0,0.05$$
$$1,1,0,0,0.4$$
$$1,0,1,0,0.4$$
$$1,1,1,0,0.1$$

14.2.7 生成模拟音频

在有些应用中，需要借助 SoundConnect 的数据模拟功能，生成模拟数据给其他模型训练平台使用。另外，在初次进行模拟环境的配置后，需要尝试生成少量的模拟数据，以确保环境配置和数据的正确性。生成模拟音频需要用到的参数如下。

- log_level：将日志级别设为 3（info），打印更详细的过程信息，例如虚拟房间配置、用到的音源路径等，以便进行详细检查。

- train_input_len：将离线工具的输出音频长度设为某个正数，例如 600（单位为 s）。如果每个 batch 为 60 s，那么相当于生成 10 个 batch 的模拟数据。

- train_rand_seed：必要时将随机数种子设为非零值，每次离线命令都使用该固定种子，便于复现问题。

生成模拟音频的命令格式为

```
SoundConnect    配置文件.conf    0    输出音频.wav    > 特征文件.f32
```

因为是从音源造出模拟信号，所以不用设置输入文件路径，用 0 代替，而特征数据则通过输出重定向的方式获得，存储为 32 位浮点数格式的文件。

图 14.4 给出了一段单通道模拟音频及其标签的示例。由于该示例中开启了 AGC（自动增益控制）算法，所以语音的幅度基本被拉到相同的最大幅度上，较难看出不同 batch 数据音量的不同。该例中存在多个关键词，可以从标签通道中不同的标签模式中看出。另外，由于设置了 train_label_offset_range 参数，标签的位置会和对应的语音存在一定程度的偏移，但每个关键词和自己的标签是可以一一对应的，所以数据检查时需要验证关键词和标签的对应关系。

图 14.4 中有的标签值为 1，例如 10、30 s 等位置。这种标签表示非关键词语音，由目标说话人音源经过离线 VAD 算法处理得到。由于音源信号信噪比较高，所以此时的 VAD 结果可以作为理想标签用于 VAD 模型的训练。在 KWS 模型训练过程中不会用到 VAD 标签，所以训练脚本将会对其统一进行置 0 处理，而在 VAD 训练脚本中会把关键词标签统一置 1 修改为 VAD 标签。图 14.4 中标签为 0 的时间段上的音频为不包含正负样本的纯噪声。由于 KWS 训练只需区分关键词与非关键词，所以此时的噪声音源也可以采用语音数据，例如电视、新闻节目等。但在 VAD 模型训练环境中，噪声音源需要配置为非语音的噪声类型，以使得 VAD 模型能够正确区分人声和非人声。

除了对模拟音频的波形和标签进行检查，必要时还应该对特征数据进行检查，查看特征提取是否正确，以及特征和标签是否对应。离线工具的特征数据可以通过输出重定向的方式得到。这里需要注意的是，通过离线工具生成数据和特征采用的是单线程、串行的方法，多个 batch 的数据顺序存储到一个大文件中。训练脚本中的模拟数据则采用多线程、并发的方式生成，所以即便所有参数配置相同，每个 batch 数据的生成顺序也会有所不同，所以在数据检查时应该考虑到多线程的影响。

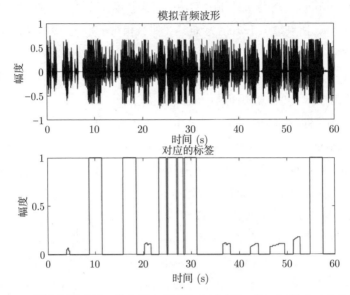

图 14.4　模拟数据示例。其中第一通道为音频波形，第二通道为对应的标签

14.3　模型训练

14.3.1　训练环境

模型训练环境由 Python 开发，默认训练环境位于 src_py/pipeline/train 目录中，内容如下。

- conf 目录：包含数据模拟和信号处理部分的配置。一般环境中会包含 6 个配置文件，其中，single_xxx.conf 用于模拟单通道训练数据，multi_xxx.conf 用于模拟多通道训练数据并进行实际应用中相同的信号处理。同时使用单通道和多通道数据有利于增强模型的适配性。xxx 后缀为 easy、normal、hard 中的一种，代表配置难度从易到难，例如混响逐渐增加、信噪比逐渐降低。训练过程中先用简单难度的数据给模型一个好的初始化效果，再逐渐增加难度，这样有利于得到更稳定的模型。

- data 目录：包含数据集的实现，作为 C/C++ 程序和 Python 程序的接口，实现多线程数据载入的功能。
- model 目录：包含神经网络模型定义。
- train 目录：包含模型训练脚本。
- util 目录：包含模型训练中可能会使用到的各种工具脚本。
- libSoundConnect.so：用于数据模拟的动态链接库，Python 工具通过该动态库调用 C/C++ 工具中的数据模拟和信号处理能力。
- SoundConnect：与 libSoundConnect.so 库同时编译生成的离线工具，用于模型测试。

14.3.2 训练流程

模型训练的基本思想是计算模型预测的标签和真实标签之间的损失函数 loss，并计算 loss 相对于模型中各个参数的梯度，再使用梯度下降法对模型参数进行更新。模型训练流程并不唯一，用户可以根据自己的习惯灵活改变训练脚本，例如使用自己熟悉的 loss、尝试不同的模型架构、迭代策略等。图 14.5 给出了本工具中使用的模型训练流程图。

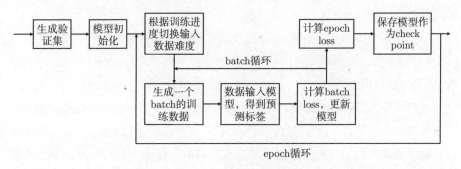

图 14.5　模型训练流程图

在图 14.5 的默认模型训练流程中，训练脚本首先生成一定量的验证集（validation set），例如 50 小时的量级。验证集的作用是验证模型训练过程是否收敛，并根据模型在验证集上的 loss 进行初步的模型筛选。这里需要注意的是，验证集与训练集相同，通过数据模拟的方式生成。所以即便验证集与训练集的音源数据没有交集，验证集也属于模拟数据，其 loss 并不能代表模型在实际数据上的性能。之所以不使用实际数据作为验证集，是因为验证集同时需要输入数据和对应的标签，模拟数据的标签可以通过干净音源获得，再叠加噪声数据得到输入数据；而实际测试集一般由带噪的长音频组成，对噪声数据打标难度较大，自动生成的标签可能也会和真实标签之间存在较大误差。

在生成验证集之后，需要对待训练的模型进行初始化。在一次训练过程中可以使用同一批数据对多个模型同时进行训练，所以我们可以初始化不同模型架构，不同参数量的多个模型，最后挑选性能和参数量都合适的模型发布。

由于训练数据通过数据模拟过程动态生成，即便在有限音源数据的条件下，每个 batch 的模拟数据也不同，所以在模型迭代过程中没有像静态数据那样明显的 epoch（轮）的概念，将遍历完所有静态数据源算作一个 epoch。在图 14.5 的训练流程中，我们将消耗固定时长（例如 100 小时）的模拟数据算作一个 epoch。迭代流程采用了循序渐进的训练策略：在每个 epoch 开始时，首先根据训练进度改变数据模拟的难度，例如在进度为 0% ～ 10%、10% ～ 70%、70% ～ 100% 时分别采用简单、中等、困难的数据模拟策略，逐渐降低模拟环境的信噪比、增加混响。一开始采用简单数据有利于模型找到好的初始值，而训练难度逐渐增加有利于提高训练的稳定性，并且增加模型的适配性。在每个 epoch 结束时保存当前模型作为 checkpoint，整个训练流程在消耗固定时长（例如 50000 小时）的模拟数据后结束。

单次模型迭代的流程如下。首先，由多线程数据模拟过程生成多段模拟数据（例如每个 mini-batch 为 1 分钟[1]，每个 batch 包含 20 个 mini-batch，一共包含 20 分钟的数据），并组成一个 batch；然后，将数据按 batch 组织在一起统一经过模型处理，得到相应的预测标签；接下来，使用预测标签与训练集中的真实标签计算 loss；最后，进行梯度的反向传播对模型参数进行更新。

如果训练流程运转正常，那么模型在训练集和验证集上的 loss 总体上应该呈现收敛的趋势，即虽然每次迭代的 loss 可能上下波动，但随着训练过程的进行，loss 总体上逐渐下降，并且下降的趋势越来越缓慢，如图 14.6(a) 中的例子所示。模型训练失败的几种示例如图 14.6(b) ～ 图 14.6(d) 所示[10]。在图 14.6(b) 中，训练集和验证集 loss 并未随着训练的进行而下降，说明模型并未从数据中学习到任何有用信息，此时应该检查数据是否正常，例如数据和标签是否正确，以及二者是否相对应等。图 14.6(c) 在训练集上的 loss 正常，但在验证集上的 loss

---

1 即数据模拟中的 train_batch_size 参数。

发散，说明模型过拟合（overfit）到了训练集上，此时应想办法加强数据和模型的泛化性。图 14.6(d) 在迭代到某个阶段后便出现了发散的现象，此时可能的问题包括数值计算错误、出现了异常值等。

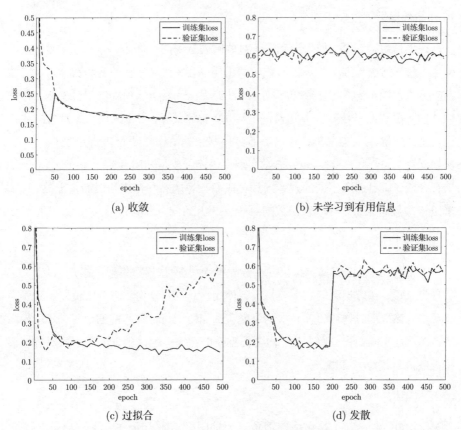

图 14.6 模型训练过程中的 loss 曲线示例。(a) 中训练过程在第 50 和 350 个 epoch 时改变了数据模拟环境的难度，所以在训练集上的平均 loss 会在这些位置有所波动。验证集在训练过程中保持固定，所以验证集上的 loss 在这些位置波动不大

14.3.3 模型训练技巧总结

本节总结使用 SoundConnect 工具包进行模型训练的若干技巧和经验。在介绍这些内容之前需要说明的是，模型训练过程并没有唯一的标准答案，本工具包中提供的训练流程也只是其中的一种解决思路，是我们在长期的模型训练过程中总结的对不同项目、不同模型的适配性较强的训练方法。但这并不表示该训练流程就是最优方案，甚至对于不同关键词的模型，相同的训练流程可能得到不同

的表现结果。所以在条件允许的情况下应该尽可能地多做尝试，例如调整数据配比，改变数据模拟方法、模型架构、迭代策略、loss 等，以总结出针对用户的实际应用表现更优秀的训练流程。

1. 初始数据量

在项目启动初期，如果没有任何对关键词音源的数据储备，就需要通过人工采集、数据筛选等方法收集足够数量的正样本音源。如果初始音源数量过少，数据的覆盖范围不够，将导致初始模型的性能无法满足上线所需的最低要求。初始关键词音源数据一般需要 100 人、每人 100 句的量级，可以采用数据众包的方式进行采集。除了人工采集，还可以通过一些数据增广方法对初始音源进行扩充，例如配置 train_speed_range 参数实现变语速，或是利用 TTS（test-to-speech，语音合成）工具遍历不同的发音人和合成参数生成一些合成数据加入音源。总体来说，参与训练的正样本音源数据一般以 5 万条的量级为基础。

2. 数据模拟环境配置

SoundConnect 工具包提供的参数配置为适配性较强的通用配置，对于大多数项目来说，初版训练的数据模拟参数使用默认配置即可。但对于负样本和噪声音源，应该根据具体项目作相应的调整，例如使用与实际匹配的语种、环境噪声的音源。在完成初步训练之后，需要根据模型在实际测试集上的表现再对数据模拟参数进行相应的调整。

3. 模型架构

SoundConnect 工具包将前馈顺序记忆网络（feedforward sequential memory net-works，FSMN）[11] 作为关键词检测模型的默认神经网络架构，如图 14.7 所示，其中，$\bar{f}_1 \sim \bar{f}_N$ 为 N 个通道的输入特征。该网络结构总体由三部分组成：第一层 Affine 和 ReLU 将输入特征的维度映射到 FSMN 单元的输入维度上；第二部分由若干 FSMN 单元级联而成，在某层（一般为最后一层）FSMN 单元之后有 max pooling 操作进行多通道信息融合，同时最佳通道序号 n' 可以根据 max pooling 的选择过程得出；第三部分将模型的输出映射到与关键词建模单元数目相同的维度上，并通过 Softmax 计算各个发音单元的观测概率，其中 Filler 表示非关键词音频。

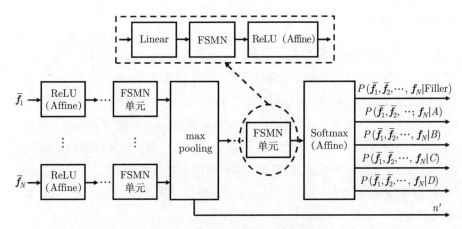

图 14.7　关键词检测模型网络架构示例

　　每个 FSMN 单元的结构如图 14.7 顶部的部分所示，令 M 和 N 分别表示一层网络的输入和输出维度，则 FSMN 单元的第一个 Linear 层有 $M > N$，中间的 FSMN 层有 $M = N$，最后的 Affine 层有 $M < N$。之所以采用这种"胖—瘦—胖"的结构是出于信息压缩的目的：将数据维度降低后经过记忆网络再恢复到原始维度（可以类比为将一个矩阵近似分解为一个"瘦高"矩阵和一个"矮胖"矩阵的乘积），这样有利于用较少的参数表示较多的信息。实验表明，在实际应用中，M 与 N 的比例一般可以设置为 $2:1 \sim 4:1$。另外，在训练 KWS 模型时，可以尝试 $5 \sim 7$ 层的 FSMN 单元叠加，叠加层数一般不超过 8。在同等参数量条件下，可以优先尝试"矮胖"的模型架构，再尝试"瘦高"的模型架构。

4. batch 大小

　　通常的模型训练经验表明，当 batch 大小设置得合适时，对最终效果影响不大，batch 如果太小会影响模型收敛，太大则容易陷入局部最优值。考虑到参与模型训练的模拟数据总量远大于 GPU 的显存大小，所以可以在显存范围内尽可能采用较大的 batch。大块数据运算有利于充分发挥 GPU 的算力，加快训练速度，足够多的数据量还有利于统计信息的稳定性，有利于反向传播算法对模型参数的更新[1]。

---

1 梯度运算中通常包含求平均操作，所以 batch 越大均值越稳定。

5. 模型迭代优化

即使在不扩充音源数据的条件下，单次训练也有可能得不到性能满意的模型，所以还需要对训练参数作出调整再进一步迭代优化。通常情况下，一个较好的模型需要经历两次训练，我们将这两次训练分别称为 basetrain 和 finetune，在 basetrain 结束后，挑选出各种模型架构中的最优 checkpoint，并将这些结果作为 finetune 的初始模型进行迭代优化。经验表明，为了加快模拟数据的生成速度，basetrain 时可以以单通道数据模拟为主，辅以少量的多通道数据；而 finetune 时则以多通道数据为主，辅以少量的单通道数据，并通过减少 epoch 数目来加快训练速度。

14.4 模型测试

14.4.1 测试环境

模型测试环境由 Python 和 Java 混合开发，默认测试环境位于 src_py/pipeline/test 目录中，内容如下。

- bin 目录：放置对应版本的 SoundConnect 离线工具。
- lib 目录：包含运行所需的库文件。
- TianGongExperiment_pos 目录：正样本测试环境。该环境中包含对 KWS、ASR、VAD、声纹等内容的测试功能，但本章只关注对 KWS 的测试。
- TianGongExperiment_neg 目录：虚警测试环境。
- util 目录：包含模型测试中可能使用到的各种工具脚本。
- KWSAutoTest.py、KWSAutoTestGPU.py：对 checkpoint 逐一自动进行测试的脚本。
- KWSROCBatch.py、KWSROCBatchGPU.py：对根据验证集 loss 选出的前 K 个最好模型批量进行测试的脚本。
- RunPosGPU.py、RunNegGPU.py：在 GPU 上分别运行单次的正、负样本测试。

14.4.2 评价指标

与在验证集上计算 loss 不同，本节所指的模型测试是将 KWS 模型代入真实的环境中进行唤醒和虚警性能的测试。首先，测试用的数据集必须是真实环境中采集到的数据，以反映模型在实际环境中的表现；其次，模型测试中采用的评判标准也不是训练时的 loss，而是根据 FRR 和 FAR 计算得到的 ROC 曲线。FRR 和 FAR 的计算方法分别如公式 (14.1) 和公式 (14.2) 所示。

$$\text{FRR} = 1 - \frac{\text{正样本测试集上成功唤醒的关键词个数}}{\text{正样本测试集中的关键词总数}} \tag{14.1}$$

$$\text{FAR} = \frac{\text{负样本测试集上唤醒的次数}}{\text{负样本测试集的时长（h）}} \tag{14.2}$$

从公式 (14.1) 可以看出，其中的分式部分为我们所熟悉的唤醒率。FRR 是比例，所以没有单位，FAR 的单位是次/h。

图 14.8 中给出了一组 ROC 曲线的示例，其中坐标系的横轴为 FAR，纵轴为 FRR。在相同 FAR 条件下，曲线围成的面积越小则模型性能越好，所以该示例中模型 1 的性能好于模型 2。

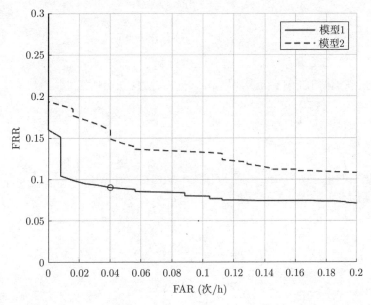

图 14.8 ROC 曲线示例，其中，∘ 表示模型发布时选取的工作阈值处对应的模型性能，此时对应的阈值为 0.76

14.4.3　测试集的录制与准备

　　测试集要能尽量体现语音增强和关键词检测在实际环境中的性能，所以录制测试集时的环境和设备应该尽量接近真实环境、真实设备。对于正样本测试集，可以选择在设备工作时的典型场景下进行录制，例如安静、回声、噪声、回声加噪声等。为了实现信噪比可控、测试环境可复现，并节约人力成本，录制正样本测试集时可以采用不同扬声器分别播放关键词、噪声、干扰音源。

　　由于不同音源的响度不同，并且语音信号随时间波动比较剧烈，直接采用声压计测量设备音量将导致读数抖动，不易进行设备音量调节。为了便于通过声压计校准测试环境，SoundConnect 工具包提供了音频响度（可以反映为音频信号的功率）归一化的功能，基本原理如图 14.9 所示。图 14.9(a) 和图 14.9(b) 中的标准音源 s 和关键词短语音 x 的功率 p_s 和 p_x 分别如公式 (14.3) 和公式 (14.4) 所示，其中，T_s 为标准音源长度（采样点数），T_x 为待校准信号语音部分的长度。T_x 中排除了非语音部分，可以通过底噪阈值，或者理想 VAD 对语音部分进行选择。

$$p_s = \frac{1}{T_s} \sum_{T_s} s^2(t) \tag{14.3}$$

$$p_x = \frac{1}{T_x} \sum_{T_x} x^2(t) \tag{14.4}$$

音频响度归一化通过在 x 上乘以增益 g，将二者的功率调整至相等。从公式 (14.3) 和公式 (14.4) 可以很容易看出：

$$g = \sqrt{\frac{p_s}{p_x}} \tag{14.5}$$

令归一化后的信号 $y = gx$，则可以代入检验得：

$$p_y = \frac{1}{T_x} \sum_{T_x} y^2(t) \tag{14.6}$$

$$p_y = \frac{1}{T_x} \sum_{T_x} g^2 x^2(t) \tag{14.7}$$

$$p_y = \frac{p_s}{p_x} p_x \tag{14.8}$$

$$p_y = p_s \tag{14.9}$$

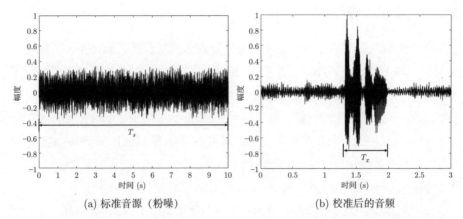

(a) 标准音源（粉噪）　　　　　　　　(b) 校准后的音频

图 14.9　音频响度归一化示意图。经过归一化，(a) 和 (b) 语音部分的功率是相等的

我们可以随机生成一段粉噪信号作为标准音源，之所以采用粉噪是为了近似实际语音低频强、高频弱的特点。由于音源信号比较平稳，所以设备放音后通过声压计测量到的读数也比较稳定，便于人工进行设备音量调节。在实际操作中，先用设备播放标准音源 s，根据声压计读数调整设备音量至所需声压级，再用设备播放校准后的音频信号 y，就可以得到和 s 相同的平均响度。

在录制完正样本测试集后，还要对音频进行标注，以使得测试脚本能实现自动 FRR 统计。当前支持的标注方式有两种：精细标注和粗略标注。精细标注需要人工标出每个关键词的起止点，该方法的优点是统计结果更加精确，缺点是人力成本较高。目前支持的精细标注格式有 Praat [12] 格式和海天瑞声[13] 格式；而粗略标注只需要标出每条音频中各种关键词的个数，采用的格式为

/音频路径/音频文件 1.wav　关键词 1　次数 1　关键词 2　次数 2⋯

⋮

粗略标注的优点在于标注方式简单，缺点在于统计结果可能存在误差，因为只靠统计唤醒次数无法区分真实的唤醒事件与虚警。

相比正样本测试集，虚警测试集的准备工作相对容易，只需用待测设备录制实际环境中不包含关键词的音频，例如办公室噪声、电视节目等。为了便于离线工具并行处理，可以将超长音频切分为多个相对较短的音频，例如可以按每小时一个文件进行组织。

14.4.4　测试流程

单个模型的测试流程非常简单：分别处理正样本和虚警测试集，再统计各个阈值下的 FRR 和 FAR，并绘制 ROC 曲线即可。在进行模型测试时，除了配置正确的 KWS 算法参数（详见 13.2 节），还需要将 kws_level 参数设为 0.01，表示使用最小唤醒阈值。由于模型测试时使用的 FRR、FAR 指标无法作为 loss 训练模型，所以在验证集上 loss 较好的模型不一定在实际测试集上也表现较好。模型的测试过程采用的是类似于穷举搜索的策略：对训练过程中产生的多个 checkpoint 逐一进行测试，并挑选出 ROC 曲线最好的模型发布。

本章将模型训练与模型测试分为两节内容介绍，但图 14.1 将这两部分融合到一个框图中，这是因为模型训练和测试可以在一定程度上并行处理。KWSAuto-TestGPU.py 脚本实现了并行测试的功能，基本思路如下。模型训练在 GPU 服务器 G_1 上进行，每到一定阶段会保存 checkpoint。模型测试环境部署在 GPU 服务器 G_2 上（或同一台服务器的另一个 GPU 上），测试脚本会定时查看训练过程是否生成了新的 checkpoint，并将新增模型下载到 G_2 上，之后按照测试单个模型的方法逐一展开测试。如果测试速度 ⩾ 训练速度，则在模型训练完毕后同时完成对所有 checkpoint 的测试。对 checkpoint 测试得越多，则越有可能挑选出在实际数据集中表现较好的模型。除了并行测试，KWSROCBatchGPU.py 脚本也提供了串行的测试方式，其基本思路是在模型训练完毕后，根据验证集 loss 挑选出前 K 个最好的模型进行测试。

1. 特征提取

在大多数系统中，关键词检测通常会和语音增强配合使用，前者为后者提供信噪比较高的信号，使得关键词更容易被检出。在进行关键词检测模型测试时，语音增强算法的输出结果一般是保持不变的[1]，所以，为了节约测试时间，测试过程不必从原始信号出发运行全套算法，只需将增强后的信号送给 KWS 模块进行测试即可。

在 SoundConnect 工具包中，为了减小整体系统的输出延时和计算量峰值，同时节约时频变换的开销，大多数算法子模块之间的数据传递是在频域进行的，语音增强与关键词检测之间的数据传递也是如此。所以，我们并不能像保存时域

---

[1] 如果存在关键词检测向语音增强的信息反馈，则关键词检测模型不同可能导致反馈信息不同，从而导致语音增强的结果不同。

波形那样直接保存语音增强后、子带综合前的中间结果。针对这个问题，Sound-
Connect 工具包提供了相应的特征提取功能，用于保存经过语音增强之后，送给
KWS 算法的特征。这样，测试过程就分为了两个阶段：先从测试集音频中提取
特征，以便后续重复使用；再将特征数据输入 KWS 模型进行测试。

在提取特征之前，需要对配置文件进行相应的修改。特征提取时需要设置
mode = 700，该模式会根据通用模式（mode = 4）进行信号处理，但按照特征
的方式输出数据。使用 SoundConnect 离线工具提取单个音频文件特征的命令为

     `SoundConnect`   配置文件`.conf`   输入音频   输出音频`.f32`

与.wav 和.pcm 音频格式不同，特征数据需要用 float 数据类型存储，所以我们
需要用.f32 后缀告诉离线工具相应的输出格式。使用多线程批处理工具进行批量
特征提取的命令为

   `SCBatch.sh`   配置文件`.conf`   输入目录   输出目录   `\`

   `--numths`   线程数   `--outfmt`   `f32`

其中的并发数由--numths 参数控制，而输出格式由--outfmt 参数控制。上述特
征提取方法同样可以用于正样本音源的特征提取任务中，客户只提供特征数据
进行训练，可以有效降低使用客户音源进行训练带来的隐私泄露风险。

由于特征文件并不像音频文件那样能看到波形并听到声音，所以在提取完
特征后，需要设置 mode = 701 进行 KWS 模型的测试。在该模式下只运行关键
词检测模块，其余算法模块关闭。如果使用特征得到的唤醒结果和使用原始音频
得到的结果相同，则说明特征提取正确。使用离线工具和批处理工具处理特征文
件的命令格式不变，只不过此时的输入文件由通常的音频文件变为.f32 格式的特
征文件，工具会根据文件后缀名自动匹配相应的格式。

2. 在 GPU 上进行测试

使用 SoundConnect 工具包进行关键词检测一共有三种处理方式：第一种为
在项目中真正使用的完整流程，多通道音频首先经过语音增强算法处理，之后数
据传递到 KWS 模块，经过特征提取、声学模型推理、解码等步骤得到唤醒结
果。全流程在 CPU 上进行，如图 14.10(a) 所示。在该处理方式中，由 PyTorch
训练出的.pth 格式的模型被转为 SoundConnect 支持的.txt 格式，并由对应的模
型推理框架使用。

在模型测试过程中需要使用同一批数据测试多个模型。在多数情况下，语音

增强部分的输出保持不变，所以我们可以先把对应的数据保存为特征，供后续的模型测试重复使用，从而节省语音增强部分的计算量。图 14.10(b) 对应 14.4.3 节介绍的 mode = 701 的处理方式。由于存在效率更高的 GPU 测试方式，所以图 14.10(b) 大多用于检查特征是否提取正确。图 14.10(a) 和图 14.10(b) 的后续处理流程是一样的，所以当特征提取正确时，两种方式的输出能严格对应。

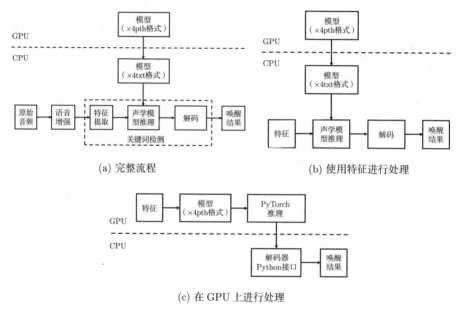

(a) 完整流程 (b) 使用特征进行处理

(c) 在 GPU 上进行处理

图 14.10 三种不同的关键词检测处理流程框架图

测试集规模通常较大，例如虚警测试集时长通常为上百到上千小时，并且通常包含多个音频文件，所以我们可以采用在 GPU 上进行处理的方式加速测试过程，如图 14.10(c) 所示。该方式的基本原理是首先将多个特征文件通过后面补零的方式组成长度相同的 batch，然后利用 GPU 强大的运算能力完成模型推理部分的工作，最后利用解码器提供的 Python 接口将声学模型的输出转化为唤醒结果。该方式的处理效率要远高于其余两种方式，较为适合用于在测试阶段进行模型筛选。在 GPU 上进行测试还需要注意以下问题：第一，需要确保特征的正确性；第二，测试文件的长度最好保持一致，例如虚警测试集最好保持每个文件 1 小时的规模，这样在组成 batch 时才不会因为文件长度不一致而过度补零从而降低测试效率；第三，CPU 采用流式处理的方式，GPU 采用批处理的方式，模型推理在数据初值的处理方式上不同，从而导致两者的结果可能存在少量差异。

这种差异通常导致唤醒率有 1 ～ 2 个点的波动，这是正常的，不会影响最终模型的选择。

14.5 模型发布

在完成对若干 checkpoint 的测试后，就可以选择在测试集上表现最优的模型发布。模型发布主要包括三个操作：ROC 曲线排序、选择工作点、模型导出与参数配置。

关键词检测模型的质量可以用相同虚警条件下 ROC 曲线围成的面积评价，即 AUC（area under the curve）指标，AUC 越小则模型性能越好，在图 14.8 的例子中，模型 1 的质量好于模型 2。在 ROC 曲线绘制完毕后，可以通过 ROCSort.py 脚本[1] 实现对 ROC 曲线的排序。

在测试工具中，生成 ROC 曲线的同时会保存曲线上每个数据点对应的唤醒阈值，即 kws_level 参数对应的数值，在模型发布时可以根据 ROC 曲线选择对应的工作点阈值。例如在图 14.8 中，模型 1 在满足虚警约为 1 次/天（FAR ≈ 0.04）的条件下，FRR 小于 0.1，即平均唤醒率可以达到 90%，如图中的圆圈位置。此时对应的阈值为 0.76，则在发布该模型时需要在配置文件中设置 kws_level = 0.76。

模型导出的目的在于将本次训练中的最优模型从训练工具支持的格式导出为 SoundConnect 工具包支持的格式，以便于在实际项目中使用。模型导出的基本原理是将模型架构、神经网络参数等信息按照所需格式转写到一个文件中，这里采用的是.txt 的文本格式。由于浮点数存在尾数精度的问题，直接将浮点数输出为文本格式会由于尾数精度差异而产生误差。这里采用的方式是将 4 字节的 float 数据通过 memcpy 函数复制为 4 字节的 int 类型，并按照 int 类型打印为文本，从而避免了精度损失。在读取模型时，使用 memcpy 函数将数据转换回对应的 float 类型。我们可以使用 PrintModel.py 脚本实现模型导出。

大多数应用会有文件系统的支持，可以通过配置文件和模型文件的方式载入相应的配置和模型使用。但对于某些低资源嵌入式应用，设备本身不带文件系统，无法存取文件，所以需要将各种参数和模型导出为 C 代码并编译到程序中实现相应

---

1 在 GitHub 中搜索 alibaba-damo-academy/kws-training-suite/blob/main/evaluate/roc_sort.py 得到。

的配置。可以使用下面的命令实现配置文件和模型文件到 C 文件的导出。

$$\text{SoundConnect} \quad \text{配置文件}.\text{conf} \quad \text{Params}.\text{c}$$

14.6　本章小结

　　本章中以 KWS 模型训练为例，介绍了使用 SoundConnect 工具包进行模型训练的基本流程和操作方法，以及一些关于数据采集、模型训练方面的心得。与大多数工具包采用单通道、短音频进行训练不同，SoundConnect 工具包使用多通道、长音频模拟数据进行模型训练，其目的在于使用和实际项目中相同的语音增强算法对信号进行处理，并用经过语音增强算法处理的数据进行训练，从而实现信号与模型完全匹配，实现更好的联合性能。

　　模型训练总体上可以分为数据准备、环境配置、模型训练与测试、模型发布四个阶段，本章根据这样的组织顺序分别介绍了每个阶段要完成的工作。在完善的工具链的支持下，模型训练的过程得到了极大的简化，用户只需根据实际需求采集音源数据，并配置适合于实际应用的模拟环境即可，而烦琐的数据模拟、模型训练、测试、挑选的工作则由配套工具自动完成。除了完备性，配套工具链还具有灵活性高的优点，例如用户可以在工具包的现有框架下，根据自己的需求尝试不同的模型架构、网络类型，或是定制不同的训练策略。

　　最后需要强调的是，模型的性能和神经网络架构、训练方法、训练数据息息相关，再好的模型架构和训练方法都不可能在缺少数据支持的情况下得到性能较好的模型，所以在实际应用中一定要重视音源数据的采集和配比方面的工作。

本章参考文献

[1] LEE C M, SHIN J W, KIM N S. Dnn-based residual echo suppression[C]//Sixteenth Annual Conference of the International Speech Communication Association. 2015.

[2] WANG Z, NA Y, TIAN B, et al. Nn3a: neural network supported acoustic echo cancellation, noise suppression and automatic gain control for real-time communications[C]//ICASSP 2022-2022 IEEE International Conference on Acoustics, Speech and Signal Processing (ICASSP). IEEE, 2022: 661-665.

[3] RAFII Z, LIUTKUS A, STÖTER F R, et al. An overview of lead and accompaniment separation in music[J]. IEEE/ACM Transactions on Audio, Speech, and Language

Processing, 2018, 26(8): 1307-1335.

[4] HUGHES T, MIERLE K. Recurrent neural networks for voice activity detection[C]// 2013 IEEE International Conference on Acoustics, Speech and Signal Processing. IEEE, 2013: 7378-7382.

[5] CHEN G, PARADA C, HEIGOLD G. Small-footprint keyword spotting using deep neural networks[C]//2014 IEEE International Conference on Acoustics, Speech and Signal Processing (ICASSP). IEEE, 2014: 4087-4091.

[6] NA Y, WANG Z, WANG L, et al. Joint ego-noise suppression and keyword spotting on sweeping robots[C]//ICASSP 2022-2022 IEEE International Conference on Acoustics, Speech and Signal Processing (ICASSP). IEEE, 2022: 7547-7551.

[7] PASZKE A, GROSS S, MASSA F, et al. PyTorch: an imperative style, high-performance deep learning library[J]. Advances in neural information processing systems, 2019, 32.

[8] Pytorch[EB/OL]. https://www.hxedu.com.cn/Resource/202301841/21.htm.

[9] HABETS E A, GANNOT S. Generating sensor signals in isotropic noise fields[J]. The Journal of the Acoustical Society of America, 2007, 122(6): 3464-3470.

[10] STEVENS E, ANTIGA L, VIEHMANN T. Deep learning with PyTorch essential excerpts[M]. Manning Publications Co., Shelter Island, New York, 2019.

[11] ZHANG S, LIU C, JIANG H, et al. Feedforward sequential memory networks: a new structure to learn long-term dependency[J]. arXiv preprint arXiv:1512.08301, 2015.

[12] BOERSMA P, WEENINK D. Praat: doing phonetics by computer[EB/OL]. https://www.hxedu.com.cn/Resource/202301841/22.htm.

[13] 北京海天瑞声科技股份有限公司 [EB/OL]. https://www.hxedu.com.cn/Resource/202301841/23.htm.

附录 A

A.1 复数求偏导和共轭偏导

本节内容摘抄自参考文献 [1]。在许多工程应用中，观测数据比较复杂，优化问题的目标函数是复向量或复矩阵变元的实值函数，并且常有复变元及其共轭同时存在的情况。为了使得这类函数可导，需要首先引入复数偏导的概念。假设有复数 $x = a + bj$，$x \in \mathbb{C}$，$a, b \in \mathbb{R}$，$j = \sqrt{-1}$，则复数的形式偏导定义为

$$\frac{\partial}{\partial x} = \frac{1}{2}\left(\frac{\partial}{\partial a} - j\frac{\partial}{\partial b}\right) \tag{A.1}$$

$$\frac{\partial}{\partial x^*} = \frac{1}{2}\left(\frac{\partial}{\partial a} + j\frac{\partial}{\partial b}\right) \tag{A.2}$$

关于复变量 $x = a + bj$ 的偏导，存在一个实部和虚部独立性的基本假设。

$$\frac{\partial a}{\partial b} = 0, \quad \frac{\partial b}{\partial a} = 0 \tag{A.3}$$

由偏导的定义和上述独立性假设，容易求得：

$$\frac{\partial x}{\partial x^*} = \frac{\partial a}{\partial x^*} + j\frac{\partial b}{\partial x^*} \tag{A.4}$$

$$\frac{\partial x}{\partial x^*} = \frac{1}{2}\left(\frac{\partial a}{\partial a} + j\frac{\partial a}{\partial b}\right) + j\frac{1}{2}\left(\frac{\partial b}{\partial a} + j\frac{\partial b}{\partial b}\right) \tag{A.5}$$

$$\frac{\partial x}{\partial x^*} = \frac{1}{2}(1+0) + j\frac{1}{2}(0+j) \tag{A.6}$$

$$\frac{\partial x}{\partial x^*} = 0 \tag{A.7}$$

$$\frac{\partial x^*}{\partial x} = \frac{\partial a}{\partial x} - j\frac{\partial b}{\partial x} \tag{A.8}$$

$$\frac{\partial x^*}{\partial x} = \frac{1}{2}\left(\frac{\partial a}{\partial a} - \mathrm{j}\frac{\partial a}{\partial b}\right) - \mathrm{j}\frac{1}{2}\left(\frac{\partial b}{\partial a} - \mathrm{j}\frac{\partial b}{\partial b}\right) \tag{A.9}$$

$$\frac{\partial x^*}{\partial x} = \frac{1}{2}(1-0) - \mathrm{j}\frac{1}{2}(0-\mathrm{j}) \tag{A.10}$$

$$\frac{\partial x^*}{\partial x} = 0 \tag{A.11}$$

公式 (A.4) 和公式 (A.8) 揭示了复变函数论中的一个基本结果: 复变量 x 和共轭复变量 x^* 是两个独立的变量。因此, 当求复偏导 $\nabla_x f(x, x^*)$ 和复共轭偏导 $\nabla_{x^*} f(x, x^*)$ 时, 复变量 x 和复共轭变量 x^* 可以视为两个独立的变量, 即

$$\nabla_x f(x, x^*) = \left.\frac{\partial f(x, x^*)}{\partial x}\right|_{x^*=\text{constant}} \tag{A.12}$$

$$\nabla_{x^*} f(x, x^*) = \left.\frac{\partial f(x, x^*)}{\partial x^*}\right|_{x=\text{constant}} \tag{A.13}$$

这意味着, 将 $f(x)$ 写为 $f(x, x^*)$ 的形式后, 对复函数求偏导成为可能。因为对于一个固定的 x^* 值, 复函数 $f(x, x^*)$ 在整个复平面 $x = a + b\mathrm{j}$ 上可进行求导操作; 而对于一个固定的 x 值, 复函数 $f(x, x^*)$ 在整个复平面 $x^* = a - b\mathrm{j}$ 上可进行求导操作。

A.2 共轭求导示例

在本书中, 常用的复数向量求导有两种基本形式, 分别如公式 (A.14) 和公式 (A.15) 所示, 这两种形式出现于例如第 6 章的公式 (6.25) 中。

$$\frac{\partial \mathcal{J}_1}{\partial \boldsymbol{x}^{\mathrm{H}}} = \frac{\partial \boldsymbol{x}^{\mathrm{H}}\boldsymbol{a}}{\partial \boldsymbol{x}^{\mathrm{H}}} \tag{A.14}$$

$$\frac{\partial \mathcal{J}_2}{\partial \boldsymbol{x}^{\mathrm{H}}} = \frac{\partial \boldsymbol{x}^{\mathrm{H}}\boldsymbol{\Phi}\boldsymbol{x}}{\partial \boldsymbol{x}^{\mathrm{H}}} \tag{A.15}$$

A.2.1 向量求导

对于向量或矩阵形式的求导, 最基本的方法就是将运算展开成向量或矩阵中各个分量的形式, 再针对各个分量分别求导, 最后将结果组合为导数向量或矩阵。对于公式 (A.14) 中的示例, 令 $\boldsymbol{a} = [a_1, a_2, \cdots, a_M]^{\mathrm{T}}$, $\boldsymbol{x} = [x_1, x_2, \cdots, x_M]^{\mathrm{T}}$,

将 $\mathcal{J}_1$ 展开后有：

$$\mathcal{J}_1 = a_1 x_1^* + a_2 x_2^* + \cdots + a_M x_M^* \tag{A.16}$$

利用各元素分别求导的原则，有：

$$\frac{\partial \mathcal{J}_1}{\partial \boldsymbol{x}^{\mathrm{H}}} = \begin{bmatrix} \partial \mathcal{J}_1 / \partial x_1^* \\ \partial \mathcal{J}_1 / \partial x_2^* \\ \vdots \\ \partial \mathcal{J}_1 / \partial x_M^* \end{bmatrix} \tag{A.17}$$

当对 x_m^* 求导时，其余 $x_n^*, n \neq m$ 相当于常数，所以最终结果为

$$\frac{\partial \mathcal{J}_1}{\boldsymbol{x}^{\mathrm{H}}} = \boldsymbol{a} \tag{A.18}$$

A.2.2　二次型求导

针对公式 (A.15) 中的例子，假设 $\boldsymbol{\varPhi}$ 为 $M \times M$ 的共轭对称矩阵，其各元素用 ϕ_{ij} 表示，则将 $\mathcal{J}_2$ 展开后有：

$$\begin{aligned} \mathcal{J}_2 = \ & x_1^* \phi_{11} x_1 + x_2^* \phi_{21} x_1 + \cdots + x_M^* \phi_{M1} x_1 + \\ & x_1^* \phi_{12} x_2 + x_2^* \phi_{22} x_2 + \cdots + x_M^* \phi_{M2} x_2 + \\ & \vdots \\ & x_1^* \phi_{1M} x_M + x_2^* \phi_{2M} x_M + \cdots + x_M^* \phi_{MM} x_M \end{aligned} \tag{A.19}$$

针对 x_m^* 求导时，其余 $x_m, m = 1, 2, \cdots, M$、$x_n^*, n \neq m$ 相当于常数：

$$\frac{\partial \mathcal{J}_2}{\partial x_m^*} = \phi_{m1} x_1 + \phi_{m2} x_2 + \cdots + \phi_{mM} x_M \tag{A.20}$$

所以最终结果为

$$\frac{\partial \mathcal{J}_2}{\partial \boldsymbol{x}^{\mathrm{H}}} = \begin{bmatrix} \partial \mathcal{J}_2 / \partial x_1^* \\ \partial \mathcal{J}_2 / \partial x_2^* \\ \vdots \\ \partial \mathcal{J}_2 / \partial x_M^* \end{bmatrix} \tag{A.21}$$

$$\frac{\partial \mathcal{J}_2}{\partial \boldsymbol{x}^{\mathrm{H}}} = \begin{bmatrix} \phi_{11}x_1 + \phi_{12}x_2 + \cdots + \phi_{1M}x_M \\ \phi_{21}x_1 + \phi_{22}x_2 + \cdots + \phi_{2M}x_M \\ \vdots \\ \phi_{M1}x_1 + \phi_{M2}x_2 + \cdots + \phi_{MM}x_M \end{bmatrix} \tag{A.22}$$

$$\frac{\partial \mathcal{J}_2}{\partial \boldsymbol{x}^{\mathrm{H}}} = \boldsymbol{\Phi x} \tag{A.23}$$

附录参考文献

[1] 张贤达 著，张远声 译. 人工智能的矩阵代数方法数学基础 [M]. 北京：高等教育出版社, 2022.